技能等级认定指导丛书

电工（技师、高级技师）

主　编　王　建　张　宏　崔书华

副主编　刘进峰　于　海　张中双　孙怀容　栾成宝

参　编　赵　虹　刘艳菊　王春阳　刘宜茹　王春晖

　　　　张心德　边可可　费光彦　刘日晨　蔡四龙

　　　　梁丽萍　徐雅兰　刘　源　姚惠惠　李红江

机械工业出版社

本书参照最新《国家职业技能标准 电工》，以问答的形式详细介绍了电工技师和高级技师应掌握的理论知识和操作技能。全书涵盖了自动控制技术、可编程序控制器技术、变频器技术、数控技术、单片机技术和网络通信技术等先进控制技术，并配有试题精选和模拟试卷。

本书可作为参加电工技师与高级技师职业技能等级认定的技术人员的必备用书，也可作为技师学院、高级技工学校和各种短训班的培训教材。

图书在版编目（CIP）数据

电工：技师、高级技师/王建，张宏，崔书华主编. —北京：机械工业出版社，2024.3

（技能等级认定指导丛书）

ISBN 978-7-111-75345-2

Ⅰ.①电… Ⅱ.①王… ②张… ③崔… Ⅲ.①电工技术–职业技能–鉴定–自学参考资料 Ⅳ.①TM

中国国家版本馆 CIP 数据核字（2024）第 054593 号

机械工业出版社（北京市百万庄大街 22 号 邮政编码 100037）
策划编辑：王振国　　　　　　　责任编辑：王振国　周海越
责任校对：李可意 梁 静　　　封面设计：马若濛
责任印制：刘 媛
唐山楠萍印务有限公司印刷
2024 年 6 月第 1 版第 1 次印刷
184mm×260mm・27 印张・668 千字
标准书号：ISBN 978-7-111-75345-2
定价：69.80 元

电话服务　　　　　　　　　　　网络服务
客服电话：010-88361066　　　机 工 官 网：www.cmpbook.com
　　　　　010-88379833　　　机 工 官 博：weibo.com/cmp1952
　　　　　010-68326294　　　金 书 网：www.golden-book.com
封底无防伪标均为盗版　　　机工教育服务网：www.cmpedu.com

前　言

为进一步弘扬工匠精神，加大技能人才培养的力度，党中央、国务院部署将技能人员水平评价由政府相关部门认定转变为实行社会化等级认定，接受市场和社会的认可与检验。职业技能等级认定工作正在全国逐步开展，职业技能等级证书已逐步成为就业的通行证，是通向就业之门的"金钥匙"，参加职业技能等级认定的技术人员日益增多。为了更好地服务于就业，推动职业技能等级认定制度的实施和推广，加快技能人才的培养，我们组织有关专家、学者和高级技师编写了这套"技能等级认定指导丛书"，为广大技术人员提供有价值的参考与复习资料。

在本套丛书的编写过程中，我们始终坚持以下几个原则：

1. 严格遵照国家职业技能标准中关于各专业和各等级的标准，坚持标准化，力求使内容覆盖职业技能等级认定的各项要求。

2. 坚持以培养技能人才为方向，从职业（岗位）分析入手，紧紧围绕职业技能等级认定题库，既系统全面，又注重理论联系实际，力求满足各个级别技术人员的实际需求，突出教材的实用性。

3. 内容新颖，突出时代感，力求较多地采用新知识、新技术、新工艺、新方法，力求使丛书的内容有所创新，使教材简明易懂，为广大的读者所乐用。

我们真诚地希望这套丛书能够成为职业技能等级认定人员的良师益友，为他们成功参加职业技能等级认定提供有力帮助。

由于本套丛书涉及的内容较多，新知识、新技术、新工艺、新方法等发展较迅速，加之编者水平有限，书中难免存在不足之处，恳请广大读者提出宝贵的意见和建议，以便修订时加以完善。

编　者

目　录

第一部分　电工技师

（一）应知单元

鉴定范围 1　数控机床电气控制装置装调维修

鉴定点 1　数控机床的组成

问：什么是数控机床？数控机床主要由哪几部分组成？

答：数控是数字程序控制的简称。用数字化信息对机床的运动及其加工过程进行控制的机床，称为数控机床。

数控机床一般由输入/输出装置、数控装置、伺服驱动系统、机床电器逻辑控制装置、检测反馈装置和机床主体及辅助装置组成。

1）输入/输出装置。键盘、磁盘驱动器等是典型的输入设备，还可以用串行通信的方式输入。显示输出设备一般为 CRT（阴极射线管）或 LCD（液晶显示器）。

2）数控装置是数控机床的核心部件，可以是由数字逻辑电路构成的专用硬件数控（NC）装置，或是计算机数控（CNC）装置。

3）伺服驱动系统是数控装置与机床主体的联系环节，包括进给轴伺服驱动装置和主轴驱动装置。进给轴伺服驱动装置由位置控制单元、速度控制单元、电动机和测量反馈单元等部分组成。主轴驱动装置主要由速度控制单元控制。

4）机床电器逻辑控制装置可以是可编程序控制器或是继电器接触式控制电路。其接受数控装置发出的开关命令，主要完成机床主轴选速、起停和方向控制、换刀、工件装夹、冷却和液压等机床辅助功能。

5）检测反馈装置的作用是检测实际位移量，并反馈给数控装置与指令位移量进行比较，若有误差，则调整控制信号，从而提高控制精度。主要检测元件有脉冲编码器、旋转变压器、感应同步器、测速发电机、光栅和磁尺等。

6）根据不同的加工方式，机床主体可分为车床、铣床、镗床、磨床、加工中心及电加工机床等，其整体布局、传动系统、刀具系统及操作机构等方面都应符合数控要求。

7）辅助装置主要包括换刀机构、工件自动交换机构、工件夹紧机构、润滑装置、冷却装置、照明装置、排屑装置、液压和气动系统、过载保护与限位保护装置等。

试题精选：

数控机床的核心部件是（A）。

A. 数控装置　　B. 伺服驱动系统　　C. 输入/输出装置　　D. PLC

鉴定点 2　数控机床的分类

问：数控机床的分类方式是怎样的？

答：分类方式主要有：按运动轨迹分类、按联动轴数分类、按伺服类型分类和按数控装置功能水平分类等。

（1）按运动轨迹分类

1）点位控制数控机床。其特点是只控制点到点的准确位置，不要求运动轨迹。这种机床有数控钻床、数控坐标镗床、数控冲床、数控点焊机、数控折弯机和数控测量机等。

2）直线控制数控机床。其特点是既要控制起点与终点之间的准确位置，又要控制刀具在这两点之间运动的速度和轨迹。使用这类控制系统的数控机床有数控车床、数控钻床、数控铣床和数控磨床等。

3）轮廓控制数控机床。其特点是能控制两个或两个以上的轴，坐标方向同时严格地连续控制，不仅控制每个坐标的行程，还要控制每个坐标的运动速度。使用这类控制系统的数控机床有数控车床、数控铣床、数控磨床、数控齿轮加工机床和数控加工中心等。

（2）按联动轴数分类　数控机床分为二轴联动、三轴联动、二轴半联动和多轴联动数控机床。

（3）按伺服类型分类　数控机床分为开环伺服系统数控机床、半闭环伺服系统数控机床、闭环伺服系统数控机床、混合环伺服系统数控机床。

（4）按数控装置功能水平分类　数控机床分为经济型（低档）、普及型（中档）、高级型（高档）数控机床。

试题精选：

数控机床按控制运动轨迹分类，可分为（ABC）。

A. 点位控制数控机床　　　　　　　B. 直线控制数控机床

C. 轮廓控制数控机床　　　　　　　D. 闭环控制数控机床

鉴定点 3　编码器的工作原理

问：什么是旋转编码器？旋转编码器是如何工作的？

答：旋转编码器是一种旋转式角位移检测装置，在数控机床中得到了广泛使用。

旋转编码器通常安装在被测轴上，随被测轴一起转动，直接将被测角位移转换成数字（脉冲）信号，所以也称为旋转脉冲编码器，这种测量方式没有累积误差。旋转编码器也可用来检测转速。按输出信号形式，旋转编码器可分为增量式和绝对式两种。常用的增量式旋转编码器为增量式光电编码器。增量式旋转编码器检测装置由光源、聚光镜、光栅盘、光栅板、光敏元件、信号处理电路等组成。

增量式旋转编码器中的光栅盘是在一块玻璃圆盘上镀上一层不透光的金属薄膜，然后在上面制成圆周等距的透光与不透光相间的条纹，光栅板上具有和光栅盘上相同的透光条纹。

光栅盘可由不锈钢薄片制成。当光栅盘旋转时，光线通过光栅板和光栅盘产生明暗相间的变化，并由光敏元件接收。光敏元件将光信号转换成电脉冲信号。光电编码器的测量精度取决于它所能分辨的最小角度，这与光栅盘圆周的条纹数有关，即分辨角 $\alpha = 360°/$条纹数。

当光栅盘随被测工作轴一同转动时，每转过一个缝隙，光敏元件就会感受到一次光线的明暗变化，使光敏元件的电阻值改变，从而将光线的明暗变化转变成电信号的强弱变化，而这个电信号的强弱变化近似于正弦波的信号，经过整形和放大等处理变换成脉冲信号。通过计数器计量脉冲的数目，即可测定旋转运动的角位移；通过计量脉冲的频率，即可测定旋转运动的转速，测量结果可以通过数字显示装置进行显示或直接输入到数控系统中。

试题精选：

（A）旋转编码器检测装置由光源、聚光镜、光栅盘、光栅板、光敏元件、信号处理电路等组成。

A. 增量式　　　　B. 光电式　　　　C. 电磁式　　　　D. 接触式

鉴定点4　光栅尺的工作原理

问：什么是光栅尺？光栅尺是如何工作的？

答：光栅是一种高精度的位移传感器，按结构可分为直线光栅和圆光栅，直线光栅用于测量直线位移，圆光栅用来测量角位移。光栅装置是数控设备、坐标镗床、工具显微镜 $X\text{-}Y$ 工作台上广泛使用的位置检测装置，主要用于测量运动位移，确定工作台运动方向及速度。

数控机床上用的光栅尺，是利用两个光栅相互重叠时形成的莫尔条纹现象，制成的光电式位移测量装置，按制造工艺不同可分为透射光栅和反射光栅。透射光栅是在透明的玻璃表面刻上间隔相等的不透明的线纹制成的，线纹密度可达到每毫米100条以上；反射光栅一般是在金属的反光平面上刻上平行、等距的密集刻线，利用反射光进行测量，其刻线密度一般为每毫米4~50条。

直线透射光栅中移动的光栅一般为短光栅，长光栅安装在机床的固定部件上。短光栅随工作台一起移动，长光栅的有效长度即为测量范围。两块光栅的刻线密度（即栅距）相等，其相互平行并保持一定的间隙（0.05~0.1mm），并且两块光栅的刻线相互倾斜成一个微小的角度 θ。

当光线平行照射光栅时，由于光的透射及衍射效应，在与线纹垂直的方向上，准确地说，在与两光栅线纹夹角 θ 的平分线相垂直的方向上，会出现明暗交替、间隔相等的粗条纹，这就是莫尔干涉条纹，简称莫尔条纹。

当光栅移动一个栅距时，莫尔条纹也相应移动一个莫尔条纹的间距，即光栅某一固定点的光强按照一暗一明的规律交替变化一次。因此，只要读出光电元件上移动的莫尔条纹数目，就可知光栅移动的栅距，从而知道运动部件的准确位移量。

试题精选：

数控机床上用的（B），是利用两个光栅相互重叠时形成的莫尔条纹现象，制成的光电式位移测量装置。

A. 指示光栅　　B. 光栅尺　　C. 光电元件　　D. 光学系统

鉴定点5　数控机床感应同步器原理

问：什么是感应同步器？

答：感应同步器是一种电磁式位置检测传感器，用于直线位移的测量，主要部件包括定尺和滑尺。

定尺与滑尺分别安装在机床床身和移动部件上，定尺或滑尺随工作台一起移动，两者平行放置，保持 0.2~0.3mm 间隙。标准的感应同步器定尺为 250mm，尺上有单向、均匀、连续的感应绕组；滑尺长 100mm，尺上有两组励磁绕组，一组为正弦励磁绕组，一组为余弦励磁绕组。绕组的节距与定尺绕组节距相同，均为 2mm。当正弦励磁绕组与定尺绕组对齐时，余弦励磁绕组与定尺绕组相差 1/4 节距。由于定尺绕组是均匀的，故滑尺上的两个绕组在空间位置上相差 1/4 节距，即 π/2 相位角。

定尺和滑尺的基板采用与机床床身的热胀系数相近的材料，上面有用光学腐蚀方法制成铜箔锯齿形的印制电路绕组，铜箔与基板之间有一层极薄的绝缘层。在定尺铜绕组上涂一层耐腐蚀的绝缘层，以保护尺面。在滑尺绕组上面用绝缘黏结剂粘贴一层铝箔，以防静电感应。

感应同步器可以采用多块定尺接长，相邻定尺间隔通过调整，使总长度上的累积误差不大于单块定尺的最大偏差。行程为几米到几十米的中型或大型机床中，工作台位移的直线测量大多数采用感应同步器来实现。感应同步器的工作原理是：当励磁绕组与感应绕组间发生相对位移时，由于电磁耦合的变化，使感应绕组中的感应电压随位移的变化而变化，感应同步器测量滑尺和定尺间的直线位移。根据励磁绕组中励磁方式的不同，感应同步器也有相位工作方式和幅值工作方式。

试题精选：

感应同步器的定尺和滑尺处于相互平行的位置时，中间保持一个很小的距离（如 0.25mm）。当滑尺上正弦、余弦绕组的两端有交流电流通过，并在绕组周围产生交变磁场时，处于交变磁场中的定尺绕组（感应绕组）上产生一定的感应电动势。这个感应电动势的大小与接入交流电压（励磁电压）和两尺的（A）有关。

A. 相对位置　　B. 绝对位置　　C. 间隙　　D. 平行度

鉴定点6　旋转变压器的工作原理

问：什么是旋转变压器？旋转变压器是如何工作的？

答：旋转变压器属于电磁式位置检测传感器，它将机械转角变换成与该转角呈某一函数关系的电信号，可用于角位移测量。在结构上和两相绕线转子异步电动机的结构相似，可分为定子和转子两大部分。定子和转子的铁心由冲成槽状的铁镍软磁合金或硅钢薄板叠成。它们的绕组分别嵌入各自的槽状铁心内。定子绕组通过固定在壳体上的接线柱直接引出。转子绕组有两种不同的引出方式，根据转子绕组两种不同的引出方式，旋转变压器分为有刷式和无刷式两种结构形式。

实际应用的旋转变压器为正、余弦旋转变压器，其定子和转子各有互相垂直的两个绕组。其中，定子上的两个绕组分别为正弦绕组和余弦绕组，励磁电压用 u_{1s} 和 u_{1c} 表示，转子绕组中一个绕组为输出电压 u_2，另一个绕组接高阻抗作为补偿，θ 为转子偏转角。定子绕组通入不同的励磁电压，可得到两种工作方式，即相位工作方式和幅值工作方式。

1）相位工作方式：转子输出电压的相位角和转子的偏转角之间有严格的对应关系，只要检测出转子输出电压的相位角，即可知转子的偏转角。

2）幅值工作方式：转子感应电压的幅值随转子偏转角而变化，测量出幅值即可求得偏转角，从而获得被测轴的角位移。

试题精选：

旋转变压器是根据互感原理工作的，而旋转变压器的一次、二次绕组的相对位置随转子的（B）而发生改变，因而其输出电压的大小也随之变化。

A. 角速度　　B. 角位移　　C. 位移　　D. 角加速度

鉴定点 7　数控机床伺服系统的概念

问：数控机床进给伺服系统组成有哪些？检测元件和驱动元件有哪些？

答：数控机床进给伺服系统主要由伺服驱动控制系统与数控机床进给机械传动机构两大部分组成。数控机床进给机械传动机构通常由滚珠丝杠、机床导轨和工作台拖板等组成。

对于伺服驱动控制系统，按照有无检测反馈元件，可分为开环、闭环两种控制方式，而根据检测元件位置不同，闭环伺服系统又分为半闭环、全闭环。

（1）开环伺服系统　由步进电动机驱动电源和步进电动机组成，无位置检测反馈。

（2）闭环伺服系统　闭环伺服系统是外环为位置环、内环为速度环的控制系统。速度环是控制电动机转速的电路，由速度调节器、电流调节器及功率驱动放大器等组成。位置环是控制各坐标轴按指令位置精确定位的控制环节，一是位置测量元件的精度与数控系统脉冲当量的匹配问题，二是位置环增益系数 K_v 的正确设定与调节。

用于位置检测的元件有光栅、光电编码器、感应同步器、旋转变压器和磁栅等；用于速度反馈的检测装置为测速发电机或光电编码器等。

驱动元件有直流伺服电动机和交流伺服电动机。

试题精选：

下列元件中既能用作速度检测反馈又能用作位置检测反馈的元件是（D）。

A. 光栅　　B. 磁栅　　C. 旋转变压器　　D. 光电编码器

鉴定点 8　数控机床的编程方法

问：数控机床常用的编程方法有哪些？

答：按照图样及工艺编制零件加工程序，编程方法有直接编程和计算机辅助编程两种方法。

（1）直接编程　直接编程是指编程员用数控机床提供的指令直接编写出零件加工程序及相关技术文件。直接编程按其数据输入及处理方式，可分为以下 3 类：

1）用数控系统指令代码编程。在此情况下，必须按照数控机床的规定进行。

2）用户宏程序编程。数控系统提供变量、数据计算、程序控制等功能，用户使用这些功能编程，完成加工。

3）会话编程。用图形进行数据输入或对话型语言编程，数据由数控系统内部处理后，生成代码加工程序。

（2）计算机辅助编程　计算机辅助编程是利用计算机及其外围设备，运用相应的前置处理程序和后置处理程序对零件源程序进行处理，得到加工程序的一种编程方法。根据源程序的生成方法，计算机辅助编程分为3种：

1）数控语言编程。用数控语言（如 APT 语言）对工件的几何形状及刀具相对工件的运动进行描述，产生刀位文件，再经后置处理生成数控加工程序。

2）图形输入编程。以图形交互方式生成工件的几何形状及刀具相对工件的运动，再生成数控加工程序。

3）CAD/CAM 系统编程。以计算机辅助设计（CAD）建立的几何模型为基础，再以计算机辅助制造（CAM）为手段，生成数控加工程序。

这类编程系统常用的软件有 CAXA、Mastercam、UG、PRO-E 等。

试题精选：

下列编程方法中不是计算机辅助编程源程序生成方法的是（A）。

A. 用户宏程序编程　　B. 数控语言编程

C. 图形输入编程　　　D. CAD/CAM 系统编程

鉴定点 9　数控机床电气部分的维护保养

问：数控机床电气维护保养的项目有哪些？

答：数控机床电气维护保养的项目包含以下内容：

（1）数控系统控制部分的检查和保养

1）检查有关的电压值是否在规定的范围内，应按要求调整。

2）检查系统内各电器元件连接是否松动。

3）检查各功能模块的风扇运转是否正常，清除风扇及滤尘网的尘灰。

4）检查伺服放大器和主轴放大器使用的外接式再生放电单元的连接是否可靠，并清除灰尘。

5）检查各功能模块存储器的后备电池电压是否正常，应根据厂家要求进行定期更换。

（2）伺服电动机和主轴电动机的检查和保养　对于伺服电动机和主轴电动机，应重点检查噪声和温升。若噪声和温升过大，应查明是轴承等机械问题还是与其相配的放大器的参数设置问题，并采取相应的措施加以解决，还应该检查电动机的冷却风扇运转是否正常并清扫灰尘。

（3）测量反馈元件的检查和保养　数控系统采用的测量反馈元件包括编码器、光栅尺、感应同步器、磁尺、旋转变压器等，应根据使用环境定期进行检查和保养，检查测量反馈元件连接是否松动，是否被油液或灰尘污染。

测量反馈元件的重新安装应严格按规定要求进行，否则可能造成新的故障。

（4）电气部分的维护保养　电气部分包括电源输入电路、继电器、接触器、控制电路等，可按下列步骤进行检查：

1) 检查三相电源电压是否正常。如果电压超出允许范围，则应采取措施。

2) 检查所有电器元件连接是否良好。

3) 借助数控系统 CRT 显示的诊断画面或输入/输出模块上的 LED 指示灯，检查各类开关是否有效，否则应更换。

4) 检查各接触器、继电器工作是否正常，触点是否良好。可用数控语言编制功能试验程序，通过运行该程序确认各控制部件工作是否正常。

5) 检查热继电器、电弧抑制器等保护元件是否有效。

以上检查应每年进行一次。另外，还要特别注意电气控制柜的防尘和散热问题。

试题精选：

对于数控机床的伺服电动机和主轴电动机，应重点检查（A）和（B）。

A. 绕组　　B. 噪声　　C. 温升　　D. 轴承

鉴定范围2　工业机器人调试

鉴定点1　工业机器人的概念

问：什么是工业机器人？

答：国际标准化组织对工业机器人进行了定义："工业机器人是一种具有自动控制的操作和移动功能，能完成各种作业的可编程操作机。"一般来说，机器人具有以下3大特征。

（1）拟人功能　机器人是模仿人或动物肢体动作的机器，能像人一样使用工具。因此，数控机床和汽车不是机器人。

（2）可编程　机器人具有智力或感觉与识别能力，可随工作环境变化的需要而再编程。一般的电动玩具没有感觉和识别能力，不能再编程，因此不能称为真正的机器人。

（3）通用性　一般机器人在执行不同作业任务时，具有较好的通用性，如通过更换机器人手部末端操作器（手爪、工具等）可执行不同的任务。

我国科学界对机器人的定义是："机器人是一种自动化的机器，所不同的是这种机器具备一些与人或生物相似的智能能力，如感知能力、规划能力、动作能力和协同能力，是一种具有高度灵活性的自动化机器"。

试题精选：

工业机器人是用于从事工业生产，能够自动执行工作指令的（C）。

A. 电子装置　　B. 机械装置　　C. 电子机械装置　　D. 控制装置

鉴定点2　工业机器人的组成

问：工业机器人主要由哪些部分组成？

答：工业机器人通常由执行机构、驱动传动装置、控制系统和监测系统（位形监测、检测系统）4部分组成。这些部分之间的关系如图1-1所示。

（1）执行机构　执行机构也称为操作机，是机器人完成工作任务的实体，通常由杆件

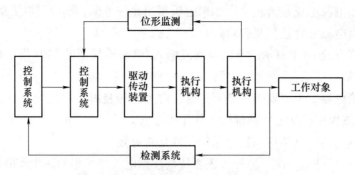

图 1-1　工业机器人各部分之间的关系

和关节组成。从功能角度，执行机构可分为手部、腕部、臂部、腰部（立柱）和基座等。

（2）驱动传动装置　驱动传动装置包括驱动器和传动机构两部分，它们通常与执行机构连成机器人本体。驱动器通常分为：

1）电动机驱动：直流伺服电动机、步进电动机、交流伺服电动机。

2）液压驱动和气动驱动。

（3）控制系统　通过对驱动系统进行控制，使执行系统按照规定的要求工作。控制系统一般由控制计算机和伺服控制器组成。

（4）监测系统　监测系统的作用是通过各种检测器、传感器、检测执行机构的运动情况，根据需要反馈给控制系统，与设定值进行比较后对执行机构进行调整，以保证其动作符合设计要求。

试题精选：

（×）工业机器人通常由执行机构、驱动传动装置机构、控制系统三部分组成。

鉴定点 3　工业机器人的分类

问：工业机器人如何分类？

答：机器人一般可分为：操作型机器人、程控型机器人、示教再现机器人、数控型机器人、感觉控制型机器人、适应控制型机器人、学习控制型机器人和智能机器人。

一般按照下列 3 种方法对机器人进行分类：

（1）按设备的机械结构分类　机器人的主要运动轴一般有 1~3 个自由度，由结实耐用的关节构成。因而，大部分机器人按这些关节所用的坐标系将机器人分为 4 类：四柱坐标、球坐标、笛卡儿坐标和直多关节机器人。

（2）按控制部件（即关节或轴）分类　机器人可分为非伺服控制的机器人和伺服控制的机器人。

（3）按用途分类　工业机器人是面向工业领域的多关节机械手或多自由度机器人。其按用途可以分为：

1）搬运机器人。这种机器人用途很广，一般只需进行点位控制，即被搬运零件无严格的运动轨迹要求，只要求起始点和终点位姿准确，如机床上用的上下料机器人、工件堆垛机器人、注塑机配套用的机械等。

2）喷涂机器人。这种机器人多用于喷漆生产线上，重复位姿精度要求不高，但由于漆雾易燃，一般采用液压驱动或交流伺服电动机驱动。

3）焊接机器人。这是目前使用最多的一类机器人，它又可分为点焊和弧焊两类。

4）装配机器人。这类机器人要有较高的位姿精度，手腕具有较大的柔性，目前大多用于机电产品的装配作业。

试题精选：

机器人按控制部件（即关节或轴）分类，可分为（A）机器人和（B）机器人。

A. 非伺服控制 　　B. 伺服控制 　　C. 感觉控制 　　D. 适应控制

鉴定点 4　工业机器人的发展

问：我国的工业机器人是什么时间出现的？

答：工业机器人一般指用于机械制造业中代替人完成具有大批量、高质量要求的工作，如汽车制造、摩托车制造、舰船制造、某些家电（电视机、电冰箱、洗衣机等）生产，以及化工等行业自动化生产线中的点焊、弧焊、喷漆、切割、电子装配与物流系统的搬运、包装、码垛等作业的机器人。我国工业机器人起步于 20 世纪 70 年代初期，经过 50 多年的发展，大致经历了 4 个阶段：20 世纪 70 年代的萌芽期、20 世纪 80 年代的开发期、20 世纪 90 年代的适用化期和 2000 年至今的普及推广期。20 世纪 70 年代世界上工业机器人的应用掀起一个高潮，我国于 1972 年开始研制自己的工业机器人。进入 20 世纪 80 年代后，在高技术浪潮的冲击下，随着改革开放的不断深入，我国机器人技术的开发与研究得到了政府的重视与支持。从 20 世纪 90 年代初期起，我国的国民经济进入实现两个根本性转变的时期，掀起了新一轮的经济体制改革和技术进步热潮，我国的工业机器人又在实践中迈进一大步，先后研制出了点焊、弧焊、装配、喷漆、切割、搬运、包装码垛等各种用途的工业机器人，并实施了一批机器人应用工程，形成了一批机器人产业化基地，为我国机器人产业的腾飞奠定了基础。

试题精选：

我国工业机器人起步于（B）。

A. 20 世纪 60 年代 　　　　　B. 20 世纪 70 年代初期

C. 20 世纪 70 年代中期 　　　D. 20 世纪 80 年代初期

鉴定点 5　工业机器人控制系统的特点

问：工业机器人控制系统的任务和特点有哪些？

答：工业机器人控制系统的主要任务是控制工业机器人在工作空间中的运动位置、姿态、轨迹、操作顺序及动作的时间等。

工业机器人控制系统可称为机器人的大脑。机器人的感知、判断、推理都是通过控制系统的输入、运算、输出来完成的，所有行为和动作都必须通过控制系统发出相应的指令来实现。工业机器人要与外围设备协调动作，共同完成作业任务，就必须具备一个功能完善、灵敏可靠的控制系统。机器人的控制系统也是结构设计中的关键系统，控制系统一般由控制计算机和伺服控制器组成。前者发出指令协调各关节驱动器之间的运动，同时还要完成编程、示教、再现，以及和其他环境状况、工艺要求、外围相关设备之间的信息传递和协调工作。后者控制各关节驱动器，使各关节按照一定的速度、加速度和位置要求进行运动。工业机器人的控制系统可分为两大部分：一部分是对其自身运动的控制，另一部分是工业机器人与周边设备的协调控制。

试题精选：

工业机器人的控制系统具有与运动学及动力学原理密切相关、（D）的特点。

A. 计算机控制系统　　B. 非线性　　C. 多变量控制系统　　D. 以上都是

鉴定点 6　工业机器人控制系统的功能

问：工业机器人控制系统的功能有哪些？

答：工业机器人控制系统具有编程简单、人机交互界面友好、在线操作方便等特点。其基本功能如下：

1）示教功能：分为在线示教和离线示教两种方式。

2）记忆功能：可存储作业顺序、运动路径和方式及与生产工艺有关的信息等。

3）与外围设备联系功能：包括输入/输出接口、通信接口、网络接口等。

4）传感器接口：包括位置检测、视觉、触觉、力觉等。

5）故障诊断安全保护功能：运行时可进行状态监视、故障状态下的安全保护和自诊断。

试题精选：

工业机器人控制系统的主要功能是（A）功能和运动控制功能。

A. 示教再现　　B. 速度控制　　C. 加速度控制　　D. 位置控制

鉴定点 7　工业机器人控制系统的关键技术

问：工业机器人控制系统的关键技术有哪些？

答：工业机器人控制系统的关键技术包括：

（1）开放性模块化的控制系统　体系结构采用分布式 CPU 计算机结构，分为机器人控制器（RC）、运动控制器（MC）、光电隔离 I/O 控制板、传感器处理板和编程示教盒等。机器人控制器和编程示教盒通过串口/CAN 总线进行通信。机器人控制器的主计算机完成机器人的运动规划、插补和位置伺服及主控逻辑、数字 I/O、传感器处理等功能，而编程示教盒完成信息的显示和输入。

（2）模块化、层次化的控制器软件系统　软件系统建立在基于开源的实时多任务操作系统 Linux 上，采用分层和模块化结构设计，以实现软件系统的开放性。整个控制器软件系统分为 3 个层次：硬件驱动层、核心层和应用层。3 个层次分别面对不同的功能需求，对应不同层次的开发。系统中各个层次内部由若干个功能相对独立的模块组成，这些功能模块相互协作共同实现该层次所提供的功能。

（3）机器人的故障诊断与安全维护技术　通过各种信息，对机器人故障进行诊断，并进行相应维护，是保证机器人安全性的关键技术。

（4）网络化机器人控制器技术　当前机器人的应用工程由单台机器人工作站向机器人

生产线发展，机器人控制器的联网技术变得越来越重要。控制器上具有串口、现场总线及以太网的联网功能，可用于机器人控制器之间、机器人控制器同上位机之间的通信，便于对机器人生产线进行监控、诊断和管理。

试题精选：

通过各种信息，对机器人故障进行诊断，并进行相应维护，是保证机器人安全性的关键技术属于（C）。

A. 开放性模块化的控制系统 　　　　B. 网络化机器人控制器技术
C. 机器人的故障诊断与安全维护技术 　D. 模块化、层次化的控制器软件系统

鉴定点 8　工业机器人控制器的分类

问：简述工业机器人控制器的分类。

答：根据计算机结构、控制方式和控制算法的处理方法，机器人控制器可分为集中式控制器和分布式控制器。

（1）集中式控制器　利用一台微型计算机实现系统的全部控制功能。其优点是硬件成本较低，便于信息的采集和分析，易于实现系统的最优控制，整体性与协调性较好，基于计算机的硬件扩展方便。其缺点是灵活性、可靠性、实时性较差。

（2）分布式控制器　主要思想是"分散控制、集中管理"，分布式控制器常采用两级控制方式，由上位机和下位机组成。上位机负责整个系统管理及运动学计算、轨迹规划等；下位机由多个 CPU 组成，每个 CPU 控制一个关节运动。上位机和下位机通过通信总线相互协调工作。分布式控制器的优点是系统灵活性好、可靠性高、响应时间短，有利于系统功能的并行执行。

试题精选：

（×）集中式控制器的优点是系统灵活性好、可靠性高、响应时间短，有利于系统功能的并行执行。

鉴定点 9　工业机器人控制系统的组成

问：工业机器人控制系统由哪几部分组成？

答：工业机器人控制系统可分为两部分：一部分是对其自身运动的控制，另一部分是工业机器人与周边设备的协调控制。工业机器人的控制系统需要由相应的硬件和软件组成，硬件主要由传感装置、控制装置及关节伺服驱动部分组成，软件包括运动轨迹规划算法、关节伺服控制算法及相应的工作程序。传感装置分为内部传感器和外部传感器，内部传感器主要用于检测工业机器人内部各关节的位置、速度和加速度等，而外部传感器可以使工业机器人感知工作环境和工作对象状态的视觉、力觉、触觉、听觉、滑觉、接近觉、温度觉等。控制装置用于处理各种感觉信息，产生控制指令。关节伺服驱动部分主要根据控制装置的指令，按作业任务的要求驱动各关节运动。

试题精选：

工业机器人控制系统的硬件部分不包括（D）。

A. 传感装置　　B. 控制装置　　C. 关节伺服驱动部分　　D. 控制程序

鉴定点 10　工业机器人的控制方式

问：简述工业机器人的控制方式。

答：工业机器人的控制方式有很多种分类，按照运动坐标的控制方式来分类，分为关节空间运动控制、直角坐标空间运动控制；按照控制系统对工作环境变化的适应程度来分类，分为程序控制、适应性控制、人工智能控制；按照同时控制机器人的数量来分类，分为单控制和群控制。通常按照运动控制方式的不同来分类，分为位置控制、速度控制、力控制（包括位置/力混合控制）等。

试题精选：

机器人按照运动控制方式的不同进行分类，可分为（A、B、C）等。

A. 位置控制　　B. 速度控制　　C. 力控制（包括位置/力混合控制）　　D. 智能控制

鉴定点 11　工业机器人的周边辅助设备

问：工业机器人的周边辅助设备有哪些？

答：常见的工业机器人辅助设备有金属检测机、重量复检机、自动剔除机、倒袋机、整形机、待码输送机、滑移平台、变位机和清枪装置等。

1）金属检测机可以防止生产过程中混入金属等异物，需要金属检测机进行流水线检测。

2）重量复检机在自动化码垛流水作业中起到重要作用，可以检测前工序是否漏装、多装，以及对合格品、欠重品、超重品进行统计，进而控制产品质量。

3）自动剔除机安装在金属检测机和重量复检机之后，主要用于剔除含金属异物或重量不合格的产品。

4）倒袋机是将输送过来的袋装码垛物按照预定程序进行输送、倒袋、转位等操作，使其按流程进入后续工序。

5）整形机主要针对袋装码垛物，经整形机整形后，袋装码垛物内可能存在的积聚物会均匀分散，进入后续工序。

6）待码输送机是码垛机器人生产线的专用输送设备，码垛货物聚集于此，便于码垛机器人末端执行器抓取，可提高码垛机器人的灵活性。

7）增加滑移平台是搬运机器人增加自由度最常用的方法，滑移平台可安装在地面或龙门框架上。

8）在有些焊接场合，由于工件的空间几何形状过于复杂，焊接机器人的末端工具无法到达指定的焊接位置或姿态，此时可以通过增加1~3个外部轴的办法来增加机器人的自由度。其中一种做法是采用变位机让焊接工件移动或转动，使工件上的待焊部位进入机器人的作业空间。根据实际生产需要，焊接变位机可以有多种形式，有单回转式、双回转式和倾翻回转式。

9）机器人在施焊过程中焊钳电极头的氧化磨损、焊枪喷嘴内外残留的焊渣以及焊丝干伸长的变化等会影响产品的焊接质量及其稳定性。常见清枪装置有焊钳电极修磨机和焊枪自动清枪站。

试题精选：

（×）重量复检机不属于工业机器人的外围辅助设备。

鉴定点 12 工业机器人的编程方式

问：工业机器人的编程方式有哪些？

答：为了提高工业机器人的工作效率，出现了多种编程方式，如在线示教编程、离线编程和自主编程，它们各有特点。

（1）在线示教编程 在线示教编程通常是由操作人员通过示教器控制末端执行器到达指定位姿，记录工业机器人位姿数据并编写工业机器人运动指令，完成工业机器人在正常加工轨迹规划、位姿等关键数据信息的采集和记录。

经过示教后，工业机器人在实际运行时将使用示教过程中保存的数据，经过插补运算，可以再现在示教点上记录的工业机器人位置。在线示教编程的交口是示教器键盘，操作人员通过示教器键盘向机器人发送控制指令，控制器通过运算完成对工业机器人的控制，工业机器人的运动和状态信息也会通过控制器的运算显示在示教器上。

（2）离线编程 离线编程适合在仿真环境下针对复杂路径进行规划和生成，节约时间，方便操作。

（3）自主编程 自主编程无需繁重的示教，也不需要根据工作台信息对工作过程中的偏差进行纠正，不仅提高了机器人的自主性和适应性，也成为未来工业机器人发展的趋势。

1）基于激光结构光传感器的自主编程 其原理是将激光结构光传感器安装在焊接机器人的末端执行器上，形成"眼在手上"的工作方式。

2）基于双目视觉的自主编程 它是实现工业机器人路径自主规划的关键技术，其原理是：在一定条件下，由主控计算机通过双目视觉传感器识别工件的图像，从而得出工件的三维数据，计算出工件的空间轨迹和方位，并引导工业机器人按优化拣选要求自动生成工业机器人末端执行器的位姿参数。

3）多传感器信息融合的自主编程 它采用力传感器、视觉传感器和位移传感器构成一个高精度自动路径生成系统。该系统集成了力、视觉、位移控制，引入了视觉伺服，工业机器人可以根据传感器的反馈信息执行动作。由该系统控制的工业机器人自动跟随曲线，力传感器用于保持 TCP（工具坐标系的中心点）位置恒定。多传感器信息融合的自主编程能够根据视觉传感器、力传感器等多种传感器的综合数据，规划自主轨迹，从而完成动作轨迹。

试题精选：

工业机器人示教编程一般可分为手把手示教编程和（A）示教编程。

A. 示教盒   B. 计算机   C. 单板机   D. PLC

鉴定点 13 工业机器人示教编程

问：工业机器人示教编程的步骤及特点有哪些？

答：工业机器人示教编程的步骤及特点如下：

（1）示教编程的步骤 示教编程一般用于示教-再现型机器人中。目前，大部分工业机器人的编程方式都是采用示教编程。示教编程分为 3 个步骤：

1）示教。操作者根据机器人作业任务把机器人末端执行器送到目标位置。

2）存储。示教过程中，机器人控制系统将这一运动过程和各关节位姿参数存储到机器人的内部存储器中。

3）再现。当需要机器人工作时，机器人控制系统调用存储器中的对应数据，驱动关节运动，再现操作者的手动操作过程，从而完成机器人作业的不断重复和再现。

（2）示教编程的特点

1）示教编程的优点是不需要操作者具备复杂的专业知识，也无需复杂的设备，操作简单、易于掌握。目前常用于一些任务简单、轨迹重复、定位精度要求不高的场合，如焊接、码垛、喷涂及搬运作业。

2）示教编程的缺点是很难示教一些复杂的运动轨迹，重复性差，无法与其他机器人配合操作。

试题精选：

（√）示教编程常用于一些任务简单、轨迹重复、定位精度要求不高的场合。

鉴定点 14　工业机器人的动力系统

问：工业机器人的动力系统有哪些类型？

答：工业机器人的动力系统包括动力装置和传动机构两大部分，动力装置是为工业机器人执行机构提供执行任务的动力来源，传动机构是把动力装置的动力传递给执行机构的中间设备。工业机器人动力系统框图如图 1-2 所示。动力系统是驱使执行机构运动的装置，它将电能或流体能等转换成机械能，按照控制系统发出的指令信号，借助于动力元件使工业机器人完成指定的工作任务。它是使机器人运动的动力机构，是机器人的心脏。该系统输入的是电信号，输出的是线位移、角位移量。

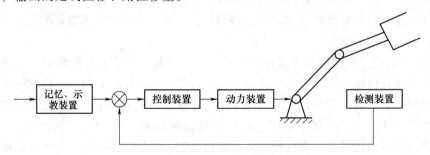

图 1-2　工业机器人动力系统框图

工业机器人的动力系统按动力源不同分为液压驱动、气压驱动和电动机驱动三大类，也可根据需要由这三种基本类型组合成复合式的动力系统。工业机器人以高精度和高效率为主要特征在各行各业中广泛使用，采用电动机驱动最为普遍，但进行大型作业的机器人往往使用液压驱动，较为简单或要求防爆的机器人可采用气压驱动。

（1）液压动力系统　液压动力系统是利用存储在液体内的势能驱动工业机器人运动的系统，主要包括直线位移或旋转式活塞、液压伺服系统。液压伺服系统利用伺服阀改变液流截面，与控制信号成比例地调节流速。液压驱动的特点是动力大，力或力矩惯量大，响应快速，易于实现直接驱动等，故适于在承载能力大、惯量大、防爆环境条件下使用，但由于要进行电能转换为液压能的能量转换，速度控制多采用节流调速，效率比电动驱动低。液压系统液体泄漏会对环境造成污染，工作噪声较大，一般适用于大负荷机器人。

（2）气动动力系统　气动动力系统是利用气动压力驱动工业机器人运动的系统，一般由活塞和控制阀组成。其特点是速度快，系统结构简单，维修方便，价格低廉，适于中小负荷机器人，但实现伺服控制困难，多用于程序控制的机器人中，如上下料、冲压等。

（3）电动动力系统　电动动力系统有步进电动机驱动、直流伺服电动机驱动和交流伺服电动机驱动等方式。近年来，低惯量、大转矩交直流伺服电动机及其配套的伺服驱动器广泛用于各类机器人中。其特点是：无需能量转换，使用方便，噪声较小，控制灵活。大多数电动机后面需装精密的传动机构，直流有刷电动机不能用于要求防爆的环境中。近几年又研发了直接驱动电动机，使机器人能快速、高精度定位，已广泛用于装配机器人中。

试题精选：

工业机器人的驱动方式按动力源划分，不属于工业机器人的驱动方式是（B）。

A. 电动机驱动　　　B. 伺服驱动　　　C. 液压驱动　　　D. 气压驱动

鉴定点 15　工业机器人的坐标系

问：工业机器人的坐标系有哪些类型？

答：工业机器人坐标系的分类如下：

（1）基坐标系　基坐标系又称为机座坐标系，位于机器人机座。基坐标系在机器人坐标中有相应的零点，可使固定安装机器人的移动具有可预测性。在正常配置的机器人系统中，操作人员可通过控制杆进行坐标系的移动。

（2）世界坐标系　世界坐标系又称为大地坐标系或绝对坐标系。世界坐标系是被固定在空间上的标准直角坐标系，其被固定在由机器人事先确定的位置。用户坐标系是基于该坐标系而设定的，它用于位置数据的示教和执行。

（3）用户坐标系　机器人可以和不同的工作台或夹具配合工作，在每个工作台上建立一个用户坐标系。机器人大部分采用示教编程的方式，步骤烦琐，对于相同部件，若放置在不同工作台上进行操作，不必重新编程，只需相应地变换到当前用户坐标系下。用户坐标系在基坐标系和世界坐标系下建立。

（4）工件坐标系　工件坐标系与工件相关，最适于对机器人进行编程。工件坐标系定义工件相对于大地坐标系（或其他坐标系）的位置。工件坐标系具有特定的附加属性，主要应用于简化编程。它拥有两个框架：用户框架和工件框架。机器人可以拥有若干工件坐标系表示不同的工件，或者表示同一工件在不同位置的若干状态。对机器人进行编程就是在工件坐标系中创建目标和路径。重新定位工作站中的工件时，只需更改工件坐标系的位置，所有路径将随之更新。允许操作以外轴或传送导轨移动的工件，因为整个工件可连同其路径一起移动。

（5）工具坐标系　安装在末端法兰盘上的工具需要在其 TCP 定义一个工具坐标系，通过坐标系的转换，可以操作机器人在工具坐标系下运动，以方便操作。如果工具磨损或更换，只需重新定义工具坐标系，而不需要更改程序。工具坐标系建立在腕坐标系下，即两者之间的相对位置和姿态是确定的。

（6）关节坐标系　关节坐标系用来描述机器人每个独立关节的运动，以方便操作，可以一次驱动各关节运动，从而引导机器人末端到达指定位置。

试题精选：

机器人坐标系主要有关节坐标系和（D）。

A. 世界坐标系　　B. 工具坐标系　　C. 用户坐标系　　D. 以上都是

鉴定点 16　工业机器人编程语言的类型

问：工业机器人编程语言有哪些？

答：工业机器人编程语言分为动作级编程语言、对象级编程语言和任务级编程语言。

（1）动作级编程语言　它是最低级的工业机器人编程语言。它以工业机器人的运动描述为主，通常一条指令只对应工业机器人的一个动作，表示工业机器人位姿运动到另一个位姿，简单易学、编程容易，但功能有限。动作级编程语言又分为关节级编程和末端执行器级编程。

（2）对象级编程语言　它是描述操作对象的语言。它不需要描述工业机器人的运动，只需要编程人员用程序描述出作业本身的顺序过程和环境模型，即描述操作对象之间的关系，工业机器人通过编译程序就能知道如何动作。

（3）任务级编程语言　它是比前两种编程语言更高级的编程语言，也是最理想的工业机器人高级编程语言。这类语言不需要用工业机器人的动作描述作业任务，也不需要描述工业机器人操作对象的中间状态的过程，只需要按照某种规则描述工业机器人操作对象的初始状态和最终目标状态。工业机器人语言系统可利用已有环境信息、知识库、数据库自动进行推理、计算，从而自动生成工业机器人的动作顺序和数据。

试题精选：

最高级别的工业机器人编程语言是（C）。

A. 动作级编程语言　　B. 对象级编程语言

C. 任务级编程语言　　D. 会话级编程语言

鉴定点 17　工业机器人编程语言的基本功能

问：工业机器人编程语言有哪些基本功能？

答：工业机器人编程语言的基本功能有运算功能、决策功能、通信功能、运动功能、工具指令功能和传感数据处理功能。

试题精选：

工业机器人编程语言具有的基本功能不包括：（D）。

A. 运算功能　　B. 决策功能　　C. 通信功能　　D. 智能功能

鉴定点 18　工业机器人编程的基本要求

问：工业机器人编程有哪些基本要求？

答：工业机器人编程的基本要求如下：

（1）建立世界坐标系及其他坐标系 为了便于描述物体在三维空间中的运动方式，需要给工业机器人及其系统中的其他物体建立一个基础坐标系，即世界坐标系。为了便于工作，还需要建立其他坐标系并进行编程，这些坐标系与世界坐标系有且有唯一的变换关系，这种变换关系用 6 个变量表示。

（2）描述工业机器人的作业情况 对工业机器人作业情况的描述与工业机器人环境模型、编程语言水平有关。现有的工业机器人语言需要给出作业顺序，由语法和词法定义输入语句，并由作业顺序描述整个作业过程。

（3）描述工业机器人的基本运动 描述工业机器人的基本运动是工业机器人编程语言的基本功能之一。操作人员可以运用语言中的运动语句控制路径规划器，路径规划器允许操作人员规定路径上的点及目标点，操作人员可以决定是否采用点插补运动或直线运动，还可以控制工业机器人的运动速度或运动持续时间。

（4）用户规定执行流程 与一般计算机编程语言相同，工业机器人编程系统允许用户规定执行流程，包括转移、循环、调用子程序、中断及程序试运行等。

1）在线修改和重启功能。

2）传感器输出和程序追踪功能。

3）仿真功能。

4）人机接口和综合传感信号。

试题精选：

工业机器人中，其他坐标系与世界坐标系的变换关系可以用（D）个变量表示。

A. 3　　　　B. 4　　　　C. 5　　　　D. 6

鉴定点 19　工业机器人控制柜的安装

问：工业机器人控制柜的安装有哪些要求？

答：工业机器人控制柜前面板一般装有电源开关、操作面板及示教盒。电源开关用于控制装置的电源通断；操作面板上装有按钮，以供执行所需的操作，如伺服开、伺服关、报警指示灯、使能开关、权限开关和急停等操作；示教盒装有按键和按钮，以便执行示教、文件操作及各种条件的设定。

工业机器人控制柜的安装位置要求：控制柜应安装在机器人动作范围之外；控制柜应安装在能看清机器人动作的位置；控制柜应安装在便于打开门检查的位置；控制柜应安装在距离墙壁 500mm 以上，以保持维护通道畅通。

试题精选：

关于工业机器人控制柜的安装位置要求说法错误的是（D）。

A. 控制柜应安装在机器人动作范围之外

B. 控制柜应安装在能看清机器人动作的位置

C. 控制柜应安装在便于打开门检查的位置

D. 控制柜应安装在距离墙壁 600mm 以上，以保持维护通道畅通

鉴定点 20　工业机器人控制柜的接线

问：工业机器人控制柜的接线有哪些要求？

答：工业机器人控制柜的接线要求如下：

1）控制柜信号电缆要远离主电源电路。

2）确认各插座和电缆标识的编号，防止错误的连接而引起的设备损坏。所有电缆应安放在地下带盖的电缆沟内。

3）系统必须可靠接地。

4）在切断电源后的 5min 内，不要接触控制柜内的电器元件。

5）接线要严格按照规程进行。

6）不要用手直接接触控制柜中的安全板，防止静电引起故障。

试题精选：

（√）工业机器人控制柜的信号电缆要远离主电源电路。

鉴定点 21　工业机器人控制柜的保养方法

问：工业机器人控制柜的保养有哪些要求？

答：控制柜的维护保养包括一般清洁维护，更换滤布（500h），更换测量系统电池（7000h），更换计算机风扇单元、伺服风扇单元（50000h），检查冷却器（每月）等。保养时间间隔主要取决于环境条件，以及机器人运行时数和温度。机器系统的电池是不可充电的一次性电池，只在控制柜外部电源断电的情况下才工作，其使用寿命约为 7000h。定期检查控制器的散热情况，确保控制器没有被塑料或其他材料所覆盖，控制器周围有足够的间隙，并且远离热源，控制器顶部无杂物堆放，冷却风扇正常工作，风扇进出口无堵塞现象。冷却器回路一般为免维护密闭系统，需按要求定期检查和清洁外部空气回路的各个部件，环境湿度较大时，还需要检查排水口是否定期排水。

试题精选：

工业机器人控制柜的保养，（C）小时需要更换测量系统电池。

A. 500　　　　　B. 1000　　　　　C. 7000　　　　　D. 50000

鉴定点 22　工业机器人本体的保养方法

问：如何进行工业机器人控制柜本体的保养？

答：工业机器人控制柜本体的保养要求如下：

机器人维护保养的目的是防止机器人发生故障而影响生产，并且维修时间紧急，人员紧迫，浪费资源造成损失。对于工业机器人本体而言，主要是工业机械手的清洗和检查、减速器的润滑，以及机械手的轴制动测试。

1）工业机械手底座和手臂需要定期清洗，若使用溶剂则应避免使用丙酮等强溶剂，也可以使用高压清洗设备，但应避免直接向机械手喷射。为了防止静电，不能使用干抹布擦拭。对于中空手腕，如有必要，视需要进行清洗，以避免灰尘和颗粒物堆积，用不起毛的布料清洁，清洁后可在手腕表面涂抹少量凡士林或类似物质，以方便以后的清洗。

2）工业机械手的检查包括：检查各螺栓是否有松动、滑丝现象；易松紧脱离部位是否正常；变速是否齐全，操作系统安全保护、保险装置等是否灵活可靠；检查设备有无腐蚀、漏油、水、电等现象，周围地面清洁、整齐，无油污、杂物等；检查润滑情况，并定时定点加入定质定量的润滑油。

3）工业机器人的轴制动测试是为了确定制动器是否正常工作，因为在操作过程中，每个轴电动机制动器都会正常磨损，必须进行测试。其测试方法如下：

① 运行机械手轴至相应位置，该位置机械手臂总重及所有负载量达到最大值。

② 电动机断电。

③ 检查所有轴是否维持在原位。如果电动机断电时机械手仍没有改变位置，则制动力矩足够。如果还可移动机械手，检查是否还需进一步保护措施。当移动机器人紧急停止时，制动器会帮助停止，从而可能产生磨损。因此，在机器使用寿命期间需要反复测试，以检验机器是否维持着原有能力。

试题精选：

工业机器人的轴制动测试包括：（D）。

A. 运行机械手轴至相应位置　　B. 电动机断电

C. 检查所有轴是否维持在原位　　D. 以上都是

鉴定范围3　单片机控制的电气装置装调及维修

鉴定点1　单片机控制系统开发流程

问：简述单片机控制系统开发流程。

答：单片机控制系统开发流程如下：

（1）明确客户需求　单片机开发的首要任务是分析和了解项目的总体要求，并综合考虑系统使用环境、可靠性要求、可维护性及产品的成本等因素。

（2）分析软件、硬件功能　因为单片机开发由软件和硬件两部分组成。在应用系统中，有些功能既可由硬件来实现，也可以用软件来完成。硬件的使用可以提高系统的实时性和可靠性；使用软件实现，可以降低系统成本，简化硬件结构。因此在总体考虑时，必须综合分析以上因素，合理地制定硬件和软件任务的比例。

（3）确定客户需求的单片机及所需的元器件　根据客户的需求有针对性地选择能满足客户要求的单片机，以便达到客户要求的性能及稳定性。

（4）电路设计　根据设计要求和单片机及元器件的选型，设计出对应的电路原理图。

（5）单片机软件开发　确定软件系统的程序结构并划分功能模块，然后对各模块在系统软件设计和电路设计的基础上进行程序设计。

（6）仿真调试　软件开发和电路设计结束后，进入两者的整合调试阶段。为避免浪费资源，在生成实际电路板之前，可以利用软件进行系统仿真，出现问题可以及时修改。完成系统仿真后，利用绘图软件，根据电路原理图进行PCB设计，然后将PCB图交给相关厂商生产电路板。拿到电路板后，为便于更换元器件和修改电路，首先在电路板上焊接所需芯片插座，并利用编程器将程序写入单片机。接下来将单片机及其他芯片插到相应的芯片插座中，接通电源及其他输入、输出设备，进行系统联调，直至调试成功。

（7）现场测试、用户试用　把测试好的产品拿到客户所应用的场景，进行现场调试，直至客户满意为止，然后把产品给客户试用。

试题精选：

（√）进行单片机控制系统开发时，必须进行仿真调试后才能进行现场测试和用户试用。

鉴定点2　单片机编程软件的功能

问：单片机常用的编程软件及功能有哪些？

答：单片机编程一般用 C 语言和汇编语言，其编程软件及功能主要有以下几种：

（1）Keil 编程开发环境　Keil 是单片机编程的核心工具，用来编写和编译程序，还有一个最重要的功能是仿真。

（2）Notepad++　如果一个代码量很大的 C 文件，找函数和变量都比较方便，一般用 Notepad++ 来编写和修改程序，然后用 Keil 来编译。

（3）Altium Designer　如果是软件开发，通常只用 Altium Designer 来看原理图。

（4）SSCOM SSCOM 是一个串口调试工具，也是单片机编程必备的软件之一。

其中，Keil C51 单片机编程软件提供了 C 编译器、宏汇编、链接器、库管理和一个功能强大的仿真调试器等在内的完整开发方案，通过一个集成开发环境（μVision）将这些部分组合在一起。Keil C51 集成开发环境的主要功能如下：

1）RTX-51 实时操作系统，简化了复杂的实时应用软件项目的设计。

2）C51 国际际准化 C 交叉编译器，从 C 源代码产生就可以重定位的目标模块。

3）LIB51 库管理器，从目标模块生成连接器可以使用的库文件。

4）BL51 链接器/定位器，组合由 C51 和 A51 产生的可重定位的目标模块，生成绝对目标模块。

5）A51 宏汇编器，从 89C51 汇编源代码产生可重定位的目标模块。

6）OH51 目标文件至 hex 格式的转换器，从绝对目标模块生成 Intelhex 文件。

7）μVision4 for Windows，是一个集成开发环境，它将项目管理、程序调试、源代码编辑等组合在一个功能强大的环境中。μVision4 支持所有 Keil 89C51 的工具软件，其中包括 C51 宏汇编器、编译器、链接器/定位器和目标文件至 hex 格式转换器，μVision4 可以自动完成编译、汇编、链接程序等基本操作，还可以在编译后进行模拟仿真调试，清楚地显示出每个变量的变化。

试题精选：

下列对于 Keil μVision4 软件功能叙述错误的是（B）。

A. 最重要的功能是仿真

B. Altium Designer 如果是软件开发，通常只用它来看布置图

C. 编修与修改程序

D. SSCOM 是一个串口调试工具

鉴定点 3　单片机应用程序编译方法

问：如何编译单片机应用程序？

答：单片机应用程序的编译方法及步骤如下：使用汇编语言或 C 语言时还要使用编译器，以便把写好的程序编译为机器码，才能把 hex 可执行文件写入单片机内。Keil C51 软件是众多单片机应用开发的优秀软件之一，它集编辑、编译、仿真于一体，支持汇编、PLM 语言和 C 语言的程序设计，界面友好，易学易用。下面以 51 单片机并结合 C 程序为例，描述工程项目的创建和使用方法。

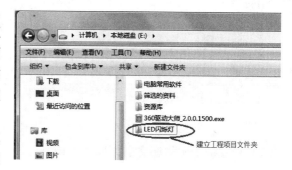

1）建立一个空文件夹，放置工程文件以避免和其他文件混合，也有利于查找学习。如图 1-3 所示，创建一个名为"LED 闪烁灯"的文件夹。

图 1-3　工程文件存储位置设置

2）单击桌面上的 Keil μVision4 图标，出现启动画面，如图 1-4 所示。

3）单击"Project"→"New μVision Project"新建一个工程，如图 1-5 所示。

图 1-4　Keil μVision4 启动画面

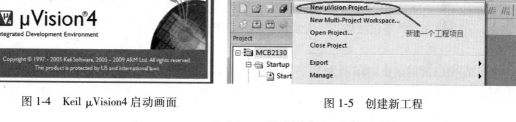

图 1-5　创建新工程

4）在弹出的对话框中，选择放在"LED 闪烁灯"文件夹下，输入工程名，如"一个灯的闪烁"，然后单击"保存"按钮，工程的后缀为 uvproj（一般默认即可），如图 1-6 所示。

5）弹出的对话框中，在"CPU"类型下选中"Atmel"下的"AT89C51"，单击"OK"按钮。如图 1-7、图 1-8 所示。

6）在弹出的对话框中单击"是"，即加入 8051 启动码，如图 1-9 所示。

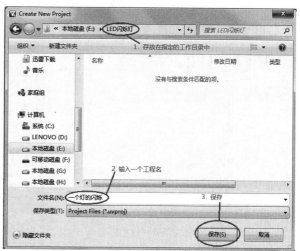

图 1-6　创建工程名称

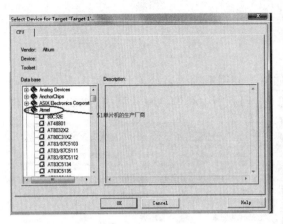

图 1-7　选择 CPU 类别　　　　　　　　　图 1-8　选择单片机型号

7）建立一个源程序文本，如图 1-10 所示。

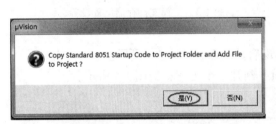

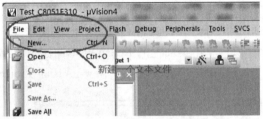

图 1-9　加入 8051 启动码　　　　　　　图 1-10　新建源程序文本

8）在新建文本的空白区域写入或复制一个完整的 C 程序，单击"保存"按钮，如图 1-11 所示。

9）在弹出的对话框内输入源程序文件名，如输入"Text1. c"，然后单击"保存"按钮，如图 1-12 所示。

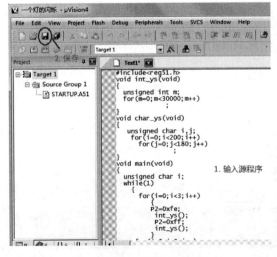

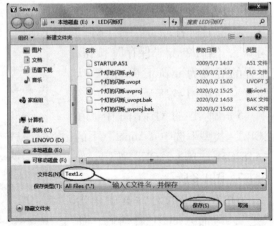

图 1-11　C 程序输入并保存　　　　　　图 1-12　保存 C 文件

10）将刚创建的源程序文件加入工程项目文件中，操作步骤和方法如图 1-13 所示。

11）在弹出的对话框中输入 C 文件名（或鼠标直接单击 C 文件），添加文件，如图 1-14 和图 1-15 所示。

图 1-13　源程序文件添加到工程项目文件

图 1-14　添加 C 文件到工程文件

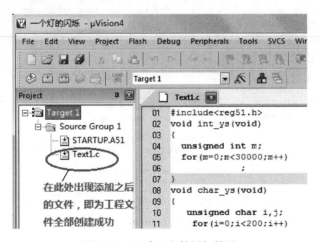

图 1-15　查看 C 文件添加情况

12）设置"Output"栏，如图 1-16 所示。

13）至此，工程项目创建和设置全部完成！单击保存并编译程序，产生一个 hex 文件以备单片机烧写程序时使用，如图 1-17 所示。

试题精选：

Keil μVision4 软件的操作流程顺序正确的是（C）。

①启动 Keil μVision4；②编译、调试运行；③编译源程序文件；④新建工程项目及项目设置。

A.①②③④　　B.①④②③　　C.①④③②　　D.①②④③

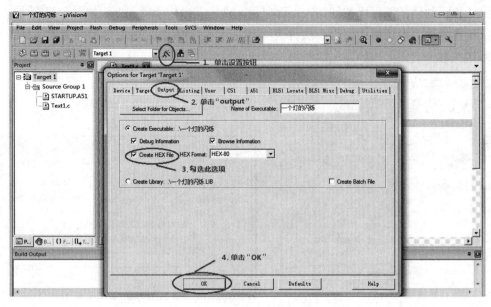

图 1-16　文件输出设置

图 1-17　编译结果查看

鉴定点 4　单片机应用程序仿真方法

问：如何进行单片机应用程序的仿真？

答：单片机应用程序的仿真方法及步骤如下：

（1）利用 Keil 软件仿真调试　在 Keil 软件下编写好的代码通过编译后，下载到单片机。Keil 软件提供了软件仿真调试功能。

1）确认编写好的程序能通过编译，然后单击 "Debug"→"Start/Stop Debug Session" 进入调试模式。具体操作如图 1-18 所示。

图 1-18　调试模式

2）调出观察窗口（用来设置要观察变量的窗口）：单击 "View"→"Watch&Call Stack Window"，观察变量变化窗口。具体操作如图 1-19 所示。弹出 "Watch" 窗口如图 1-20 所示。

3）在弹出的 "Watch" 窗口中设置要观察的变量，单击 "Watch#1"，然后双击 "type F2 to edit"，输入要观察的变量名，具体操作如图 1-21 所示。

4）单击 "单步调试" 按钮，同时观察 "Watch" 窗口 P11 变量的变化情况。具体操作如图 1-22 所示。

5）再一次单击 "单步调试" 按钮，同时观察 "Watch" 窗口 P11 变量的变化情况，如图 1-23 所示。

程序可以单步执行或连续执行。连续执行是指一条指令执行完立即执行下一条，中间不停止。这样程序执行的速度很快，可以看到程序执行的总体效果，即最终结果是正确或错

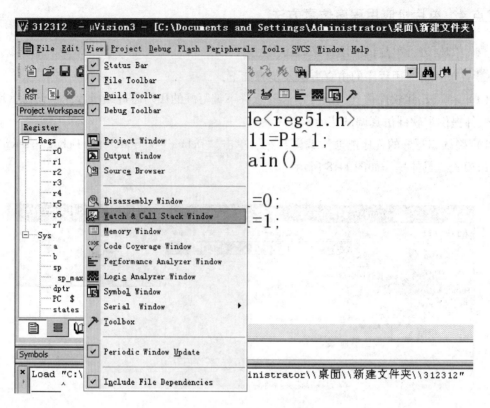

图 1-19　观察变量变化窗口

图 1-20　弹出"Watch"窗口

误。但如果程序有错，则难以确认具体出错的地方。

（2）利用 Proteus 电子软件仿真调试　Proteus 是一款非常强大的集仿真、原理图设计及

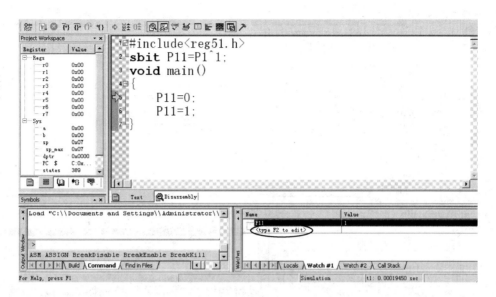

图 1-21　观察的变量

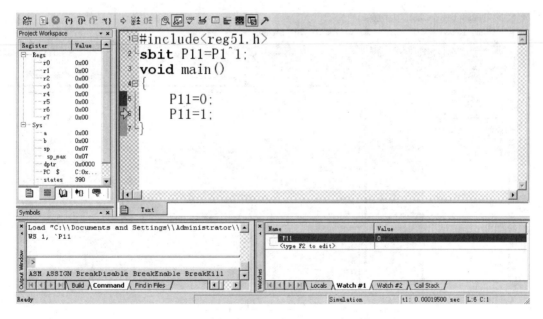

图 1-22　观察"Watch"窗口 P11 变量的变化情况

PCB 设计于一体的软件。

1）打开软件界面，如图 1-24 所示，选择"P"进行元器件的摆放。

2）通过元器件的名称进行检索。电容、电阻等元器件只需要输入其相应的英文缩写即可。如图 1-25 所示。

3）在检索行输入"89C52"，在元件库里找到需要的芯片，如图 1-26 所示。

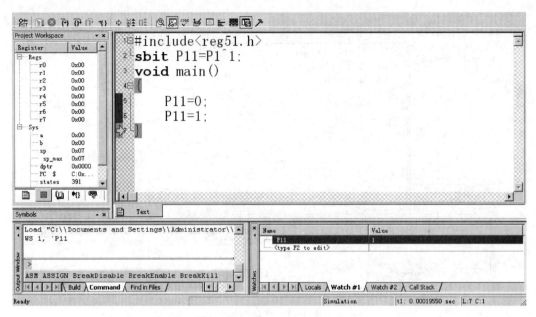

图 1-23　再次观察"Watch"窗口 P11 变量的变化情况

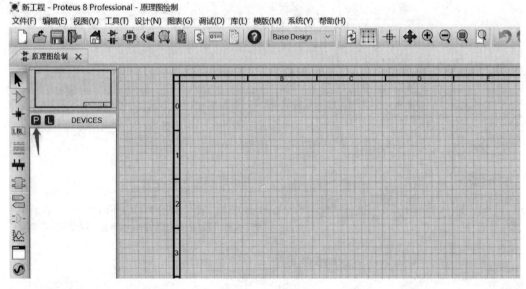

图 1-24　软件界面

4）选中后将其拖入工程界面，可以自己选择合适的位置，如图 1-27 所示。

5）根据需要添加不同的功能，进行程序的下载，如图 1-28 所示。

6）选中单片机，然后选择"编辑属性"选项，如图 1-29 所示。

7）"Program Files"就是程序的路径，注意是 hex 文件，所以再用编译软件编译完成后通过该步骤去加载对应的 hex 文件即可，如图 1-30 所示。

8）加载程序完毕后，单击"执行"按钮，即可看到单片机开始工作，如图 1-31 所示。

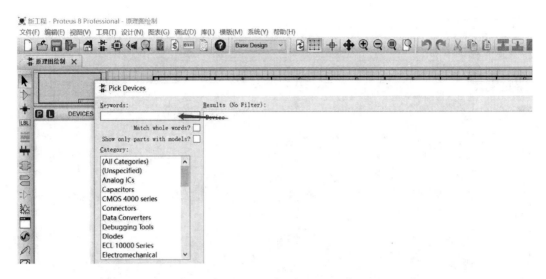

图 1-25　元器件名称检索

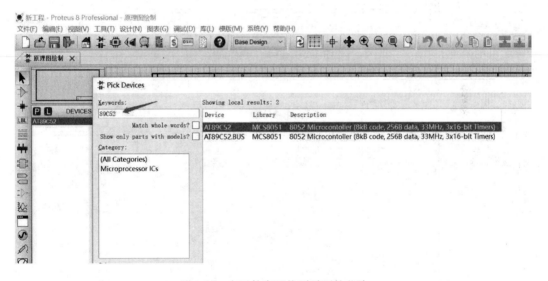

图 1-26　在元件库里找到需要的芯片

若执行后有错误或者显示元器件没有结果显示，则检查电路是否连接错误或元器件选择是否符合电路要求。

试题精选：

使用仿真软件 Proteus 建立仿真模型的操作流程，顺序正确的是（B）。

①放置元件；②电路连线；③添加程序代码到 AT89C51；④建立元件库；⑤启动仿真；⑥元件编辑。

A.①②③④⑥⑤　　　B.④①⑥②③⑤　　　C.①④⑥③②⑤　　　D.④①②③⑥⑤

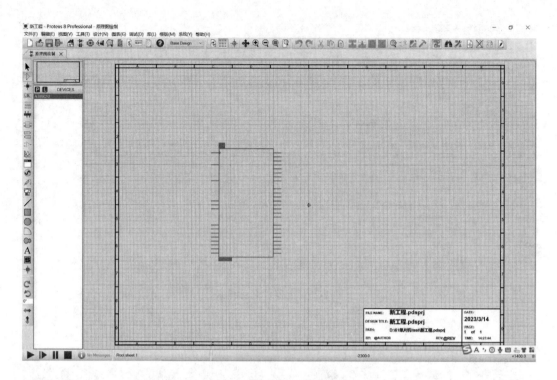

图 1-27　拖入工程界面

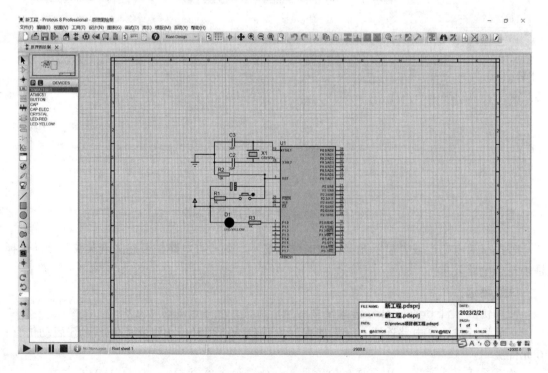

图 1-28　程序的下载

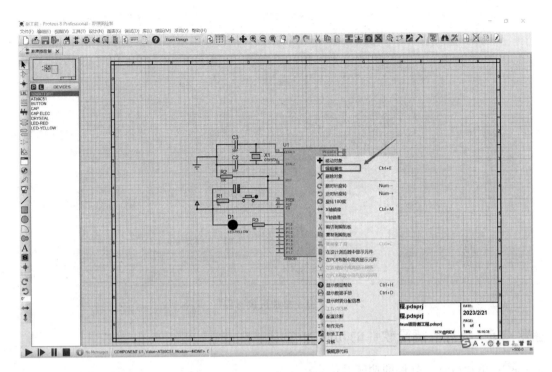

图 1-29　选择"编辑属性"选项

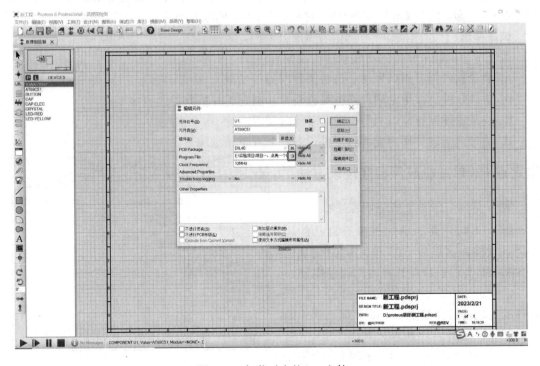

图 1-30　加载对应的 hex 文件

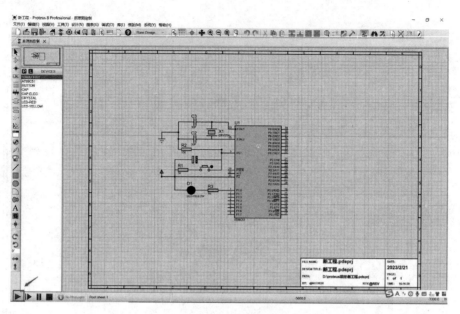

图 1-31　单片机执行程序

鉴定点 5　单片机烧录软件的功能

问：单片机烧录软件的功能是什么？

答：单片机烧录软件是专业的单片机烧录工具。烧录软件拥有串口助手、波特率计时器等功能，可以帮助用户进行编程设置和制定芯片快速控制程序。通过烧录软件用户能够将硬件设备的芯片重新编辑，可以有效地提高调试人员的编程效率。

试题精选：

关于单片机烧录软件的功能叙述错误的有（C）。

A. 烧录软件拥有串口助手、波特率计时器等功能

B. 烧录软件可以帮助用户进行编程设置和制定芯片快速控制程序

C. 烧录软件拥有并口助手、波特率计时器等功能

D. 通过烧录软件用户能够将硬件设备的芯片重新编辑

鉴定点 6　单片机应用程序烧录方法

问：如何烧录单片机应用程序？

答：不同厂商的单片机都有自己的程序烧录软件，这里以 STC 单片机的烧录软件 STC-ISP 为例进行单片机应用程序烧录。

1）安装完 STC-ISP 烧录软件后，打开软件的安装目录，双击 STC-ISP 烧录软件的启动图标，如图 1-32 所示。

打开 STC-ISP 烧录软件，如图 1-33 所示。

2）单击"单片机型号"下拉框选择单

图 1-32　烧录软件安装位置

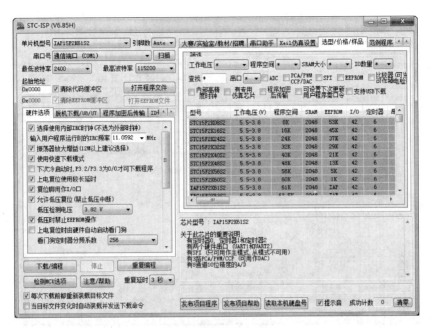

图 1-33　烧录软件界面

片机的型号（这里选择 STC89C51 系列），如图 1-34 所示。

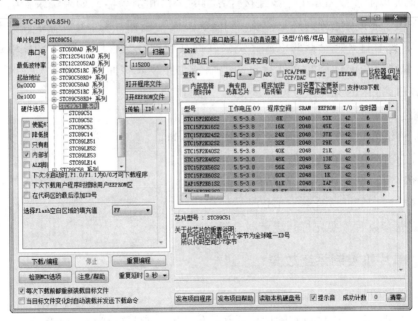

图 1-34　选择单片机型号

3）在软件界面单击"打开程序文件"按钮，选择需要烧录的烧录程序 hex 文件，如图 1-35 所示。

4）单击"串口"号下拉列表框，选择串口；选择最高波特率为 115200，最低波特率为 1200。注意：如果程序烧录失败可把最高波特率的设置降低。

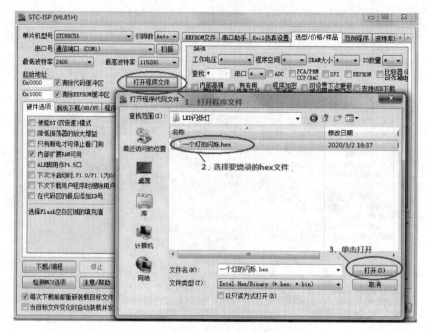

图 1-35　选择需要烧录的 hex 文件

5）设置完以上参数后用串口线连接计算机的串口和烧录器，如果烧录器电源现在是打开的，要先关闭烧录器电源，然后单击"下载/编程"按钮，STC-ISP 烧录软件开始和 STC 单片机握手，此时打开烧录器的电源，烧录软件开始把烧录程序下载到 STC 单片机中。如果想在重新编译完当前选择的文件就自动把烧录文件装入缓冲区，则在"每次下载前重新调入已打开在缓冲区的文件，方便调试使用"中打"√"。

试题精选：

在使用 STC-ISP 软件时，下列叙述错误的是（D）。

A. 首先打开 STC-ISP 烧录软件

B. 选择串口；选择最高波特率为 115200

C. 选择串口；最低波特率为 1200

D. 设置完参数后，要先打开烧录器电源

鉴定点 7　单片机控制系统故障

问：单片机控制系统故障有哪些？

答：单片机控制系统故障有硬件故障和软件故障，常见的硬件故障有：

（1）逻辑错误　单片机控制系统硬件的逻辑错误一般是由于设计错误和加工过程中的工艺性错误所造成的。这类错误包括错线、虚焊、开路、短路、相位错等，其中虚焊和短路是最常见也较难排除的故障。单片机的应用系统往往要求体积小，从而使 PCB 的布线密度高，由于工艺原因造成引线之间的短路。开路常常是由于 PCB 的金属化孔质量不好、虚焊或接插件接触不良引起的。

（2）元器件失效　元器件失效的原因有两个方面：一是元器件本身已损坏或性能指标较差，如电阻、电容的型号或参数（或离散性引起）不正确、集成电路已损坏、元器件的功耗等技术参数不符合要求等；二是由于组装错误造成的元器件失效，如电容、二极管、晶体管的极性错误和集成块安装的方向错误等。

（3）可靠性差　系统不可靠的因素很多。金属化孔、虚焊、接插件接触不良会造成系统时好时坏，经不起振动；内部和外部的干扰、电源波纹系数过大、元器件负载过大等会造成逻辑电平不稳定；另外，走线和布局的不合理等也会引起系统的可靠性差。

（4）电源故障　若系统中存在电源故障，则加电后将造成元器件损坏，因此电源必须单独调试好以后才加到系统的各个部件中。电源的故障包括电压值不符合设计要求，电源引出线和插座不对应，各档电源之间的短路，变压器功率不足、内阻大、负载能力差等。

试题精选：

（√）单片机控制系统硬件的逻辑错误一般是由于设计错误和加工过程中的工艺性错误所造成的。

鉴定点 8　单片机控制系统故障判断与检测方法

问：如何判断与检测单片机控制系统故障？

答：单片机控制系统内部电路复杂，再加上接口、传感器和执行机构部件的差别较大，因此故障现象千变万化，故障诊断的一般方法如下：

（1）同类比较方法　在单片机控制系统中，常常有多个在结构和功能上完全相同的部件或插件。如果怀疑其中某个部件或插件出现故障，则可将它和另一个互换，也可换一个备份的部件或插件，然后再观察故障是否已经转移。

（2）分段查找法　当主控设备和被控对象相距较远时，可采用分段查找法。这种方法可在信息传输道路上逐个设置观测点，以确定故障在该点之前还是之后出现，从而诊断出故障的实际位置。

（3）隔离压缩法　根据故障现象以及主机对各分支线的相关性，采用暂时切断某条线路的方法来压缩故障范围。

（4）故障跟踪法　故障跟踪法的原理是从出错节点向后（或向前）查找故障，直到检测到正常状态的位置，又称为故障树分析法，通过逐层推理就可找出系统内可能存在的所有能引起故障的因素，将这些因素用逻辑关系连接，并画成一个倒立的树状图形，即故障树。

（5）条件拉偏法　元器件性能不好或自然老化等原因会造成某些元器件平时工作在特性曲线的边缘状态，一旦环境条件恶化或强磁场干扰就会使系统出现功能性错误。对于此类故障，可采用条件拉偏法促使故障再现，以诊断故障的位置。

（6）直接检查法　对于电气连接性故障，可以轻轻敲击插件或设备的有关部位，使插件、芯片、电缆接头处受到轻微振动，从而查找故障的实际位置；如果对单片机控制系统的硬件机理和软件流程十分清楚，那么也可以直接根据故障现象查找一些可疑部件。例如：调节 A/D 通道上的模拟输入电压，使其在 0V 到满量程内变化，观察数字量的变化是否和该电压成正比，若不成正比，则说明 CPU 和该 A/D 通道的数据线间有开路或 A/D 通道中出现了故障。

（7）联机测试　单片机应用系统加电后做静态测试，只能对硬件进行初步测试，排除一些较明显的硬件故障。应用系统中的硬件故障主要靠联机测试来排除。静态测试完成后连上开发系统的仿真器电源，就可以开始联机测试。可以利用以 MCS51 单片机和 SICE 在线仿真器进行调试。

试题精选：

对于电气故障，可以轻轻敲击插件或设备的有关部位，使插件、芯片、电缆接头处受到轻微振动，从而查找故障的实际位置，这种故障诊断检测方法属于（C）。

A. 同类比较方法　　B. 故障跟踪法　　C. 直接检查法　　D. 隔离压缩法

鉴定范围 4　可编程控制系统编程与维护

鉴定点 1　PLC（可编程序控制器）特殊功能模块的概念

问：什么是 PLC 特殊功能模块？

答：在现代工业控制项目中，仅仅使用 PLC 的 I/O 模块不能完全解决问题，在 PLC 中将过程控制、位置控制等场合所需要的特殊功能集成于同一个模块内，模块可以直接装于 PLC 的基板上，也可以与 PLC 基本单元的扩展接口进行连接，以构成 PLC 系统的整体，这样的模块称为特殊功能模块。

不同用途的特殊功能模块，其内部组成与功能相差很大。部分特殊功能模块既可以通过 PLC 进行控制，也可以独立使用，还可利用 PLC 的 I/O 模块进行 I/O 点的扩展。模块本身具有独立的处理器、存储器等器件，也可以独立编程。

试题精选：

（×）PLC 的特殊功能模块必须通过 PLC 才能进行控制。

鉴定点 2　PLC 特殊功能模块的分类

问：PLC 特殊功能模块分为哪几类？

答：PLC 特殊功能模块一般分为 A/D、D/A 转换类，温度测量与控制类，脉冲计数与位置控制类，网络通信类等。某些功能模块制成卡板形式，又称为特殊功能单元、功能扩展板、特殊适配器等。

试题精选：

（×）PLC 特殊功能模块包括 A/D 转换类、温度测量、脉冲计数及通信几大类。

鉴定点 3　模拟量输入模块的作用

问：PLC 模拟量输入模块有什么作用？其 I/O 参数是如何规定的？

答：PLC 模拟量输入模块的作用是将来自过程控制的传感器输入信号，如电压、电流等连续变化的物理量（模拟量）直接转换成一定位数的数字量信号，以供 PLC 进行运算与处理。三菱 FX 系列的模拟量输入模块见表 1-1。

表 1-1　模拟量 I/O 模块

类别	型号	名称	功能
A/D 转换	FX$_{2N}$-2AD	模拟量输入扩展模块	扩展 2 点模拟量输入
	FX$_{2N}$-4AD	模拟量输入扩展模块	扩展 4 点模拟量输入
	FX$_{2N}$-8AD	模拟量输入扩展模块	扩展 8 点模拟量输入
D/A 转换	FX$_{2N}$-2DA	模拟量输出扩展模块	扩展 2 点模拟量输出
	FX$_{2N}$-4DA	模拟量输出扩展模块	扩展 4 点模拟量输出
模拟量 I/O	FX$_{2N}$-5A	模拟量 I/O 混合模块	4 点模拟量输入/1 点模拟量输出
	FX$_{0N}$-3A	模拟量 I/O 混合模块	2 点模拟量输入/1 点模拟量输出

试题精选：

三菱 PLC 模拟量输入扩展模块 FX$_{2N}$-4AD 的输入点数为（B）个。

A. 2　　　　B. 4　　　　C. 6　　　　D. 8

鉴定点 4　模拟量输入模块的参数

问：PLC 模拟量输入模块的主要参数有哪些？

答：PLC 模拟量输入模块的主要参数有：模拟量输入范围、综合精度、有效数字量输出、分辨率、转换速度、隔离方式、电源、占用 PLC 的点数及适用的 PLC 型号。例如，FX$_{2N}$-4AD 的主要参数有：

1）模拟量输入 4 个通道，最大分辨率为 12 位。

2）基于电压或电流的 I/O 的选择通过用户配线完成，可选用的模拟量输入范围是 DC −10~10V（分辨率为 5mV），或者 4~20mA，−20~20mA（分辨率为 20μV）。

3）FX$_{2N}$-4AD 和 FX$_{2N}$ 主单元之间通过 BFM（缓冲寄存器）交换数据，FX$_{2N}$-4AD 共有 32 个 BFM（每个 16 位）。

4）FX$_{2N}$-4AD 占用 FX$_{2N}$ 扩展总线的 8 个点，这 8 个点可以分配成输入或输出。

试题精选：

三菱 PLC 输入扩展模块 FX$_{2N}$-4AD 的电流模拟输入范围为（B）mA。

A. 10~20　　　B. −20~20　　　C. 0~20　　　D. 0~40

鉴定点 5　模拟量输出模块的作用

问：PLC 模拟量输出模块有什么作用？

答：PLC 模拟量输出模块的作用是将来自 CPU 的数字信号量转换成相应的电压和电流模拟量，以便控制现场设备。三菱 FX$_{2N}$ 的 D/A 转换模块有两种，三菱 FX 系列的模拟量输出模块见表 1-1。

试题精选：

三菱 PLC 输出扩展模块 FX$_{2N}$-2DA 占用的 I/O 点数为（D）。

A. 2　　　　B. 4　　　　C. 6　　　　D. 8

鉴定点 6　模拟量输出模块的参数

问：PLC 模拟量输出模块的主要参数有哪些?

答：PLC 模拟量输出模块的主要参数有：模拟量输出范围、有效数字量输出、分辨率、综合精度、转换速度、隔离方式、电源、占用 PLC 的点数及适用的 PLC 型号。例如，FX$_{2N}$-2DA 的主要参数有：

1）根据接线方法，模拟输出可在电压输出和电流输出中进行选择，即两点输出，最大分辨率为 12 位。

2）两个模拟通道可接受的输出为 DC 0~10V，DC 0~5V，或者 4~20mA（电压输出/电流输出混合使用也可以）。

3）分辨率为 2.5mV（DC 0~10V）和 4μA。

4）数字到模拟的转换特性可进行调整。

5）此模块占用 8 个 I/O 点，被分配为输入或输出。

6）使用 FROM/TO 指令与 PLC 进行数据传输。

试题精选：

三菱 PLC 输出扩展模块 FX$_{2N}$-2DA（10V/4000）的分辨率为（B）mV。

A. 1　　　　B. 2.5　　　　C. 3　　　　D. 10

鉴定点 7　232BD 通信模块的功能

问：232BD 通信模块的功能有哪些?

答：用于 RS232C 的通信模块 FX$_{2N}$-232-BD（简称 232BD），可连接到 FX$_{2N}$ 系列 PLC 的主单元，其功能如下：

1）在 RS232 设备如 PC、条形码和打印机之间进行数据传输。

2）在 RS232 设备之间使用专用协议进行数据传输。

3）连接编程工具。

当 232BD 用于上述应用时，通信格式包括波特率、奇偶性和数据长度，由参数或 FX$_{2N}$ 系列 PLC 的数据寄存器 D8210 进行设定。

一个基本单元只可连接一个 232BD。相应地，232BD 不能和 FX$_{2N}$ 485BD、FX$_{2N}$ 422BD 一起使用。应用中，当需要两个或多个 RS232C 单元连接在一起时，应使用用于 RS232C 通信的特殊模块。

试题精选：

三菱 PLC 中，一个 RS232C 基本单元只能连接（A）个三菱 PLC 通信模块。

A. 1　　　　B. 2　　　　C. 3　　　　D. 4

鉴定点 8　485BD 通信模块的功能

问：485BD 通信模块功能有哪些?

答：用于 RS485 的通信模块 FX$_{2N}$-485BD（简称 485BD）可连接到 FX$_{2N}$ 系列 PLC 的基本单元，其功能如下：

1）使用无协议的数据传输。

2）使用专用协议的数据传输。使用专用协议，可在 1∶N 基础上通过 RS485（RS422）进行数据传输。

3）使用并行连接的数据传输。通过 FX$_{2N}$ 系列，可在 1∶1 基础上对 100 个辅助继电器和 10 个数据寄存器进行数据传输。

4）使用 N∶N 网络的数据传输。

试题精选：

使用三菱 PLC 通信模块 FX$_{2N}$-485BD 在 RS232C 设备之间进行并行连接的数据传递时，可在 1∶1 基础上对（D）个辅助继电器进行数据传输。

A. 10　　　　B. 50　　　　C. 80　　　　D. 100

鉴定点 9　422BD/232IF 通信模块的功能

问：422BD/232IF 通信模块有哪些功能？

答：用于 RS422 通信板 FX$_{2N}$-422-BD 可连接到 FX$_{2N}$ 系列的 PLC，作为编程或监控工具的一个接口。当使用 422BD 时，两个 DU 系列单元可连接到 FX$_{2N}$ 或一个 DU 系列单元和一个编程工具。但是，一次只能连接一个编程工具。只能有一个 422BD 连接到基本单元，而且 422BD 不能与 FX$_{2N}$-422-BD 或 FX$_{2N}$-232-BD 一起使用。

FX$_{2N}$-232IF 接口模块连接到 FX$_{2N}$ 系列的 PLC，以实现与其他 RS232C 接口的全双工通信。具体功能如下：

1）通过 RS232C 特殊功能模块，两个或多个 RS232C 接口可连接到 FX$_{2N}$ 系列的 PLC。最多有 8 个 RS232C 特殊功能模块连接到 FX$_{2N}$ 系列的 PLC。

2）无协议通信。RS232C 的全双工异步通信可通过 BFM 制定。FROM/TO 指令可用于 BFM。

3）发送/接收缓冲区可容纳 512B/256B。当使用 RS232C 互连接模式时，也可以接收到超过 512B/256B 的数据。

4）ASCII/HEX 转换功能。转换并发送存储在发送缓冲区内的十六进制数据的功能，并将接收到的 ASCII 码转换成十六进制数据。

试题精选：

通过三菱 PLC RS232C 特殊功能模块，两个或多个 RS232C 接口可连接到 PLC，最多可有（D）个 RS232C 特殊功能模块加到 PLC 上。

A. 2　　　　B. 4　　　　C. 6　　　　D. 8

鉴定点 10　PLC 与变频器的通信连接

问：PLC 控制变频器的方式有哪些？PLC 与变频器是如何通信的？

答：PLC 控制变频器的方式有以下 4 种：

（1）开关量控制　PLC 通过其输出点直接与变频器的开关量信号输入端子相连，通过程序控制变频器的运行，也可以控制变频器的多段速运行和运行速度。特点是：简单方便，易理解，速度调节精度低。

（2）模拟量控制　PLC通过模拟量输出模块，与变频器模拟信号输入端口相连，对变频器进行调节。特点是：编程简单，信号平滑连续，工作稳定，成本较高。

（3）脉冲量控制　PLC通过变频器指定的外部脉冲给定输入端口，输入脉冲序列信号进行频率给定的方式，改变脉冲列的频率，就可以调整变频器的输出频率。与模拟量输入相比，脉冲量输入不需要进行中间转换的D/A转换接口，而且抗干扰能力远优于模拟量控制。

（4）通信控制　PLC通过专用通信接口与变频器通信，控制变频器的运行和频率变化，还能读取变频器的各种数据，对变频器进行监控和处理。这种控制方式的抗干扰能力强、传输距离远、硬件简单且成本低。其缺点是编程工作量大，实时性不如模拟量控制及时。

PLC与变频器通信的控制，双方的通信接口必须一致。否则，必须在中间加上接口转换设备，使接口标准一致。例如PLC的通信接口是RS422，而变频器接口是RS485，其接口标准不一致，不能直接通信，必须把PLC的RS422转换成RS485才能接到变频器上。

试题精选：

PLC控制变频器，利用（C）控制方式的特点是：控制方式接线简单，抗干扰能力强，能实现较复杂的控制要求，只能实现有级调速。

A. PLC的模拟量输出模块　　　　　　B. PLC的通信接口控制变频器
C. PLC的开关量I/O模块控制变频器　　D. PLC的模脉冲量输出模块

鉴定点11　PLC与触摸屏的通信

问：PLC与触摸屏如何进行通信？

答：PLC与触摸屏之间的通信是采用异步串行通信协议进行的，一般使用RS232或RS422/485协议。每个数据帧都由起始位、数据、校验位与停止位组成。

PLC与触摸屏之间的通信程序不需要用户编写，在为触摸屏画面组态时，只需要设定画面中的元素（按钮、指示灯、输入单元等）与PLC中软元件相对应的关系即可，两者自动进行转换。

试题精选：

F940触摸屏与PLC通信连接时，触摸屏（D）口与PLC连接。

A. PU　　　B. RS485　　　C. RS232　　　D. RS422

鉴定点12　PLC与变频器的485通信连接

问：PLC与变频器的485通信连接具体是如何连接的？

答：（1）系统硬件组成　PLC通过485通信接口控制变频器的系统硬件组成如图1-36所示。

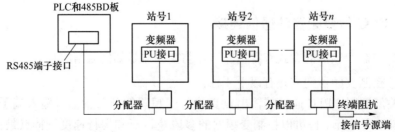

图1-36　系统硬件组成

1）系统所用 PLC，如 FX$_{2N}$ 系列。

2）FX$_{2N}$-485BD 为 FX$_{2N}$ 系统 PLC 的通信适配器，主要用于 PLC 与变频器之间数据的发送和接收。

3）SC09 电缆用于 PLC 与计算机之间的数据传送。

4）通信电缆采用五芯电缆，可自行制作。

（2）PLC 与 485 通信接口的连接方式 变频器端的 PU 接口用于 RS485 通信时的接口端子排，如图 1-37 所示。如图 1-38 所示，五芯电缆线的一端接变频器 FX$_{2N}$-485BD，另一端用专用接口压接五芯电缆接变频器的 PU 接口。

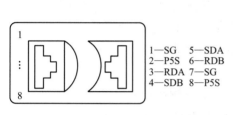

图 1-37 变频器接口端子排定义

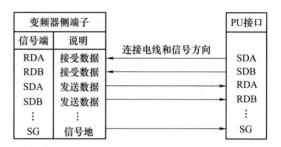

图 1-38 PLC 与变频器的通信连接示意图

（3）PLC 和变频器之间的 RS485 通信协议和数据传送形式

1）PLC 和变频器之间的 RS485 通信协议。PLC 和变频器进行通信，通信规格必须在变频器初始化时设定，如果没有进行设定或有一个错误的定位，数据将不能进行通信。每次参数设定后，需复位变频器，确保参数的设定生效。设定好参数后将按图 1-39 所示协议进行数据通信。

2）数据传送形式。

① 从 PLC 到变频器的通信请求数据。

② 写入数据时从变频器到 PLC 的应答数据。

③ 读出数据时从变频器到 PLC 的应答数据。

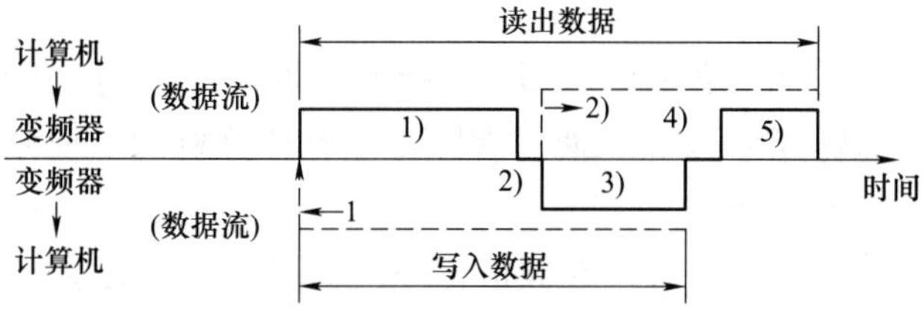

图 1-39 RS485 通信协议

④ 读出数据时从 PLC 到变频器的发送数据。

试题精选：

变频器端的（A）接口用于 RS485 通信时的接口端子排定义。五芯电缆线的一端接变频器 FX$_{2N}$-485BD，另一端用专用接口压接五芯电缆用于连接变频器的该接口。

A. PU   B. RS485   C. RS232   D. RS422

鉴定点 13 变频器与触摸屏的通信

问：变频器与触摸屏是如何通信的？

答：以三菱变频器和触摸屏为例，触摸屏上有两个通信口，一个是 RS232 口，另一个是 RS422/485 口，其中 RS232 口用于带有 RS232C 口设备的通信，如计算机。当与 PLC 或变频器通信时，使用 RS422 口、RS422 电缆。一个触摸屏模块上可带多个变频器，例如一个 GTO940 模块上最多可以连接 10 个变频器，触摸屏接到变频器的 PU 端口。

变频器与触摸屏的通信设置内容包括传输规格设置、站号设置、参数设置等。另外，变频器与触摸屏软元件的规格要一致。在三菱变频器和触摸屏连接之前，要进行以下设置：

1）传输规格设置。

2）站号设置：变频器内的站号设置，在 00～31 的范围内设置每一个站号；GTO-F900 中对变频器的设置，保留站号设置"00"。

3）参数设置：对变频器的参数进行设置。

创建软件中制定的站号与变频器中参数制定的站号相对应。创建画面时，有直接和间接两种方法指定站号。每个触摸屏都要一个单独的画面，这是直接指定。编辑数值时，在一个画面中只有一个与变频器相对应的编号可选择，如果创建一个画面是为了从多台变频器中选择一个模块来编辑它的值，这是间接指定，这种指定更为有效。

试题精选：

F940 触摸屏与变频器通信连接时，触摸屏（D）口与变频器连接。

A. PU   B. RS485   C. RS232   D. RS422

鉴定点 14　触摸屏的概念

问：什么是触摸屏？触摸屏具有哪些特点？

答：触摸屏是触摸式图形显示终端的简称，它是一种人机交互装置。触摸屏作为一种最新的计算机输入设备，它是目前最简单、方便、自然的人机交互方式。触摸屏具有以下特点：

（1）操作简单　只需用手指触摸屏上的有关指示按钮，便可进入信息世界。

（2）界面友好　使用者即使没有计算机的专业知识，根据屏幕上指示的信息、指令，也可进行操作。

（3）信息丰富　存储信息种类丰富，包括文字、声音、图形、图像等。信息存储量几乎不受限制，任何复杂的数据信息，都可纳入多媒体系统。

（4）安全可靠　可长时间连续运行，系统稳定可靠，正常操作不会出现错误和死机，易于维护。

（5）扩充性好　具有良好的扩充性，可随时增加系统内容和数据，并为系统联网运行、多数据库的操作提供方便。

（6）动态联网　根据用户需要，可与各种局域网或广域网连接。

试题精选：

（√）触摸屏具有操作简单、信息丰富、安全可靠、扩充性好等特点。

鉴定点 15　触摸屏的原理

问：触摸屏由哪几部分组成？触摸屏是如何工作的？

答：触摸屏由触摸检测部件和触摸屏控制器组成。触摸检测部件安装在显示器屏幕前

面，用于检测用户的触摸位置，接收后送往触摸屏控制器；而触摸屏控制器的主要作用是从
触摸检测部件上接收触摸信息，并
将它转换成触点坐标，再送给 CPU，
它同时接收 CPU 发来的命令并加以
执行，如图 1-40 所示。

图 1-40 触摸屏的组成

为了操作方便，人们用触摸屏来代替鼠标、键盘和控制屏上的开关、按钮。工作时，用
户必须首先用手指或其他物体触摸安装在显示器前端的触摸屏，然后系统根据手指触摸的图
标或菜单的位置来定位选择信息输入。当人们触摸触摸屏时，所触摸的位置就会被触摸屏检
测出来并形成坐标值。触摸屏的位置坐标是绝对坐标，一般以屏幕的左上角为原点。

试题精选：

触摸屏由触摸检测部件和触摸屏（A）组成。

A. 控制器　　 B. 显示器件　　 C. 运算器件　　 D. 操作面板

鉴定点 16　触摸屏组态软件概述

问：触摸屏组态软件具有哪些功能？

答：触摸屏 GTO 中的显示画面（工程数据）是使用专用软件（GT Designer2）通过个
人计算机所创建的，在 GT Designer2 中通过粘贴开关图形、指示灯图形、数值显示等对象的
显示框图形来创建画面，通过 PLC CPU 的软元件存储器（位、字）将动作功能设置到粘贴
对象中，可以执行 GTO 的各个功能。GT Designer2 主要完成对触摸屏界面编辑、设备选择、
人机界面控制设备选择、程序下载与读出等任务。

试题精选：

（√）触摸屏编程软件主要完成对触摸屏界面编辑、设备选择、人机界面控制设备选
择、程序下载与读出等任务。

鉴定点 17　触摸屏组态软件用户制作画面的功能

问：触摸屏组态软件用户制作画面的功能有哪些？

答：触摸屏组态软件用户制作画面的功能如下：

（1）画面显示功能　最多可显示 500 个用户制作画面，可同时显示多个画面，也可以
自由切换。除显示英文、数字、汉字等文字外，还能显示直线、圆、四边形等简单的图形，
还可用多种颜色显示彩色画面。

（2）监视功能　可用数值或条形图监视显示 PLC 字元件的设定值或现在值。通过 PLC
位元件的 ON/OFF 可颠倒显示画面的指定区域。

（3）数据变更功能　可变更正在监视的数值和条形图的数据。

（4）开关功能　可通过 GTO 的操作键开/关（ON/OFF）PLC 的位元件，可将显示面板
设定为触摸键，行使开关功能。

试题精选：

触摸屏的具有画面显示功能和（A）功能。

A. 监视　　B. 数据变换　　C. 运算　　D. 采样

鉴定点 18　触摸屏组态软件用户系统画面的功能

问：触摸屏组态软件用户系统画面的功能有哪些？

答：触摸屏组态软件用户系统画面的功能如下：

（1）监视功能　可监视清单程序，在命令清单程序方式下进行程序的读出、写入、监视及缓冲存储器，读出、写入、监视特殊模块的缓冲存储器（BFM）中的内容；可以进行软元件的监视，监视、变更 PLC 的各软元件的 ON/OFF 状态，定时器、计数器及数据寄存器的设定值和现在值；可对指定的位元件进行强制开关。

（2）数据采样功能　在特定周期或当触动条件成立时，收集指定的数据寄存器的现在值，用清单形式或图表形式显示采样数据，以清单形式打印出采样数据。

（3）报警功能　可使最多 256 个点的 PLC 的连续位元件与报警信息相对应。位元件 ON后，在用户画面上与对应的信息重合、显示，也可显示指定的用户制作画面。位元件 ON后，用户画面上显示与软元件相对应的信息，也可一览显示。最多可保存 1000 个报警次数，还可通过画面制作软件打印。

（4）其他功能　内部定时器可设定、显示时间；可调节画面的对比度和蜂鸣器音量。

试题精选：

（√）触摸屏组态软件用户系统画面具有监视功能、数据采样、报警等功能。

鉴定点 19　触摸屏组态软件的基本操作

问：如何在触摸屏组态软件上显示应用程序？

答：在触摸屏组态软件上显示应用程序的基本操作如下：

（1）显示主菜单　主要显示应用程序中可以设置的菜单项，触摸各菜单项目后，就会显示出该设置画面或者下一个选择项目画面。

（2）系统信息切换按钮　系统信息切换按钮是用来切换应用程序语言和系统报警语言的按钮，在上述画面的情况下，触摸"Language"按钮后，在弹出的画面中选择"中文"，GTO 重新启动后应用程序语言将被切换为中文。

（3）主菜单的显示操作　可以通过以下 3 种操作显示主菜单。

1）未下载工程数据时，GTO 的电源一旦开启，通知工程数据不存在的对话框就会显示，显示后触摸"OK"按钮就会显示主菜单。

2）显示用户创建画面时，触摸应用程序调用键后显示主菜单：

3）显示用户创建画面时，触摸扩展功能开关（应用程序）后显示主菜单。

（4）设置改变的操作

1）触摸画面上的选择按钮（设置处）

2）按下"确定"按钮后确认设置内容。不触摸"确定"按钮，而触摸关闭/返回按钮会显示对话框。

（5）键盘的操作　显示出数值输入用的键盘，同时显示光标。根据被触摸的数值的位置键盘显示位置将发生变化（输入数值时，键盘将显示在不妨碍输入的位置）。

试题精选：

F940 触摸屏主菜单可通过（D）操作来完成显示操作。

A. 按下应用程序调用键

B. 未下载工程数据时，通过工程数据对话框的"OK"按钮

C. 将触摸扩展功能创建为用户画面中显示的触摸开关

D. 以上都是

鉴定范围 5　风力发电基础知识

鉴定点 1　风力发电的概念

问：什么是风力发电？

答：把风的动能转变成机械能，再把机械能转化为电能的过程为风力发电。风力发电的工作原理是：利用风力带动风车叶片旋转，再通过增速机将旋转的比速度提升，来促使发电机发电。

试题精选：

（√）风力发电的基本原理是电磁感应。

鉴定点 2　风力发电机组的组成

问：风力发电机组主要由哪几部分组成？

答：风力发电所需的装置称为风力发电机组。风力发电机组主要由风轮、发电机和铁塔三部分组成。小型风力发电机组还包括尾舵。

风轮是把风的动能转变为机械能的重要部件，它由两只（或两只以上）螺旋桨形的叶轮组成，当风吹向桨叶时，桨叶上产生气动力驱动风轮转动。桨叶的材料要求强度高、重量轻，目前多用玻璃钢或其他复合材料（如碳纤维）来制造。现在还有一些垂直风轮，S 型旋转叶片等，其作用与常规螺旋形叶片相同。

由于风轮的转速比较低，而且风力的大小和方向经常变化，使风轮转速不稳定，所以在带动发电机之前，还必须附加一个把转速提高到发电机额定转速的齿轮变速箱，以及一个调速机构使转速保持稳定。为保持风轮始终对准风向以获得最大的功率，还需要在风轮后面装一个类似风向标的尾舵。

铁塔是支撑风轮、尾舵和发电机的构架。它一般修建得比较高，为了获得较大和较均匀的风力，又要有足够的强度。铁塔的高度应根据地面障碍物对风速的影响情况，以及风轮的直径大小加以确定，一般在 6~20m 范围内。

试题精选：

（×）所有的风力发电机组都由风轮、发电机和铁塔三部分组成。

鉴定点 3　风力发电机的分类

问：风力发电机根据用途分为哪几类？

答：风力发电机根据用途分为：

1）直接用于驱动磨机、锯机、锤机或压榨机等生产机械的风力发电机。

2）转化成水能的风力发电机：水泵。

3）转化为热能的风力发电机：取暖和冷却。

4）转化为电能的风力发电机：并入电网，带充电器能够独立运行，构成独立电网，带柴油机或光伏互补功能。

风力发电机根据应用场合分为：

1）并网风力发电机。并网风力发电大部分时间都可以发电，其过剩电量存储在电网中，主要由泵储电站来吸收。

2）独立运行的充电风力发电机和岛用风力发电机。充电风力发电机是应用最广泛的独立运行风力发电机。岛用风力发电机又分为岛屿独立电网和岛屿并网运行的风力发电机。

3）互补系统用的风力发电机。对于储电器储能不足时，要采取互补系统，如柴油机互补系统。

试题精选：

（×）风力发电机并入电网后，都可以带充电器独立运行，构成独立电网，带柴油机或光伏互补功能。

鉴定点 4　风力发电机的作用

问：简述风力发电机的作用及其组成。

答：发电机的作用，是把由风轮得到的恒定转速，通过升速传递给发电机构使其均匀运转，从而把机械能转变为电能。小型风力发电系统效率很高，但它不是只由一个发电机组成，而是一个有一定科技含量的小系统，由风力发电机、充电器和数字逆变器组成。

风力发电机由机头、转体、尾翼和叶片组成。每一部分都很重要，各部分的功能是：叶片用来接受风力并通过机头转为电能；尾翼使叶片始终对着来风的方向从而获得最大的风能；转体能使机头灵活地转动以实现尾翼方向的调整；机头的转子是永磁体，定子绕组切割磁力线产生电能。

一般说来，三级风就有利用的价值。但从经济合理的角度出发，风速大于 4m/s 才适宜于发电。风力越大，经济效益也越大。

试题精选：

风力发电机的（D）用来接受风力并通过机头转为电能。

A. 机头　　B. 转体　　C. 尾翼　　D. 叶片

鉴定点 5　风力发电的特点

问：风力发电具有哪些特点？

答：风力发电具有以下特点：

1）优点：清洁，环境效益好；可再生，永不枯竭；基建周期短；装机规模灵活。

2）缺点：噪声、视觉污染；占用大片土地；不稳定、不可控；成本仍然很高；影响鸟类。

试题精选：

风力发电的优点不包括（D）。

A. 清洁，环境效益好　　B. 可再生，永不枯竭　　C. 基建周期短　　D. 稳定，可控

鉴定点 6　风力发电机的种类

问：常用的风力发电机有哪几种？

答：尽管风力发电机多种多样，但归纳起来可分为两类。

（1）水平轴风力发电机　水平轴风力发电机风轮的旋转轴与风向平行。水平轴风力发电机可分为升力型和阻力型两类，升力型旋转速度快，阻力型旋转速度慢。对于风力发电，多采用升力型水平轴风力发电机。大多数水平轴风力发电机具有对风装置，能随风向改变而转动。小型风力发电机的对风装置采用尾舵，而大型风力发电机则利用风向传感元件以及伺服电动机组成的传动机构。

风轮在塔架前面的风力发电机称为上风向风力发电机，风轮在塔架后面的则称为下风向风力发电机。水平轴风力发电机的种类很多，有的具有反转叶片的风轮，有的在一个塔架上安装多个风轮，以便在输出功率一定的条件下减少塔架的成本，还有的在风轮周围产生漩涡，集中气流，增加气流速度。

（2）垂直轴风力发电机　垂直轴风力发电机风轮的旋转轴垂直于地面或者气流方向。

垂直轴风力发电机在风向改变的时候无需对风，在这点上相对于水平轴风力发电机是一大优势，这不仅使结构设计简化，也减少了风轮对风时的陀螺力。

利用阻力旋转的垂直轴风力发电机有几种类型，其中有利用平板和被子做成的风轮，这是一种纯阻力装置，还有 S 型风车，具有部分升力，但主要是阻力装置。这些装置有较大的起动力矩，但尖速比低，在风轮尺寸、重量和成本一定的情况下，提供的功率输出低。

试题精选：

（×）水平轴风力发电机风轮的旋转轴与风向垂直。

鉴定点 7　风力发电机及变流器

问：风力发电机采用哪种发电机？变流器起到哪些作用？

答：风力发电机主要用于发电，大部分使用交流发电机，即使有用到直流电的地方，也用价格较低的交流发电机配整流器来替代直流发电机。交流发电机基本上采用同步发电机。

随着电力电子技术的发展，上网风力发电机的转速不再受到电网 50Hz 频率的限制，整流器、交流变换器和转换器（交流-直流-交流转换）通过简单的变流器件集成在一起，就可实现风力发电机变速。

直流整流器和交流逆变器集成在一起构成变流器。如果必要，可在变流器中加直流变换器来调节直流侧直流电压水平。变流器的作用是把任意电压和任意频率的网电传输到电压和频率可变的另一电网上，也可使无功功率在两个电网中以所需要的方式交换。

试题精选：

风力发电机基本采用（A）。

A. 交流同步发电机　　B. 交流异步发电机　　C. 直流发电机　　D. 逆变器

鉴定点 8　同步发电机的结构

问：同步发电机主要由哪几部分组成？

答：同步发电机的结构与异步电动机相似，主要由定子和转子两部分组成。在定子与转子之间存在气隙，但气隙要比异步电动机宽。

（1）定子　定子由定子铁心、定子绕组、机座、端盖、挡风装置等部件组成。铁心由0.5mm厚相互绝缘的硅钢片叠压而成，整个铁心固定在机座内，铁心的内圆槽内放置三相对称的绕组，即电枢绕组。

（2）转子　转子有隐极式转子和凸极式转子两种。

1）凸极式转子主要由磁极、励磁绕组和转轴组成，磁极由 1~1.5mm 厚的钢板冲成磁极冲片，用铆钉装成一体，磁极上套装励磁绕组，励磁绕组多数由扁铜线绕成，各励磁绕组串联后将首末引线接到集电环上，通过电刷装置与励磁电源相接。

2）隐极式转子做成圆柱形，气隙均匀，没有显露出来的磁极，但在转子本体圆周上，约1/3没有槽，构成"大齿"，励磁磁通主要由此通过，相当于磁极，其余部分是"小齿"，在小齿之间的槽里放置励磁绕组。

试题精选：

（×）凸极式同步发电机的转子主要由磁极、励磁绕组和转轴组成，磁极由 1~1.5mm 厚的硅钢片冲成磁极冲片。

鉴定点 9　同步发电机的工作原理

问：简述同步发电机的工作原理。

答：同步发电机是根据导体切割磁力线，产生感应电动势这一基本原理工作的。因此，同步发电机应具有产生磁力线的磁场和切割该磁场的导体。通常前者由转动的转子产生，后者是固定的，称为定子（或称电枢），定子与转子间有气隙。定子上有三相对称绕组，每相有相同的匝数和空间分布，其轴线在空间互差 120° 电角度。转子上有磁极和励磁绕组，励磁绕组中通以直流电流励磁，产生恒定方向的磁场。当原动机拖动发电机转子以转速 n 旋转时，定子绕组的导体将切割磁力线，根据电磁感应定律，定子绕组中将产生交变电动势。

每经过一对磁极，感应电动势就交变一周，若发电机有 p 对磁极，则感应电动势的频率 f 为

$$f = \frac{pn}{60}$$

因三相绕组在空间位置上有 120° 电角度的相位差，其感应电动势在时间相位上也存在120° 的相位差。若在三相绕组的出线端接三相负载，便有电能输出，定子电流与磁场相互作用产生的电磁转矩与原动机的拖动转矩相平衡，即发电机将机械能转换成电能。

由 $f=pn/60$ 可知：同步发电机定子绕组感应电动势的频率取决于它的极对数 p 和转子的转速 n。可见，同步发电机磁极对数 p 一定时，转速 n 与电枢电动势的频率 f 间具有严格不变的关系，即当电力系统频率 f 一定时，发电机的转速 $n=60f/p$ 为恒值，这就是同步发电机

的主要特点。我国标准工频为 50Hz，因此同步发电机的磁极对数与转速成反比，即 $p = 3000/n$。

试题精选：

（√）同步发电机定子绕组感应电动势的频率取决于它的极对数 p 和转子的转速 n。

鉴定点 10 风力发电并网的条件

问：风力发电并网的条件有哪些？

答：把同步发电机并联至电网的过程称为投入并列，或称为并车、整步。为了避免在并列时产生巨大的冲击电流，防止同步发电机受到损坏、电网遭受干扰，同步发电机与电网并联合闸时，必须满足一定的并列条件：

1）待并发电机与电网电压应有一致的相序。

2）待并发电机与电网电压的大小应相等。

3）待并发电机与电网电压应有相同的频率。

4）待并发电机与电网电压应有相同的相位。

如果交流发电机直接并网，则它以 50Hz 驱动，以定转速或接近定转速运行，风力发电机只在某一个风速下获得最大风功率。随着变流技术的高速发展，变转速并网使得风力发电机能够更多地获取风功率，在强风条件下，可大大减少风力发电机和发电机之间传动系统的载荷。

试题精选：

（×）风力发电并网的条件是：发电机与电网电压大小相等、频率相同、相位相同。

鉴定点 11 小型风力发电机的输出

问：小型风力发电机的电能是如何输出的？

答：风力发电机因风量不稳定，故其输出的是 13~25V 变化的交流电，必须经过整流，再对蓄电池充电，使风力发电机产生的电能变成化学能。然后用有保护电路的逆变电源，把蓄电池里的化学能转变成 220V 交流电，才能保证稳定使用。

风力发电的功率并不完全由风力发电机的功率决定，风力发电机只是给蓄电池充电，将电能储存起来，最终使用电功率的大小与蓄电池容量大小有更密切的关系。功率的大小主要取决于风量的大小，而不仅是机头功率的大小。随着技术的进步，采用先进的充电器、逆变器，风力发电成为有一定科技含量的小系统，并能在一定条件下代替正常的交流电。

试题精选：

（×）风力发电的功率由风力发电机的功率所决定。

鉴定范围 6 光伏发电基础知识

鉴定点 1 光伏发电的特点

问：什么是光伏发电？光伏发电有哪些特点？

答：利用太阳能进行发电称为光伏发电。光伏发电具有以下特点：

（1）太阳能发电的优点

1）太阳能取之不尽、用之不竭。

2）太阳能随处可得，可就近供电，避免了长距离输送的损失。

3）太阳能不用燃料，运行成本较低。

4）太阳能发电没有运动部件，不易损坏，维护简单，特别适于在无人值守的情况下使用。

5）太阳能发电不产生任何废弃物，没有污染、噪声等公害，对环境无不良影响，是理想的清洁能源。

6）太阳能发电系统建设周期短，方便灵活，而且根据负荷的增减，可任意添加或减少太阳能电池方阵容量，避免浪费。

（2）太阳能发电的缺点

1）应用时有间歇性和随机性，发电量与气候条件有关，在晚上和阴雨天不能或很少发电。如要随时为负载供电，需要配备储能设备。

2）能量密度较低。标准条件下，地面上接收到的太阳能辐射强度为 $1000W/m^2$。大规模使用时，需要占用较大的面积。

3）市场价格仍然较高，初始投资较大。

试题精选：

太阳能发电的优点不包括（D）。

A. 太阳能取之不尽、用之不竭　　　B. 太阳能不用燃料，运行成本较低

C. 没有污染、噪声等公害　　　　　D. 能量密度较高

鉴定点 2　太阳能发电的类型

问：太阳能发电的常用类型有哪些？

答：太阳能发电的常用类型有：

（1）太阳能热发电　太阳能热发电是通过大量反射镜以聚焦的方式将太阳能直射光聚集起来，加热工质，产生高温高压的蒸气，驱动汽轮机发电。太阳能热发电按照太阳能采集方式不同可划分为以下 3 种：

1）太阳能槽式热发电。槽式系统是利用抛物柱面槽式反射镜将阳光聚集到管状的接收器上，将管内的传热工质加热产生蒸气，推动常规汽轮机发电。

2）太阳能塔式热发电。塔式系统是利用众多的定日镜，将太阳热辐射反射到置于高塔顶部的高温集热器（太阳锅炉）上，加热工质产生过热蒸气，或直接加热集热器中的水产生过热蒸气，驱动汽轮机发电机组发电。

3）太阳能碟式热发电。碟式系统利用曲面聚光反射镜，将射入阳光聚焦在焦点处，在焦点处直接放置发电机发电。

（2）太阳能光伏发电　光伏发电是利用半导体界面的光生伏特效应将光能直接转变为电能的一种技术。这种技术的关键元件是太阳能电池。太阳能电池经过串联后进行封装保护可形成大面积的太阳能电池组件，再配合功率控制器等部件就形成了光伏发电装置。

试题精选：

（√）光伏发电是利用半导体界面的光生伏特效应将光能直接转变为电能的一种技术。这种技术的关键元件是太阳能电池。

鉴定点3 光伏发电的基本原理

问：简述光伏发电的基本原理。

答：太阳能光伏发电依靠太阳能电池组件，利用半导体材料的电学特性，当太阳光照射在半导体PN结上时，由于PN结势垒区产生了较强的内建静电场，因而产生在势垒区中的非平衡电子和空穴或产生在势垒区外但扩散进势垒区的非平衡电子和空穴。在内建静电场的作用下，各自向相反方向的运动，离开势垒区，结果使P区电势升高，N区电势降低，从而在外电路中产生电压和电流，将光能转化成电能。

试题精选：

（√）太阳能光伏发电依靠太阳能电池组件，利用半导体材料的电学特性，将太阳能转换为电能。

鉴定点4 太阳能电池材料的要求

问：对太阳能电池的材料有哪些要求？

答：太阳能电池是将太阳辐射能直接转换成电能的一种器件。对太阳能电池的材料有以下要求：较高的光电转换效率；在地球上储量高；无毒；性能稳定、耐候性好，具有较长的使用寿命；较好的力学性能，便于加工设备进行大面积生产等。

试题精选：

（√）太阳能电池是将太阳辐射能直接转换成电能的一种器件。

鉴定点5 太阳能电池的分类

问：太阳能电池是如何进行分类的？

答：太阳能电池的分类如下：

（1）**按照基体材料分类**

1）晶体硅太阳能电池。晶体硅是间接带隙半导体材料，晶体硅太阳能电池是以晶体硅为基体材料的太阳能电池，包括单晶硅、多晶硅及准单晶硅电池等。

2）硅基薄膜太阳能电池。硅基薄膜太阳能电池是以刚性或柔性材料为衬底，采用化学气相沉积的方法，通过掺入P或者B得到N型a-Si或P型a-Si的电池。硅基薄膜太阳能电池具有沉积温度低、便于大面积连续生产、可制成柔性电池等优点。与晶体硅太阳能电池相比，其应用范围更广泛，但低转换效率是其最大的弱点。常用的有非晶硅太阳能电池和微晶硅太阳能电池。

3）化合物太阳能电池。化合物太阳能电池是指以化合物半导体材料制成的太阳能电池，常用的有以下几种：

① 单晶化合物太阳能电池。单晶化合物太阳能电池主要有砷化镓太阳能电池，它是单结电池中效率最高的电池，价格较贵，有一定的毒元素，很少使用。

② 多晶化合物太阳能电池。多晶化合物太阳能电池的类型很多，目前实际应用的主要有碲化镉和铜铟镓硒太阳能电池等。

（2）按照电池结构分类

1）同质结太阳能电池。由同一种半导体材料形成的 PN 结称为同质结，用同质结构成的太阳能电池称为同质结太阳能电池。

2）异质结太阳能电池。由两种禁带宽度不同的半导体材料形成的 PN 结称为异质结，用异质结构成的太阳能电池称为异质结太阳能电池。

3）肖特基结太阳能电池。利用金属-半导体界面上的肖特基势垒构成的太阳能电池称为肖特基结太阳能电池，简称 MS 电池。目前已经发展为金属-氧化物-半导体（MOS）、金属-绝缘物-半导体（MIS）太阳能电池。

4）复合结太阳能电池。由两个或多个 PN 结形成的太阳能电池称为复合结太阳能电池，又可分为垂直多结太阳能电池和水平多结太阳能电池。

（3）按照用途分类

1）空间太阳能电池。空间太阳能电池是指在人造卫星、宇宙飞船等航天器上应用的太阳能电池。其使用环境特殊，要求具有效率高、质量轻、耐高低温冲击、抗高能粒子辐射能力强等性能，而且制作精细，价格也较高。

2）地面太阳能电池。地面太阳能电池是指用于地面光伏发电系统的太阳能电池，是目前应用最为广泛的太阳能电池，要求耐风霜雨雪的侵袭，有较高的功率价格比，具有大规模生产的工艺性和充裕的原材料来源。

试题精选：

（×）硅基薄膜太阳能电池的高转换效率是其最大的优点。

鉴定点6　太阳能电池的工作原理

问：简述太阳能电池的工作原理。

答：通常应用的太阳能电池是一种能将光能直接转换成电能的半导体器件，它的基本结构是 PN 结。当半导体的表面受到太阳光照射时，如果其中有些光子的能量大于或等于半导体的禁带宽度，就能使电子挣脱原子核的束缚，在半导体中产生大量的电子-空穴对，这种现象称为内光电效应，由于产生了扩散和漂移运动，因此产生了"光生电动势"。光电转换的过程如下：

1）光子被吸收在 PN 结的两侧，产生电子-空穴对。

2）在 PN 结一个扩散长度以内产生的电子和空穴，通过扩散到达空间电荷区。

3）电子-空穴对被电场分离。

4）若 PN 结是开路的，则在 PN 结两边积累的电子和空穴产生开路电压；若有负载连接到电池上，在电路中将有电流传导；当电池两端发生短路时，会形成很大的电流，此电流称为短路电流。

试题精选：

（×）太阳能电池的表面受到太阳光照射时，光子的能量小于半导体的禁带宽度，就能使电子挣脱原子核的束缚，分别进行扩散和漂移运动，产生"光生电动势"。

鉴定点7 晶体硅太阳能电池的基本结构

问：晶体硅太阳能电池由几部分组成?

答：晶体硅太阳能电池的基体是 P 型硅晶体，厚度约为 0.18mm。通过扩散形成约 0.25μm 的 N 型半导体，形成 PN 结。在太阳能电池的受光面即 N 型半导体的表面，有呈金字塔形的绒面结构和减反射层，上面是密布的细金属栅线和横跨这些细栅线的几条粗栅线，构成供电流输出的金属正电极。在太阳能电池背面，即 P 型衬底上是一层掺杂浓度更高的 P+背场，通常是铝背场或硼背场。背场的下面是用于电流引出的金属背电极，从而构成了典型的单结晶硅太阳能电池。每一片晶硅太阳能电池的工作电压为 0.50~0.65V，此数值的大小与电池的尺寸无关。而太阳能电池的输出电流则与自身的面积的大小、日照的强弱及温度的高低等因素有关，在其他条件相同时，面积较大的电池能产生较大的电流，因此功率也较大。

试题精选：
每一片晶硅太阳能电池的工作电压为（A）V，此数值的大小与电池的尺寸无关。
A. 0.50~0.65　　B. 1.0~1.5　　C. 1.5~2.0　　D. 3.0~4.5

鉴定点8 太阳能电池的主要参数

问：太阳能电池的主要参数有哪些?

答：太阳能电池的主要参数有：

（1）伏安特性曲线　当负载从 0 变到无穷大时，负载两端的电压和流过的电流之间的关系称为伏安特性曲线。

（2）最大功率点　在一定的太阳辐照度和工作温度的条件下，伏安特性曲线上的任何一点都是工作点，工作点和原点之间的连线称为负载线。负载线上的任意一个工作点，都对应一个确定的输出功率，电压与电流乘积最大的点就是最大输出功率点。

（3）开路电压　开路电压是在一定温度和太阳辐照度条件下，太阳能电池在空载（开路）情况下的端电压，即伏安特性曲线与横坐标相交的一点所对应的电压。

（4）短路电流　在一定温度和太阳辐照度条件下，太阳能电池在端电压为零时的输出电流称为短路电流。短路电流的大小与太阳能电池的面积有关，面积越大，短路电流越大。

（5）填充因子　填充因子是表征太阳能电池性能优劣的一个重要参数，其定义为太阳能电池的最大功率与开路电压和短路电流的乘积之比。太阳能电池的串联电阻越小，旁路电阻越大，则填充因子越大，意味着该太阳能电池的最大输出功率越接近于所能达到的极限输出功率，因此性能越好。

（6）太阳能电池的转换效率　受光照太阳能电池的最大功率与入射到该太阳能电池上的全部辐射功率的百分比称为太阳能电池的转换效率。

（7）电流温度系数　在温度变化时，太阳能电池的输出电流会产生变化，在规定的试验条件下，温度每变化1℃，太阳能电池短路电流的变化值称为电流温度系数。对于一般晶体硅太阳能电池，温度升高时，短路电流略有上升。

（8）电压温度系数　在温度变化时，太阳能电池的输出电压也会产生变化，在规定的试验条件下，温度每变化1℃，太阳能电池开路电压的变化值称为电压温度系数。对于一般晶体硅太阳能电池，温度升高时，开路电压会下降。

（9）功率温度系数　在温度变化时，太阳能电池的输出功率也会产生变化，在规定的试验条件下，温度每变化1℃，太阳能电池输出功率的变化值称为功率温度系数。总体而言，在温度升高时，虽然太阳能电池的工作电流有所增加，但是工作电压却要下降，而且下降较多，因此总输出功率要下降，所以应尽量使太阳能电池在较低的温度下工作。

（10）太阳辐照度影响　太阳能电池的开路电压与太阳辐照度的大小有关，当太阳辐照度较弱时，开路电压与太阳辐照度呈近似线性变化；在太阳辐照度较强时，开路电压与太阳辐照度呈对数关系变化，也就是当太阳辐照度从小到大变化时，开始时开路电压上升较快，在太阳辐照度较强时，开路电压上升的速度就会减小。

在太阳辐照度比标准测试条件不是大很多的情况下，太阳能电池的短路电流与太阳辐照度成正比关系。太阳辐照度对太阳能电池的短路电流影响很大。

太阳能电池的最大功率点也会随着太阳辐照度的增加而变化。

试题精选：

太阳能电池的最大功率与开路电压和短路电流的乘积之比称为（D）。

A. 最大功率点　　　B. 开路电压　　　C. 短路电流　　　D. 填充因子

鉴定点9　影响太阳能电池转换效率的因素

问：影响太阳能电池转换效率的因素有哪些？

答：影响太阳能电池转换效率的因素有：

（1）禁带宽度　开路电压随禁带宽度增大而增大，短路电流随禁带宽度增大而减小，存在一个最佳禁带宽度，使效率达到最高。

（2）温度　温度主要对开路电压起作用，开路电压随温度升高而降低，转换效率也随之下降。而短路电流对温度不太敏感。太阳能电池的温度敏感特性还取决于开路电压的大小，即电池的电压越大，受温度的影响就越小。

（3）少子寿命　少数载流子（少子）的复合寿命越长越好，这可使短路电流增大。提高少子寿命的关键是在材料制备和电池生产过程中，要避免形成复合中心。

（4）光强　入射光的强度影响太阳能电池的参数，包括短路电流、开路电压、填充因子、转换效率及并联电阻和串联电阻等。聚光的效果提了太阳能电池的转换效率。

（5）掺杂浓度　掺杂浓度越高，开路电压越大，但是在高掺杂浓度下寿命会缩短。一般来说，重掺杂效应在扩散区是较重要的。

（6）表面复合速率　低表面复合速率有助于提高短路电流，并由于指数因子I0的减小使开路电压得到改善。

（7）串联和并联电阻　串联电阻主要由半导体材料的体电阻、金属电极与半导体材料的接触电阻、扩散层薄层电阻及金属电极本身的电阻四部分组成。期中扩散层薄层电阻是串联电阻的主要部分。串联电阻越大，电池输出损失越大。

并联电阻又称为旁路电阻、漏电阻和结电阻，它由PN结的非理想性及工艺缺陷、结附近杂质造成，会引起局部短路。漏电流与工作电压成比例。

（8）光的吸收　太阳能电池正面的金属栅线不能透过阳光，要使短路电流最大，金属栅线的遮光面积应越小越好。同时为了降低串联电阻，一般将金属栅线做成又密又细的结构。为了降低反射率，采用多层涂层能得到更好的效果。

试题精选：

（×）太阳能电池的掺杂浓度越高，开路电压越大，所以掺杂浓度越高，太阳能电池效果越好。

鉴定点 10　薄膜太阳能电池的特点

问：薄膜太阳能电池具有哪些特点？

答：薄膜太阳能电池具有以下特点：

（1）优点　优点包括：生产成本低；材料用量小；制造工艺简单，可连续、大面积、可自动化成批生产；制造过程消耗电力小；高温性能好；弱光响应好；适合于光伏建筑一体化。

（2）缺点　缺点包括：转换效率低；相同功率所需要太阳能电池的面积增加；稳定性差；固定资产投资大。

试题精选：

薄膜太阳能电池的优点不包括（D）。

A. 生产成本低　　　B. 高温性能好　　　C. 可自动化成批生产　　　D. 转换效率高

鉴定点 11　薄膜太阳能电池的分类

问：薄膜太阳能电池按使用材料是如何分类的？

答：薄膜太阳能电池按使用材料通常分为硅基薄膜太阳能电池（包括非晶硅电池、微晶硅电池和多晶硅电池）、碲化镉电池、铜铟镓硒电池、砷化镓薄膜电池、染料敏化电池、有机薄膜太阳能电池和钙钛矿电池等。目前常用的是硅基薄膜太阳能电池、碲化镉电池、铜铟镓硒电池。

试题精选：

目前常用的硅基薄膜太阳能电池不包括（D）。

A. 非晶硅电池　　　B. 微晶硅电池　　　C. 多晶硅电池　　　D. 有机薄膜电池

鉴定点 12　聚光光伏发电的概念

问：什么是聚光光伏发电？

答：太阳能电池上的发电量与太阳辐照度有关。在一定范围内，太阳辐照度越大，太阳能电池的发电量也越大，所以采取聚光、跟踪等措施来增加太阳能电池发电量。聚光太阳能光伏发电分为聚光光伏发电和聚光太阳能热发电两大类。聚光光伏发电技术利用光学器件将直射的太阳光汇聚到太阳能电池上，增加太阳能电池上的辐照度，从而增加发电量。

在描述聚光系统的聚光程度时，常采用聚光比来进行比较，聚光比是指使用光学系统来聚焦辐射能时，单位面积被聚集的辐射能量与其入射能量密度的比值。另外常用的几何聚光比，是指用来聚焦太阳能的光学器件的几何受光面积之比。但是由于光学系统存在像差和色差等因素，阳光通过聚光器还有反射、吸收和散射等损失，而且电池表面的光强不均匀，几何聚光得到的实际平均光强要低于普通光强的1/1000。

试题精选：

使用光学系统来聚焦辐射能时，单位面积被聚集的辐射能量与其入射能量密度的比值称为（A）。

A. 聚光比　　　B. 反射比　　　C. 吸收比　　　D. 散射比

鉴定点 13　聚光光伏发电的特点

问：聚光光伏发电的特点有哪些？

答：聚光光伏发电的特点有：

（1）优点　优点包括发电效率高，占用土地少，现场安装方便，可综合利用。

（2）缺点

1）对光资源要求较高。

2）聚光光伏系统不能吸收太阳散射光，太阳直射光稍有偏离电池，就会使发电量急剧下降，因此需要配备高精度太阳跟踪器。

3）聚光太阳能电池在工作时温度会升高，因此一般需要采取散热措施。

4）由于聚光光伏系统真正实际应用的时间不长，规模不大，还需要进一步实践检验。

试题精选：

（C）不是聚光光伏发电的优点。

A. 发电效率高　　　B. 占用土地少　　　C. 不需要散热措施　　　D. 现场安装方便

鉴定点 14　聚光光伏发电系统部件

问：聚光光伏系统的部件有哪些？

答：聚光光伏系统与常规光伏系统相比，平衡系统基本相同，只是前面的方阵形式不同。一般平板式太阳能电池方阵由太阳能电池组件、支架和基座、连接电缆、汇流箱等组成，相对比较简单；而聚光光伏方阵，除了这些以外，还需要其他部件。

（1）聚光太阳能电池　与一般的光伏系统不同，在聚光光伏系统中，太阳能电池在高强度的太阳光和高温条件下工作，通过的电流要比普通电流大得多，所以对电池有特殊要求。根据聚光程度不同，聚光光伏系统一般采用特制的单晶硅和Ⅲ-Ⅴ族多结太阳能电池。

（2）聚光器　聚光器有很多类型。

1）按形状分：

① 点聚焦型：使太阳光经聚光器后在太阳能电池表面形成一个焦点。

② 线聚焦型：使太阳光经聚光器后在太阳能电池表面形成一条焦线。

2）按成像属性分：成像聚光器和非成像聚光器。

3）按聚光方式分：反射式聚光器、折射式聚光器和平板波导聚光器。

（3）太阳跟踪器　为了保证太阳光总是能够精确地到达聚光电池上，一般情况下，对于聚光比超过10的聚光系统，应采用跟踪系统。

（4）散热部件　如果聚光太阳能电池的温度较高，就要采取散热措施，散热方式分为主动散热和被动散热。主动散热就是通过主动部件完成热量散出；被动散热就是不借助任何主动工作部件，仅靠空气对流和热辐射来完成热量散出。

试题精选：

为了保证太阳光总是能够精确地到达聚光太阳能电池上，一般情况下，对于聚光比超过（B）的聚光系统，应采用跟踪系统。

A. 5   B. 10   C. 15   D. 20

鉴定点 15　太阳能跟踪系统

问：什么是太阳能跟踪系统？常用的太阳能跟踪器有哪些？

答：跟踪器是用于将光伏组件对准太阳或引导阳光至太阳能电池的机械装置。它可以将电池方阵随时面对太阳，接收到更多的太阳辐射能量，从而提高光伏系统的发电效率。

常用的太阳能跟踪器有：

1）按适用场合分为非聚光跟踪器和聚光跟踪器。

2）按转轴的数量与方位分为单轴和双单轴跟踪器。

3）按动力驱动方式分为电力驱动、液压驱动和被动驱动太阳能跟踪器。

4）按控制方式分为被动式和主动式太阳能跟踪器。

① 被动式太阳能跟踪器通常依靠环境的力量产生流体密度变化，此变化提供的内力用来跟踪太阳。

② 主动式太阳能跟踪器采用外部提供的电源来驱动电路及执行部件（电动机、液压等）使组件跟踪太阳，有开环和闭环两种形式。

开环控制是不采用直接感知太阳位置的传感器的跟踪方式，而采用数学计算太阳位置来决定跟踪的方向和角度，并由此来驱动跟踪器的传动系统。

闭环控制是采用某种反馈（如光学的太阳位置传感器或组件功率输出的变化）来决定如何驱动传动系统和组件位置的主动跟踪方式，是混合太阳位置计算法和闭环的太阳位置传感器数据的主动跟踪方式。

试题精选：

（√）太阳能跟踪器可以将电池方阵随时面对太阳，接收到更多的太阳辐射能量，从而提高光伏发电系统的发电效率。

鉴定点 16　光伏发电系统的主要部件

问：光伏发电系统的主要部件有哪些？

答：光伏发电系统由光伏阵列、蓄电池、控制器、DC/AC 逆变器、DC/DC 功率变换器、并网保护装置和用电负载构成，如图 1-41 所示。

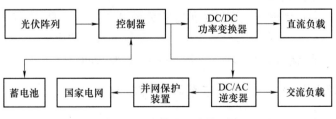

图 1-41　光伏发电系统组成

光伏发电系统需要多种部件协调配合才能正常工作。其中光伏组件是最重要的部件，除此之外，系统中其他设备和装置等配套部件统称为平衡部件。常见的平衡部件主要包括控制器，二极管，逆变器，储能设备，断路器，变压器及保护开关，电力计量仪表及记录显示设备，汇流箱、连接电缆及套管，组件安装用的框架、支持结构及紧固件，系统交直流接地极防雷装置等，日照、风向风速等环境监测设备，系统数据采集和监测软件系统，跟踪系统。

试题精选：

光伏发电系统最重要的部件是（A）。

A. 光伏组件　　B. 控制器　　C. 逆变器　　D. 蓄电池

鉴定点 17　光伏方阵

问：光伏方阵的作用是什么？

答：光伏方阵在太阳能光伏发电系统中最基本的单元是太阳能电池，它是收集太阳辐射能的核心组件。多个太阳能电池组合在一起构成光伏组件。单一太阳能电池发电量是十分有限的，实用中的光伏阵列往往需要大量的光伏组件经串联、并联组成相应的系统。

试题精选：

（A）是收集太阳辐射能的核心组件。

A. 光伏方阵　　B. 控制器　　C. 逆变器　　D. 蓄电池

鉴定点 18　光伏发电系统的储能设备

问：简述光伏发电系统的储能设备的作用。

答：蓄电池是太阳能光伏发电系统中的储能装置，由它将太阳能电池方阵从太阳辐射能转换来的直流电转换为化学能储存起来，以供负载使用。由于太阳能光伏发电系统的输入能量极不稳定，所以一般需要配置蓄电池才能使负载正常工作。太阳能电池产生的电能以化学能的形式储存在蓄电池中，在负载需要供电时，蓄电池将化学能转换为电能供应给负载。蓄电池的特性直接影响太阳能光伏发电系统的工作效率、可靠性和价格。蓄电池容量的选择一般要遵循以下原则：首先在能够满足负载用电的前提下，把白天光伏电池组件产生的电能尽量存储下来，同时还要能够存储预定的连续阴雨天时负载需要的电能。

蓄电池容量要受到末端负载用电量和日照时间（发电时间）的影响。因此，蓄电池的安装容量由预定的负载用电量和连续无日照时间决定。目前，太阳能光伏发电系统常用的是阀控密封铅酸蓄电池、深放电吸液式铅酸蓄电池等。

试题精选：

蓄电池的安装容量由预定的负载用电量和（D）决定。

A. 实际负荷需要　　B. 发电系统的输入功率

C. 输出功率大小　　D. 连续无日照时间

鉴定点 19　光伏发电系统的控制器

问：光伏发电系统的控制器有什么作用？

答：控制器的作用是使光伏电池组件和蓄电池高效、安全、可靠地工作，以获得最高效率并延长蓄电池的使用寿命。控制器对蓄电池的充、放电进行控制，并按照负载的电源需求控制光伏电池组件和蓄电池对负载输出电能。控制器是整个太阳能发电系统的核心部分，通过控制器对蓄电池充放电条件加以限制，防止蓄电池发生反充电、过充电及过放电现象。另外，控制器还应具有电路短路保护、反接保护、雷电保护及温度补偿等功能。

控制器的主要功能是使太阳能发电系统始终处于发电的最大功率点附近，以获得最高效率。充电控制通常采用脉冲宽度控制方式，使整个系统始终运行在最大功率点附近区域。放电控制主要指当蓄电池缺电、系统故障时切断放电开关。

试题精选：

光伏发电系统的控制器充电控制通常采用（A），使整个系统始终运行在最大功率点附近区域。

A. 脉冲宽度控制方式　　B. PWF 控制方式　　C. 整流-逆变方式　　D. PID 控制方式

鉴定点 20　光伏发电系统的光伏并网逆变器

问：什么是光伏并网逆变器？常用的光伏并网逆变器有哪些？

答：光伏并网逆变器将光伏方阵输出的直流电能转换为符合电网要求的交流电并输入电网，它是并网光伏系统能量转换与控制的核心设备。光伏并网逆变器具有以下功能：

1）将直流电转换为交流电，包括最大功率点跟踪控制和逆变功能。

2）将光伏系统输出的电能妥善地反馈至电网，要求并网电流谐波低，电能质量高，且能适应电网电压幅值、频率等在一定范围内变化，还具有支撑电网稳定的能力。

3）具备对光伏发电系统的各种保护功能。

根据光伏并网逆变器的功率不同，光伏并网逆变器分为集中逆变器、组串逆变器和微型逆变器三种。

试题精选：

并网光伏系统能量转换与控制的核心设备是（A）。

A. 并网逆变器　　B. 功率变换器　　C. 整流器　　D. 蓄电池

鉴定范围 7　双闭环直流调速装调及维修

鉴定点 1　转速与电流双闭环直流调速系统的构成

问：转速与电流双闭环直流调速系统主要由哪几部分组成？

答：转速与电流双闭环控制的直流调速系统是应用最广、性能很好的直流调速系统。其组成框图如图 1-42 所示。

转速与电流双闭环直流调速系统中设置了两个调节器，即转速调节器（ASR）和电流调节器（ACR），分别调节转速和电流，两者之间实行串级控制。由图 1-42 可知，ASR 的输出作为 ACR 的输入，再用 ACR 的输出控制晶闸管整流装置的触发电路，从而控制晶闸管整流装置的输出电压。从闭环控制的结构上看，电流环处在速度环之内，故电流环又称为内环，转速环称为外环，从而形成了转速与电流双闭环直流调速系统。

试题精选：

双闭环直流调速系统包括电流环和速度环，其中两环之间关系是（A）。

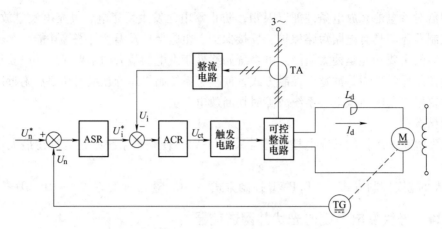

图 1-42 转速与电流双闭环直流调速系统组成框图

A. 电流环为内环，速度环为外环   B. 电流环为外环，速度环为内环

C. 电流环为内环，速度环也为内环   D. 电流环为外环，速度环也为外环

鉴定点 2 转速与电流双闭环直流调速系统的原理

问：简述转速与电流双闭环直流调速系统各部分的作用。

答：如图 1-42 所示，该调速系统将 ASR 作为主调节器，通过 ACR 来控制电流。转速给定电压 U_n^* 与转速负反馈电压 U_n 比较后，得到转速偏差信号，送到 ASR 的输入端，ASR 的输出 U_i^* 作为 ACR 的电流给定信号，与电流负反馈电压 U_i 比较后，得到电流偏差信号，送到 ACR 的输入端，ACR 的输出电压 U_{ct} 作为触发电路的控制电压，用以改变晶闸管变流器的触发延迟角，相应改变晶闸管变流器的直流输出电压，以保证电动机在给定的转速下运行。

试题精选：

（√）转速与电流双闭环直流调速系统的原理是：用转速调节器和电流调节器的输出电压作为触发电路的控制电压，用以改变晶闸管变流器的触发延迟角，相应改变晶闸管变流器的直流输出电压，以保证电动机在给定的转速下运行。

鉴定点 3 转速与电流双闭环直流调速调节器的作用

问：转速与电流双闭环直流调速调节器的作用有哪些？

答：转速与电流双闭环直流调速系统原理图如图 1-43 所示。

ASR 在系统中的作用主要体现在以下几点：

1）ASR 是调速系统的主调节器，它使转速 n 很快地跟随给定电压变化。稳态时可减小转速误差，如果采用 PI 调节器，则可实现无静差。

2）对负载变化起到抗干扰作用。

3）其输出限幅值决定电动机允许的最大电流 I_{dm}。

ACR 在系统中的作用主要体现在以下几点：

1）电动机起动时保证获得大而稳定的起动电流，缩短起动时间，从而加快动态过程。

2）作为内环的调节器，在外环转速的调节过程中，使电流紧紧跟随其给定电压变化。

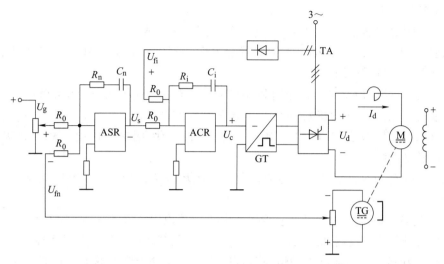

图 1-43 转速与电流双闭环直流调速系统原理图

3）当电动机过载或堵转时，限制电枢电流的最大值，起到电流安全保护的作用。故障消失后，系统能自动恢复正常。

4）对电网电压波动起到快速抑制作用。转速环的主要作用为保持转速稳定，消除转速偏差；电流环的主要作用为稳定电流，即限制最大电流，抑制电网电压的波动。

试题精选：

（√）转速调节器如果采用 PI 调节器，则可实现无静差。

鉴定点 4　转速与电流双闭环直流调速系统的优点

问：转速与电流双闭环直流调速系统的优点有哪些？

答：相对于单闭环直流调速系统，双闭环直流调速系统具有以下明显的优点：

1）具有良好的静特性，接近理想的"挖土机特性"。

2）具有较好的动态特性，启动时间短，超调量也较小。

3）系统抗扰动能力强，电流环能较好地克服电网电压波动的影响，而速度环能抑制被它包围的各个环节扰动的影响，并最后消除转速偏差。

4）由两个调节器分别调节电流和转速，从而可以分别进行设计、分别调整（先调好电流环，再调速度环），调整方便。

试题精选：

（√）相对于单闭环直流调速系统，双闭环直流调速系统的抗扰动能力强。

鉴定点 5　转速与电流双闭环直流调速系统启动过程的特点

问：转速与电流双闭环直流调速系统启动过程中有哪些特点？

答：转速与电流双闭环直流调速系统能实现在启动过程中，只有电流负反馈起作用，没有转速负反馈，使系统快速启动；而稳态时，转速负反馈起主要调节作用，使系统稳定运行。

具体的特点如下：

（1）饱和非线性控制　不同情况下表现为不同结构的线性系统。

1）在电流上升阶段，ASR 由不饱和状态迅速达到饱和状态，ACR 一般处于不饱和状态，这样才能起到调节作用。

2）在恒流升速阶段，ASR 处于饱和（限幅）状态，转速环相当于开环状态，ACR 的作用是力图使输出电流 I_d 保持在 I_{dm} 状态，系统表现为恒电流调节系统。

3）在转速调节阶段，ASR 和 ACR 同时起作用，ASR 起主导作用，ACR 起次要作用，是一个电流随动系统。

总之，ASR 饱和时，系统为恒电流调节的单闭环系统；ASR 不饱和时，系统为无静差调速系统。

（2）时间最优控制　在恒流升速阶段，电流保持恒定，并且为允许的最大值，充分发挥电动机的过载能力，使启动过程最快，属于电流受限制条件下的最短时间控制。

（3）转速超调　在启动过程的恒流升速阶段，ASR 处于饱和状态，这是为了使电流维持在最大值，以使转速以最快速度增加。但当转速达到稳定值后，要考虑使 ASR 退出饱和状态。因为只有 ASR 退出饱和状态，才具有调节作用，在之后的过程中，当负载变化后，转速的调节才能依赖 ASR 环节进行。而 ASR 退饱和的方法就是使转速出现超调。

试题精选：

转速与电流双闭环直流调速系统能实现在启动过程中，（B）起作用。

A. 转速调节器　　　　　　　　　　B. 电流调节器

C. 电流调节器和转速调节器同时　　D. 电流调节器和转速调节器都不

鉴定点 6　转速与电流双闭环直流调速系统在扰动作用时的特点

问：转速与电流双闭环直流调速系统在扰动作用时有哪些特点？

答：转速与电流双闭环直流调速系统在扰动作用时有以下特点：

1）双闭环系统在突加负载时，ASR 和 ACR 均参与调节作用，但 ASR 处于主导作用，ASR 的输出电压 U_{gi} 增加时 ACR 输出的电压 U_k 和晶闸管变流器输出电压 U_d 相应增加来补偿主回路中因负载电流增加所引起的电压降，保证在新的稳定状态时，电动机的转速仍能维持原来的给定转速 n_1。突加负载的动态过程和突加给定的动态过程不同，一般情况下突加负载的调节过程是一个线性调节过程，不存在 ASR 饱和状态。

2）电源电压波动时，晶闸管变流器输出电压 U_{do} 也会随之改变，由于电动机机电惯性，首先引起电枢电流 I_d 的改变，电流负反馈电压 U_{fi} 也随之改变。在转速与电流双闭环直流调速系统中，可通过 ACR 的调节作用，用晶闸管变流器的输出电压 U_d 变化来补偿电源电压的波动，以维持电枢电流不变。由于电流环的惯性远小于转速环的惯性，整个调节过程很快，使电动机转速几乎不受电源电压波动的影响。

试题精选：

（×）转速与电流双闭环直流调速系统，一般情况下突加负载的调节过程是一个线性调节过程，存在 ASR 饱和状态。

鉴定点 7 转速与电流双闭环直流调速系统的调试原则

问：转速与电流双闭环直流调速系统的调试原则有哪些？

答：系统调试的目的是对整个系统进行测试和参数调整，以使其达到要求的工作状态。

直流调速系统调试原则如下：

1）先查线，后通电。

2）先单元，后系统。

3）先控制回路，后主电路；先励磁回路，后电枢回路。

4）先开环，后闭环；先内环，后外环；先静态，后动态。

5）通电调试时，先用电阻负载，后用电动机负载。

6）电动机投入运行时，先轻载，后重载；先低速，后高速。

直流调速系统的调试步骤如下：

（1）调试1 继电控制电路的通电调试。

（2）调试2 系统开环调试（带电阻性负载）。

1）控制电源测试。插上电源板，用万用表校验送至其所供各处电源电压是否正确，电压值是否符合要求。

2）触发脉冲检测。插上触发板，调节斜率值，调节初相位，使得 U_d 在给定最大值时为规定值，给定为 0 时，输出电压 $U_d = 0$。

3）调节板的测试。

（3）调试3 系统闭环调试（带电动机负载）。

1）将调节板跳线置于闭环位置。

2）接通系统电源，缓慢增加给定电压，调节电位器，减小转速反馈系数，使系统达到电动机额定转速（此时 $U_d = 220V$），速度环 ASR 即调好。

3）去掉电动机励磁，使电动机堵转（电动机加励磁时，转矩很大，不容易堵住）。缓慢调节电位器，使电枢电流为电动机额定电流的 1.5~2 倍。

4）过电流的整定。

（4）调试4 整机统调。

1）开环运行模式下的调试。系统开环运行时控制形式比较简单，主要是调整三相触发电压平衡和脉冲的初相位，具体操作步骤如下：

① 确认系统电源的相序。

② 三相锯齿波斜率平衡的调整。

③ 脉冲初相位调节。

④ 主电路输出直流电压波形调整。

2）闭环运行模式下的调试。

① 首先调整系统最小整流角。

② 调整系统的电压负反馈深度。

③ 调整系统的过电流保护整定值。

④ 调整系统的电流截止负反馈值。

⑤ 调整系统给定积分时间。

试题精选：

转速与电流双闭环直流调速系统的调试原则是（D）。

A. 先控制回路，后主电路　　　　B. 先内环，后外环

C. 先电枢回路，后励磁回路　　　D. 先静态，后动态

鉴定点8　转速与电流双闭环直流调速系统的常见故障分析

问：转速与电流双闭环直流调速系统的常见故障有哪些？

答：转速与电流双闭环直流调速系统的常见故障见表1-2。

表1-2　转速与电流双闭环直流调速系统的常见故障

故障现象	故障区域（点）及故障原因分析
给定电压 $U_g = 0$ 时仍有控制电压 U_k 值，输出电压 $U_d > 0$	限幅用二极管反接，正限幅的限幅电压接入电路，影响了控制电压 U_k 值
控制电压 U_k 偏低，输出电压 U_d 达不到最大值	比例系数不够大导致控制电压 U_k 偏低
没有控制电压 U_k 输出	给定积分器、比例放大器均损坏，使控制电压 $U_k = 0V$
接通电源，电路保护	电压比较器损坏，始终输出 15V 电压，保护电路上电工作
电流较小时，电路保护	比例系数改变，电路状态改变
闭合电路，则保护电路工作	电位器给定的 +15V 电源断开，比较电压过低
电压在较低时不能调节	给定电压限流电阻减小，封锁电压过高
接通电源，电路保护	正向限幅二极管反接，通电产生脉冲，使晶闸管导通
上电延时电路保护	限幅二极管反接
输出电压 U_d 值偏低	限流电阻减小，使电压反馈强度过大

试题精选：

双闭环直流调速系统运行中，测速发电机反馈线松脱，系统会出现（B）。

A. 转速迅速下降后停车、报警并跳闸　　　B. 转速迅速升高到最大、报警并跳闸

C. 转速保持不变　　　　　　　　　　　　D. 转速先升高后恢复正常

鉴定范围8　变频恒压供水系统装调及维修

鉴定点1　变频恒压供水系统的组成

问：变频恒压供水系统主要由哪几部分组成？

答：变频恒压供水系统主要由 PLC、变频器、压力变送器（压力传感器）、低压电器设备、动力控制线路及电动机—水泵等组成，控制系统组成框图如图1-44所示。

在变频恒压供水系统中，变频器的作用是为电动机提供可变频率的电源，实现电动机的无级调速，从而使管网水压连续变化，同时变频器还可作为电动机软起动装置，限制电动机的起动电流。压力变送器的作用是检测管网水压，PID 调节器依据水压设定值和水压检测值向变频器输出 4~20mA 的模拟量控制变频器的转速，触摸屏的应用使系统操作和监控更加

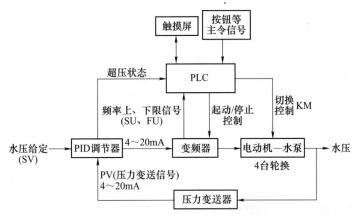

图 1-44 控制系统组成框图

便捷，用户可以通过触摸屏界面来控制系统运行状态和监控故障。

试题精选：

在变频恒压供水系统中，依据水压设定值和水压检测值向变频器输出模拟量的设备是（C）。

A. 变频器   B. 压力传感器   C. PID 调节器   D. 触摸屏

鉴定点 2   变频恒压供水控制系统电路的组成

问：变频恒压供水控制系统电路由哪些部分组成？

答：变频恒压供水控制系统的主电路主要由变频器、接触器、电动机等组成，如图 1-45 所示。

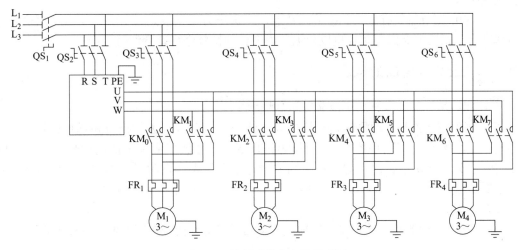

图 1-45 控制系统主电路原理图

图 1-45 中的 4 台电动机既可以变频运行，也可以工频运行。当接触器 KM_1、KM_3、KM_5 和 KM_7 线圈得电工作时，分别对应控制的电动机 $M_1 \sim M_4$ 处于工频运行状态；而当接触器 KM_2、KM_2、KM_4 和 KM_6 线圈得电工作时，分别对应控制的电动机 $M_1 \sim M_4$ 处于变频运行状

态。但系统运行中始终只有一台变频电动机水泵运行，其他电动机水泵根据实际需要来决定是否工频运行。

在主回路控制方式确定后，系统能否满足实际需要取决于 PLC 控制回路的功能，为此，必须充分了解用户对系统的相关功能需求，在各种实际应用场合用户会有不同功能的需求。PLC 是本控制系统的核心控制部件，系统通过 PLC 和触摸屏来监视运行过程的相关状态，并进行控制动作的判断输出。

本系统的控制电路主要由 PLC、触摸屏、压力传感器、接触器及按钮等主令电器组成。

试题精选：

（√）变频恒压供水控制系统的主电路主要由变频器、接触器、电动机等组成。

鉴定点 3　变频恒压供水系统的工作原理

问：简述变频恒压供水系统的工作原理。

答：变频恒压供水控制系统的工作原理是：供水压力通过传感器采集给系统，再通过变频器的 A/D 转换模块将模拟量转换成数字量，同时将压力设定值转换成数字量，两个数据同时经过 PID 调节器进行比较，PID 调节器根据变频器的参数设置，进行数据处理，并将数据处理的结果以运行频率的形式控制输出。PID 调节器具有比较和差分的功能，供水压力低于设定压力时，变频器就会将运行频率升高，相反则降低，并且可以根据压力变化的快慢进行差分调节。以负作用为例，如果压力在上升并接近设定值的过程中，上升速度过快，PID 运算也会自动减少执行量，从而稳定压力。供水压力经 PID 调节后的输出量，通过交流接触器组切换控制水泵的电动机。在水网中的用水量增大时，会出现一台"变频泵"效率不够的情况，这时需要其他水泵以工频的形式参与供水，交流接触器组负责水泵的切换工作情况，由 PLC 控制各个接触器是工频供电还是变频供电，按需要选择水泵的运行情况。

试题精选：

（√）PID 调节器具有比较和差分的功能，供水压力低于设定压力时，变频器就会将运行频率升高，相反则降低，并且可以根据压力变化的快慢进行差分调节。

鉴定点 4　压力变送器的概念

问：什么是压力变送器？压力变送器有哪些作用？

答：压力变送器是一种将压力转换成气动信号或电动信号进行控制和远传的设备。它能将测压元件传感器感受到的气体、液体等物理压力参数转变成标准的电信号（如 DC 4～20mA 等），以供指示报警仪、记录仪、调节器等二次仪表进行测量、指示和过程调节。压力变送器是工业实践中最为常用的一种传感器，其广泛应用于各种工业自控环境。

试题精选：

（√）压力变送器是一种将压力转换成气动信号或电动信号进行控制和远传的设备。

鉴定点 5　压力变送器的分类

问：常用的压力变送器有哪些？

答：压力变送器有电动式和气动式两大类。电动式压力变送器统一输出信号为 0～10mA、4～20mA 或 1～5V 等直流电信号，气动式压力变送器统一输出信号为 20～100Pa 的气体压力。

压力变送器按不同的转换原理可分为力（力矩）平衡式、电容式、电感式、应变式和频率式等。

试题精选：

（√）压力变送器按不同的转换原理可分为力（力矩）平衡式、电容式、电感式、应变式和频率式等。

鉴定点 6　压力变送器的原理

问：简述压力变送器的原理。

答：压力变送器的原理为：将水压这种力学信号转变成电流（4～20mA）电子信号，压力和电压或电流的大小呈线性关系，一般是正比例关系。所以，变送器输出的电压或电流随压力增大而增大，由此得出一个压力和电压或电流的关系式。压力变送器被测介质的两种压力通入高、低压力室（低压室的压力采用大气压或真空），作用在敏感元件的两侧隔离膜片上，通过隔离膜片和元件内的填充液传送到测量膜片两侧。

由测量膜片与两侧绝缘片上的电极各组成一个电容器。当两侧压力不一致时，致使测量膜片产生位移，其位移量和压力差成正比，使两侧电容量不等，通过振荡和解调环节，转换成与压力成正比例的信号。

试题精选：

压力变送器的原理为：将水压这种力学信号转变成电流这样的电子信号，压力和电压或电流的大小呈（B）关系。

A. 非线性　　B. 线性　　C. 反比关系　　D. 比例、积分关系

鉴定点 7　压力变送器的特点

问：压力变送器具有哪些特点？

答：压力变送器具有以下特点：

1）压力变送器具有工作可靠、性能稳定等特点。

2）专用 U/I 集成电路，外围元器件少，可靠性高，维护简单、轻松，体积小、重量轻，安装调试极为方便。

3）铝合金压铸外壳，三端隔离，静电喷塑保护层，坚固耐用。

4）4～20mA 直流二线制信号传送，抗干扰能力强，传输距离远。

5）直接感测被测液位压力，不受介质起泡、沉积的影响。

6）高准确度，线性好，温度稳定性高。

试题精选：

压力变送器的优点不包括（B）。

A. 工作可靠、性能稳定　　　　　　B. 高准确度，非线性好，温度稳定性高

C. 专用 U/I 集成电路，外围元器件少　　D. 抗干扰能力强，传输距离远

鉴定点 8　压力变送器的选用

问：如何选用压力变送器？

答：压力变送器选用时，应以被测介质的性质指标为准，以节约资金、便于安装和维护为参考。如果被测介质高黏度、易结晶、强腐蚀，必须选用隔离型变送器。还应遵循以下原则：

（1）材质选择　在选型时要考虑被测流体介质对膜盒金属的腐蚀，一定要选好膜盒材质，否则使用后短时间就会将外膜片腐蚀，法兰也会被腐蚀而造成设备或人身事故，所以膜盒材质的选择非常关键。变送器的膜盒材质有普通不锈钢、304不锈钢、316/316L不锈钢和钽材质等。

（2）温度选择　选型时要考虑被测介质的温度，如果温度达到200～400℃，要选用高温型，否则硅油会产生汽化膨胀，使测量不准确。

（3）工作压力选择　选型时要考虑设备的工作压力等级，变送器的压力等级必须与应用场合相符合。从经济角度上讲，外膜盒及插入部分材质比较重要，但连接法兰可以降低材质要求，如选用碳钢、镀铬等，从而节约成本。

（4）安装方式选择　隔离型压力变送器最好选用螺纹连接形式，这样既节约成本，安装也方便。

（5）输出信号选择　压力传感器一般可以输出mV、V、mA级信号及频率和数字等输出信号，应依据控制系统要求进行选择。

试题精选：

在选用压力变送器时，如果被测介质高黏度、易结晶、强腐蚀，必须选用（B）变送器。

A. 高准确度　　B. 隔离型　　C. 非线性好　　D. 耐腐蚀性

鉴定点9　压力变送器的安装注意事项

问：安装压力变送器时应注意哪些问题？

答：在安装、使用压力变送器前应详细阅读产品使用说明书，安装时压力接口不能泄漏，确保量程及接线正确。压力传感器及变送器的外壳一般需接地，信号电缆线不得与动力电缆混合铺设，传感器及变送器周围应避免有强电磁干扰。

1）安装前仔细阅读产品说明书，准确接线，留意产品不得发生接线错误。

2）变送器应安装在透风、干燥、无蚀、阴凉及温度变化较小的地方。露天安装时应加防护罩，避免阳光直照和雨淋，以避免产品机能降低或引起故障。

3）严禁随意摔打、冲击、拆卸、强力夹持或用尖利的用具触及引压孔或金属膜片。

4）留意保护产品引出电缆，电缆线接头处务必密封，以免进水或潮气影响整机性能及寿命，变送后端子引线要保证和大气良好导通。

5）安装时应在变送器和介质之间加载压力截止阀，以便检验和防止取压口堵塞而影响测量精度，在压力波动范围大的场合还应加装压力缓冲装置。

6）测量蒸气或其他高温介质时，注意不要使变送器的工作温度超限，必要时，加引压管或使用其他冷却装置连接。

7）在测量液体介质时，在加压前一定要用截止阀排净管道内的空气，防止因为压缩空气所产生的高压导致传感器过载。

8）禁止超指标过载，超指标过载造成的敏感膜损坏不在三包范围。

9）隔爆型变送器在危险场所使用时，变送器的壳盖必须拧紧，为确保使用安全，应严格遵守安全规程，绝对不能在通电时打开变送器壳盖。

试题精选：

（√）安装压力变送器时应在变送器和介质之间加载压力截止阀，在压力波动范围大的场合还应加装压力缓冲装置。

鉴定点 10　压力变送器的接线

问：安装压力变送器时应如何接线？

答：常用的压力变送器接线有两线和三线两种形式。

（1）两线压力变送器接线　两线压力变送器在接线时需要组成回路，将 24V 接压力表正极，压力表负极接压力变送器输出信号正极，压力变送器输出信号负极接 0V，其接线图如图 1-46 所示。

（2）三线压力变送器接线　三线压力变送器在接线时，变送器的电源正极、负极分别接到电源的 24V 和 0V 上，同时 0V 还需要与压力表的负极相接，压力表的正极与变送器的输出相接，其接线图如图 1-47 所示。

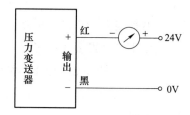

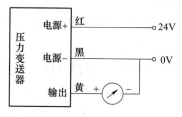

图 1-46　两线压力变送器接线图　　　图 1-47　三线压力变送器接线图

试题精选：

（×）常用的压力变送器接线有两线、三线和多线式等形式。

鉴定点 11　PID 控制系统的组成

问：什么是 PID 控制？PID 控制系统主要由哪几部分组成？

答：在工业过程控制中，按被控对象的实时数据采集的信息与给定值比较产生的误差的比例（P）、积分（I）和微分（D）进行控制的控制系统，简称 PID 控制系统。PID 控制具有原理简单，鲁棒性强和实用面广等优点，是一种技术成熟、应用最为广泛的控制系统。PID 控制系统框图如图 1-48 所示。在实际应用中应根据工作经验在线整定 PID 参数，这样可以取得较为满意的控制效果。

由图 1-48 可知，PID 控制系统由比例单元、积分单元和微分单元组成。在工作过程中，每个控制单元可以单独进行工作实现单独的比例控制、积分控制和微分控制，又可两两结合工作实现比例积分控制（PI）和比例微分（PD）控制，或者三者结合工作实现 PID 控制。

试题精选：

（B）不是 PID 控制系统的组成部分。

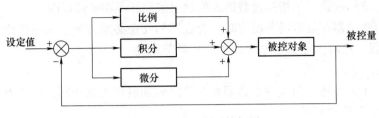

图 1-48　PID 控制系统框图

A. 比例调节器　　　B. 离散调节器　　　C. 积分调节器　　　D. 微分调节器

鉴定点 12　PID 调节器的工作原理

问：简述 PID 调节器的工作原理。

答：在 PID 调节器中，几种调节单元的作用和原理如下：

（1）比例控制　比例控制是一种最简单的控制方式。调节器的输出与输入误差信号呈比例关系，简称 P 调节器。由于 P 调节器是根据输入偏差大小按比例指挥执行机构动作，从而改变输出量，使系统被控参数近似跟踪给定值的，所以其仅能减小偏差，而不能消除偏差，仍有静态偏差存在。

比例控制系统虽然存在静态偏差，但是这个偏差值不是很大，与自有平衡能力的控制对象受到扰动后，被控量自行稳定在新稳态值上的变化量相比要小得多，动态过程进行也要快得多，因此其广泛应用于对被控量稳态精度要求不高的场合。比例控制是按比例反应系统的偏差，系统一旦出现了偏差，比例控制立即产生控制作用以减少偏差。比例作用大，可以加快控制，减少误差，但是过大的比例，使系统的稳定性下降。

（2）积分控制　在积分控制中，调节器的输出与输入误差信号的积分呈正比例关系。为了消除稳态误差，在调节器中必须引入"积分"。积分输出的大小取决于误差时间的积分，随着时间的增加，积分输出会增大。因此，即便误差很小，积分输出也会随着时间的增加而加大，它推动调节器的输出增大，使稳态误差进一步减小，直到等于零。所以，在比例控制中加入积分控制组成比例积分调节器，可以使系统在进入稳态后无稳态误差。

（3）微分控制　在微分控制中，调节器的输出与输入误差信号的微分（即误差的变化率）呈正比例关系。自动控制系统在克服误差的控制过程中可能会出现振荡甚至失稳。其原因是存在有较大惯性组件（环节）或滞后组件，具有抑制误差的作用，其变化总是落后于误差的变化。解决的办法是使抑制误差的作用的变化"超前"，即在误差接近零时，抑制误差的作用就应该为零。

（4）比例积分微分（PID）控制　比例控制速度快；积分控制可以减小或消除静差，提高精度；而微分控制可以抑制过大的超调量，提高稳定性，加快过渡过程。具有比例积分微分控制规律的调节器，称为 PID 调节器。PID 控制是一种由比例、积分及微分控制组合而成的复合控制规律。这种组合具有 3 种基本控制规律各自的特点。

试题精选：

PID 调节器又称为 PID 控制器，其控制规律为（D）。

A. 比例控制　　　B. 积分控制　　　C. 微分控制　　　D. 比例积分微分控制

鉴定点 13　PID 调节器参数的设置方法

问：如何设置 PID 调节器的参数？

答：PID 调节器的参数设定

（1）熟悉 PID 调节器操作面板（略）。

（2）控制设定值及报警设定值的设置方法

1）按下设置键🔲不松开，直到显示 Su，进入控制设定值设置状态。

2）按下🔲键可以顺序选择本组其他参数。

3）按下◀键调出当前参数的原设定值，闪烁位为修改位。

4）通过◀键移动修改位，▲键增值、▼键减值，将参数修改为需要的值。

5）按下🔲键存入修改好的参数，并转到下一参数。若为本组最后 1 个参数，则按🔲键后将退出设置状态。

重复 2）~5）步，可设置本组的其他参数。

（3）常用参数介绍　PID 调节器常用参数有设定值参数、密码和 PID 控制参数、输入信号和表调校及报警组态参数和通信参数。

1）设定值参数包括：控制目标设定值，第 1~3 报警点设定值。

2）密码和 PID 控制参数包括：密码、自整定、比例带、积分时间、微分时间、正/反作用选择、控制周期、自动/手动输出选择、控制输出信号选择、控制输出上限和下限。

3）输入信号和表调校及报警组态参数包括：输入信号选择、显示小数点位置选择、测量量程下限、测量量程上限、零点修正值、满度修正值、数字滤波时间常数、小信号切除门限、报警延时、第 1~3 报警点报警方式及灵敏度。

4）通信参数包括：仪表通信地址、通信速率选择、报警输出控制权选择、控制及变送输出控制权选择、设定值显示内容选择、故障代用值、冷端补偿修正值、变送输出信号选择、变送输出上限和下限。

（4）PID 参数的设定　PID 参数的设定是靠经验及对工艺的熟悉度，参考测量值跟踪与设定值曲线，从而调整 P、I、D 的大小。PID 调节器参数的工程整定，各种调节系统中 PID 参数经验数据参照如下：

温度 T：$K_P = 20\% \sim 60\%$，$T_I = 180 \sim 600s$，$T_D = 3 \sim 180s$。

压力 P：$K_P = 30\% \sim 70\%$，$T_I = 24 \sim 180s$。

液位 L：$K_P = 20\% \sim 80\%$，$T_I = 60 \sim 300s$。

流量 Q：$K_P = 40\% \sim 100\%$，$T_I = 6 \sim 60s$。

试题精选：

（√）PID 调节器常用参数有设定值参数、密码和 PID 控制参数、输入信号和表调校及报警组态参数和通信参数。

鉴定点 14   PID 调节器参数的调试原则

问：调试 PID 调节器参数的原则有哪些？

答：PID 调试一般原则：

1）在输出不振荡时，增大比例增益 K_P。
2）在输出不振荡时，减小积分时间常数 T_I。
3）在输出不振荡时，增大微分时间常数 T_D。

PID 调试一般步骤：

（1）确定比例增益 K_P 确定比例增益 K_P 时，首先去掉 PID 的积分项和微分项，一般令 $T_I = 0$、$T_D = 0$，使 PID 为纯比例调节。输入设定为系统允许的最大值的 60%~70%，由 0 逐渐加大比例增益 K_P，直至系统出现振荡；反过来，再从此时的比例增益 K_P 逐渐减小，直至系统振荡消失，记录此时的比例增益 K_P，设定 PID 的比例增益 K_P 为当前值的 60%~70%。比例增益 K_P 调试完成。

（2）确定积分时间常数 T_I 例如应用于传统的 PID，首先将 T_I、T_D 设置为 0，即只用纯比例控制，最好是有曲线图，调整 K_P 值在控制范围内呈临界振荡状态。记录下临界振荡的同期 T_s。令 K_P 值等于纯比例时的 K_P 值。

如果控制精度 = 1.05%，则设置 $T_I = 0.49T_s$，$T_D = 0.14T_s$，$T = 0.014$。

如果控制精度 = 1.2%，则设置 $T_I = 0.47T_s$，$T_D = 0.16T_s$，$T = 0.043$。

如果控制精度 = 1.5%，则设置 $T_I = 0.43T_s$，$T_D = 0.20T_s$，$T = 0.09$。

试题精选：

PID 调试时，当输出不振荡时，不应（A）。

A. 减少比例增益 K_P　　　B. 增大比例增益 K_P

C. 增大积分时间常数　　　D. 减小微分时间常数

鉴定点 15   PID 调节器参数的整定方法

问：PID 调节器参数的整定方法有哪些？

答：PID 调节器的参数整定是控制系统设计的核心内容。它根据被控过程的特性确定 PID 调节器的比例系数、积分时间和微分时间的大小。

PID 调节器参数整定的方法有两种：

（1）理论计算整定法   它主要是依据系统的数学模型，经过理论计算确定调节器参数。这种方法所得到的计算数据不能直接用，还必须通过工程实际进行调整和修改。

（2）工程整定方法   它主要依赖工程经验，直接在控制系统的试验中进行，而且方法简单、易于掌握，在工程实际中被广泛采用。PID 调节器参数的工程整定方法主要有临界比例法、反应曲线法和衰减法。三种方法各有其特点，共同点是通过试验，然后按照工程经验公式对调节器参数进行整定。但无论采用哪一种方法所得到的调节器参数，都需要在实际运行中进行最后调整与完善。现在一般采用的是临界比例法。

试题精选：

PID 控制采用工程整定方法进行参数整定的方法不包括（C）。

A. 临界比例法　　　B. 反应曲线法　　　C. 比较法　　　D. 衰减法

鉴定点 16　PID 调节器参数的整定步骤

问：简述 PID 调节器参数的整定步骤。

答：PID 调节器参数整定一般采用的是实验试凑法，利用该方法进行 PID 调节器参数的整定步骤如下：

1）首先预选择一个足够短的采样周期使系统工作。

2）仅加入比例控制环节，将比例控制作用由小变到大，观察响应情况，直到系统对输入的阶跃响应出现临界振荡，记下这时的比例增益。

3）若在比例控制下稳态误差不能满足要求，需加入积分控制。先将比例系数减小为上一步骤中确定比例系数的 50%~80%，再将积分时间置一个较大值，观测响应曲线。然后减小积分时间，加大积分作用，并相应调整比例系数，反复试凑至得到较满意的响应，确定比例和积分的参数。

4）若经过上一步骤，PI 控制只能消除稳态误差，而动态过程不能令人满意，则应加入微分控制，构成 PID 控制。先置微分时间 $\tau=0$，逐渐加大 τ，同时相应地改变比例系数和积分时间，反复试凑至获得满意的控制效果和 PID 控制参数。

试题精选：

（√）PID 调节器参数整定一般采用的是实验试凑法。

鉴定范围 9　电子电路分析测绘、调试与维修

鉴定点 1　常见的组合逻辑电路

问：什么是半加器？

答：半加器是将两个 1 位二进制数相加，不考虑低位来的进位的逻辑电路。设两个加数分别用 A_i、B_i 表示，两个加数的和用 S_i 表示，向高位进位用 C_i 表示，根据半加器的功能及二进制加法规则，可以列出半加器真值表，见表 1-3。半加器的逻辑图和逻辑符号如图 1-49 所示。

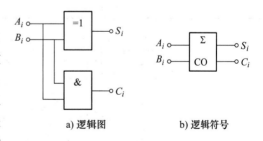

a) 逻辑图　　　　b) 逻辑符号

图 1-49　半加器的逻辑图和逻辑符号

表 1-3　半加器真值表

A_i	B_i	S_i	C_i
0	0	0	0
0	1	1	0
1	0	1	0
1	1	0	1

由真值表可得逻辑表达式为

$$S_i = \overline{A_i}B_i + \overline{B_i}A_i = A_i \oplus B_i, \quad C_i = A_iB_i$$

试题精选：

半加器可以用一个（D）与一个与门组成。

A. 与非门　　 B. 或门　　 C. 或非门　　 D. 异或门

鉴定点 2　全加器及其应用

问：什么是全加器？

答：全加器是将两个 1 位二进制数相加并考虑低位来的进位 C_{i-1} 的逻辑电路，即将两个对应位的加数和来自低位的进位 3 个数相加，以求出和及进位。

设两个加数分别用 A_i、B_i 表示，它们的和用 S_i 表示，低位来的进位用 C_{i-1} 表示，向高位的进位用 C_i 表示，根据二进制加法运算规则可列出 1 位全加器的真值表，见表 1-4。全加器的逻辑图和逻辑符号如图 1-50 所示。

表 1-4　全加器真值表

A_i	B_i	C_{i-1}	S_i	C_i
0	0	0	0	0
0	0	1	0	0
0	1	0	0	0
0	1	1	1	1
1	0	0	1	0
1	0	0	0	1
1	1	0	0	1
1	1	1	1	1

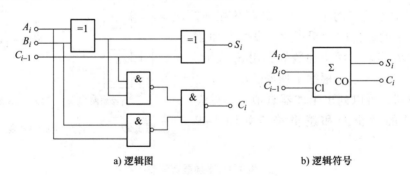

a) 逻辑图　　　　　　　　　　　b) 逻辑符号

图 1-50　全加器的逻辑图和逻辑符号

由真值表可得逻辑表达式为

$$S_i = \sum m(1、2、4、7) = \overline{A_i}\,\overline{B_i}C_{i-1} + \overline{A_i}B_i\,\overline{C_{i-1}} + A_i\,\overline{B_i}\overline{C_{i-1}} + A_iB_iC_{i-1}$$

$$= A_i \oplus B_i \oplus C_{i-1}$$

$$C_i = \sum m(3、5、6、7) = \overline{A_i}B_iC_{i-1} + A_i\,\overline{B_i}C_{i-1} + A_iB_i = (A_i \oplus B_i)C_{i-1} + A_iB_i$$

试题精选：

全加器中，当 $A_i = 1$，$B_i = 1$，$C_{i-1} = 0$ 时，S_i 和 C_i 分别为（B）。

A. 0 和 0　　B. 0 和 1　　C. 1 和 0　　D. 1 和 1

鉴定点 3　多位加法器

问：多位加法器的进位方式有哪几种？简述其工作原理。

答：多位加法器的进位方式有串行进位和并行进位两种方式。

（1）串行进位加法器　两个多位数相加时每一位都是带进位相加的，因此需将 n 位全加器串联起来。只要依次将低位全加器的进位输出端接到高位全加器的进位输入端，即可构成 n 位的串行进位加法器。

图 1-51 所示为根据上述原理接成的 4 位串行进位加法器。显然，每一位的相加结果都必须等到低一位的进位产生以后才能建立起来，即进位信号是由低位向高位逐级传递的，因此这种加法器的最大缺点是运算速度不快。在最不利的情况下做一次加法运算需要经过 4 个全加器从输入加数到输出状态稳定后所要传输延迟的时间，才能得到稳定可靠的运算结果。但由于电路结构比较简单，在对运算速度要求不高的设备中也常有应用。

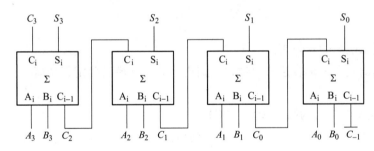

图 1-51　4 位串行进位加法器

（2）并行进位加法器　并行进位加法器也称为超前进位加法器，即在做加法运算时，每一位进位信号由输入二进制数直接产生，这种超前进位的方法能提高运算速度。

从图 1-52 可看出，4 位并行进位加法器的逻辑电路远比串行进位加法器复杂，所以一般用集成加法器。

试题精选：

（×）将 n 位全加器串联起来，只要依次将低位全加器的进位输出端接到高位全加器的进位输入端，即可构成 n 位的并行进位加法器。

鉴定点 4　组合逻辑电路工作原理分析

问：组合逻辑电路的分析和设计方法有哪些？

答：分析组合逻辑电路的目的是确定已知电路的逻辑功能，其具体步骤如下：

1）由逻辑电路写出各输出端的逻辑表达式，一般从输入端向输出端逐级写出各个门输出对其输入的逻辑表达式，从而写出整个逻辑电路的输出对输入的逻辑表达式。必要时，可进行化简，求出最简输出逻辑表达式。

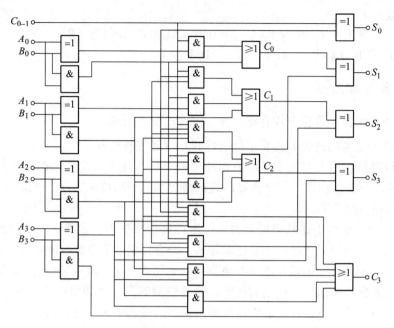

图 1-52　4 位并行进位加法器

2）列出逻辑函数的真值表。

3）根据真值表和逻辑表达式对逻辑电路进行分析，最后确定其功能。

试题精选：

分析组合逻辑电路时的第一步是：（C）。

A. 列出各级逻辑表达式　　　　B. 列出真值表

C. 列出各级逻辑表达式并化简　　D. 分析电路功能

鉴定点 5　组合逻辑电路的设计方法

问：如何设计组合逻辑电路？

答：组合逻辑电路的设计步骤如下：

1）分析设计要求，列出真值表。

2）根据真值表写出输出逻辑函数表达式。

3）对输出逻辑函数进行化简。

4）根据最简输出逻辑表示式画逻辑图。

试题精选：

某工厂有 A、B、C 三个车间和一个自备电站，站内有两台发电机 G_1 和 G_2，G_1 的容量是 G_2 的两倍。如果一个车间开工，只需 G_2 运行即可满足要求；如果两个车间开工，只需 G_1 运行；如果三个车间同时开工，则 G_1 和 G_2 均需运行。试画出 G_1 和 G_2 运行的状态图。

解：A、B、C 分别表示三个车间开工的状态；开工为 1，不开工为 0；G_1 和 G_2 运行为 1，停机为 0。

1）按题意列出逻辑状态表，见表 1-5。

表 1-5　逻辑状态表

A	B	C	G_1	G_2
0	0	0	0	0
0	0	1	0	1
0	1	0	0	1
0	1	1	1	0
1	0	0	0	1
1	0	1	1	0
1	1	0	1	0
1	1	1	1	1

2）由逻辑状态表写出逻辑式并化简：

$$G_1 = \overline{A}BC + A\overline{B}C + AB\overline{C} + ABC$$

$$G_2 = \overline{A}\,\overline{B}C + \overline{A}B\,\overline{C} + A\,\overline{B}\,\overline{C} + ABC$$

$$G_1 = AB + BC + CA = \overline{\overline{AB + BC + CA}} = \overline{\overline{AB} \cdot \overline{BC} \cdot \overline{CA}}$$

$$G_2 = \overline{\overline{A\,\overline{B}C} \cdot \overline{\overline{A}B\,\overline{C}} \cdot \overline{A\,\overline{B}\,\overline{C}} \cdot \overline{ABC}}$$

3）由逻辑式画出逻辑图，如图 1-53 所示。

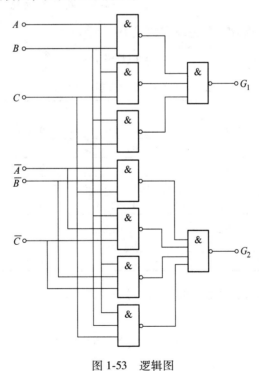

图 1-53　逻辑图

鉴定点 6　*RS* 触发器的工作原理

问：什么是触发器？常用的触发器有哪些？简述 *RS* 触发器的工作原理。

答：触发器是构成时序电路的基本单元，它在某个时刻的输出状态不仅取决于该时刻的输入状态，而且还和它本身的状态有关，因此它具有记忆功能。触发器按功能分为 RS 触发器、JK 触发器、D 触发器、T 触发器和 T′触发器。

（1）基本 RS 触发器　基本 RS 触发器是构成各种触发器的基本电路，它有"与非"型和"或非"型两种。

（2）同步 RS 触发器　基本 RS 触发器的特点是输入信号可以直接控制触发器状态的翻转，而在实际应用中通常要求按一定的时间节拍控制触发器状态的翻转。为此增设一个时钟控制输入端 CP，只有 CP 端出现时钟脉冲，触发器才能动作。这种用时钟脉冲控制的触发器称为同步触发器。

同步 RS 触发器的逻辑图及逻辑符号如图 1-54 所示。它是在基本 RS 触发器的两个输入端，各增加一个控制门和时钟信号输入端——CP 端而组成的，$\overline{R}_D$、$\overline{S}_D$ 分别为置"0"端和置"1"端。

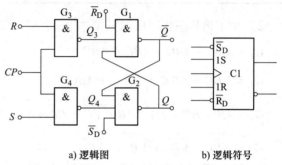

a) 逻辑图　　　　b) 逻辑符号

图 1-54　同步 RS 触发器的逻辑图和逻辑符号

同步 RS 触发器的真值表见表 1-6。表中 Q^n、Q^{n+1} 分别表示 CP 脉冲作用前、后触发器 Q 端的状态。Q^n 称为原态，Q^{n+1} 称为现态。

由真值表 1-6 可以写出 Q^{n+1} 的逻辑表达式为

$$Q^{n+1} = \overline{R}Q^n + \overline{R}S$$

表 1-6　同步 RS 触发器的真值表

CP	R	S	Q^n	Q^{n+1}
1	0	0	0	0
1	0	0	1	1
1	0	1	0	1
1	0	1	1	1
1	1	0	0	0
1	1	0	1	0
1	1	1	0	不稳定
1	1	1	1	不稳定

由于 $R=1$、$S=1$ 是不允许同时出现的，可以用逻辑式 $RS=0$ 表示。Q^{n+1} 的逻辑表达式可以进一步化简为

$$Q^{n+1} = \overline{R}Q^n + \overline{R}S + RS$$
$$= S + \overline{R}Q^n$$

因此，表 1-6 的逻辑表达式可表示为

$$\begin{cases} Q^{n+1} = S + \overline{R}Q^n \\ RS = 0 \end{cases}$$

试题精选：

同步 RS 触发器，当 RS 为（D）时，触发器处于不稳定状态。

A. 00   B. 01   C. 10   D. 11

鉴定点 7 JK 触发器的工作原理

问：常用的 JK 触发器有哪几种？简述其工作原理。

答：JK 触发器的结构有多种，国内生产的主要是主从 JK 触发器和边沿 JK 触发器。

（1）主从 JK 触发器   主从 JK 触发器的逻辑图如图 1-55a 所示，逻辑符号如图 1-55b 所示，电路中 R_D、S_D 为触发器的直接复位端和直接置位端。

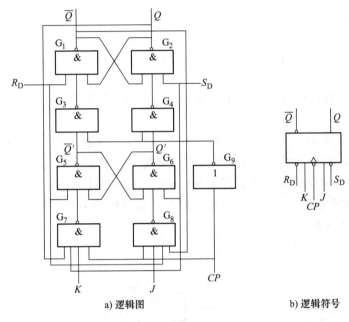

a) 逻辑图   b) 逻辑符号

图 1-55   主从 JK 触发器

由于钟控 RS 触发器决不允许 $R = S = 1$ 的输入状态，而主从 JK 触发器将 Q 和 $\overline{Q}$ 反馈到门 G_7 和 G_8，在 $CP = 1$ 时，门 G_7 和 G_8 的输入端不会出现输入同时为 1 的情况。因此，主从 JK 触发器解决了输入端不能同时为 1 的约束，即 J、K 可以同时为高电平。

主从 JK 触发器具有时钟脉冲控制下的保持、置 0、置 1 和翻转的功能，是一种逻辑功能比较齐全的触发器。主从 JK 触发器的特性表见表 1-7。

表 1-7   主从 JK 触发器的特性表

J	K	Q^n	Q^{n+1}	功能
0	0	0	0	保持
0	0	1	1	保持
0	1	0	0	置 0
0	1	1	0	置 0

（续）

J	K	Q^n	Q^{n+1}	功能
1	0	0	1	置1
1	0	1	1	
1	1	0	1	翻转
1	1	1	0	

主从 JK 触发器的特性方程式为

$$Q^{n+1} = J\,\overline{Q}^n + \overline{K}Q^n$$

主从 JK 触发器的状态改变发生在时钟脉冲 CP 的下降沿时刻，在其他任何瞬时，JK 触发器的状态都不会改变。

主从 JK 触发器在 $CP=1$ 期间虽然从触发器被封锁，J、K 的变化不会影响从触发器的状态，但是能引起主触发器状态的变化。由于 J、K 信号的变化，使主触发器可能产生翻转，并且只能翻转一次，这种现象被称为"一次翻转"现象。

为了保证触发器可靠工作，使用脉冲宽度较小的窄脉冲作为时钟脉冲 CP，可以提高触发器的抗干扰能力。

（2）边沿 JK 触发器　为解决主从触发器的一次翻转问题，并在主从触发器的基础上，解决 CP 脉冲作用期间输入信号变化对触发器的影响，采用边沿 JK 触发器。

边沿 JK 触发器简化的逻辑图如图 1-56a 所示，它由两个与或非门和两个与非门组成。为便于分析，将与或非门分解为与门和或非门，从而得到图 1-56b 所示的逻辑图。图 1-56c 为边沿 JK 触发器的逻辑符号。

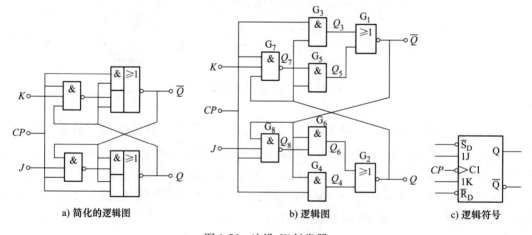

a) 简化的逻辑图　　　　b) 逻辑图　　　　c) 逻辑符号

图 1-56　边沿 JK 触发器

这种边沿 JK 触发器在 $CP=0$、CP 由"0"变"1"、$CP=1$ 期间，输入信号均不起作用，触发器维持原状态不变。只有当 CP 信号由"1"变"0"时，触发器的状态才发生相应变化。由于在 CP 下降沿到来后，G_3、G_4 的输出都为 0，因此 G_5、G_6 的输出状态在 CP 下降沿到来前的任何时刻只与 J、K 端的状态和 Q、$\overline{Q}$ 的状态有关，即能随 J、K 的变化而变化。

边沿 JK 触发器的特性表见表 1-8。

由特性表可以得到边沿 JK 触发器的特性方程为

$$Q^{n+1} = \bar{J}\bar{K}Q^n + J\bar{K}\bar{Q}^n + J\bar{K}Q^n + JK\bar{Q}^n$$
$$= J\bar{Q}^n + \bar{K}Q^n$$

表 1-8　边沿 JK 触发器的特性表

CP	J	K	Q^n	Q^{n+1}
↓	0	0	0	0
↓	0	0	1	1
↓	0	1	0	0
↓	0	1	1	0
↓	1	0	0	1
↓	1	0	1	1
↓	1	1	0	1
↓	1	1	1	0

试题精选：

主从 JK 触发器，当 JK 为（D）时，触发器处于翻转状态。

A. 00　　　　B. 01　　　　C. 10　　　　D. 11

鉴定点 8　D、T 及 T' 触发器的工作原理

问：简述 D、T 及 T' 触发器的工作原理。

答：用不同的触发器可以组合为 D、T 及 T' 触发器。

（1）D 触发器　常用的 D 触发器有维持阻塞 D 触发器和主从 D 触发器。

1）维持阻塞 D 触发器。如图 1-57 所示，与非门 G_1、G_2 组成基本 RS 触发器，$G_3 \sim G_6$ 四个与非门组成控制门。其工作原理为：$CP=0$ 时，G_3、G_4 被封锁，$Q_3 = Q_4 = 1$，触发器维持原状态不变。

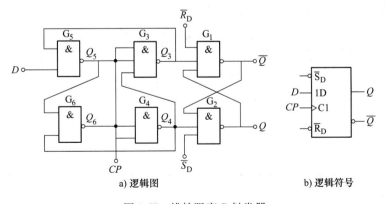

a) 逻辑图　　　　b) 逻辑符号

图 1-57　维持阻塞 D 触发器

CP 的上升沿到来时：

① 如果 $D=0$，则 $Q_5=1$、$Q_6=0$，所以 $Q_3=0$、$Q_4=1$，触发器置"0"，$Q=0$、$\overline{Q}=1$。由于 $Q_3=0$，保证了 $Q_5=1$，即使 D 状态发生变化，也不能再进入触发器，"阻塞"了 D 端信号进入触发器的通道，维持 $Q_3=0$，使触发器处于 0 状态。所以 G_3 的输出端到 G_5 的输入端的连线叫作"置 0 维持线"。

② 如果 $D=1$，则 $Q_5=0$，G_3、G_6 被封锁，$Q_3=1$，$Q_6=1$。此时，G_4 开放，$Q_4=0$，触发器置"1"，$Q=1$、$\overline{Q}=0$。由于 $Q_4=0$ 封锁了 G_3，从而"阻塞"了 G_3 输出置"0"信号，所以 G_4 输出端到 G_3 输入端的连线叫作"置 0 阻塞线"。另外，$Q_4=0$，使 $Q_6=1$，保证了在 $CP=1$ 期间 $Q_4=0$，"维持"了触发器处于 1 状态。所以，G_4 输出端到 G_6 输入端的连线叫作"置 1 维持线"。

由此可见，维持阻塞 D 触发器是在 CP 上升沿来到时才接收 D 端信号，之后即使 D 端信号改变，触发器状态也不受影响。所以，维持阻塞 D 触发器是上升沿触发，又称为边沿 D 触发器。

综上所述，维持阻塞 D 触发器的逻辑功能可以用表 1-9 来表示。

表 1-9　维持阻塞 D 触发器的逻辑功能

CP	D	Q^n	Q^{n+1}
↑	0	0	0
↑	0	1	0
↑	1	0	1
↑	1	1	1

由特性表可以得到维持阻塞 D 触发器的特性方程为

$$Q^{n+1} = D(\overline{Q^n} + Q^n) = D$$

2）主从 D 触发器。主从 D 触发器是在 JK 触发器的基础上构成的，只需在 JK 触发器输入端之间加一个非门即可，逻辑图如图 1-58a 所示，逻辑符号如图 1-58b 所示。

主从 D 触发器的逻辑功能可用表 1-10 所示的特性描述。

表 1-10　主从 D 触发器的特性表

D	Q^n	Q^{n+1}
0	0	0
0	1	0
1	0	1
1	1	1

由特性表可直接得到它的特性方程为

$$Q^{n+1} = D$$

（2）T 触发器　将 JK 触发器的 J、K 端相连接，作为 T 输入端，就组成了 T 触发器，如图 1-59 所示。

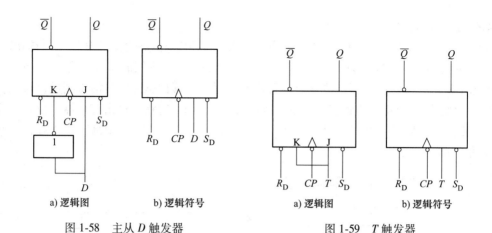

| a) 逻辑图 | b) 逻辑符号 | a) 逻辑图 | b) 逻辑符号 |

图 1-58 主从 D 触发器　　　　图 1-59 T 触发器

由主从 JK 触发器的逻辑功能可知，$T=0$ 即 $J=K=0$ 时，触发器应保持原态，即 $Q^{n+1}=Q^n$。据此得出它的特性表，见表 1-11。

表 1-11 T 触发器的特性表

T	Q^n	Q^{n+1}	功能
0	0	0	保持，$Q^{n+1}=Q^n$
0	1	1	
1	0	1	计数翻转，$Q^{n+1}=\overline{Q^n}$
1	1	0	

由特性表得出 T 触发器的特性方程为

$$Q^{n+1} = \overline{T}Q^n + T\overline{Q}^n$$

T 触发器应为下降沿触发。

（3）T' 触发器　在 T 触发器的基础上，只要将 T 输入端接高电平，就构成了 T' 触发器，如图 1-60 所示。

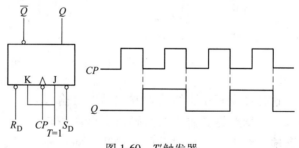

图 1-60 T' 触发器

在 T 触发器的特性方程中，令 $T=1$，得：

$$Q^{n+1} = \overline{T}Q^n + T\overline{Q}^n = \overline{Q}^n$$

试题精选：

（B）触发器是 JK 触发器在 $J=K$ 条件下的特殊情况。

A. D　　　　B. T　　　　C. RS　　　　D. T'

鉴定点 9　寄存器的工作原理

问：寄存器具有哪些功能？常用的寄存器有哪些？简述其工作原理。

答：寄存器具有接收、暂存和传递数码的特点，分为数码寄存器和移位寄存器两种类型。移位功能就是在时钟脉冲 CP（又称为移位脉冲）作用下，每一位触发器中所寄存的数码依次向左或向右移动一位。具有这种功能的寄存器就是移位寄存器。移位寄存器分为单向移位寄存器和双向移位寄存器两种。

移位寄存器按输入方式分为串行输入和并行输入，按输出方式分为串行输出和并行输出。

（1）单向移位寄存器　只能沿一个方向（向左或向右）移位的寄存器称为单向移位寄存器。图 1-61a 是由 D 触发器组成的单向移位寄存器。当移位脉冲上升沿来到后，输入数据移入 F_1，而每个 D 触发器的状态移入下一级触发器，而 F_4 的状态移出寄存器。设各触发器初态均为 0，输入数据为 1011，则经过 4 个 CP 移位脉冲之后，1011 全部存入寄存器，移位波形如图 1-61b 所示。

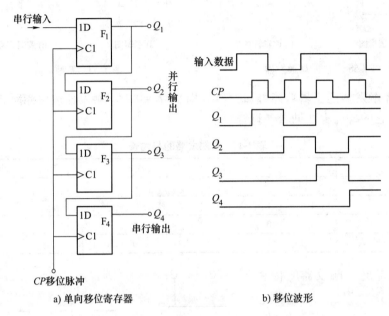

a）单向移位寄存器　　　　　　　b）移位波形

图 1-61　串行输入、串并行输出单向移位寄存器

这种移位寄存器的输入方式是串行输入方式。其特点是要输入的数码依次出现在同一条输入线上，且与时钟脉冲同步，即每输入一个时钟脉冲，输入一位数码。其输出有并行和串行两种方式。当加入 4 个时钟脉冲后，输入数码 1011 出现于 $Q_1 \sim Q_4$ 端，这时可在同一输出指令作用下实现并行输出。如果继续加入时钟脉冲，则寄存器中的二进制数码将依次在 Q_3 端输出，且与时钟脉冲同步。这种输出方式是串行输出。

图 1-62 是另一种输入方式的移位寄存器。先用清零脉冲将所有触发器置"0"，再给接收脉冲，通过 S 端输入数据，实现并行输入。所以，图 1-62 是一个串并行输入、串并行输出移位寄存器。

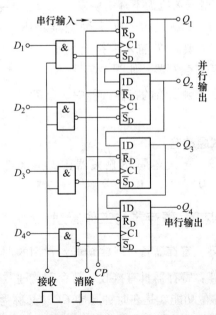

图 1-62　串并行输入、串并行输出移位寄存器

（2）双向移位寄存器　在许多应用场合，要求寄存器中储存的数码能够根据需要，既需要左移又需要右移的功能，这种寄存器称为双向移位寄存器。

在数字系统中，数据传送的方式有串行和并行两种，由于移位寄存器的特点，可用移位寄存器作为数字接口，将并行数据串行发出，也可将串行数据逐位接收，形成并行数据。

试题精选：

移位寄存器除具有存放数码的功能外，还具有（B）的功能。

A. 编码　　B. 移位　　C. 译码　　D. 显示

鉴定点 10　计数器的作用及分类

问：计数器有哪些作用？是如何分类的？

答：计数器是数字系统中能累计输入脉冲个数的数字电路，它由一系列具有存储信息功能的各类触发器构成的计数单元和一些控制门组成。计数器按计数进制不同，可分为二进制计数器、十进制计数器和 N 进制计数器，按计数单元中触发器翻转顺序来分，则有异步计数器和同步计数器两大类。在异步计数器中，当计数脉冲输入时，各级触发器不同时翻转，有先后顺序；在同步计数器中，所有触发器在同一脉冲作用下同时翻转。如果按计数过程中计数器数值的增减来分，计数器又可分为加法计数器、减法计数器和可逆计数器，随着计数脉冲的输入而递增计数的叫作加法计数器，递减计数的叫作减法计数器，可增可减的叫作可逆计数器。

试题精选：

按计数器的进制或循环模数分类，计数器可为（D）计数器。

A. 同步和异步　　B. 加、减　　C. 二进制、十进制　　D. 二进制、十进制和 N 进制

鉴定点 11　二进制计数器

问：常用的二进制计数器有哪些？简述其工作原理。

答：二进制计数器按计数单元中触发器翻转顺序来分，则有异步计数器和同步计数器两大类，按计数过程中计数器数值的增减来分，又可分为加法计数器、减法计数器和可逆计数器。

（1）异步二进制计数器　异步二进制加法计数器如图 1-63 所示。它由三级 JK 触发器组成，由于 $J=K=1$，故来一个触发脉冲，触发器的状态就翻转一次，Q 端为各触发器的输出，C 为进位输出。

计数器工作前，一般需要把所有的触发器置"0"，即计数器状态为 000。这一过程称清零或复位。清零之后，计数器便可开始计数。

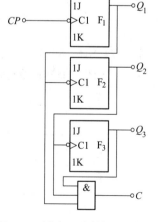

图 1-63　异步二进制加法计数器

状态方程为　　　　$Q^{n+1} = \overline{Q^n}$

进位方程为　　　　　　　　$C = Q_3^n Q_2^n Q_1^n$

这种计数器之所以称为异步加法计数器，是由于计数脉冲不是同时加到各位触发器的 C

端，而只加到最低位触发器，其他各位触发器则由相邻低位触发器的进位脉冲来触发，因此它们状态的变换有先有后，是异步的，所以计数速度较慢，这是异步计数器的不足之处。

属于异步二、八、十进制加法计数器的芯片有 74197、74LS197、74293、74LS293 等，属于异步二进制加法计数器的芯片有 74393、74LS393 等。

（2）同步二进制计数器　为了提高计数速度，可以用计数脉冲同时触发所有触发器，使应该发生状态更新的触发器同时翻转，且与计数脉冲同步。这种计数器称为同步计数器。

用 4 个主从 JK 触发器组成的同步二进制加法计数器如图 1-64 所示。

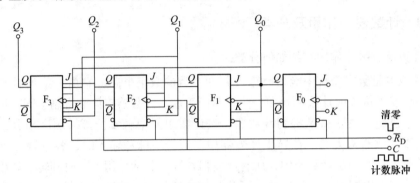

图 1-64　主从 JK 触发器组成的同步二进制加法计数器

同步二进制可逆计数器如图 1-65 所示。

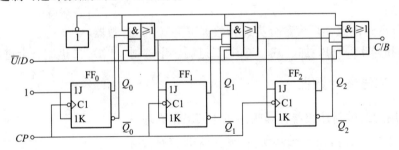

图 1-65　同步二进制可逆计数器

常用 74LS161 构成 4 位集成同步加法计数器。图 1-66 为 4 位集成同步加法计数器 74LS161/163 的引脚排列及逻辑功能图。其功能如下：

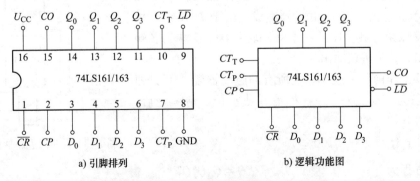

a）引脚排列　　　　　　　　　　b）逻辑功能图

图 1-66　4 位集成同步加法计数器 74LS161/163

86

1）$CR=0$ 时，异步清零。

2）$CR=0$、$LD=0$ 时同步置数。

3）$CR=LD=1$ 且 $CT_P=CT_T=1$ 时，按照 4 位自然二进制码进行同步二进制计数。

4）$CR=LD=1$ 且 $CT_P=CT_T=0$ 时，计数器状态保持不变。

74LS161 的状态表见表 1-12。

表 1-12　74LS161 的状态表

输入									输出					备注
$\overline{CR}$	$\overline{LD}$	CT_P	CT_T	CP	D_0	D_1	D_2	D_3	Q_0^{n+1}	Q_1^{n+1}	Q_2^{n+1}	Q_3^{n+1}	CO	
0	×	×	×	×	×	×	×	×	0	0	0	0	0	清零
1	0	×	×	↑	d_0	d_1	d_2	d_3	d_0	d_1	d_2	d_3		置数 $CO=CT_T \cdot Q_3^n Q_2^n Q_1^n Q_0^n$
1	1	1	1	↑	×	×	×	×	计数					$CO=Q_3^n Q_2^n Q_1^n Q_0^n$
1	1	0	×	×	×	×	×	×	保持					$CO=CT_T \cdot Q_3^n Q_2^n Q_1^n Q_0^n$
1	1	×	0	×	×	×	×	×	保持				0	

试题精选：

（×）同步二进制计数器的运行速度比异步二进制计数器的运行速度慢。

鉴定点 12　十进制计数器

问：常用的十进制计数器有哪些？简述其工作原理。

答：十进制计数器的分类与二进制相似。按计数单元中触发器翻转顺序来分，十进制计数器有异步计数器和同步计数器两大类，按计数过程中计数器数值的增减来分，又可分为加法计数器、减法计数器和可逆计数器。

（1）同步十进制计数器

1）功能。以同步十进制减法计数器为例来说明同步十进制计数器的功能。

典型的同步十进制减法计数器如图 1-67 所示。由图可以写出驱动方程为

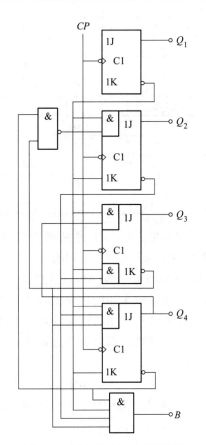

图 1-67　同步十进制减法计数器

$$\begin{cases} J_1 = K_1 = 1 \\ J_2 = \overline{\overline{Q_4^n} \overline{Q_3^n} \overline{Q_1^n}}, K_2 = \overline{Q_1^n} \\ J_3 = Q_4^n \overline{Q_1^n}, K_3 = \overline{Q_2^n} \overline{Q_1^n} \\ J_4 = \overline{Q_3^n} \overline{Q_2^n} \overline{Q_1^n}, K_4 = \overline{Q_1^n} \end{cases}$$

再将驱动方程代入 JK 触发器特性方程，得到的状态方程、借位输出方程为

$$\begin{cases} Q_1^{n+1} = \overline{Q}_1^n \\ Q_2^{n+1} = Q_4^n \overline{Q}_2^n \overline{Q}_1^n + Q_3^n \overline{Q}_2^n \overline{Q}_1^n + Q_2^n Q_1^n \\ Q_3^{n+1} = Q_4^n \overline{Q}_3^n \overline{Q}_1^n + Q_3^n Q_2^n + Q_3^n Q_1^n \\ Q_4^{n+1} = \overline{Q}_4^n \overline{Q}_3^n \overline{Q}_2^n \overline{Q}_1^n + Q_4^n Q_1^n \end{cases}$$

$$B = \overline{Q}_4^n \overline{Q}_3^n \overline{Q}_2^n \overline{Q}_1^n$$

设计数前先清零，$Q_4 Q_3 Q_2 Q_1 = 0000$。由状态方程和借位输出方程可得电路的状态表，见表 1-13。

表 1-13 同步十进制减法计数器状态表

脉冲个数	计数器状态				对应的十进制数	借位 B
	Q_4^n	Q_3^n	Q_2^n	Q_1^n		
0	0	0	0	0	0	1
1	1	0	0	1	9	0
2	1	0	0	0	8	0
3	0	1	1	1	7	0
4	0	1	1	0	6	0
5	0	1	0	1	5	0
6	0	1	0	0	4	0
7	0	0	1	1	3	0
8	0	0	1	0	2	0
9	0	0	0	1	1	0
10	0	0	0	0	0	0

2）集成同步十进制加法计数器。74LS160/162 的引脚排列图、逻辑功能示意图与 74LS161/163 相同，不同的是，74LS160 和 74LS162 是同步十进制加法计数器，而 74LS161 和 74LS163 是 4 位同步二进制（十六进制）加法计数器。此外，74LS160 和 74LS162 的区别是，74LS160 采用的是异步清零方式，而 74LS162 采用的是同步清零方式。

74LS190 是单时钟集成同步十进制可逆计数器，其引脚排列和逻辑功能图与 74LS191 相同。74LS192 是双时钟集成同步十进制可逆计数器，其引脚排列和逻辑功能图与 74LS193 相同。

74LS192（或 CC40192）是 16 脚的同步集成计数器电路芯片，具有双时钟输入、清除和置数等功能，其引脚排列及逻辑功能图如图 1-68 所示。

引脚 11 是置数端 $\overline{LD}$，引脚 5 是加计数时钟脉冲输入端 CP_U，引脚 4 是减计数端时钟脉冲输入端 CP_D，引脚 12 是非同步进位输出端 $\overline{CO}$，引脚 13 是非同步借位输出端 $\overline{BO}$，引脚 15、1、10、9 分别为计数器输入端 D_0、D_1、D_2、D_3，引脚 3、2、6、7 分别是数据输出端 Q_0、Q_1、Q_2、Q_3，引脚 14 是清零端 CR，引脚 8 为地端（或负电源端），引脚 16 为正电源端，与 5V 电源相连。

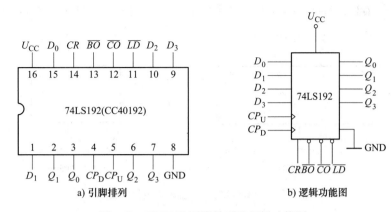

图 1-68　74LS192 引脚排列及逻辑功能图

CC40192 与 74LS192 的功能及引脚排列相同，两者可互换使用。74LS192 同步十进制计数器状态表见表 1-14。

表 1-14　74LS192 同步十进制计数器状态表

输　入								输　出				功能
CR	$\overline{LD}$	CP_U	CP_D	D_3	D_2	D_1	D_0	Q_3	Q_2	Q_1	Q_0	
1	×	×	×	×	×	×	×	0	0	0	0	异步清零
0	0	×	×	d	c	b	a	d	c	b	a	同步置数
0	1	↑	1	×	×	×	×	8421BCD 码递增				加计数
0	1	1	↑	×	×	×	×	8421BCD 码递减				减计数

（2）异步十进制计数器　异步十进制加法计数器如图 1-69 所示，异步十进制减法计数器如图 1-70 所示。

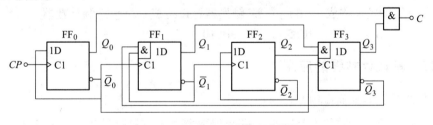

图 1-69　异步十进制加法计数器

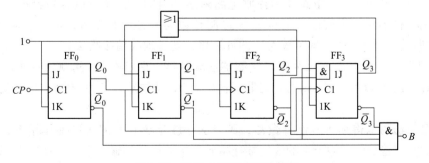

图 1-70　异步十进制减法计数器

常用的集成异步十进制计数器 74LS90 的引脚排列及逻辑功能图如图 1-71 所示。

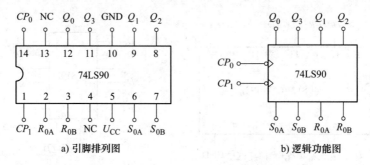

a) 引脚排列图　　　　　　　　　　　b) 逻辑功能图

图 1-71　74LS90 的引脚排列及逻辑功能图

74LS90 的状态表见表 1-15。

表 1-15　74LS90 的状态表

输　入						输　出			
R_{0A}	R_{0B}	S_{0A}	S_{0B}	CP_0	CP_1	Q_0^{n+1}	Q_1^{n+1}	Q_2^{n+1}	Q_3^{n+1}
1	1	0	×	×	×	0	0	0	0（清零）
1	1	×	0	×	×	0	0	0	0（清零）
×	×	1	1	×	×	1	0	0	1（置9）
×	0	×	0	↓	0	二进制计数			
×	0	0	×	0	↓	五进制计数			
0	×	×	0	↓	Q_0	8421 码十进制计数			
0	×	0	×	Q_1	↓	5421 码十进制计数			

一片集成二—十进制计数器 74LS90 可构成二～十间的任意进制计数器。

试题精选：

计数器可用触发器构成，（B）个 JK 触发器可以构成一个十进制计数器。

A. 2　　　　　B. 4　　　　　C. 5　　　　　D. 10

鉴定点 13　集成计数器的应用

问：集成计数器如何应用？

答：常见的集成计数器产品都是二进制计数器和十进制计数器，如果要得到任意进制的计数器，可以利用一些门电路作为控制电路来达到目的。任意进制计数器简称 N 进制计数器。利用各种不同的集成计数器构成 N 进制计数器的方法有多种，通常是利用复位法，如果要得到计数容量较大（即 N 较大）的计数器，就必须采用级联法。

（1）复位法　图 1-72 所示为十二进制加法计数器。$Q_4Q_3Q_2Q_1$ 从 0000～1011 时，计数器正常计数。由 1011 增至 1100 时，与非门输出为 0，计数器转变为 0000，从而实现了十二进制计数。

利用复位法可以得到 N 进制计数器，其方法一般是在 N 个时钟脉冲作用下，把计数到 N 时所有触发器输出状态 $Q^n=1$ 的输出端连接到一个与非门的输入端，并使与非门的输出去控制计数器的复位端 Cr，从而在第 N 个时钟脉冲作用时计数器回到"0"状态，成为 N 进制计数器。

（2）级联法 为了得到计数容量较大的计数器，可以将两个以上的计数器串联起来。例如，把一个三进制计数器和一个四进制计数器串联起来，就构成了一个十二进制计数器。

如果要得到任意 N 进制计数器，可以按图 1-73 连接。图中利用了复位法得到的是一个八十四进制的加法计数器。改变图中与非门输入端与两个十进制计数器输出端的连接位置，可以得到 $N = 1 \sim 100$ 之间任何一种进制的计数器。

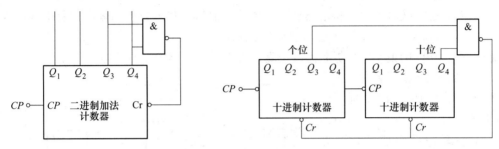

图 1-72 十二进制加法计数器　　　　　　图 1-73 八十四进制加法计数器

应用举例：

（1）环形计数器 将单向移位寄存器的串行输入端和串行输出端相连，构成一个闭合的环，称为环形计数器，如图 1-74 所示。

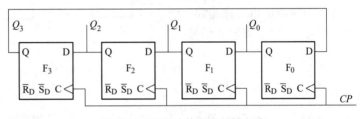

图 1-74 环形计数器的逻辑电路

设初态 $Q_3Q_2Q_1Q_0 = 1000$。
环形计数器的状态表见表 1-16，其状态转换图如图 1-75 所示。

表 1-16 环形计数器的状态表

CP 个数	Q_3	Q_2	Q_1	Q_0
0	1	0	0	0
1	0	0	0	1
2	0	0	1	0
3	0	1	0	0
4	1	0	0	0

（2）扭环形计数器 扭环形计数器与环形计数器的区别是将单向移位寄存器的串行输入端和最后一个触发器的反相输出端相连，构成一个闭合的环，所以称其为扭环形计数器。

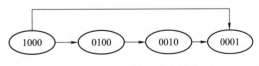

图 1-75 环形计数器状态转换图

试题精选：

移位寄存器型计数器可分为环形计数器和（C）计数器两种。

A. 开环形　　B. 右环形　　C. 扭环形　　D. 左环形

鉴定点 14　时序逻辑电路的分析

问：时序逻辑电路的分析和设计方法有哪些？

答：时序逻辑电路的分析方法如下：

（1）写方程式　写出时序逻辑电路的输出逻辑表达式、各触发器输入端的逻辑表达式和时序逻辑电路的状态方程。

（2）列状态转换真值表　将电路现态的各种取值代入状态方程和输出方程中进行计算，求出相应的次态和输出，从而列出状态转换真值表。

（3）逻辑功能的说明　根据状态转换真值表来说明电路的逻辑功能。

（4）画状态转换图和时序图

例如，分析如图 1-76 所示电路的功能。

（1）分析电路组成　该电路由 3 个 JK 触发器和两个与非门组成，是一个同步逻辑时序电路，无外输入信号（CP 不算输入信号）。

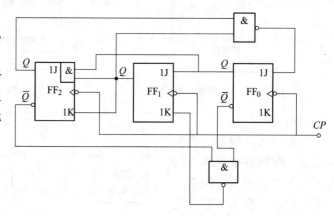

图 1-76　逻辑电路

（2）列出驱动方程

$$J_0 = \overline{Q_2 Q_1}, \quad K_0 = 1$$

$$J_1 = Q_0, \qquad K_1 = \overline{\overline{Q_2}\,\overline{Q_0}}$$

$$J_2 = Q_2 Q_0, \quad K_2 = Q_1$$

（3）列出状态方程　首先由 JK 触发器的逻辑状态表求其驱动方程（为简化书写，略去 n）。

$$Q_{n+1} = \overline{J}\,\overline{K}Q_n + J\overline{K}\overline{Q}_n + J\overline{K}Q_n + JK\overline{Q}_n$$

$$= J\,\overline{Q}_n(K + \overline{K}) + \overline{K}Q_n(J + \overline{J})$$

$$= J\overline{Q} + \overline{K}Q$$

将驱动方程代入，得出电路的状态方程为

$$Q_{0(n+1)} = \overline{\overline{Q_2 Q_1}\ \overline{Q_0}}$$

$$Q_{1(n+1)} = Q_0 \overline{Q}_1 + \overline{Q}_2 \overline{Q}_0 Q_1$$

$$Q_{2(n+1)} = Q_1 Q_0 \overline{Q}_2 + Q_1 Q_2$$

（4）列出状态表　状态表见表 1-17。

表 1-17　状态表

CP 顺序	Q_2	Q_1	Q_0
0	0	0	0
1	0	0	1
2	0	1	0
3	0	1	1

（续）

CP 顺序	Q_2	Q_1	Q_0
4	1	0	0
5	1	0	1
6	1	1	0
7	1	1	1
0	1	1	1
1	0	0	0

（5）画出状态循环图 根据状态表可以画出状态转换图，如图 1-77 所示。

（6）分析逻辑状态 此电路为同步七进制加法计数器，具有自启动功能。

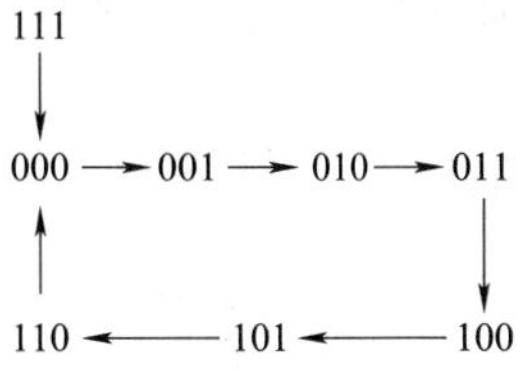

试题精选：

分析时序逻辑电路时，写出各个触发器输入端的逻辑表达式，该表达式称为（A）。

A. 驱动方程　　　B. 特征方程　　　C. 输出方程　　　D. 输入方程

图 1-77　状态转换图

鉴定点 15　时序逻辑电路的设计

问：如何设计时序逻辑电路？

答：时序逻辑电路的设计方法如下：

1）根据要求和给定的条件画出状态转换图和状态表。

2）状态化简，即合并重复状态。在保证满足逻辑功能要求的前提下，获得最简单的电路结构。

3）状态分配。列出状态转换编码表，根据 n 位二进制代码可以表示 2^n 个状态来对电路状态进行编码。

4）选择触发器的类型，求出状态方程后，再将状态方程和触发器的特性方程进行比较，从而求得驱动方程。

5）画出最简逻辑电路图。

6）检查电路有无自启动能力。

试题精选：

设计逻辑电路的第一步是（B）。

A. 列驱动方程　　　B. 画出状态转换图和状态表

C. 列输出方程　　　D. 画最简单逻辑电路图

鉴定点 16　A/D 转换电路的工作原理

问：什么是模/数转换？简述模/数转换器的工作原理。

答：把模拟信号转换成数字量的过程称为模/数转换（即 A/D 转换）。通常将实现 A/D 转换的电路称为 A/D 转换器（ADC）。

A/D 转换器（ADC）的功能是把连续变化的模拟量转变为数字量，通常要经过采样、保持、量化、编码 4 个步骤完成，它的转换过程如图 1-78 所示。

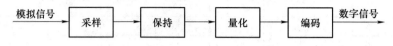

图 1-78 模拟量转变为数字量的转换过程

双积分型 A/D 转换器的基本原理是对一段时间内的输入模拟量通过两次积分，变换为与输入电压平均值成正比的时间间隔，然后用固定频率的时钟脉冲进行计数，计数结果即为正比于输入模拟信号的数字信号输出。

图 1-79 所示为双积分 A/D 转换器的结构框图。它由积分器 A、零比较器 C、时钟脉冲控制门 G、计数器及附加触发器 F_n 组成。

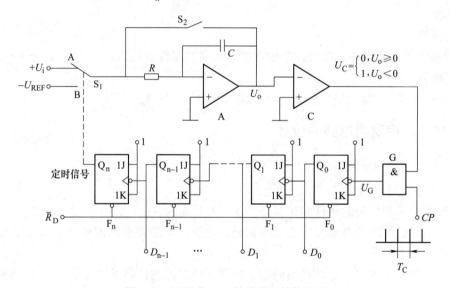

图 1-79 双积分 A/D 转换器的结构框图

双积分型 A/D 转换器分为采样阶段和比较阶段。它的特点为：工作性能稳定，抗干扰能力强，工作速度低，只适用于对直流电压或缓慢变化的模拟电压进行 A/D 转换。其输出的二进制代码越多，转换精度越高。

试题精选：

（√）A/D 转换器输出的二进制代码位数越多，转换精度也越高。

鉴定点 17 D/A 转换电路的工作原理

问：什么是数模转换？简述数模转换器的工作原理。

答：将数字量转换为模拟量的过程称数/模（D/A）转换。通常将实现 D/A 转换的电路称为 D/A 转换器（DAC）。

DAC 由参考电压源（又称为基准电压）、输入寄存器、模拟开关、电阻网络及运算放大器等组成。其框图如图 1-80 所示。首先将数字量输入寄存器，然后根据相应的数字信号控制模拟开关，将基准电压接到电阻网络，产生与该位极值成正比的电流或电压，然后再将所有电流或电压送入运算放大器叠加，即得转换后的模拟电压输出。

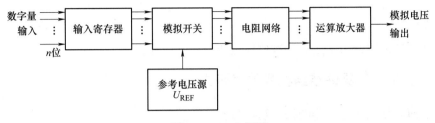

图 1-80　DAC 框图

D/A 转换的方法很多，有正 T 形和倒 T 形电阻网络 DAC 等。

4 位倒 T 形电阻网络 DAC 的工作原理如图 1-81 所示。它是由输入寄存器、模拟开关、基准电压、T 形电阻网络和运算放大器组成的。

$$U_o = -\frac{U_{REF}}{2^n} \frac{R_F}{R}(D_{n-1} \cdot 2^{n-1} +$$

$$D_{n-2} \cdot 2^{n-2} + \cdots + D_0 2^0)$$

输出的模拟电压 U_o 与输入的数字量成正比，完成了 D/A 转换。

倒 T 形电阻网络 DAC 具有动态性能好、速度转换快等优点，是目前应用较多的一种。

试题精选：

n 位 DAC 的分辨率可表示为（C）。

A. $\frac{1}{2^n}$　　B. $\frac{1}{2^{n-1}}$　　C. $\frac{1}{2^n-1}$　　D. $2n$

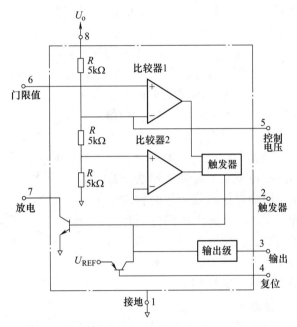

图 1-81　4 位倒 T 形电阻网络 DAC 的工作原理

鉴定范围 10　电力电子电路分析测绘、调试及维修

鉴定点 1　三相变压器联结组的概念

问：什么是三相变压器的联结组？

答：变压器的一次、二次绕组，根据不同的需要可以有三角形和星形两种接法。一次绕组三角形联结用 D 表示，星形联结用 Y 表示，有中性线时用 YN 表示；二次绕组分别用 d、y 和 yn 表示。一次、二次绕组不同的接法，形成了不同的联结组标号，也反映出不同的一次侧、二次侧的线电压之间的相位关系。

为表示这种相位关系，国际上采用了时钟表示法的联结组标号予以区分，即令一次侧线电压相量为长针，永远指向 12 点位置，二次侧线电压相量为短针，它的指向就是联结组标号。

试题精选：

（×）变压器的时钟表示法中二次侧线电压相量为长针。

鉴定点 2　三相变压器联结组标号的表示方法

问：如何表示三相变压器的联结组标号？

答：三相变压器的一次、二次侧都可接成 Y 或 D。用 Y 联结法时中点可有引出线或没有引出线，因此，一次、二次侧的接法可以采用 Yy、Yyn、YD，YND、Dy、Dyn 或 DD 等。其中分子表示高压一次绕组的连接方法，分母表示低压二次绕组的连接方法。目前我国生产的电力变压器常采用 Yyn、YD、YND 等接法。

三相变压器的联结组标号常采用时钟表示法。

三相变压器的联结组标号是指三相变压器一次（高压）绕组的线电压（电动势）与二次（低压）绕组的线电压（电动势）之间的相位关系。时钟表示法把高压绕组的电压向量看作时钟的长针，低压绕组的电压向量看作时钟的短针，长针指向 12，看短针指在哪个数字上，这个数字即联结组标号，如图 1-82 所示。

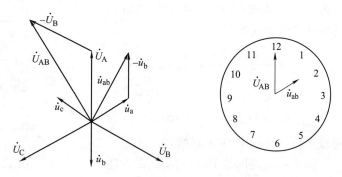

图 1-82　三相变压器的联结组标号时钟表示法

试题精选：

一台三相变压器的联结组标号为 Yyn0，其中 yn 表示变压器的（A）。

A. 低压绕组为有中性线引出的星形联结

B. 低压绕组为星形联结，中性点需接地，但不引出中性线

C. 高压绕组为有中性线引出的星形联结

D. 高压绕组为星形联结，中性点需接地，但不引出中性线

鉴定点 3　三相变压器联结组标号的识别

问：如何判别三相变压器联结组标号？

答：三相变压器的联结组标号的确定步骤：

1）根据三相变压器绕组联结方式（Y 或 y、D 或 d）画出高、低压绕组接线图（绕组按 A、B、C 相序自左向右排列）。在接线图上标出相电压或线电压的假定正方向。

2）画出一次绕组相电压、线电压相量图。

3）画出二次绕组的相电压、线电压相量图（画相量图时应注意三相量按顺相序画）。

4）根据一次、二次绕组线电压相位差，确定联结组标号。

例如：已知变压器的绕组连接图及各相一次、二次侧的同极性端，对于 Yd11 联结组标号的判别步骤见表 1-18。

表 1-18 Yd11 联结组标号的判别步骤

序号	步骤	判别方法描述	绘图
1	标出各相电压方向	在接线图中标出每相线电压的正方向，如一次侧和二次侧都指向各自的首端即 1U、2U 等	
2	画一次绕组相电压及 UV 间线电压 $\dot{U}_{1U,1V}$ 相量图	画出一次绕组相电压相量图，$\dot{U}_{1U}$、$\dot{U}_{1V}$、$\dot{U}_{1W}$ 最好按右侧图中方位画，这样画出的线电压 $\dot{U}_{1U,1V}=\dot{U}_{1U}-\dot{U}_{1V}$，$\dot{U}_{1U,1V}$ 正巧在钟表"12"点的位置，不用再移动	
3	画二次绕组相电压及 UV 间线电压 $\dot{U}_{2U,2V}$ 相量图	从接线图中找出二次侧线电压 $\dot{U}_{2U,2V}$ 与哪相的线电压相等，由图中找到 $\dot{U}_{2U,2V}=-\dot{U}_{2V}$，即 $\dot{U}_{2U,2V}$ 的方向指向"11"点，所以可画出时钟图	
4	$\dot{U}_{1U,1V}$ 与 $\dot{U}_{2U,2V}$ 相量的时钟表示	画出时钟的钟点。只要把一次侧的 $\dot{U}_{1U,1V}$ 放在"12"点位置，再把二次侧的 $\dot{U}_{2U,2V}$ 作为短针放上去即可，很明显二次侧指向"11"点，所以该联结组标号是 Yd11	

试题精选：

一台三相变压器的联结组标号为 YNd11，其中"11"表示变压器的二次侧（C）电角度。

A. 线电压相位超前一次侧线电压相位 330°

B. 线电压相位滞后一次侧线电压相位 330°

C. 线电压相位超前一次侧相电压相位 30°

D. 相电压相位滞后一次侧相电压相位 30°

鉴定点 4　三相变压器 Yy12 联结组的接线

问：画出三相变压器 Yy12 联结组的接线图及联结组标号。

答：变压器的绕组连接图及各相一次、二次侧的同极性端，对于 Yy12 联结组标号的判别步骤见表 1-19。

表 1-19　Yy12 联结组标号的判别步骤

序号	步骤	判别方法描述	绘图
1	标出各相电压方向	在接线图中标出每相线电压的正方向，如一次侧和二次侧都指向各自的首端即 1U、2U 等	
2	画一次绕组相电压及 UV 间线电压 $\dot{U}_{1U,1V}$ 相量图	画出一次绕组相电压相量图，U_{1U}、$\dot{U}_{1V}$、$\dot{U}_{1W}$ 最好按右侧图方位画，这样画出的线电压 $\dot{U}_{1U,1V}=\dot{U}_{1U}-\dot{U}_{1V}$，$\dot{U}_{1U,1V}$ 正巧在钟表"12"点的位置，不用再移动	
3	画二次绕组相电压及 UV 间线电压 $\dot{U}_{2U,2V}$ 相量图	画出二次绕组的线电压相量图，由接线图中的同名端可判断出 $\dot{U}_{2U}$、$\dot{U}_{2V}$、$\dot{U}_{2W}$ 和一次电压 $\dot{U}_{1U}$、$\dot{U}_{1V}$、$\dot{U}_{1W}$ 是同相位（即同极性），所以它的相量图和一次侧相同，画出 $\dot{U}_{2U,2V}=\dot{U}_{2U}-\dot{U}_{2V}$	
4	$\dot{U}_{1U,1V}$ 与 $\dot{U}_{2U,2V}$ 相量的时钟表示	画出时钟的钟点，只要把一次侧的 $\dot{U}_{1U,1V}$ 放在"12"点位置，再把二次侧的 $\dot{U}_{2U,2V}$ 作为短针放上去即可，很明显二次侧也是 12 点，即 0 点，所以该联结组标号是 Yy0	

　　总之，无论是 Yy 联结组还是 Yd 联结组，如果一次绕组的三相标记不变，把二次绕组的三相标记 u、v、w 改为 w、u、v（相序不变），则二次侧的各线电压相量也分别转过 120°，相当于转过 4 个钟点。若标记改为 v、w、u，则相当于转过 8 个钟点。因而对 Yy 联结组而言，可得 0、4、8、6、10、2 共 6 个偶数标号，对 Yd 联结组而言，可得 11、3、7、5、9、1 共 6 个奇数标号。

　　试题精选：

　　将联结组标号为 Yy12 的变压器每相二次绕组的首、尾端标志互相调换，重新连接成星形，则其联结组标号为（C）。

　　A. Yy10　　　B. Yy2　　　C. Yy6　　　D. Yy4

鉴定点 5　三相变压器 Dy11 联结组的接线

问：画出三相变压器 Dy11 联结组的接线图及联结组标号。

答：三相变压器 Dy11 联结组的接线图及联结组标号的判别步骤见表 1-20。

表 1-20　Dy11 联结组的接线图及联结组标号的判别步骤

序号	步骤	判别方法描述	绘图
1	标出各相电压方向	在接线图中标出每相线电压的正方向，如一次侧和二次侧都指向各自的首端即 1U、2U	
2	画一次绕组相电压及 UV 间线电压 $\dot{U}_{1U,1V}$ 相量图	画出一次绕组相电压 $\dot{U}_{1U}$、$\dot{U}_{1V}$、$\dot{U}_{1W}$ 相量图，从接线图中找出一次侧线电压 $\dot{U}_{2U,2V}$ 与哪相的线电压相等，由图中找到 $\dot{U}_{1U,1V} = \dot{U}_{1U}$	
3	画二次绕组相电压及 UV 间线电压 $\dot{U}_{2U,2V}$ 相量图	画出二次绕组的线电压相量图，由接线图中的同名端可判断出 $\dot{U}_{2U}$、$\dot{U}_{2V}$、$\dot{U}_{2W}$ 和一次电压 $\dot{U}_{1U}$、$\dot{U}_{1V}$、$\dot{U}_{1W}$ 是反相位（即反极性），画出 $\dot{U}_{2U,2V} = \dot{U}_{2U} - \dot{U}_{2V}$	
4	$\dot{U}_{1U,1V}$ 与 $\dot{U}_{2U,2V}$ 相量的时钟表示	画出时钟的钟点，只要把一次侧的 $\dot{U}_{1U,1V}$ 放在"12"点位置，再把二次侧的 $\dot{U}_{2U,2V}$ 作为短针放上去即可，很明显二次侧是 11 点，所以该联结组标号是 Dy11	

试题精选：

三相变压器 Dy11 联结组的 11 表示二次侧（A）。

A. 线电压相位超前一次侧线电压相位 30°

B. 线电压相位滞后一次侧线电压相位 330°

C. 相电压相位超前一次侧相电压相位 30°

D. 相电压相位滞后一次侧相电压相位 30°

鉴定点 6　晶体管触发电路

问：简述晶体管触发电路的组成和原理。

答：对要求触发功率大，输出电压与控制电压线性好的晶闸管整流电路，常采用由晶体管组成的触发电路，常见的同步电压为锯齿波的晶体管触发电路如图 1-83 所示。

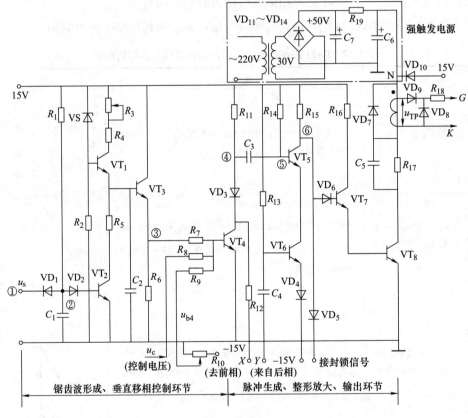

图 1-83　晶体管触发电路

晶体管触发电路由 4 个基本环节，即脉冲同步和移向环节、脉冲成形与放大环节、强触发与输出环节、双脉冲产生环节组成。

晶体管触发电路的工作原理如下：

（1）同步电压（锯齿波）的产生与移向环节　VT_1、VS、R_3 和 R_4 组成恒流源电路，R_1、C_1 和 VT_2 组成锯齿波形成电路，由该电路产生锯齿波，调节 R_3 可改变锯齿波的斜率。适当选择 R_1 和 C_1 的数值，可取得底宽为 240° 的锯齿波。VT_3 为发射极跟随器，具有较强的负载能力。①~③点的波形如图1-84所示。

当$u_{b4}<0.7V$时，VT_4截止，VT_5、VT_6饱和导通，VT_7、VT_8处于截止状态，电路无脉冲输出，此时电容C_3呈右负左正状态，电路处于"稳态"。

当$u_{b4}\geq0.7V$时，VT_4导通，④点电位下降，⑤点电位也极速下降，VT_6被反偏而截止，⑥点电位极速上升，VT_7和VT_8饱和导通，电路通过变压器二次绕组输出触发脉冲，这种状态是暂时的，称"暂态"。此时电容C_3被反向充电，力图反充到右正左负，电压达14V，如图1-84⑤点波形中虚线所示。⑤点电位随着C_3反向充电逐渐上升，VT_5和VT_6又导通。⑥点电位又突降，致使VT_7和VT_8截止，输出脉冲终止，电路恢复到"稳态"。由此可见，电路的暂态时间是输出触发脉冲的时间，即脉宽。暂态时间的长短，由C_3的反充电回路时间常数决定。

（2）强触发环节 图1-83中右上方点画线框是强触发环节。单相桥式整流供电，C_7两端获得50V的强触发电源。VT_8导通前，N点电位为50V，当VT_8导通时，N点电位迅速下降，一旦降至14.3V，二极管VD_{10}导通，N点电位被钳制在14.3V，如图1-84中N点的电压波形u_N，当VT_8由导通变为截止时，N点电位再上升到50V，准备下一次强触发。

电容C_5是为了提高强触发脉冲前沿陡度而附加的。

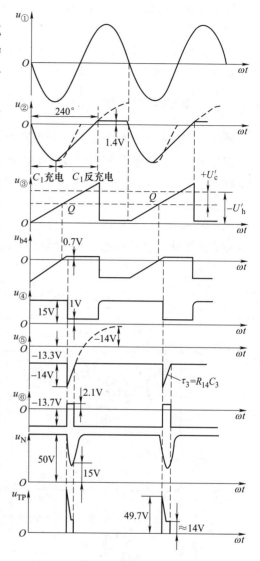

图1-84 锯齿波移相触发电路电压波形

（3）双窄脉冲产生环节 "内双窄脉冲电路"可在一周期内发出间隔60°的两个窄脉冲，这种电路目前应用较多。

VT_5和VT_6两个晶闸管构成一个或门。当VT_5和VT_6导通时，⑥点电位为-13.7V，使VT_7和VT_8截止，没有脉冲输出。但无论VT_5和VT_6哪一个截止，都会使⑥点电位变为正，使VT_7和VT_8导通，有脉冲输出。第一个脉冲由本相触发单元的U_c所对应的移相角α使VT_4导通、VT_5截止，于是VT_8输出脉冲；隔60°的第二个脉冲有滞后60°相位的后一相触发单元，在产生脉冲时刻其信号引致本相触发单元VT_6的基极，使VT_6截止，于是VT_8又导通（第二次导通，第二次输出脉冲），因而得到间隔60°的双脉冲。

VD_3与R_{12}是为了防止双窄信号的互相脉冲信号干扰而设置的。

锯齿波触发电路中调节恒流源对电容器的充电电流，可以调节锯齿波的斜率。

试题精选：

锯齿波触发电路能够产生间隔（B）的双脉冲。

A. 30° B. 60° C. 90° D. 120°

鉴定点 7 KC04 集成触发电路

问： 简述 KC04 集成触发电路的组成和工作原理。

答： KC04 集成触发电路可输出双路脉冲，两路脉冲相位互差180°，可以方便地组成各种电路的触发器。KC04 有脉冲列调制输入等功能，可以与 KC41 双脉冲形成器、KC42 脉冲列形成器构成 6 路双窄脉冲触发器。

图 1-85 所示为 KC04 电路的工作原理，虚线框内为集成电路部分，该电路可分为同步电源、锯齿波形成、脉冲移相、脉冲形成、脉冲分选与放大输出 5 个环节。

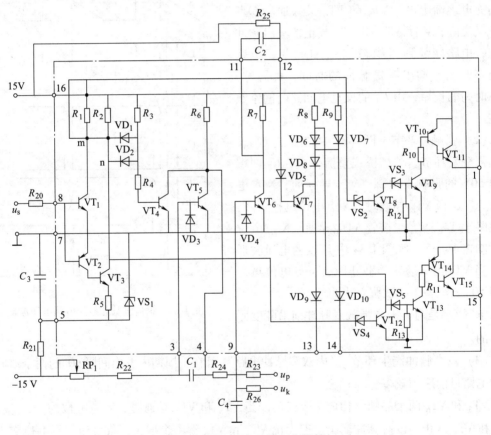

图 1-85 KC04 电路的工作原理

（1）同步电源环节 同步电源环节主要由 $VT_1 \sim VT_4$ 等组成，同步电压 u_S 经限流电阻 R_{20} 加到 VT_1、VT_2 的基极，当 u_S 为正半周时，VT_1 导通，VT_2、VT_3 截止，m 点为低电平，n 点为高电平。当 u_s 为负半周时，VT_2、VT_3 导通，VT_1 截止，n 点为低电平，m 点为高电平。VD_1、VD_2 组成与门电路，只要 m、n 两点有一处是低电平，就将 u_{b4} 钳位在低电平，

VT$_4$ 就截止，只有在同步电压 $|u_s| < 0.7V$ 时，VT$_1$ ~ VT$_3$ 都截止，m、n 两点都是高电平，VT$_4$ 才饱和导通。所以，每个周期内 VT$_4$ 从截止到导通变化两次，锯齿波形成环节在同步电压 u_s 的正、负半周内均有相同的锯齿波产生，且两者有固定的相位关系，如图 1-86a ~ d 所示。

（2）锯齿波形成环节　锯齿波形成环节主要由 VT$_5$、C$_1$ 等组成，电容 C_1 接在 VT$_5$ 的基极和集电极之间，组成一个电容负反馈的锯齿波发生器。VT$_4$ 截止时，15V 电源经 R_6、R_{22}、RP$_1$、-15V 电源给 C_1 充电，VT$_5$ 的集电极电位 u_{c5} 逐渐升高，锯齿波的上升段开始形成，当 VT$_4$ 导通时，C_1 经 VT$_4$、VD$_3$ 迅速放电，形成锯齿波的回程电压。所以，当 VT$_4$ 周期性地导通、截止时，在端子 4 即 u_{c5} 就形成了一系列线性增长的锯齿波，锯齿波的斜率是由 C_1 的充电时间常数 $(R_5 + R_{22} + RP_1)C_1$ 决定的，如图 1-86e 所示。

（3）脉冲移相环节　脉冲移相环节主要由 VT$_6$、u_k、u_p 及外接元器件组成，锯齿波电压 u_{c5} 经 R_{24}、偏移电压 u_p 经 R_{23}、控制电压 u_k 经 R_{26} 在 VT$_6$ 的基极叠加，当 VT$_6$ 的基极电压 $u_{b6} > 0.7V$ 时，VT$_6$ 导通（即 VT$_7$ 截止），若固定 u_{c5}、u_p 不变，

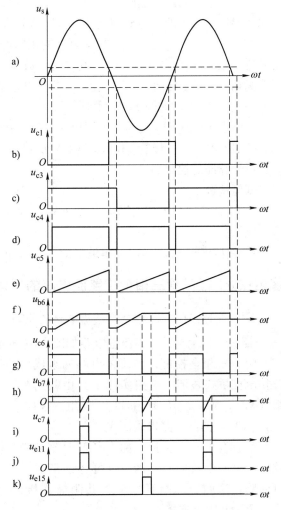

图 1-86　KC04 内部电压波形

使 u_k 变动，VT$_6$ 导通的时刻将随之改变，即脉冲产生的时刻随之改变，这样脉冲也就得以移相，如图 1-86f、g 所示。

（4）脉冲形成环节　脉冲形成环节主要由 VT$_7$、VD$_5$、C$_2$、R_7 等组成，当 VT$_6$ 截止时，15V 电源通过 R_{25} 给 VT$_7$ 提供一个基极电流，使 VT$_7$ 饱和导通。同时 15V 电源经 R_7、VD$_5$、VT$_7$、接地点给 C_2 充电，充电结束时，C_2 左端电位 $u_{c6} \approx 15V$，C_2 右端电位约为 1.4V，当 VT$_6$ 由截止转为导通时，u_{c6} 从 15V 迅速跳变到 0.3V，由于电容两端电压不能突变，C_2 右端电位从 1.4V 迅速降低到 -13.3V，这时 VT$_7$ 立刻截止。此后 15V 电源经 R_{25}、VT$_6$、接地点给 C_2 反向充电，当充电到 C_2 右端电压大于 1.4V 时，VT$_7$ 又重新导通，从而在 VT$_7$ 的集电极得到了固定宽度的脉冲，其宽度由 C_2 的反向充电时间常数 $R_{25}C_2$ 决定，如图 1-86g ~ i 所示。

（5）脉冲分选与放大输出环节　VT$_8$、VT$_{12}$ 组成脉冲分选环节，功放环节由两路组成，一路由 VT$_9$ ~ VT$_{11}$ 组成，另一路由 VT$_{13}$ ~ VT$_{15}$ 组成。在同步电压 u_s 一个周期的正负半周内，VT$_7$ 的集电极输出两个相隔 180° 的脉冲，这两个脉冲可以用来触发主电路中同一相上分别工

作在正、负半周的两个晶闸管。由图 1-86 可知，其两个脉冲的分选是通过同步电压的正半周和负半周来实现的。当 u_s 为正半周时，VT_1 导通，m 点为低电平，n 点为高电平，VT_8 截止，VT_{12} 导通，VT_{12} 把来自 VT_7 集电极的正脉冲钳位在零电位。另外，VT_7 集电极的正脉冲又通过二极管 VD_7 经 $VT_9 \sim VT_{11}$ 组成的功放电路放大后由端子 1 输出。当 u_s 为负半周时，则情况相反，VT_8 导通，VT_{12} 截止，VT_7 集电极的正脉冲经 $VT_{13} \sim VT_{15}$ 组成的功放电路放大后由端点 15 输出，如图 1-86i~k 所示。

电路中 $VT_{17} \sim VT_{20}$ 是为了增强电路的抗干扰能力而设置的，用来提高 VT_8、VT_9、VT_{12}、VT_{13} 的门槛电压，二极管 $VD_1 \sim VD_2$、$VD_6 \sim VD_8$ 起隔离作用，端子 13、14 是提供脉冲列调制和封锁脉冲的控制端。

试题精选：

KC04 集成触发电路由同步电源（A）、脉冲移相、脉冲形成及脉冲分选与放大输出等环节组成。

A. 锯齿波形成　　B. 三角波形成　　C. 控制角形成　　D. 偏置角形成

鉴定点 8　晶闸管三相全控整流电路的原理

问：简述晶闸管三相全控整流电路的原理。

答：三相全控桥式整流主电路如图 1-87 所示。

（1）三相全控桥式整流主电路的组成
三相全控桥式整流主电路实际上是由共阴极组（VT_1，VT_3，VT_5）和共阳极组（VT_2，VT_4，VT_6）两组电路串联而成。

三相全控桥式整流电路在任何时刻都必须有两个晶闸管同时导通，这样才能形成导电回路，这两个晶闸管一个为共阴极连接，另一个为共阳极连接。

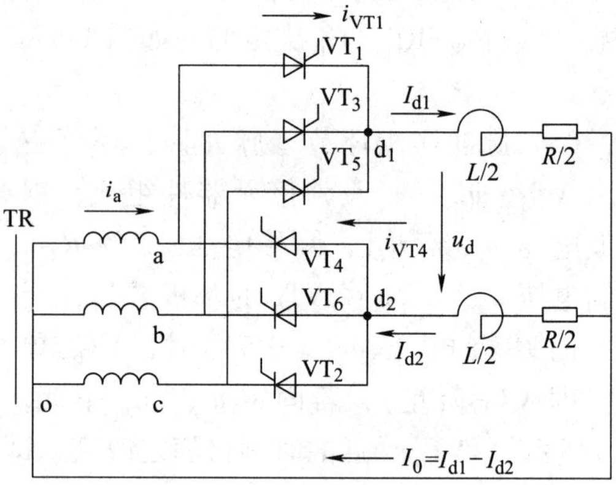

（2）三相全控桥式整流电路电阻性负载的性能特点

1）当 $0° \leqslant$ 触发延迟 $\alpha \leqslant 60°$ 时，输出的电压波形是连续的。

图 1-87　三相全控桥式整流主电路

2）当 $60° < \alpha \leqslant 120°$ 时，输出的电压波形是不连续的。

3）α 的移相范围是 $120°$。

4）当 $\alpha \leqslant 60°$ 时，晶闸管的导通角为 $120°$；当 $\alpha > 60°$ 时，晶闸管的导通角为 $120° - \alpha$。

（3）三相全控桥式整流电路电感性负载的性能特点

1）当 $0° \leqslant \alpha \leqslant 60°$ 时，输出的电压波形是连续的。

2）当 $60° < \alpha < 90°$ 时，由于自感电动势的作用，输出电压波形将出现负值，但平均电压仍大于零。

3）当 $\alpha = 90°$ 时，平均电压等于零。

4）α 的移相范围是 $90°$。

5）对于大电感性负载，电流波形近似为一条直线。当 $\alpha > 60°$，电流波形不再断续，而是连续平直的，晶闸管的导通角为 $120°$。

（4）三相桥式可控整流电路的计算

1）电阻性负载时：

① 当 $0° \leqslant \alpha \leqslant 60°$ 时连续，$U_L = 2.34U_2\cos\alpha$。

② 当 $60° < \alpha < 90°$ 时电流断续，$U_L = 2.34U_2\cos\alpha[1+\cos(\pi/3+\alpha)]$。

2）电感性负载时：由于电流总是连续的，晶闸管的导通角总是 $120°$，因此整流输出的直流电压平均值为

$$U_L = 2.34U_2\cos\alpha$$

① 当 $\alpha = 0°$ 时，$U_L = 2.34U_2$。

② 当 $\alpha = 90°$ 时，$U_L = 0$。

试题精选：

三相全控桥式整流电路电感性负载无续流管，α 的移相范围是（C）。

A. $0° \sim 30°$ B. $0° \sim 60°$ C. $0° \sim 90°$ D. $0° \sim 120°$

鉴定点 9 晶闸管电路同步定相方法

问：什么是晶闸管可控整流电路的同步？

答：同步是指把一个与主电路晶闸管所受电源电压保持合适相位关系的电压提供给触发电路，使得触发脉冲的相位出现在被触发晶闸管承受正向电压的区间，确保主电路各晶闸管在每一个周期中按相同的顺序和移相控制角被触发导通。将提供给触发电路合适相位的电压称为同步信号电压，正确选择同步信号电压与晶闸管主电压的相位关系称为同步或定相。

实现同步的方法有：

1）采用同一电源。触发电路要与主电路电压取得同步，首先两者应由同一电网供电，保证电源频率一致。

2）根据主电路的型式选择合适的触发电路。

3）最后根据整流变压器的联结组标号、主电路形式、负载性质确定触发电路的同步电压，并通过同步变压器的正确连接加以实现。

由于整流变压器、同步变压器两者的一次绕组总是接在同一三相电源上，对于同步变压器联结组标号的确定，可采用简化的电压矢量图，确定出变压器的连接组标号。其同步（定相）示例如图 1-88 所示。

根据整流变压器 Yy12 和同步变压器 Dy11，可画出其电压相量图，由图 1-88a 可知，同步变压器 Dy12 的相电压 u_{SU} 与整流变压器的线电压 u_{UV} 同相。

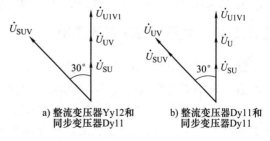

a) 整流变压器Yy12和同步变压器Dy11

b) 整流变压器Dy11和同步变压器Dy11

图 1-88 同步（定相）示例

根据整流变压器 Dy11 和同步变压器 Dy11，可画出其电压相量图，由图 1-88b 可知，同步变压器 Dy11 的相电压 u_{SU} 与整流变压器的相电压 u_U 同相。

试题精选：

为了保证触发脉冲在晶闸管正极电压为正的某一时刻出现，必须正确选择（A）的相位。

A. 同步电压　　　B. 触发电压　　　C. 脉冲电压　　　D. 电源电压

鉴定点 10　直流斩波的概念

问：什么是斩波器？

答：斩波器是接在直流电源与负载电路之间，用以改变加到负载电路上的直流平均电压的一种装置，有时也称之为直流-交流变换器。将晶闸管作为直流开关，通过控制其通断时间的比值，在负载上便可获得大小可调的直流平均电压 U_d，如图 1-89 所示。

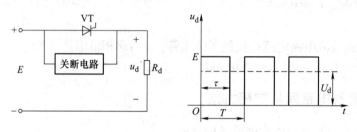

图 1-89　晶闸管直流斩波器

斩波器的输出平均电压 U_d 为

$$U_d = \frac{\tau}{T}E$$

改变电路的导通比 τ/T，就可以改变斩波器波形输出的直流平均电压。

直流斩波电路一般是指直接将直流电变成直流电的情况，不包括直流→交流→直流的情况。直流斩波电路的种类很多，包括 6 种基本斩波电路：降压斩波电路、升压斩波电路、升降压斩波电路、Cuk 斩波电路、Sepic 斩波电路和 Zeta 斩波电路，其中前两种是最基本的电路。

试题精选：

把直流电源中恒定的电压变换成（D）的装置称为直流斩波器。

A. 交流电压　　　B. 交流可调电压　　　C. 脉动方波直流电压　　　D. 可调直流电压

鉴定点 11　直流斩波电路的原理

问：调节斩波器输出电压平均值的方法有哪些？

答：调节斩波器输出电压平均值的方法有以下 3 种：

（1）定额调宽法　定额调宽法又称为脉冲宽度调制（PWM）方式，其特点是保持晶闸管触发频率 f 不变，通过改变晶闸管的导通时间 τ 来改变输出直流平均电压。

（2）定宽调频法　定宽调频法又称为脉冲频率调制（PFM）方式，其特点是保持晶闸管导通的时间 τ 不变，通过改变晶闸管触发频率 f 来改变输出直流平均电压。

（3）调频调宽法　调频调宽法又称为混合调制，其特点是同时改变晶闸管的触发频率 f 和导通时间 τ，来改变输出直流平均电压。

晶闸管斩波器作为一种直流调压装置，常用于直流电动机的调压、调速。晶闸管斩波器主要有采用普通晶闸管的逆阻型斩波器和采用逆导型晶闸管的逆导型斩波器两种。用于蓄电池电动车辆的逆阻型斩波器的主电路如图1-90所示。

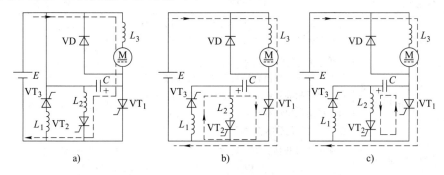

图1-90 逆阻型斩波器的主电路

试题精选：

直流斩波电路斩波时，维持导通时间不变，改变晶闸管触发频率的控制方式称为（C）。
A. 脉冲宽度调制　　B. 脉冲幅度调制　　C. 脉冲频率调制　　D. 混合调制

鉴定点12 晶闸管三相全控桥式整流电路常见故障分析

问：晶闸管三相全控桥式整流电路常见故障有哪些？

答：晶闸管三相全控桥式整流电路常见故障如下：

（1）整流电路中单只元器件故障 三相全控桥式整流电路发生单只元器件故障时，反映在输出电压上是较正常电压低1/3，输出波形少2个波头。

（2）整流电路中两只元器件故障

1）同组不同相的两只元器件故障。同组不同相的两只元器件故障时（假设正极接U、V的元器件开路故障），整流输出电压波形仅有两个波头，且两个波头连在一起。

2）同相不同组的两只元器件故障。同相不同组的两只元器件故障时（假设与U相连接的两只元器件开路故障），整流输出电压波形也只有两个波头，但两个波头不连在一起。因此，它们的输出电压仅为正常输出电压的1/3。

（3）其他故障

1）触发脉冲干扰。

2）触发脉冲丢失。触发脉冲丢失的表现主要是整流装置输出电流明显减小，电流减小的数值与触发脉冲丢失的组别有关系，反映在电压和波形上与整流器件故障完全相同。其原因和表现为：

① 控制脉冲失控。控制脉冲失控表现为全部晶闸管均为全导通状态（类似于不可控二极管整流），输出电流能够达到最大值。

② 晶闸管短路。晶闸管发生短路故障时，主要表现为交流侧电流明显增加，而直流侧电流减小。

③ 脉冲系统受干扰。

④ 阻容元件故障。当阻容元件发生故障时，其抑制晶闸管换弧过电压的能力下降或失去，某些阻断能力较差的晶闸管可能无法正常关断或在尖峰电压作用下误导通。

⑤ 外部过电压引起的误导通。

三相全控桥式整流电路常见故障分析与排除方法见表1-21。

表 1-21　三相全控桥式整流电路常见故障分析与排除方法

序号	常见故障现象	故障分析	排除方法
1	晶闸管连续烧坏	一只晶闸管短路，其余同极性组中任意一只晶闸管触发导通都要引起电源线电压短路，造成晶闸管烧坏	每只晶闸管桥路中串联快速熔断器，以保护晶闸管
2	晶闸管误导通使其承受的电压波形有影	换相期间参与换相的两只晶闸管同时导通，出现相间短路，产生短路环流，晶闸管电压出现缺口或凸起，产生的正向电压变化，可能使晶闸管误导通	晶闸管两端必须并联容吸收电路
3	快速熔断器熔断	在正常过载情况下，熔体的时间—电流特性不在允许的范围内	根据时间—电流特性，重新确定快速熔断器的规格
4	直流输出电压波形在一个周期中少了2个连续的波头	有一只晶闸管没有导通或是晶闸管损坏造成桥臂断路或是没有触发脉冲	检查每只晶闸管是否正常，检查电路是否开通，并检查触发脉冲是否有触发以及触发脉冲的宽度是否足够
5	直流输出电压波形在一个周期中少了1个波头	在没有波头的地方，电路不能正常换相，说明某只晶闸管只导通了60°	测量各晶闸管的两端电压波形，导通段只有60°的晶闸管，其触发电路有问题，进一步检查该触发电路的同步移相等环节，即可查出故障所在并将其排除
6	直流输出电压波形在一个周期中只有2个连续的波头	由于少了4个连续的波头，说明属于同一连接组（共阴极组或共阳极组）不同相的两个桥臂断路	通过检查各晶闸管的两端电压波形图，即可查出故障并将其排除
7	直流输出电压波形在一个周期中少了3个连续的波头	两个不同相的桥臂断路，一个属于共阴极连接组，一个属于共阳极连接组	检查各晶闸管的两端电压波形，查找故障
8	直流输出电压波形严重失真	负载连接线开路或负载损坏	检查负载及负载的连接线
9	无触发脉冲	集成触发芯片损坏或控制电压连接线开路	测试集成触发芯片，检查控制电压连接线
10	脉冲不可调	控制电位器损坏或连接线开路	检测控制电位器，检查控制电位器至触发电路的连接

试题精选：

三相可控整流电路中，触发脉冲丢失的主要原因和表现不包括（D）。

A. 控制脉冲失控　　　B. 晶闸管短路

C. 脉冲系统受干扰　　D. 输出电压为正常的1/3

鉴定范围 11　交直流调速应用技术

鉴定点 1　交流调压调速系统的组成

问：交流调压调速系统主要由哪几部分组成？

答：交流调压调速系统主要由交流调压器、反馈控制装置及交流电动机组成。交流调压器是接在交流电源与负载之间的调压装置。晶闸管交流调压器可以通过控制晶闸管的通断，方便地调节输出电压的有效值。在交流调压器中，一般采用反向并联的两只晶闸管或双向晶闸管，用触发电路控制两只晶闸管或双向晶闸管的通断快慢，从而进行交流调压。

试题精选：

（√）在交流调压器中，一般采用反向并联的两只晶闸管或双向晶闸管。

鉴定点2　交流调压调速系统的原理

问：交流调压调速系统常采用的控制方式有哪些?

答：交流调压调速系统通常采用以下两种控制方式：

（1）通断控制　所谓通断控制，就是把晶闸管作为开关，在设定的周期内，将负载与交流电源接通 n 个周波，然后再断开 n 个周波，通过改变晶闸管在设定周期内通断时间的比值，来实现交流调压或调功率。在设定周期内晶闸管导通的周波数越多，输出电压有效值越大，反之则越小。

这种控制方式一般采用过零触发，即在交流电源电压过零时触发晶闸管通过，因此输出电压为间断的数个完整的正弦波，这种调压器也称为调功器或周波控制器。它突出的优点是克服了通常移相触发产生的谐波干扰，缺点是输出电压或功率调节不平滑，所以适用于有较大时间常数的负载，如电热负载等，但不适用于调光电路，调光中会出现光照闪烁现象，也不适用于电动机调速电路，调速时会使电动机上电压变化剧烈，致使转速脉动较大。

（2）相位控制　在电源电压的每一个周期中，控制晶闸管的触发相位，实现交流调压或调功率。这种控制方式的优点是电路简单，使用方便，而且输出电压调节较为精确，用于电动机降压调速时调速精度较高，快速性好，低速是转速脉动小。其缺点是输出电压波形为缺角正弦波形，存在高次谐波；造成电压污染，易对其电气设备产生干扰。

实用交流调压器较多采用相位控制方式，交流调压电路通常都采用宽脉冲触发。图1-91所示为相位控制的双向晶闸管单相交流调压电路。单相交流调压电路通常都采用宽脉冲触发。

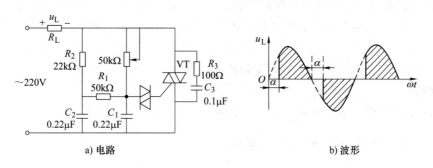

a) 电路　　　　　　　　　　　　b) 波形

图 1-91　单相交流调压电路

在功率较大的场合，一般采用三相交流调压。三相交流调压电路常用的接线方式如图1-92所示。

试题精选：

实用交流调压电路通常都采用（B）脉冲触发。

A. 窄　　　B. 宽　　　C. 双窄　　　D. 宽窄

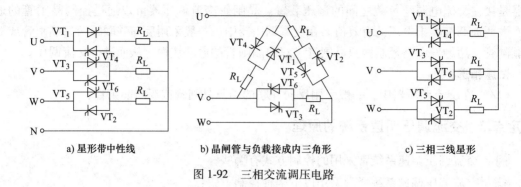

a) 星形带中性线　　　b) 晶闸管与负载接成内三角形　　　c) 三相三线星形

图 1-92　三相交流调压电路

鉴定点 3　交流变频调速系统的组成

问：交流变频调速系统主要由哪几部分组成？

答：交流变频调速系统主要由变频器、反馈网络、控制部分（PLC）和负载组成。

（1）变频器　变频器是把电压、频率固定的交流电变换成电压、频率分别可调的交流电的变换器。变频器由主电路（包括整流器、中间直流环节、逆变器）和控制电路组成。其基本结构原理如图 1-93 所示。

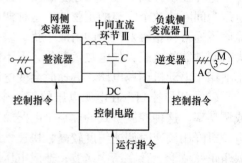

图 1-93　变频器基本结构原理

整流器可以把三相交流电整流成直流电；逆变器利用功率器件，有规律地控制逆变器中主开关的通断，从而得到任意频率的三相交流输出；中间直流环节的储能元件用于直流环节和电动机间的无功功率交换；控制电路可完成对逆变器的开关控制、对整流器的电压控制，通过外部接口电路发送控制信息，以及各种保护功能。

（2）反馈网络　其作用是把速度信号反馈到输入端，与输入量比较求得偏差，去控制变频器。

（3）控制部分　常采用 PLC 等对变频器进行控制。

试题精选：

（×）交流变频调速系统主要由变频器组成。

鉴定点 4　异步电动机的串级调速系统

问：什么是异步电动机的串级调速系统？常见的串级调速系统有哪些？

答：绕线转子异步电动机，由于其转子能通过集电环与外围电气设备相连接，则对转子侧引入控制变量以实现调速，主要是调节转子电动势来进行调速。

串级调速的原理如图 1-94 所示。异步电动机运行时，其转子相电动势 E_2 为

$$E_2 = E_{20}$$

式中，E_{20} 为转子堵转时的相电动势。

转子正常接线时，转子相电流为

$$I_2 = \frac{sE_{20}}{\sqrt{R_2^2 + (sX_{20})^2}}$$

式中，s 为转差率；R_2 为转子电阻；X_{20} 为转子堵转时的电抗值。

当在转子回路中引入一个可控的交流附加电动势 E_{add} 并与转子相电动势 E_2 串联时，E_{add} 应与 E_2 有相同的频率，但可与 E_2 同相或反相，因此转子电路的电流为

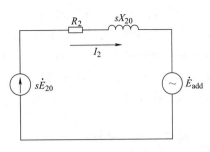

图 1-94　串级调速的原理

$$I_2 = \frac{sE_{20} \pm E_{add}}{\sqrt{R_2^2 + (sX_{20})^2}}$$

当电力拖动的负载转矩 T_L 为恒定值时，可认为转子相电流 I_2 也为恒定值。假设在未串入附加电动势前，电动机在 $s = s_1$ 的转差率下稳定运行；当加入反向的附加电动势后，由于负载转矩恒定，因此电动机的转差率必须加大。这一过程也可以描述为由于反向附加反电动势 $-E_{add}$ 的引入瞬间，使转子回路总的电动势减少了，转子电流也随之减少，使电动机的电磁转矩也减少，由于负载转矩未变，所以电动机减速，直至 $s = s_2(s_2 > s_1)$ 时，转子电流又恢复到原值，电动机进入新的稳定状态工作。

同理，加入附加电动势 E_{add} 后可使电动机转速增加。所以当绕线转子异步电动机转子侧加入一可控的附加电动势时，即可实现对电动机转速调节。

在转子回路中串入附加直流电动势的调速系统中，由于转子整流器是单向不可控的，电动机的转差功率只能通过产生可控的附加直流电动势装置回馈给电网，故只能实现低于同步转速以下的调速，这种系统称为低同步串级调速系统。常见的同步晶闸管串级调速系统如图 1-95 所示。

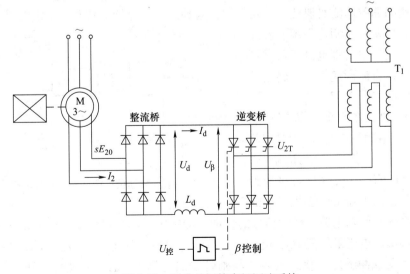

图 1-95　同步晶闸管串级调速系统

调节触发超前角 β 可改变逆变电压 U_{β} 的大小，就可以改变直流附加电动势的大小，从而实现串级调速。通常，β 的变化范围为 $30°\sim90°$。当 $\beta=\beta_{max}=90°$ 时，逆变电压 $U_{\beta}=0$，即直流附加电动势为零时，电动机便以接近额定转速的最高转速运行，当 $\beta=\beta_{max}=30°$ 时，逆变电压 U_{β} 最大，即直流附加电动势最大，转子电流最小，电动机以最低转速运行。

对于调速技术性能指标有较高要求的生产机械，可采用图 1-96 所示的转速与电流双闭环串级调速系统，以保证系统既具有较硬的机械特性，又具有响应速度快、抗干扰能力强、易于过电流保护等优点。

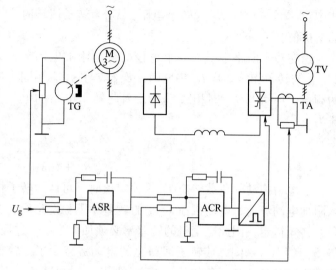

图 1-96　转速与电流双闭环串级调速系统

试题精选：

晶闸管低同步串级调速系统工作时，晶闸管有源逆变器的触发超前角 β 一般为（B）。

A. $30°\sim60°$　　　B. $30°\sim90°$　　　C. $60°\sim90°$　　　D. $90°\sim120°$

鉴定点 5　有静差直流调速系统

问：什么是有静差直流调速系统？常见的有静差直流调速系统有哪些？

答：晶体管直流调速系统常用各种反馈环节，如转速负反馈、电压负反馈和电流正反馈等，以提高调速精度和系统的机械特性硬度、扩大调速范围，达到自动调速的目的。有静差直流调速系统中的放大器，只是一个具有比较放大作用的 P 调节器，它必须依靠实际转速与给定转速的偏差才能实现转速控制作用，这种系统不能清除转速的稳定误差。

常见的有静差直流调速系统有转速负反馈、电压负反馈及带电流正反馈环节的电压负反馈直流调速系统，转速负反馈的系统框图如图 1-97 所示。

（1）系统的工作原理　假定给定电压 U_g 一定，电动机在与 U_g 相对应的转速下运行，转速负反馈电压为 U_f，偏差电压为 $\Delta U=U_g-U_f$，ΔU 直接加到放大器上，其输出电压 U_c 变化，U_c 的

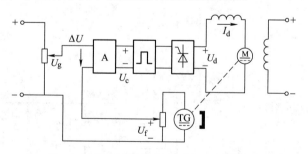

图 1-97　转速负反馈有静差直流调速系统

大小控制了晶闸管触发电路的触发信号的快慢，即决定了晶闸管触发延迟角 α 的大小，从而决定了晶闸管输出电压平均值 U_d，电动机在该电压对应的转速下运行。当 ΔU 发生变化时，触发电路的触发脉冲随之变化，从而使晶闸管输出电压 U_d 也发生变化，达到自动调速的目的。

当系统受到外界干扰时，如负载转矩增加，电动机的转速 n 将下降，反馈电压 U_f 减小，ΔU 增加，使触发电路产生触发脉冲的时刻提前，触发延迟角 α 减小，晶闸管输出的电压增大，电动机转速回升，使电动机转速基本不变。

上述过程可以表示为

$$T\uparrow \to n\downarrow \to U_f\downarrow \to \Delta U\uparrow \to \alpha\downarrow \to U_d\uparrow \to n\uparrow$$

反之，若负载转矩减小，电动机转速升高，通过系统内部调整，可以使电动机转速下降。

（2）转速负反馈的特点

1）系统是根据给定电压 U_g 与反馈电压 U_f 之差来进行调节的，它是一个有静差调速。

2）提高环节放大倍数 K，可以减少静误差，扩大调速范围。但放大倍数 K 要受到系统稳定性的限制。

（3）电压负反馈 电压负反馈的调速性能不如转速负反馈，但其结构简单，维修方便，适用于静差性能要求不高的生产机械，常用于调速范围 $D\leqslant10$，静差率 $s=15\%\sim30\%$ 的场合。

（4）带电流正反馈环节的电压负反馈直流调速系统 这种调速系统的调速范围没有转速负反馈调速系统宽，适用于调速范围 $D\leqslant20$，静差率 $s>10\%$ 的场合。

（5）带电流截止负反馈环节的转速负反馈直流调速系统的特点 正常工作时，转速负反馈起作用，具有较硬的静特性，起动、制动、堵转和过载时，电流截止负反馈起作用，自动限制电枢回路电流，从而保护晶体管和电动机，避免了大电流冲击造成电动机换向困难。

试题精选：

在调速系统中，当电流截止负反馈参与系统调节作用时，说明调速系统主电路电流（D）。

A. 增大　　 B. 减小　　 C. 不变　　 D. 过大

鉴定点6 转速负反馈无静差直流调速系统

问：什么是无静差直流自动调速系统？

答：无静差调速系统的被调量在静止时完全等于系统的给定量（给定转速），其输入偏差 $\Delta U_i=0$。为使这种系统正常工作，通常引入积分作用的 PI 调节器作为转速调节器，从而可以兼顾系统的无静差和快速性两个方面的要求。常用的无静差直流调速系统有以下两种：

（1）转速单闭环无静差直流调速系统 转速单闭环无静差直流调速系统如图 1-98 所示。

转速调节器的输入偏差电压为

$$\Delta U_i = U_{fn} - U_g$$

该系统在稳定进行时，稳定转速为给定转速 n_1。稳定时，由于 $\Delta U_i=0$，即

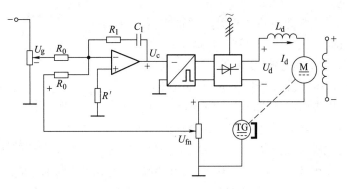

图 1-98　转速单闭环无静差直流调速系统

$$U_g = U_{fn} = \alpha_n n$$

式中，α_n 为比例系数，故稳定转速 $n_1 = U_g/\alpha_n$。

当负载增大时，转速的不平衡将引起转速下降，并使 $\Delta U_i < 0$，系统自动调速过程如下：

$$T_L \uparrow \rightarrow n \downarrow \rightarrow U_{fn} \downarrow \rightarrow \Delta U_i \downarrow \rightarrow \Delta U_c \uparrow \rightarrow \alpha \downarrow \rightarrow U_d \uparrow \rightarrow n \uparrow$$
$$\rightarrow \Delta U_i \uparrow (U_{fn} - U_g = \Delta U_i = 0)$$

该系统从理论上讲，可以达到无静差调速，但实际上，由于运放有零漂、测速发电机有误差、电容器有漏电等，系统仍有一定的静差，但比有静差调速系统小得多。

（2）转速与电流双闭环直流调速系统 转速与电流双闭环直流调速系统如图1-43所示，该系统有两个调节器，一个是用于转速调节的转速调节器，另一个是电流调节器。

转速负反馈组成的闭环称为转速环，作为外环（主环），以保证电动机的转速准确地跟随给定值，并抵抗外来的干扰；把由电流负反馈组成的闭环（称为电流环）作为内环（副环），以保证动态电流为最大值，并保持不变，使电动机快速起动、制动，同时还能起限流作用，并可以对电网电压波动起及时抗干扰作用。

双闭环调速系统特点：系统性能好；能获得较理想的"挖掘机特性"；有较好的动态特性，过渡过程短，起动时间短，稳定性好；抗干扰能力强；两个调节器可分别设计、整定和调试。

试题精选：

转速、电流双闭环直流调速系统，在负载变化时出现偏差，消除此偏差主要靠（C）。

A. 电流调节器　　B. 电压调节器　　C. 转速调节器　　D. 转速、电流调节器

鉴定点7 可逆直流调速系统

问：什么是可逆直流调速系统？

答：前面所述的调速系统，只能朝同一个方向运转，而许多生产机械需要正、反两个方向运转，这就需要可逆直流调速系统。可逆直流调速系统分为电枢反接可逆系统和励磁反接可逆系统。

励磁反接可逆调速系统要求调速装置的容量小，只适用于快速性要求不高，正反转不太频繁的大功率机械设备；电枢反接可逆调速系统要求调速装置的容量大，由于电枢电路电感量小，因而反向快速性好，适用于频繁起动、制动，并要求正、反转过渡时间短的生产机械。

较为常用的是两级晶闸管装置反向并联的可逆电路，如图1-99所示。VF为正组变流器，其供电时电动机正转；VR为反组变流器，其供电时电动机反转；VF和VR两组变流器为反并联连接，分别由两套触发装置控制，可以灵活地控制

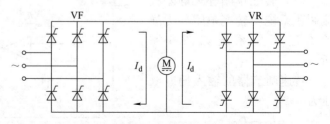

图1-99　两级晶闸管装置反向并联的可逆电路

电动机的可逆运转。为防止电源短路，两组变流器不能同时处于整流状态。

所谓环流，是指不流过电动机而直接在两组变流器之间流通的短路电流。环流可以分为

稳态环流和动态环流两大类。稳态环流是可逆电路在一定的触发延迟下稳定工作时出现的，它包括直流平均环流和瞬时脉冲环流；而动态环流则是在系流的过渡过程中出现。显然，环流会增加损耗、降低效率，过大的环流还可以损坏晶闸管，因此必须抑制环流。但是，少量的环流有利于晶闸管中电流的连续，保证电流的无间断反向，加速反向时的过渡过程。因此，实际可逆系统也可以充分利用适当的环流，来提高系统的转速。

可逆调速系流根据系统中环流的有无，分为有环流系统和无环流系流两大类。

试题精选：

为防止电源短路，有环流可逆直流调速系统中，两组变流器不能同时处于（C）。

A. 待逆变状态　　B. 逆变状态　　C. 整流状态　　D. 无法确定

鉴定点 8　有环流可逆直流调速系统的基本原理

问：直流环流的条件是什么？有环流可逆调速系统由哪几部分组成？其工作原理如何？

答：在反向并联可逆系统中，当正组晶闸管变流器 VF 处于整流状态（$0°<\alpha_F<90°$，α_F 为触发超前角），而反组变流器 VR 处于逆变状态（$0°<\beta_R<90°$，β_R 为逆变角）时，如果 $\alpha_F=180°-\alpha_R$，则 $U_{doF}=U_{doR}$，即正组整流电压与反组逆变电压在环流的环路上相互抵消，这就可以消除直流平均环流。当然，如果使 $\alpha_F>\beta_R$，则更能消除直流环流，因此消除直流环流的条件是：$\alpha_F \geqslant \beta_R$。图 1-100 所示为 $\alpha=\beta$ 配合控制的有环流可逆直流调速系统的原理框图。该控制系统采用了典型的转速、电流双闭环系统。为了防止逆变颠覆，必须保证逆变组的最小触发超前角 $\beta_{min}=25\%\sim30\%$，为了保证 $\alpha=\beta$ 配合控制，还应保证整流组的最小触发超前角 α_{min}，一般取 $\alpha_{min}=\beta_{min}=30°$。

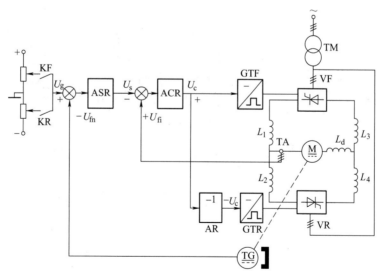

图 1-100　$\alpha=\beta$ 配合控制的有环流可逆直流调速系统的原理框图

KF—正向给定　KR—反向给定　GTF—正向触发　GTR—反向触发　AR—反相器

$\alpha=\beta$ 配合控制的有环流可逆直流调速系统的起动过程与速度、电流双闭环不可逆调速系统没有区别，但制动过程有其独特的优点，当电动机转速制动为零时，由于给定电压（$U_g<0$）的存在，系统紧接着反向起动。因此，系统的制动和起动过程完全衔接起来，

没有任何中断或死区，所以有环流可逆直流调速系统特别适用于要求快速正反转的生产机械。

$\alpha = \beta$ 配合控制的有环流可逆直流调速系统具有响应迅速的突出优点，但也有需要添置环流电抗器，且消耗较大的缺点，因此只适用于中小容量的调速系统。

试题精选：

有环流可逆调速系统消除环流的条件是（D）。

A. $\alpha_F > \beta_R$ B. $\alpha_F = \beta_R$ C. $\alpha_F < \beta_R$ D. $\alpha_F \geqslant \beta_R$

鉴定点 9　无环流可逆调速系统的基本原理

问：无环流可逆调速系统具有哪些特点？其工作原理如何？

答：逻辑无环流可逆调速系统是目前工业生产中应用最为广泛的可逆系统。它采用无环流逻辑控制装置来鉴别系统的各种运行状态，严格控制两组触发脉冲的发出和封锁，能够准确无误地控制两组晶闸管变流器交替工作，从根本上切断了环流的通路，使得系统中既没有直流平均环流，也没有瞬时脉动环流。

（1）逻辑无环流可逆调速系统的组成和原理　逻辑无环流可逆调速系统的原理框图如图 1-101 所示。由图可见，控制系统采用转速与电流双闭环系统，并采用了两套电流调节器 ACR_1 和 ACR_2，分别控制正反组触发装置 GTF 和 GTR。由于不存在环流，故省去了环流电抗器。系统中增设了无环流逻辑控制装置 DLC，其功能是：当 VF 工作时，封锁 VR 使之完全阻断；当 VR 工作时，封锁 VF 使之完全阻断，从而确保在任何情况下，两组变流器不能同时工作，切断环流的通路。因此，DLC 是逻辑无环流可逆调速系统中的关键部件。

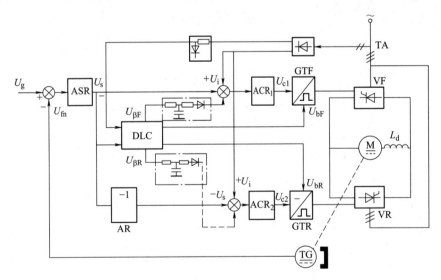

图 1-101　逻辑无环流可逆调速系统的原理框图

系统中，触发脉冲的零位仍整定在 $\alpha_{FO} = \alpha_{RO} = 90°$，工作时的移相方法和 $\alpha = \beta$ 工作制相同，但必须由 DLC 来控制两组脉冲的封锁和开放。系统工作原理与有环流系统基本没有差别。

（2）可逆系统对无环流逻辑控制装置的要求 无环流逻辑控制装置的任务是按照系统的工作状态，指挥系统自动切换工作变流器，使两组变流器不同时工作。为确保系统的可靠工作，对无环流逻辑控制装置的要求如下：

1）必须由电流给定信号（即 ASR 的输出）的极性和零电流检测信号 U_{fo} 共同发出逻辑切换指令。U_{i}^{*} 的极性反映了系统的转矩方向，而 U_{fo} 反映了系统中主电路电流是否为零，两者都是正反组切换的前提。当 U_{i}^{*} 改变极性且零电流检测器发出"零电流"信号时，允许封锁原工作组、开放另一组，这时才能真正发出逻辑切换指令。

2）发出切换指令后必须经过封锁延时时间 t_1（对三相全控桥来说为 2~3ms）才能封锁原导通组脉冲，以确保主电路电流为零；再经过开放延时时间 t_2（对三相全控桥来说为 5~7ms）才能开放另一组脉冲，以确保原导通组的关断。

3）任何情况下，两组晶闸管绝对不允许同时施加触发脉冲，一组工作时，必须严格封锁另一组的触发脉冲。

（3）无环流逻辑控制装置 无环流逻辑控制装置由电平检测、逻辑判断、延时电路和联锁保护 4 个基本环节组成，如图 1-102 所示。

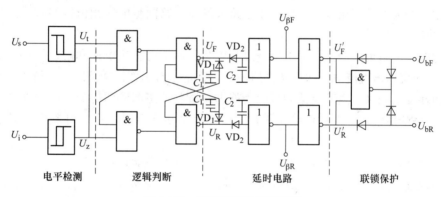

图 1-102 无环流逻辑控制装置

试题精选：

逻辑无环流可逆调速系统，在无环流逻辑控制装置 DLC 中，设有多"1"联锁保护电路的目的是使正、反组晶闸管（B）。

A. 同时工作　　　　　　　　B. 不同时工作

C. 具有相同的触发延迟角　　D. 具有相同的触发角

鉴定点 10 直流调速系统的调试

问：直流调速系统的调试方法和调试步骤有哪些？

答：（1）调试方法 直流调速系统的调试是一项较复杂的工作，需要做好调试前的各种准备工作。调试前应对系统进行详细分析，熟悉生产设备的工作流程及其对直流调速系统的控制要求，掌握并熟悉调速系统及其各控制单元的工作原理，尤其是直流调速系统调试中需要整定的各种参数。在系统调试前应制定调试大纲，明确调试步骤和方法，确定调速系统调试中需要整定的各种参数值。调试大纲中还应包括生产试运行工艺条件、安全措施、联锁保护及各工种的配合，以避免事故损失。

在直流调速系统调试前应准备好必要的仪表，如高内阻（20kΩ）万用表、双线示波器、慢扫描示波器或光线示波器等。

（2）直流调速系统调试步骤

1）查线和绝缘检查。按图样要求对系统进行查线，检查各接线尤其是系统外围接线是否正确与牢靠。在查线的同时进行绝缘检查，检查是否有损伤的部位和受潮的地方，如发现有损伤和受潮，应先进行修复再干燥处理，再进行绝缘检查。

2）继电控制电路空操作。按控制要求对调速系统继电控制电路进行空操作，检查接触器、继电器等动作是否正确，电器有无故障，接触是否良好。空操作是在主电路不通电的情况下，对继电控制电路进行通电调试。

3）测定交流电源相序。晶闸管变流器主电路相序和触发电路同步电压的相序应一致，否则可能造成晶闸管主电路与触发电路同步电压不同步，使晶闸管变流装置不能正常工作。

4）控制单元检查与调试。首先检查各类电源输出电压的幅值是否满足要求，然后按要求对控制单元进行检查与调试，重点对各控制单元中的整定参数进行整定。

5）主电路通电及定相试验。核对主电路及触发电路同步电压相位，调整晶闸管装置触发脉冲的初始相位。

6）主电路电阻负载调试。重点检查晶闸管装置输出的直流电压和触发脉冲，随着控制角的变化，观察输出直流电压波形和电压值是否正常，对于不正常情况应进行检查与调整。

7）闭环反馈调试。闭环反馈调试分为静态调试和动态调试两部分。静态调试包括反馈极性检查、反馈值整定、保护值整定等内容。动态调试主要是动态特性整定、调节器参数整定。

8）带负载调试。重点检查系统带负载运行时的各种性能指标，进一步对系统尤其是转速调节器参数进行调试，使调速系统性能指标满足生产工艺要求。

试题精选：

（×）直流调速系统闭环反馈静态调试包括反馈极性检查、反馈值整定、保护值整定和调节器参数整定等内容。

鉴定点 11　交流调速系统的调试

问：交流调速系统的调试原则和调试方法有哪些？

答：交流调速系统的调试原则与直流调速系统基本相同。

对变频调速系统的调试，一般应遵循"先空载调试，再带载调试"的规律。调试步骤及方法如下：

1）变频器的空载通电检验。变频器的输出端接上电动机，但电动机与负载脱开，通上电源，观察有无异常现象。

2）先采用键盘空载模式，将频率设置于0位，起动变频器，微微增大工作频率，观察电动机的起转情况，以及旋转方向是否正确，如果方向相反，则予以改正。

3）将频率升高至额定频率，让电动机运行一段时间。如果一切正常，再选若干个常用的工作频率，也让电动机运行一段时间。

4）将给定频率信号突降至 0（或者是按下停止按钮），观察电动机的制动情况。

5）将外接输入控制线接好，切换到远程控制模式，逐项试验，检查各外接控制功能的执行情况，观察变频器的输出频率与远程给定值是否相符。

试题精选：

调试变频调速系统时，首先应进行（A）。

A. 变频器的空载通电检验　　B. 采用键盘空载模式

C. 将频率升高至额定频率　　D. 将给定频率信号突降至 0

鉴定点 12　直流调速系统的常见故障

问：直流调速系统的常见故障有哪些？

答：直流调速系统的常见故障与检修方法见表 1-22。

表 1-22　直流调速系统的常见故障与检修方法

故障现象	故障原因	检测和维修方法
电源电压正常，但晶闸管整流桥输出波形不齐	1. 有误触发 （1）由于布线时强电和弱电电线引起干扰 （2）触发单元本身插件有问题、虚焊、元器件质量差等引起触发电路故障 2. 相位错误 （1）同步电源的相位有可能因为 RC 组成的同步滤波移相的影响而出现异常 （2）调节电路故障 （3）进线电源相序不对	（1）查看电缆沟中强电、弱电的布局，适当分开 （2）用示波器查看触发电路波形，查找不正常并进行维修 （1）测试触发电路上同步电源相位是否互差 $60°$，发现不正常时逐级向前查找 （2）用万用表和示波器查看调节电路的静态和动态性能 （3）用示波器查看三相波形，重新对准相序
交直流侧过电压保护部分动作	（1）过电压吸收部分元器件击穿 （2）能量过大引起元器件损坏	（1）断电后用万用表检查过电压吸收部分的 R、C 及二极管等元器件 （2）更换损坏的元器件
快速熔断器熔断	（1）晶闸管击穿 （2）误触发 （3）控制部分有故障 （4）过电压吸收电路不良 （5）电网电压或频率波动过大	（1）检查晶闸管 （2）检查有无不触发、误触发、丢失脉冲或脉冲过小 （3）检查晶闸管元件 （4）检查保护电路 （5）检查稳压电源、电网电压是否正常
无触发脉冲	1. 电流方面的原因 （1）输出电路短路或过载 （2）过电流保护不完善 （3）熔断器性能不合格 （4）输出接大电容，触发导通时电流上升率太大 （5）元器件性能不稳，正向电压降和温升太高	（1）选择合适的快速熔断器 （2）选择合适的快速熔断器 （3）选择合格的快速熔断器 （4）减小输出侧电容 （5）选择性能好的器件
	2. 电压方面的原因 （1）没有适当的过电压保护 （2）元器件特性不稳定	（1）增加阻容保护 （2）选用性能好的元件

（续）

故障现象	故障原因	检测和维修方法
无触发脉冲	3. 控制方面的原因 (1) 门极所加电压、电流或平均功率超过允许值 (2) 门极和正极短路 (3) 触发电路短路，门极电压过高	(1) 降低控制极上的电压、电流和平均功率 (2) 更换晶闸管 (3) 更换晶闸管
晶闸管质量不良	晶闸管耐压水平下降或吸收部分故障	晶闸管元件质量下降，保护元件损坏，应更换
存在过电流	(1) 过负载 (2) 调节器不正常 (3) 电流反馈断线或接触不良 (4) 保护环节出故障 (5) 脉冲部分不正常 (6) 有元器件损坏或缺相	(1) 检查电动机有无卡死或阻力矩过大 (2) 检查调节器输出电压 (3) 检查电流反馈信号数值和波形 (4) 干扰影响，更换屏蔽线 (5) 用示波器检查脉冲波形 (6) 检查接触器有无误动作
晶闸管导通角开不到最大，关不到最小	触发电路移相范围不够	1. 导通角开不到最大是因为触发脉冲移步到最前沿，可采用以下措施： (1) 同步电压过低，增大电压 (2) 减小充电回路电阻 (3) 减小充电回路电容 (4) 三相装置应采用扩大移相范围的措施 2. 晶闸管关不到最小 (1) 触发电路电容过小，适当增大 (2) 增大充电回路电阻
晶闸管整流输出波形不对称	(1) 触发电路与其他交流电路发生联系 (2) 交流输入电压的正、负半周波形不对称 (3) 输出控制电压脉冲前沿不陡，造成晶闸管导电角不同	(1) 切断触发电路与其他交流电路的联系 (2) 减小充电回路电阻 (3) 减小充电回路电容
控制电路受干扰	(1) 电源安排不当，变压器一、二次或几个二次绕组之间形成干扰 (2) 放大器输入、输出及反馈引线太长 (3) 空间电场或磁场干扰 (4) 布线不合理，主电路和控制电路平行走线 (5) 元器件特性不稳定	(1) 变压器一、二次侧之间加屏蔽层接地 (2) 反馈电路使用屏蔽线 (3) 缩短输出脉冲回路用线长度 (4) 控制回路用金属罩屏蔽，且屏蔽罩接地 (5) 更换性能不稳定的元器件

试题精选：

直流调速系统中，发生快速熔断器熔断故障现象的可能原因不包括（C）。

A. 晶闸管击穿　　　　　　B. 误触发

C. 触发电路移相范围不够　　D. 过电压吸收电路不良

鉴定点 13　交流调速系统的常见故障

问：交流调速系统的常见故障有哪些？

答：交流调速系统的常见故障如下：

（1）变频器故障 使用方法不正确或设置环境不合理，容易造成变频器误动作及发生故障，或者无法满足预期的运行效果，为防患于未然，事先对故障原因进行认真分析显得尤为重要。

1）对于变频器外部的电磁感应干扰可采用以下防范措施：

① 变频器周围所有继电器、接触器的控制线圈上加装防止冲击电压的吸收装置，如 RC 吸收器。

② 尽量缩短控制电路的配线距离，并使其与主电路线路分开布线。

③ 指定采用屏蔽线的电路，必须按规定进行，若线路较长，应采用合理的中继方式。

④ 变频器接地端子应按规定进行，不能同微机、仪表和动力接地混用。

⑤ 变频器输入端安装噪声滤波器，避免由电源进线引入干扰。

2）变频器本身的故障自诊断及预防措施：由于变频器内部 IGBT（绝缘栅双极型晶体管）及 CPU 的迅速发展，变频器内部增加了完善的自诊断及故障防范功能，大幅度提高了变频器的可靠性。一些故障可显示在变频器控制屏上，用故障代码指出。此外，由于变频器的软件开发更加完善，可以预先在变频器的内部设置各种故障防护措施，并使故障化解后仍能保持运行。

3）变频器对周边设备的影响及防范措施：

① 对电源的影响。由于目前的变频器几乎都采用 PWM 控制方式，使得变频器运行时在电源侧产生高次谐波电流，并造成电压波形畸变，对电源系统产生严重影响。

② 使电动机温升过高。对现有电动机进行变频调速改造时，由于自冷电动机在低速运行时冷却能力下降，造成电动机过热，此外，变频器输出波形中所含有的高次谐波势必增加电动机的铁损和铜损，因此在确认电动机的负载状态和运行范围之后，采取相应措施。

③ 高频开关形成的尖峰电压对电动机绝缘不利。变频器的输出电压中含有高频尖峰浪涌电压。这些高次谐波冲击电压将使电动机绕组的绝缘强度降低，尤其以 PWM 控制型变频器更为明显。

④ 产生电磁波干扰。变频器在工作中由于整流和变频，周围产生了很多干扰电磁波，这些高频电磁波对附近的仪表、仪器有一定的干扰。因此，柜内仪表和电子系统，应该选用金属外壳，屏蔽变频器对仪表的干扰。

（2）速度不稳定 影响速度不稳定的因素有：

1）速度传感器（一般为编码器）连接不良，应检查联接器。

2）机械设备负荷变化大。打开与机械设备的联接器，只运转电动机，以判断干扰是否来自电动机。

3）变频器参数不合适，检查并调整变频器参数。

（3）速度突变 影响速度突变的因素有：

1）速度传感器的机械连接不良，应检查联接器。

2）线路连接点接触不良，应检查接线。

3）机械设备故障，如轴承损坏等。

试题精选：

交流调速系统中，（C）不是影响速度不稳定的因素。

A. 速度传感器连接不良　　　B. 机械设备负荷变化大

C. 触发电路故障　　　　　　D. 变频器参数不合适

鉴定范围 12　伺服系统应用技术

鉴定点 1　步进电动机的结构

问：什么是步进电动机？步进电动机主要由哪几部分组成？

答：步进电动机是一种"一步一步"地转动的电动机，因其转矩性质和同步电动机的电磁转矩性质相同，本质上是一种磁阻同步电动机或永磁同步电动机。由于电源输入是一种电脉冲（脉冲电压），电动机接受一个电脉冲其转子就相应地转过一个固定角度，故而也称为脉冲电动机。在自动控制系统中，利用步进电动机具有的这种特性，可将电脉冲信号转变为转角位移量。由于控制精度高，步进电动机常用于较为精密的电力拖动控制系统。

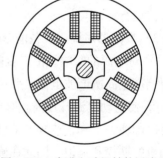

步进电动机由定子、转子、端盖等组成。一般定子相数为 2~6 相，每相两个绕组套在一对定子磁极上，称为控制绕组，转子上是无绕组的铁心。三相步进电动机定子和转子上分别有 6 个和 4 个磁极，如图 1-103 所示。

试题精选：

三相磁阻式步进电动机的定子绕组上装有（C）个均匀分布的磁极，每个磁极上都绕有控制绕组。

A. 3　　　　B. 4　　　　C. 6　　　　D. 9

图 1-103　步进电动机结构示意图

鉴定点 2　步进电动机的种类

问：常见的步进电动机有哪几类？

答：步进电动机的结构形式和分类方法较多。

（1）按励磁方式分　步进电动机分为反应式、永磁式、感应子式（混合式）三大类。

1）反应式：转子为软磁材料，无绕组，定子、转子开小齿、步距小，此类型应用最广。

2）永磁式：转子为永磁材料，转子的极数等于每相定子极数，不开小齿，步距角较大，力矩较大。

3）感应子式：转子为永磁式、两段，开小齿。感应子式与永磁式的优点为转矩大、动态性能好、步距角小，但结构复杂，成本较高。

（2）按输出转矩的大小分　步进电动机可分为快速步进电动机和功率步进电动机。

（3）按励磁相数分　步进电动机可分为三相、四相、五相、六相和八相。

试题精选：

具有转子惯性小、反应快、转速高且性能优良的步进电动机是（C）电动机。

A. 反应式　　B. 永磁式　　C. 感应子式　　D. 多相式

鉴定点 3　步进电动机的工作原理

问：简述步进电动机的工作原理。

答：下面以反应式步进电动机为例分析其工作原理。

图 1-104 所示为三相反应式步进电动机的工作原理图，当 A 相绕组通电时，由于磁力线力图通过磁阻最小的路径，转子将受到磁阻转矩作用，转到其磁极轴线与定子极轴线对齐位置，磁力线便通过磁阻最小的路径。此时两轴线间夹角为零，磁阻转矩为零，即转子极 1、3 轴线与 A 相绕组轴线重合，这时转子停止转动，位置如图 1-104a 所示。当 A 相断电、B 相通电时，根据同样的原理，转子将按逆时针方向转过空间角 30°，使得转子极 2、4 轴线与 B 相绕组轴线重合，如图 1-104b 所示。同样，B 相断电、C 相通电时，转子再按逆时针方向转过空间角 30°，使转子极 1、3 轴线与 C 相绕组轴线重合，如图 1-104c 所示。若按 A-B-C 顺序轮流给三相绕组通电，转子就逆时针一步一步地前进（转动）；若按 A-C-B 顺序通电，转子就按顺时针方向一步一步地转动。由此，步进电动机运动的方向取决于控制绕组通电的顺序。而转子转动的速度取决于控制绕组通断电的频率，显然，变换通电状态的频率越高，转子转得越快。

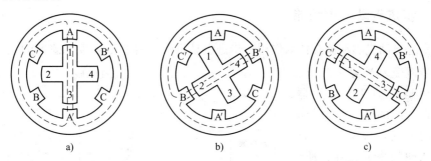

图 1-104　三相反应式步进电动机的工作原理图

通常把由一种通电状态转换到另一种通电状态叫作一拍，每一拍转子转过的角度叫作步距角 θ_s，上述通电方式称为三相单三拍运行，三相是指定子为三相绕组，单是指每拍只有一相绕组通电，三拍是指经过三次切换绕组的通电状态为一个循环。

三相步进电动机除了三相单三拍运行方式外，还有三相双三拍、三相单双六拍运行方式。

实际采用的步进电动机的步距角多为 3° 和 1.5°，步距角越小，机加工的精度越高。下面介绍一种最常见的小步距角三相反应式步进电动机。

三相反应式步进电动机典型结构如图 1-105

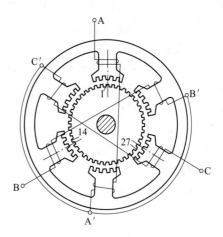

图 1-105　三相反应式步进电动机典型结构
（图中状态为 A 相通电时位置）

所示。定子仍然为三对磁极，每相一对，不过每个定子磁极的极靴上各有 5 个小齿，转子圆周上均匀分布着 40 个小齿，转子的齿距为 360°/40＝9°，齿宽、齿槽各为 4.5°。为使转子与定子的齿对齐，定子磁极上的小齿、齿宽和齿槽和转子相同。

由工作原理可知，每改变定子绕组的 1 次通电状态，转子就转过 1 个步距角 θ_s，若转子齿数为 z_R，步距角 θ_s 的大小与转子齿数 z_R 和拍数 N 的关系为

$$\theta_s = \frac{360°}{z_R N}$$

因为每输入一个脉冲，转子转过 $1/z_R N$ 转，若脉冲电源的频率为 f，步进电动机转速为

$$n = \frac{60f}{z_R N}(\text{r/min})$$

上式说明，步进电动机的转速由控制脉冲频率 f、拍数 N、转子齿数 z_R 决定，与电源电压、绕组电阻及负载无关，这是它抗干扰能力强的重要原因。

试题精选：

三相双三拍运行，转子齿数 $z_R = 40$ 的反应式步进电动机，转子以每拍（C）的方式运转。

A. 5°   B. 9°   C. 3°   D. 6°

鉴定点 4　步进电动机驱动器

问：步进电动机驱动器有什么作用？步进电动机驱动器主要由哪几部分组成？

答：步进驱动器是一种能使步进电动机运转的功率放大器，能把控制器发来的脉冲信号转化为步进电动机的角位移，电动机的转速与脉冲频率成正比，所以控制脉冲频率可以精确调速，控制脉冲数就可以精确定位。步进电动机驱动器接线原理框图如图 1-106 所示。

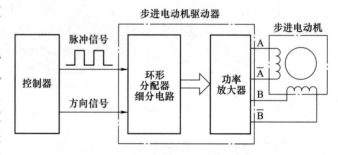

图 1-106　步进电动机驱动器接线原理框图

（1）环形分配器　环形分配器将来自控制电路的一系列脉冲信号转换成控制步进电动机定子绕组通、断电的电平信号，并按一定的规律分配给步进电动机驱动器的各相输入端。环形分配器的输出既是周期的，又是可逆的。

（2）功率放大器　功率放大器将环形分配器输出的毫安级电流进行功率放大，一般由前置放大器和功率放大器组成。

试题精选：

步进电动机驱动器的主要由（C）和功率放大器组成。

A. 前置放大器　　B. 电压放大器　　C. 环形分配器　　D. 计数触发器

鉴定点 5　步进电动机的驱动方式

问：步进电动机的驱动方式有哪几种？

答：步进电动机内部的绕组是一个感性负载，采用恒压源供电时，电流的建立过程较长，也就是说力矩的建立过程较长，这就限制了最高转速，因此在转速要求不高的情况下可用恒压源供电。为了使步进电动机能快速反应，有的电路采取双电源供电，即把一个供电过程分成两个阶段，先加较高的电压，以便快速建立电流，当电流达到预定值时，再切换为较低的电压。也可采用恒流源供电，但这个恒流源不是普通的恒流源，而是针对该步进电动机专门设计的，最大输出电压符合电动机允许的最高电压，电流也符合电动机的正常工作电流。步进电动机的驱动方式有：

（1）恒电流斩波器驱动　恒电流斩波器驱动的基本思想是如果额定电流或设置的驱动电流值为 I_0，电压加在绕圈上；若超过所设定的电流值 I_0，则把所加的电压 U 关断，使电流减小，若低于所设定的电流值 I_0，则把所加电压 U 打开，使电流再增加至所设定的电流值 I_0。如此反复，使 I_0 为恒定电流，如图 1-107 所示。

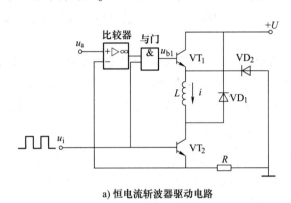

a) 恒电流斩波器驱动电路

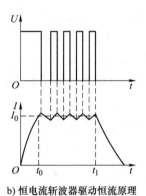

b) 恒电流斩波器驱动恒流原理

图 1-107　恒电流斩波器驱动原理

（2）恒电压驱动

1）使用外加电阻驱动。步进电动机的绕组使用粗导线时，线圈电阻值很小，在各相线圈中，串联外部电阻，目的是限制绕组流过的电流，使其不大于额定电流。限制绕组流过电流的方法，可采用降低电源电压和串联外部电阻两种方法。

2）无外加电阻驱动。步进电动机只有运行在低转速下，才不需要外加电阻，线圈直接用电源电压外加功率半导体作恒压驱动，此时步进电动机的线圈导线半径较细，匝数较多，电阻值较大。此方法多用于小电流低速驱动方式。

试题精选：
步进电动机的恒电压驱动方式包括使用外加电阻驱动和（B）。
A. 细分驱动　　B. 无外加电阻驱动　　C. 高低压驱动　　D. 斩波驱动

鉴定点 6　步进电动机的细分驱动

问：什么是步进电动机的细分驱动？

答：细分驱动是将全步进驱动时步距角各相的电流以阶梯状 n 步逐渐增加，使吸引转子的力慢慢改变，每次转子在该力的平衡点静止，全步距角做 n 个细分，可使转子的运转效果光滑。采用细分驱动技术可以大大提高步进电动机的步距分辨率，减小转矩波动，避免低频共振并降低运行噪声。

试题精选：

（√）步进电动机采用细分驱动技术可以大大提高步进电动机的步距分辨率，减小转矩波动，避免低频共振并降低运行噪声。

鉴定点7　步进电动机的驱动电源

问：步进电动机的驱动电源有几种？

答：步进电动机的驱动电源有单极性驱动电源和双极性驱动电源两种。

（1）单极性驱动电源　如图1-108所示，电容C可强迫控制电流快速上升，使电流波形前沿更陡，改善波形。当晶体管VT_1由导通切换到关闭时，在控制绕组中会产生很高的电动势，其极性与电源极性一致，两者叠加起来作用到VT_1上，很容易将其击穿，所以并联一个VD_1和电阻R_{f2}形成放电回路。

（2）双极性驱动电源　如图1-109所示，高压供电用来加快电流的上升速度，改善电流波形的前沿，低压是为了维持稳定的电流值。控制信号消失时，VT_2截止，绕组中的电流经二极管VD_2以及电阻R_{f2}向高压电源放电，电流就迅速下降。这种电源效率较高，起动和运行频率也比单一电压型电源要高。

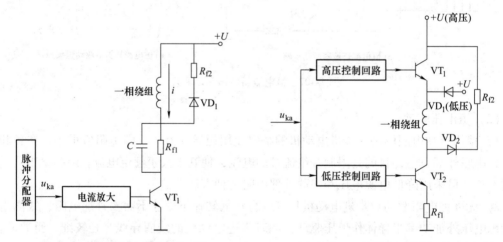

图1-108　单极性驱动电源原理图　　　　图1-109　双极性驱动电源原理图

试题精选：

步进电动机的驱动电源由运动控制器、脉冲分配器和功率驱动级组成。各相通断的时序逻辑信号应由（B）给出。

A. 运动控制器　　B. 脉冲分配器　　C. 功率驱动级　　D. 其他电路

鉴定点8　步进电动机驱动器常见故障

问：步进电动机驱动器常见故障及排除措施有哪些？

答：步进电动机驱动器常见故障及排除措施见表1-23。

表 1-23 步进电动机驱动器常见故障及排除措施

故障现象	可能原因	检查步骤	排除措施
工作过程中停车，在工作正常的状况下，发生突然停车的故障	驱动电源故障	用万用表测量驱动电源的输出	更换驱动器
	驱动电路故障	发生脉冲电路故障	
	电动机故障	绕组烧坏	更换电动机
	电动机绕组匝间短路或接地	用万用表测绕组匝间或对地是否短路	
电动机不转	驱动器	驱动器与电动机连线断线	确定连线正常
		熔丝是否熔断	更换熔丝
		当动力线断线时，二线式步进电动机是不能转动的，但三相五线制电动机仍可转动，但转矩不足	确保动力线的连接正常
		驱动器报警（过电压、欠电压、过电流、过热）	按相关报警方法解除
		驱动器电路故障	最好用交换法确定是否为驱动器电路故障，若是则更换驱动器电路板或驱动器

试题精选：

步进电动机在工作正常的状况下，发生突然停车故障的原因不包括（D）。

A. 驱动电源故障 　　B. 驱动电路故障 　　C. 电动机故障 　　D. 输出部分故障

鉴定点 9　伺服电动机的种类

问：什么是伺服电动机？伺服电动机的种类有哪些？

答：伺服电动机又称为执行电动机，它具有一种服从控制信号的要求而动作的职能。在信号到来之前，转子静止不动；信号到来之后，转子立即转动；当信号消失时，转子能及时自行停转。伺服电动机广泛应用于必须精密控制行程的电力拖动系统中，如数控系统。伺服电动机通过编码器反馈回来的脉冲来判断电动机转过的角度和转向，再通过计算可知电动机的转速和所控制机械的位置。

常用的伺服电动机有两大类，一类是以直流电源工作的，称为直流伺服电动机，另一类是以交流电源工作的，称为交流伺服电动机。

（1）直流伺服电动机

1）一般直流伺服电动机具有体积小、质量小、伺服性能好等优点，广泛用于自动控制系统中作为执行元件，也可作驱动元件。

2）杯形电枢永磁直流伺服电动机，转动惯量和电动机时间常数小，总损耗小，效率高，起动、停止迅速，换向性能好，运行平稳，广泛应用于计算机外围设备、音响设备、办公设备、仪器仪表、摄影机和录像机等。

（2）交流伺服电动机

1）永磁交流伺服电动机：具有良好的控制性能，系统的动态和静态性能好。电动机能够在四象限宽调速运行。其适用于精密数控机床、工业机器人、雷达及特殊环境条件控制的关键执行部件。

2）笼型转子交流伺服电动机：具有良好的可控性，电动机运行平稳、结构简单、成本低、运行可靠，广泛应用于各种自动控制系统、随动系统和计算装置中。

试题精选：

直流伺服电动机按励磁方式可分为电磁式和（D）。

A. 感应式　　B. 反应式　　C. 永动式　　D. 永磁式

鉴定点 10　直流伺服电动机的结构

问：直流伺服电动机主要由哪几部分组成？

答：直流伺服电动机的结构与普通小型直流电动机相同，也是由定子和转子组成的。但是，由于直流伺服电动机的功率不大，也可由永久磁铁制成磁极，省去励磁绕组。其励磁方式只采取他励式。

试题精选：

直流伺服电动机的励磁方式只采取（C）。

A. 串励式　　B. 并励式　　C. 他励式　　D. 复励式

鉴定点 11　直流伺服电动机的工作原理

问：直流伺服电动机的工作原理是什么？

答：直流伺服电动机的工作原理和普通直流电动机相同。在其励磁绕组中有电流通过且产生磁通，当电枢绕组通过电流时，此电枢电流与磁通相互作用而产生转矩使伺服电动机投入工作。这两个绕组其中一个断电时，电动机停转。它没有交流伺服电动机的"自转"现象，所以它也是自动控制系统中一种很好的执行元件。图 1-110 所示为电磁式直流伺服电动机接线图。

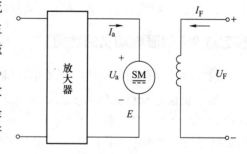

图 1-110　电磁式直流伺服电动机接线图

试题精选：

直流伺服电动机的励磁绕组通入励磁电流时，产生的磁场为（C）。

A. 脉动磁场　　B. 旋转磁场

C. 恒定磁场　　D. 在脉动磁场与恒定磁场之间变化

鉴定点 12　直流伺服电动机的使用与维护

问：如何使用与维护直流伺服电动机？

答：直流伺服电动机的使用与维护措施如下：

1）直流伺服电动机的特性与温度有关，寿命与使用环境温度、海拔、湿度、空气质量、冲击、振动及轴上负载等有关，选择时应综合考虑。

2）电磁式电枢控制直流伺服电动机在使用时，要先接通励磁电源，然后再施加电枢控制电压。电动机运行过程中，一定要避免励磁绕组断电，以免电枢电流过大和超速。

　　3）采用晶闸管整流电源时，要带滤波装置。

　　4）输入控制信号的放大器的输出阻抗要小，防止机械特性变软。

　　5）运行中的直流伺服电动机，当控制电压消失或减小时，为了提高系统的快速响应性能，可以在电枢两端并联一个电阻，以便和电枢形成回路。

试题精选：

　　（×）电磁式电枢控制直流伺服电动机在使用时，要先施加电枢控制电压，然后再接通励磁电源。

鉴定点 13　交流伺服电动机的结构

　　问：交流伺服电动机主要由哪几部分组成？

　　答：交流伺服电动机在结构上与异步测速发电机相似，交流伺服电动机的定子上装有两个绕组，它们在空间相差 90°电角度。定子有内、外两个铁心，均用硅钢片叠压而成。在外定子铁心的圆周上装有两个对称绕组，一个叫励磁绕组，另一个叫控制绕组，励磁绕组与交流电源相连，控制绕组接输入信号电压，所以交流伺服电动机又称为两相伺服电动机。

　　转子采用了空心杯转子，但转子的电阻比一般异步电动机大得多，细而长。转子装在内、外定子之间，由铝或铝合金的非磁性金属制成，壁厚 0.2 ~ 0.8mm，用转子支架装在转轴上。惯性小，能极迅速和灵敏地起动、旋转和停止。

试题精选：

　　交流伺服电动机的定子圆周上装有（B）绕组。

A. 一个　　　　　　　　　　B. 两个互差 90°电角度的

C. 两个互差 180°电角度的　　D. 两个串联的

鉴定点 14　交流伺服电动机的工作原理

　　问：交流伺服电动机的工作原理是什么？

　　答：交流伺服电动机的工作原理与单相异步电动机相似，当它在系统中运行时，励磁绕组固定地接到交流电源上，通过改变控制绕组上的控制电压来控制转子的转动。图 1-111 所示为交流伺服电动机的工作原理。

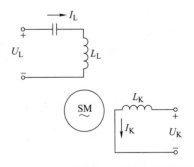

　　两相异步电动机正常运行时，若转子电阻较小，当控制电压变为零时，电动机便成为单相异步电动机并继续运行（称为"自转"现象），而不能立即停转。而伺服电动机在自动控制系统中是起执行命令的作用，因此，不仅要求它在静止状态下能服从控制电压的命

图 1-111　交流伺服电动机的工作原理

令而转动，而且要求它在受控起动后，一旦信号消失即控制电压移去，电动机能立即停转。

　　增大转子电阻可以防止"自转"现象的发生，当转子电阻增大到足够大时，两相异步电动机的一相断电（即控制电压等于零），电动机会停转。

试题精选：

　　空心杯交流伺服电动机，当只给励磁绕组通入励磁电流时，产生的磁场为（A）。

A. 脉动磁场　　B. 旋转磁场
C. 恒定磁场　　D. 在脉动磁场与恒定磁场之间变化

鉴定点 15　交流伺服电动机的控制方式

问：交流伺服电动机的控制方式有哪几种？

答：交流伺服电动机的控制方式有以下 3 种：

（1）幅值控制　保持控制电压的相位不变，仅改变其幅值来进行控制。

（2）相位控制　保持控制电压的幅值不变，仅改变其相位来进行控制。

（3）幅-相控制　同时改变幅值和相位来进行控制。

试题精选：

交流伺服电动机运行时，保持控制电压的相位不变，仅改变其幅值来进行控制称为（A）。

A. 幅值控制　　B. 相位控制　　C. 幅-相控制　　D. 综合控制

鉴定点 16　交流伺服电动机的使用与维护

问：如何使用与维护交流伺服电动机？

答：交流伺服电动机的使用与维护措施如下：

交流伺服电动机因没有电刷等滑动接触，机械强度高、可靠性好、寿命长。只要选用恰当，使用正确，故障率通常很低。但要注意以下几点：

1）励磁绕组经常接在电源上，要防止过热现象。为此，交流伺服电动机要安装在有足够大散热面积的金属固定面板上，电动机与散热板应紧密接触，通风良好，必要时可以用风扇冷却。电动机与其他发热器件尽量隔开一定距离。

2）输入控制信号的放大器的输出阻抗要小，防止机械特性变软。

3）信号频率不能超过其额定范围，否则机械特性也会变软，还可能产生"自转"现象。

试题精选：

（×）交流伺服电动机的信号频率不能超过其额定范围，否则机械特性会变硬，还可能产生"自转"现象。

鉴定点 17　直流伺服系统的组成及双闭环控制方式

问：直流伺服系统主要由哪几部分组成？

答：将直流伺服电动机作为执行元件的反馈系统称为直流伺服系统。在直流伺服系统中，常用的伺服电动机有小惯量直流伺服电动机和永磁直流伺服电动机（也称为大惯量宽调速直流伺服电动机）。小惯量伺服电动机可以最大限度地减少电枢的转动惯量，所以能够获得最好的快速性，在早期的数控机床上应用较多。由于小惯量伺服电动机具有较高的额定转速和低的惯量，所以应用时，要经过中间机械传动与丝杠相连接。

永磁直流伺服电动机在许多数控机床上得到广泛的应用，它的缺点是有电刷，限制了转速的提高，一般额定转速为 1000~1500r/min，而且结构复杂，价格较贵。

控制方式采用直流电动机双环控制方式和脉宽调制（PWM）控制方式。

硅控整流器（SCR）方式多采用三相全控桥式整流电路作为直流速度控制单元的主电路。SCR 双环调节系统控制框图，如图 1-112 所示。它是在具有速度反馈的闭环控制方案中增加了电流反馈环节的双闭环调速系统，保证了较宽的调速范围、改善了低速特性。双环调速系统主要由比较放大环节、PI 速度调节器、电流调节器、移相触发器、换向和可逆调速环节及各种保护环节（如过载保护、过电流保护及失控保护等）组成。

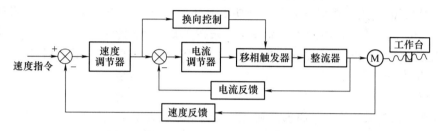

图 1-112　SCR 双环调节系统控制框图

SCR 双环调速控制方式的工作过程如下：数控系统发出的速度指令与速度反馈信号比较后，经速度调节器调节，输出信号分两路作用于电路：一路作为换向控制电路的输入，另一路与电流反馈信号比较后为电流调节器提供输入信号。速度调节器与电流调节器的作用与直流主轴控制系统中的速度调节器与电流调节器的作用相同。电流调节器的输出控制移相触发电路输出脉冲的相位，触发脉冲相位的变化即可改变整流器的输出电压，从而改变直流伺服电动机的转速。

试题精选：

（√）双环调速系统主要由比较放大环节、PI 速度调节器、电流调节器、移相触发器、换向和可逆调速环节及各种保护环节组成。

鉴定点 18　直流伺服系统的 PWM 控制方式

问：直流伺服系统的 PWM（脉宽调制）控制电路由哪几部分组成？

答：直流伺服系统的 PWM（脉宽调制）控制电路如图 1-113 所示。

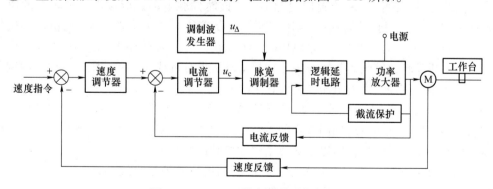

图 1-113　PWM（脉宽调制）控制电路

PWM 控制系统的工作原理是利用脉宽调制器对大功率晶体管开关放大器的开关时间进行控制，将直流电压转换成某一频率的方波电压，加到直流电动机的两端，通过对方波脉冲宽度的控制，改变电枢两端的平均电压，达到调节电动机转速的目的。

在电路中，速度调节器和电流调节器的作用与直流主轴控制系统中的相同。截流保护的目的是防止电动机过载时流过功率晶体管或电枢的电流过大。

（1）脉宽调制器　为了对功率晶体管基极提供一个宽度可由速度给定信号调节且与之成正比例的脉宽电压，需要一种电压-脉宽变换装置，即脉宽调制器。脉宽调制器的调制信号通常是锯齿波和三角波，它们由调制波发生器产生。

（2）逻辑延时电路　功率放大器中的功率晶体管经常处于交替工作状态，晶体管的关断过程有一定时间，在这段时间内，晶体管并未完全关断。若此时另一个晶体管导通，就会造成电源正负极短路。逻辑延时电路就是保证向一个晶体管发出关断脉冲后延时一段时间，再向另一个晶体管发出触发脉冲。

试题精选：

（√）PWM 控制系统的工作原理是利用脉宽调制器对大功率晶体管开关放大器的开关时间进行控制，将直流电压转换成某一频率的方波电压，加到直流电动机的两端，通过对方波脉冲宽度的控制，改变电枢两端的平均电压，最终改变电动机的转速。

鉴定点 19　直流伺服控制系统的调试

问：如何对直流伺服控制系统进行调试?

答：直流伺服控制系统调试方法如下：

（1）初始化参数　在直流伺服控制系统上选择好控制方式并将各参数清零，让控制系统上电时默认使能信号关闭。

（2）连接控制系统与伺服控制系统之间的信号线　完成控制系统的模拟量输出线、使能信号线、伺服输出的编码器信号线的接线。复查接线没有错误后，使伺服电动机和控制系统上电。此时电动机应该静止，但可以用外力轻松转动，如果不是这样，检查使能信号的设置与接线。用外力转动电动机，检查控制卡是否可以正确检测到电动机位置的变化，否则检查编码器信号的接线和设置。

（3）电动机旋转方向调试　对于一个闭环控制系统，如果反馈信号的方向不正确，后果肯定是灾难性的。给控制系统施加使能信号，此时伺服电动机应该以一个较低的速度转动，这就是"零漂"。利用控制系统抑制零漂的指令或参数消除零漂，同时检测电动机的转速和方向是否正确。当控制电压为正电压时，电动机正转，编码器计数增加；控制电压为负电压时，电动机反转，编码器计数减少。如果电动机带有负载，行程有限，不要采用这种方式。调试过程不要施加过大的电压，建议在 1V 以下。

（4）抑制零漂　在闭环控制过程中，零漂的存在会对控制效果产生一定的影响，最好将其加以抑制。使用控制系统抑制零漂的参数，仔细调整，使电动机的转速趋近于零。由于零漂本身也有一定的随机性，所以不必要求电动机转速绝对为零。

（5）调整闭环参数　细调控制参数，确保电动机按照控制系统的指令运动，这是必须要做的工作，而这部分工作需要丰富的经验。

试题精选：

（√）使用伺服控制系统抑制零漂的参数，由于零漂本身有一定的随机性，不必要求电动机转速绝对为零。

鉴定点 20　交流伺服系统的组成和控制方式

问：交流伺服系统主要由哪几部分组成？交流伺服系统的控制方式有哪几种？

答：交流伺服系统使用交流异步伺服电动机（一般用于主轴伺服系统）和永磁同步伺服电动机（一般用于进给伺服系统）。由于交流伺服电动机的材料、结构、控制理论和方法均有突破性的进展，电力电子器件的发展又为控制理论与方法的实现创造了条件，使得交流驱动装置发展很快，目前已取代了直流伺服系统。该系统的最大优点是电动机结构简单、不需要维护、适合在恶劣环境下工作。此外，交流伺服电动机还具有动态响应好、转速高和功率大等优点。

交流伺服系统已实现了全数字化，在伺服系统中，除了驱动级外，电流环、速度环和位置环全部数字化。全部伺服的控制模型、数控功能、静动态补偿、前馈控制、最优控制、自学习功能等均由微处理器及其控制软件高速实时地实现。其性能更加优越，已达到和超过直流伺服系统。

交流伺服系统主要有速度控制、位置控制和转矩控制 3 种方式。

（1）速度控制　速度控制主要以模拟量来控制。如果对位置和速度有一定的精度要求，用速度或位置模式较好；如果上位控制器有比较好的闭环控制功能，则可选用速度控制。

（2）位置控制　在有上位控制的外环 PID 控制时，速度模式也可以进行定位，但必须把电动机的位置信号给上位反馈以作运位置算用。位置模式也支持直接负载外环检测位置信号，电动机轴端的编码器只检测电动机转速。由于位置模式对速度和位置都有严格的控制，因而主要应用于定位装置，如数控机床、印刷机械等。

（3）转矩控制　转矩控制实际上就是通过外部模拟量的输入或直接的地址来设定电动机轴输出转矩。可以通过改变模拟量的设定来设定力矩的大小，也可通过通信方式改变对应的地址来实现。转矩控制主要应用在对材质的受力有严格要求的缠绕和放卷装置中。

试题精选：

交流伺服系统的主要控制方式不包括（D）。

A. 速度控制　　　B. 位置控制　　　C. 转矩控制　　　D. 相位控制

鉴定点 21　交流伺服控制器

问：交流伺服控制器的作用和种类有哪些？

答：交流伺服驱动器与变频器的区别在于，它必须能够实现大范围、恒转矩变速，其调速性能要求比变频器更高。根据使用场合的不同，交流伺服驱动器可以分为利用外部输入脉冲给定位置的通用型伺服驱动器和使用专用内部总线控制的专用型伺服驱动器。但无论是通用型还是专用型伺服驱动器，都必须配套采用驱动器生产厂家所设计与提供的专用交流伺服电动机（永磁同步电动机）。

（1）通用型伺服驱动器　通用型伺服驱动器多数采用外部脉冲输入指令来控制伺服电动机的位置与速度。此类驱动器通过改变指令脉冲的频率与数量，即可以达到改变运动速度与定位位置的目的。驱动器的脉冲输入接口既可以接收差分输出或集电极开路输出脉冲信号，也可以接收相位差为 90°的差分脉冲信号或指令脉冲加方向信号。

先进的伺服驱动器已经开始采用网络总线控制技术，但为了保证其通用性，驱动器中所使用的总线与通信协议必须是通用与开放的，这是通用型与专用型交流伺服的主要区别。

通用型伺服驱动器是一种独立的控制部件，当采用外部脉冲输入指令控制时，它对位置控制器无规定要求。采用脉冲控制的通用型伺服驱动器与位置控制器之间的数据传输与通信较麻烦，因此，用于驱动器数据设定与显示的控制面板对通用型伺服驱动器来说是必需的。

配套通用型伺服驱动器的位置控制器通常比较简单，位置控制器本身不需要位置控制调节器，系统的位置与速度检测信号也无须反馈到位置控制器上。但是，有时为了回参考点等动作的需要，电动机的零位脉冲需要输入到位置控制器。

通用型伺服驱动器具有使用方便、控制容易、对位置控制器要求低等优点，它可以直接利用 PLC 的脉冲输出或位置控制模块对其进行控制，在经济型数控机床、生产线、冶金、纺织等行业得到了广泛的应用。

通用型伺服驱动器的缺点是它无法通过位置控制器简单地监控驱动器的工作状态，一般也难以通过位置控制器对驱动器的参数进行设定与优化，组成的伺服系统性能与专用型伺服相比存在一定的差距。

（2）专用型伺服驱动器　专用型伺服驱动器是指必须与指定的位置控制器配套使用的交流伺服驱动器。此类驱动器与位置控制器之间多采用专用内部总线连接，并以网络通信的形式实现驱动器与位置控制器之间的数据传输，控制系统一般使用专门的伺服总线与通信协议，对外部无开放性，驱动器不可以独立使用。

试题精选：

（√）通用型伺服驱动器的缺点是它无法通过位置控制器简单地监控驱动器的工作状态。

鉴定点 22　直流伺服系统的常见故障分析

问：直流伺服系统常见故障有哪些？如何排除？

答：直流伺服系统常见故障及排除方法如下：

（1）直流伺服电动机的检查步骤

1）在数控系统处于断电状态且电动机已经完全冷却的情况下进行检查。

2）取下橡胶刷帽，用螺钉旋具拧下刷盖并取出电刷。

3）测量电刷长度，如 FANUC 直流伺服电动机的电刷由 10mm 磨损到小于 5mm 时，必须更换同型号的新电刷。

4）仔细检查电刷的弧形接触面是否有深沟或裂痕，以及电刷弹簧上有无打火痕迹。如有上述现象，则要考虑电动机的工作条件是否过分恶劣或电动机本身是否有问题。

5）用不含金属粉末及水分的压缩空气导入刷握孔，吹净粘在刷握孔孔壁上的电刷粉末。如果难以吹净，可用螺钉旋具尖轻轻清理，直至孔壁全部干净为止，但要注意不要碰到换向器表面。

6）重新装上电刷，拧紧刷盖。如果更换了新电刷，应使电动机空载运行一段时间，以使电刷表面和换向器表面良好吻合。

（2）模拟量控制方式直流伺服系统常见故障及原因

1）印制电路板上指示灯指示故障的诊断。

① 速度控制单元熔断器熔断。引起熔断器熔断的原因有机械故障造成负载过大、接线错误、选用电动机不合理。

② 伺服变压器过热。可用手触摸变压器的铁心或线圈。如果用手摸时能承受它的温度，

说明变压器没有过热。如果用手摸时承受不了几秒，说明变压器过热，这时需要断电 0.5h 以上，待其冷却后再试。如仍过热，则可能是负载过大或变压器不良（如变压器线圈短路、绝缘损坏等）。

③ 电源电压异常，即+24V、+15V、−15V 电源不合要求。

④ 接触不良，速度控制单元和位置控制器之间的连接不好。

2）速度过高。引起速度过高的原因有测速部件成正反馈、柔性联轴器损坏、位置控制板发生故障。

3）在起动、运动过程中或在加/减速时机床运动轴发生爬行故障。引起上述故障的原因有柔性联轴器损坏，脉冲编码器或测速发电机不良，电动机电枢线圈内部短路，速度控制单元不良，外来噪声干扰，伺服系统不稳定。

4）超调。伺服系统增益不够是造成系统超调的原因之一。主要解决措施是提高速度控制单元印制电路板上可调电位器的值，也可适当减小位置环增益。有时，只改变一下就能解决问题。另外，改善电动机和机械进给轴之间的刚性，也可解决系统超调的问题。

5）单脉冲进给时加工精度太差。产生这种现象的可能原因有两种：一是机械松动，如果电动机轴能准确定位，而机械最终定位精度较差，则应重新调整机械；另一种原因是伺服系统增益不够，这时需要增加可调电位器的值。

6）低速波动。造成此故障的原因可能是伺服系统不稳定，也可能是机械方面惯性过大。

7）圆弧切削时加工表面出现波纹。出现波纹的原因有伺服系统增益不足和机械松动。

试题精选：

直流伺服系统低速波动的主要原因包括：（AB）。

A. 伺服系统不稳定　　　B. 机械方面惯性过大

C. 速度控制单元不良　　D. 以上都是

鉴定点 23　交流伺服系统的调试

问：交流伺服系统调试的步骤及方法有哪些？

答：对交流伺服系统调试的重点是对交流伺服驱动器的调试，不同型号的驱动器其操作、参数设定均不相同。

一般地，当完成驱动器硬件连接后，便可以直接进入驱动器的通电检查与调整阶段。驱动器的通电检查与调整步骤如下：

1）正确安装与固定电动机，并使电动机与机械负载分离，确保旋转时不会发生安全问题。

2）检查驱动器的主电源、控制电源、DI/DO 信号连接，确认硬件连接正确；急停与安全回路的工作正常可靠；伺服电动机连接相序与编码器的反馈连接正确。

3）接通驱动器控制电源，进行驱动器软件版本、电动机与驱动器规格等基本配置参数的检查，并记录驱动器出厂默认参数。

4）根据系统要求选择驱动器的控制方式，设定驱动器的基本参数（包括控制方式选择、DI/DO 信号定义等），以保证驱动器工作的基本要求，并通过电源的 ON/OFF 操作使设定参数生效。

5）基本参数设定完成后，如果驱动器无报警，可启动驱动器。

6）如有需要，可利用驱动器的操作显示单元，进行点动运行、无电动机运行等试验，对 DI/DO 信号的连接、驱动器与外部控制器的动作协调、驱动器的参数设定等方面进行检查与确认。如果调试现场配有计算机和 SimoCom U—Drive A 软件，还可进行定位运行试验。

7）根据要求加入驱动器 DI 控制信号与位置/速度/转矩给定，在机械负载分离的情况下进行驱动器的运行试验和功能调整，确认驱动器动作正常。

8）连接机械负载，进行带负载运行。

9）进行驱动器的动态调整，自动设定调节器参数，以便获得最佳响应性能。

10）记录驱动器全部参数，并根据需要设定参数保护密码。

驱动器电源的通断操作：

（1）驱动器通电步骤

1）确认驱动器的急停输入信号与伺服启动信号为"OFF"；给定（无位置指令脉冲输入，速度/转矩模拟电压输入）输入为"0"；转向信号为"OFF"状态。

2）依次加入控制电源与主电源。

3）将驱动器的急停输入信号与伺服启动信号置"ON"，驱动器逆变管开放，电动机励磁。

4）根据要求加入 DI 信号与给定，驱动器进入正常运行状态。

（2）驱动器断电步骤

1）取消给定输入与转向信号，使伺服电动机正常减速停止。

2）断开驱动器的伺服启动信号，关闭逆变管输出。

3）断开驱动器的主电源与控制电源。

试题精选：

（×）交流伺服系统调试时，基本参数设定完成后，可直接启动驱动器。

鉴定点 24　交流伺服系统的常见故障分析

问：简述交流伺服系统的常见故障及其原因。

答：交流伺服系统常见故障有交流伺服驱动器故障和交流伺服电动机故障。

（1）交流伺服驱动器故障　交流伺服驱动器不能正常运行的原因可分为"故障""报警"和"警示"共3类。

1）"故障"是指驱动器不能按照要求进行正常启动、停止或是不能正常实现的功能，"故障"原因不能通过驱动器的自诊断功能进行直接显示。

2）驱动器的"报警"属于严重故障，但可以利用驱动器自诊断功能显示故障原因。

3）"警示"则是驱动器对操作出错或非正常交流伺服驱动从原理到完全应用运行状态的提示。

（2）报警信息的读取　根据交流伺服驱动器显示器上的报警显示信息，对照技术手册，根据故障现象，查找故障位置。

（3）交流伺服电动机的常见故障原因分析

1）由伺服电动机过载引起的系统报警，常见原因有：电动机负载过大；速度控制单元的热继电器设定错误，如热继电器设定值小于电动机额定电流；伺服变压器热敏开关不良；再生反馈能量过大；速度控制单元印制电路板设定错误。

2）由移动误差过大引起的系统报警，常见原因有：数控系统位置偏差量设定错误；伺服系统超调；电源电压过低；位置控制部分或速度控制单元不良；电动机输出功率太小或负载太大。

试题精选：

交流伺服驱动器故障不能正常运行的原因可分为故障、报警和（B）等。

A. 堵转　　　B. 警示　　　C. 失电压　　　D. 漏电

鉴定点 25　交流伺服电动机的常见故障

问：简述交流伺服系统的常见故障及判断方法。

答：交流伺服系统的常见故障及判断方法如下：

（1）交流伺服电动机的常见故障

1）接线故障。由于接线不当，在使用一段时间后就可能出现一些故障，主要为插座脱焊、端子接线松开引起的接触不良。

2）转子位置检测装置故障。当霍尔开关或光电脉冲编码器发生故障时，会引起电动机失控，进给有振动。

3）电磁制动故障。带电磁制动的伺服电动机，当电磁制动器出现故障时，会出现得电不松开、失电不制动的现象。

（2）交流伺服电动机故障的判断方法　用万用表或电桥测量定子绕组的直流电阻，检查是否断路，并用绝缘电阻表检查绝缘是否良好。将电动机与机械装置分离，用手转动电动机转子，正常情况下感觉有阻力，转一个角度后手放开，转子有返回现象。如果用手转动转子时能连续转几圈并自由停下，表明该电动机已损坏；如果用手转不动或转动后无返回，则电动机机械部分可能有故障。

试题精选：

交流伺服系统的常见故障不包括（D）。

A. 接线故障　　　　　B. 转子位置检测装置故障

C. 电磁制动故障　　　D. 电动机自转故障

鉴定范围 13　培训技术管理

鉴定点 1　培训教案的编写原则

问：教案编制的一般原则有哪些？

答：编制培训教案，除了依照一定格式外，还必须遵守一定的原则。编写培训讲义的原则是：

（1）自然性原则　教学安排要顺应科学和人的心理的自然规律，要让学员愉快地接受知识。编写培训讲义实际上是技师在纸上进行教学模拟。这就要求技师在编写培训讲义时，能把教学过程自然地叙述出来，能把各种问题的设计与提出自然地展现出来，能把内容之间的衔接自然地把握好。

（2）明确性原则　教学的具体细节都要明明白白地写出来，以便上课时做到心中有数、有的放矢。切不可含含糊糊、疏忽某些细节，因为细节的差错，将会影响到课堂教学质量。

试题精选：

教案编制的一般原则包括（AB）。

A. 自然性原则　　B. 明确性原则　　C. 科学性原则　　D. 先进性原则

鉴定点 2　培训教案的编写方法

问：如何编写培训教案？

答：培训教案的编写，是技师根据培训计划的要求，经过对培训教材内容的仔细分析后，根据学科特点，从培训对象的实际情况出发，为达到理想的培训效果而完成的教学准备工作，是课堂教学的实施方案。具体的编写方法如下：

（1）依据大纲和教材　因为培养目标、培训大纲和教材是职业培训的重要依据，技师必须仔细分析，结合实训教学实际，融入个人的技能。

（2）充分备课　技师应该领会编者意图，确定目的要求，选择教学方法。在备课时要做到"四备"，即备大纲、备教材、备学员、备手段。在授课前应对大纲和教材透彻理解，在了解学员具体情况的基础上制定出恰当的教法和学法。

（3）遵守认知规律　编写的教案要符合理论学习的规律。职业培训的主要任务是为培养学员熟练掌握操作技能、技巧打下基础。所以，高级技师可将一些原理、公式及计算直接传授给学员，还要注意由易到难、由简到繁、循序渐进及理论联系实际。

（4）知识更新　由于技术不断更新，而教材出版需要一定周期，所以编写讲义时要吸收和补充新技术、新工艺、新方法和新设备知识。

（5）突出内容规范性　培训教案的编写内容要反映出教学内容及整个教学过程的各个环节（包括组织教学、作业讲评、复习旧课、引入新课、讲解新课、巩固新课和课后小结等）及时间分配，要求用词简练、逻辑性强。培训讲义的内容还应包括板书设计，版画、挂图、教具和电化教学设备的使用等。

试题精选：

（√）培训教案编写的重要依据是培养目标、培养大纲和教材。

鉴定点 3　理论培训教案的撰写要求

问：撰写理论培训教案有哪些要求？

答：格式既规范又灵活，建议文字教案要书写工整；能体现出教学方法；层次分明、重点突出；要表现出师生的多边互动；体现出能力培养措施；能反映创新措施。

试题精选：

培训教案的编写要求包括（ABCD）。

A. 既规范又灵活　　B. 遵守认知规律　　C. 重点突出　　D. 反映创新措施

鉴定点 4　培训教案编写的注意事项

问：编写培训教案时应注意的问题有哪些？

答：编写培训教案时应注意以下几点：

（1）教案内容要充实　教学内容所包含的实质或存在的实际情况要丰富充实，要求教师在编写时要言之有物，不可用大话、空话填充教案。

（2）教案结构要严谨　结构严谨的意思是要具有明确的教案结构意识，在课题名称与教学目标、教学重点和教学过程等方面要保持严格的一致性。各环节之间形成有机的整体，前后呼应，彼此照顾，衔接上有章法，同时在教学过程中要求教学重点突出。

（3）教案文面要简洁　文面简洁就是简明扼要、没有多余的内容，教案文面包括文字书写、标点符号、格式、修改符号、字数控制等方面的要求。

（4）要遵循教案编写原则　教案在总体上要保证科学性原则、目的性原则、针对性原则、计划性原则和预见性原则。这五个原则是保证教案质量的关键。

试题精选：

培训教案的编写应遵守的原则是（C）。

A. 规律性　　　B. 周期性　　　C 计划性　　　D. 灵活性

鉴定点 5　理论培训教学方法

问：如何进行理论培训指导？

答：理论培训指导的目的是通过课堂教学方式，使学员掌握与电工等级相关的技术理论知识，并促进操作技能的提高。理论培训一般采用课堂讲授方法进行。

培训时应注意以下 5 点：

1）根据培训教材，编制出相应的教学计划，确定培训登记、内容、期限、场地等。

2）动员学员做好学习的物质和心理准备，认真做好学员考勤记录，维持良好的教学环境和秩序。

3）授课者应认真备课，不要脱离教材内容随意引申和发挥。

4）教学过程要有条理性和系统性，做到深入浅出，循序渐进，注意理论联系实际，培养学员解决实际工作的能力。

5）做好定期复习、课堂提问、问题解答和成绩考核等工作。

编写培训讲义时应注意以下 5 点：

1）培训讲义的内容应由浅入深，并有条理性和系统性。

2）应结合企业、本职业在生产技术质量方面存在的问题进行分析，并提出解决的方法。

3）应结合本职业介绍一些新技术、新工艺、新材料、新设备应用方面的内容。

4）对于设备说明或是没有根据的内容不要写进培训讲义。

5）培训讲义的语言要生动，能吸引学员的注意力。

培训讲义编写的步骤和方法如下：

1）应首先明确培训对象的等级、培训内容、培训目标和培训要求。

2）认真研究、理解培训内容和有关技术资料，确定培训的方法、时间、场地等。

3）根据培训内容和要求，编写培训讲义的教学顺序、内容及所需的教具、工具、物料等。

试题精选：

培训讲义的编写应首先明确培训对象的等级、培训内容、（D）和培训要求。

A. 培训教材　　　B. 培训时间　　　C. 培训方法　　　D. 培训目标

鉴定点6　确定技能培训指导方案的一般步骤

问：确定技能培训指导方案的一般步骤有哪些？

答：确定技能培训指导方案的一般步骤：

1）熟悉实际指导内容阶段。

2）确定培训指导方案阶段。

3）列出培训指导计划阶段。

4）书写培训指导内容阶段。

5）修改培训指导方案及完善阶段。

试题精选：

确定技能培训指导方案的一般步骤包括（ABCD）等阶段。

A. 熟悉实际指导内容　　　B. 确定培训指导方案

C. 列出培训指导计划　　　D. 修改培训指导方案

鉴定点7　技能培训指导的方法

问：如何进行技能培训指导？

答：技能培训指导的目的就是通过具体示范操作和现场指导训练，使学员的动手操作能力不断增强和提高，熟练掌握操作技能。指导操作的方法如下：

（1）现场讲授法　讲授者应根据电工不同等级操作内容的要求，以及基础、专业理论知识，运用准确的语言系统地向学员讲解、叙述设备的工作原理，说明任务和操作内容；讲清完成这些工作的程序、组织和具体操作方法等。

（2）示范操作法　示范操作法是富有直观性的教学形式。通过指导者示范操作使学员直观、具体、形象地学习操作技能，在示演时要注意放慢速度，把完整的操作过程进行分解演示，关键部分重点演示，采用边演示边讲解的方法进行示范操作表演。在演示时，还要注意实物的使用，使学生通过直观手段获得感性认识，从而有利于掌握理论知识和操作技巧，培养学员的观察和思维想象能力。

（3）指导操作和独立操作训练法　在学员进行培训操作过程中，指导者应有计划、有目的、有组织地进行全面检查和指导。具体指导过程可以采用集中指导的方法，也可以采取个别指导的方法，并要做到五勤（脚勤、眼勤、脑勤、嘴勤、手勤）。

另外，还要巡回检查全体学员的劳动组织和工作位置是否合理，操作方法是否正确，安全操作规程遵守情况，以及是否能够正确地使用设备、工具、量具和仪器仪表，遇到技术、质量、事故等问题能否妥善解决等。

指导操作训练是培养和提高学员独立操作技能极为重要的方法和手段。

（4）重视操作中的安全教育　学员在操作中，特别要注意安全事项的预防问题，必须经常对学员进行安全教育，一定要使用安全防护用品，遵守安全操作规程。

（5）总结　当实际操作训练结束后，应由指导者对学员在实际操作中的表现进行总结、成绩考核和讲评。

试题精选：

根据电工不同等级操作内容的要求，以及基础、专业理论知识，运用准确的语言系统向学员讲解、叙述设备的工作原理，说明任务和操作内容，讲清完成这些工作的程序、组织和具体操作方法等的教学方法属于（B）。

A. 示范操作法　　B. 现场讲授法

C. 巡回指导法　　D. 独立操作训练法

鉴定点 8　技能培训操作时的注意事项

问：技能培训操作时的注意事项有哪些？

答：适当放慢操作速度；分解演示；重复演示；重点演示；边演示边讲解；考核过程掌握好时间；保证学员有完整、正常的操作过程；严格按照国家技术标准进行演示；防止和矫正学员的不规范操作；考核时尽可能采用实际工程设备。

试题精选：

技能培训考核时要注意掌握好考核时间，（C），尽可能在工程设备中实际操作。

A. 适当放慢速度　　　　B. 理论联系实际

C. 按照国家技术标准　　D. 尽可能用仿真软件

鉴定点 9　现代管理知识

问：什么是精益生产管理？

答：精益生产（Lean Production，LP）方式是适用于现代制造企业的组织管理方法。这种生产方式是利用整体优化的观点，科学、合理地组织与配置企业拥有的生产要素，清除生产过程中一切不产生附加值的劳动和资源，以"人"为中心，以"简化"为手段，以"尽善尽美"为最终目标，增强企业适应市场的应变能力。

（1）精益生产的基本特征和思维特点

1）精益生产的基本特征。

① 以市场需求为依据，最大限度地满足市场多元化的需求。

② 产品开发采用并行工程方法，确保质量、成本和用户要求，缩短产品开发周期。

③ 按销售合同组织多品种小批量生产。

④ 生产过程中，将上道工序推动下道工序生产的模式，变为下道工序要求拉动上道工序生产的模式。

⑤ 以"人"为中心，充分调动人的积极性，普遍推行多机操作，多工序管理，提高劳动生产率。

⑥ 追求无废品、零库存，降低生产成本。

⑦ 消除一切影响的"松弛点"，以最佳工作环境、条件和最佳工作态度从事最佳工作。

2）精益生产的思维特点。精益生产方式是在丰田生产方式的基础上发展起来的，它把丰田生产方式的思维从制造领域扩展到产品开发、协作配套、销售服务、财务管理等各个领域，贯穿于企业生产经营活动的全过程，使其内涵更全面、更丰富，对现代机械、汽车工业生产方式的变革有重要的指导意义。

3）精益生产的主要做法。精益生产的主要做法是准时化（Just In Time，JIT）生产方式，其基本思想是：只在需要的时刻生产需要数量和完美质量的产品和零部件，以杜绝超量生产，消除无效劳动和浪费。

4）准时化生产方式的目标及其基本方法。企业的经营目标是利润，而降低成本则是管理子系统的目标。因此，准时化生产方式力图通过"彻底排除浪费"来达到这一目标。这种生产方式的基本方法是适时、适量生产，弹性配置作业人数，保证质量。为此，这种生产方式采取了以下具体方法：

① 生产同步化。

② 生产均衡化。

③ 采用"看板"管理。

（2）看板管理　看板管理就是在木板或卡片上标出零件名称、数量和前后工序等事项，用以指挥生产，控制加工件的数量和流向。看板管理是一种生产现场物理控制系统。每年10月份编制次年的年度生产计划，作业计划每月编制，生产指令更改每天进行，通过增加或减少"看板"来实现，月度计划提前6天确定，可有20%的变动量。

试题精选：

精益生产的主要做法是准时化生产，它力图通过（C）来达到降低生产成本的目标。

A. 尽善尽美　　　　B. 以"人"为中心

C. 彻底排除浪费　　D. 消除影响工作的"松弛点"

鉴定点 10　电气设备检修管理

问：电气设备检修管理工作的内容有哪些？

答：电气设备检修管理工作的内容如下：

1）技术数据，查阅检修设备技术参数。

2）检修周期及检修项目，根据国家标准及设备厂家出厂说明。

3）准备工作，根据检修项目确定人员、工具、材料等。

4）检修工艺及质量标准，根据国家实验规程及设备厂家有关规定进行。

5）常见故障及处理方法，针对不同设备可采用测量电压法和测量电阻法排除故障。

试题精选：

电气设备检修管理工作的内容包括（ABCD）。

A. 技术数据　　B. 检修周期及检修项目

C. 准备工作　　D. 质量标准

鉴定点 11　电气设备维护质量管理

问：电气设备维护质量管理的基本要求和依据有哪些？

答：电气设备维护质量管理的基本要求如下：

（1）维护质量要贯穿于生产全过程　依据全面质量管理的要求，电气设备维护质量管理应自始至终贯穿于生产全过程，采用科学的方法、严格的管理，认真把好每一阶段、每个环节、每道工序的质量关，才能确保整个设备维护服务于生产全过程。

（2）设备维护要有相应的对策　设备管理人员应及时掌握设备的变化情况，并且根据设备运行及劣化现象采取相应对策。

（3）要对设备进行必要的点检

1）点检的概念：设备管理要从掌握设备状况开始，这就需要对设备进行必要的点检。

2）点检管理的目的：对设备进行检查诊断，以尽早发现不良的地方，判断并排除不良的因素，确定故障修理的范围、内容，编制维护工程实施计划、备品备件供应计划等，精确、合理、正确地进行维护设备。

3）点检的实质：点检的实质就是为了对一些生产设备进行检查、测定，按预先设定的部位（包括结构、零部件、电气等）的劣化程度提出防范措施，整治和维修这些潜在劣化，以保持设备性能的稳定，延长零部件的使用寿命。实施有针对性的维修策略，达到以最经济的维修费用，完成设备维护的目的。

电气设备维护质量管理的依据，主要是指管理本身具有普遍指导意义和约束力的各种有效文件、标准、规范、规程等，这种依据大体可分为：

（1）一般依据　一般依据是电气设备的技术要求及说明书、标准图集等。它是对电气设备质量管理的依据，具有通用性、具体化及强制执行的特点。

（2）行业依据　行业依据主要是指依据国家或行业颁发的设备质量检验评定标准、操作规程和工艺规程等。它是专业性、技术性依据，具有普遍约束力和必须共同遵守的特点。

（3）设备维护标准　设备维护标准是指企业参照有关国际标准、国家标准、企业标准等制定的"设备维护管理"和"维护技术管理"工作的标准。执行设备维护标准，是对设备进行点检、维修、维护保养及技术改造等规范化作业的保证，也是衡量管好、用好和修好设备的基本准则。生产设备在投入生产运行之前不具备这些标准，不应准予使用。

试题精选：

电气设备质量管理的依据，主要是（ABCD）。

A. 技术要求及说明书　　　B. 设备质量检验评定标准

C. 企业标准　　　　　　　D. 设备维护标准

鉴定点 12　电气设备大、中修方案编写

问：如何编写电气设备大、中修方案？

答：编写电气设备大、中修方案应从以下几个方面考虑：

（1）检修计划技术方案编制的依据

1）设备缺陷及运行情况。

2）计划检修项目及工作。

3）上一次检修具体内容及时间。

4）设备执行的技术质量标准、规程，尤其是有关国家监察规程及部门的安全规程。

（2）检修计划技术方案的内容

1）大修及检修设备名称及检修内容，检查方法、检查使用的仪器设备，检修工艺、手段及方法。

2）大修及检修用工、用料情况。

3）计划开工及竣工日期。

4）主要准备工件及配件。

5）35kV以上主系统停电计划，应由生产部门会同调度按时间上报电力调度。

（3）停电计划的主要内容

1）大修、检修改进的具体工作内容及工作范围。

2）需停电的范围。

3）应采取的必要安全措施。

4）系统改变运行方式的相关情况和意见。

5）具体竣工日期、时间。

（4）临时性检修的申请

1）高压配电系统因停电而安排的检修，应在前一天提出申请。

2）如果设备发生严重缺陷直接威胁人身安全及设备安全运行时，为防止事故发生，应及时提出申请。

（5）计划检修的申请　计划检修应在开工前三天由施工单位负责人向调度提出申请，调度应在开工前两天批复。

（6）事故抢修　事故抢修应由公司领导在现场直接指挥变配电运行人员与检修、试验人员共同完成任务。

（7）检修计划技术方案编制的原则

1）检修方案的编制必须由精通设备和工艺技术的人员拟定完成的原则。

2）检修方案应确保符合现场实际，科学适用，满足企业各项规程与国家标准、行业标准要求原则。

3）检修方案应符合安全生产监督管理局要求，检修方案实行"一项目一方案，一项目一措施，一项目一图示"的原则。

4）检修方案应系统、完整、涉及内容涵盖全面的原则。

5）检修方案应符合职责明确、标准清楚、责任清晰原则。

制订电气设备大、中修方案应注意以下几点：

1）查阅大、中修电气设备技术资料，掌握主要技术参数。

2）制定大、中修电气设备维修周期。

3）确定大、中修电气设备组织机构。

4）制定大、中修电气设备安全预案。

5）制定大、中修电气设备质量验收方法。

6）做好大、中修电气设备的维修记录。

试题精选：

检修计划技术方案的内容包括（ABC）。

A. 检修内容　　　　　　　B. 准备工件及配件

C. 大修及检修用工、用料情况　　D. 设备维护标准

（二）应会单元

鉴定范围1 电气设备（装置）装调及维修

鉴定点1 大型较复杂机械设备的电气系统的安装与调试

问：如何按机械设备电路图进行安装与检查？调试前有哪些准备工作？

答：任何较为复杂电气设备和线路的安装、检查、调试及故障排除都必须严格遵守产品说明书或安装图样所提出的规定，按一定程序和要求进行，大致有如下几个步骤：

（1）电气设备的外部检查　在机床电气设备安装前，先要通过电路图及装配图了解其安装位置及工作原理，再检查设备。

1）电动机的检查。先按说明书或电路图检查各电动机的规格、型号符合要求后，再看电动机转动是否灵活，外壳、机座是否完整。若电动机出厂时间已久，还要检查轴承的润滑情况，不合格的要清洗换油。检查其绝缘情况。

2）电器箱的检查。机床电气设备出厂前均随机床做过检查，故一般只做如下检查即可：箱内电器元件安装是否牢固，是否完好无损，接线端是否紧固，热继电器的整定值是否正确、箱内线路的绝缘电阻是否合格。

3）床身电器的检查。检查床身各处的电器（如按钮、行程开关等）的触点接触是否良好，安装是否正确，动作是否灵活。

（2）机床电气设备的安装

1）安装与配线。根据电气设备装配图，先把机床的全部电气设备就位，要求牢固地固定，安全可靠。有限位开关时要求其位置与机械撞块的动作配合要恰到好处。当全部电气设备就位并固定好后，即可按图配线。配线的型号、规格和每条线管所穿导线的根数都要符合图样的要求，如要压接导线，先要校线、穿线号。接线端要根据端子的要求，将削去绝缘的导线端部弯成圆环或直接压上，多股线要冷压上合适的端子接头，备用导线端头要保留绝缘并单独盘卷。

2）安装与配线完成后，要仔细地检查和复查，确实无问题后即可进行通电试运行。

调试前的准备工作如下：

（1）对设备原理的了解　参看使用说明书，了解设备的基本结构、性能参数、工作原理和设备中各控制单元的基本用途。

（2）工具及材料的准备　准备必要的电工工具、材料、万用表、绝缘电阻表和示波器等。

（3）检查设备

1）先用500V绝缘电阻表从电器箱的接线端子开始测量电动机及所连接导线的绝缘电阻并做好记录，其值要符合安装规程所规定的数值。

2）电源检查。用万用表检查电源的电压是否与图样要求的相符，三相电压是否平衡。

3）检查控制回路各电器的动作情况。

4）接好电源线，配好全部熔断器，闭合开关，按先后试运行，查看各电动机转向是否与要求相符，各电动机的电流与规定值是否相符，各相的平衡度如何，直到均无问题为止。

操作要点提示：

1）动力电路导线测量绝缘电阻时，对 380V 系统应用 500V 的绝缘电阻表。

2）若需对电动机、放大器、继电器等电气设备重新进行调整，一定要先参阅有关说明书及技术文件，并做好数据。

3）如需拆开电动机或元件的接线端子，要先做好标记，包好绝缘，以免发生事故。

4）试运行时要先用规格较小的熔丝，以免扩大故障。

5）调试完毕后，要先清理现场所用仪器、仪表、元器件及工具，恢复所有被拆开的线头及熔丝（按规定值），各种开关、把手要置于零位或正常位置。

试题精选：

B2012A 型龙门刨床速度调节器（V55 系统）的调试。

（1）电路图　电路图如图 1-114 所示。

（2）考前准备　常用电工工具 1 套，万用表（MF47 型或自定）1 块、示波器 1 台，钳形电流表（T301A 型或自定）、绝缘电阻表（500V）各 1 块，三相四线电源（3×380V/220V，20A）1 处，单相交流电源（220V、36V，5A）1 处，B2012A 型龙门刨床及速度调节器 1 台（套），电路配线板（500mm×450mm×20mm）2 块，劳保用品（绝缘鞋、工作服等）1 套，演草纸（A4、B5 或自定）4 张，圆珠笔 1 支。

（3）评分标准　评分标准见表 1-24。

表 1-24　评分标准

序号	考核内容	考核要求	考核标准	配分	扣分	得分
1	元器件安装	元器件的布置要合理，安装要准确紧固、美观	1. 元器件布置不整齐、不匀称、不合理，每只扣 1 分 2. 元器件安装不牢固、安装元器件时漏装螺钉，每只扣 1 分 3. 损坏元器件，每件扣 2 分	5		
2	接线	配线要求紧固、美观，电源和电动机配线、按钮接线要接到端子排上，进出线要有端子标号，引入端要用别径压端子	1. 接点松动、露铜过长、压绝缘层、标记线号不清、遗漏或误标，引入端子无别径压端子，每处扣 1 分 2. 损伤绝缘导线或线芯，每根扣 0.5 分	10		
3	调试	熟练操作参数设定，并能正确输入参数。按照被控制设备要求，进行正确的调试	1. 参数设定的操作不熟练，扣 3 分 2. 调试时，没有严格按照被控制设备的要求进行，而达不到调试要求，每项扣 5 分	10		
备注			合　计	25		
			考评员 签　字		年　月　日	

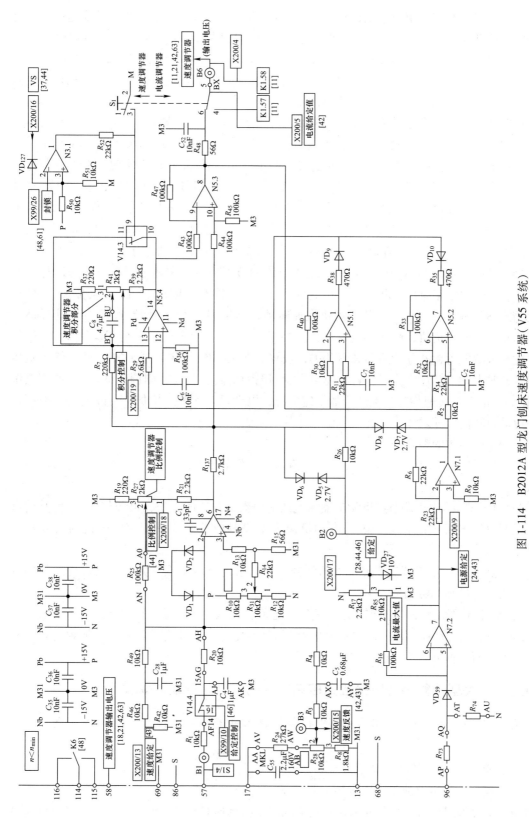

图 1-114　B2012A 型龙门刨床速度调节器（V55 系统）

注：在用主轴/进给调节器器的附加部件时，C98043-A1098-L13 时断开桥接线 BX-B6

（4）原理分析　速度调节器的原理如图 1-114 所示。由图可见，速度调节器是一个带有电压限幅的 PI 调节器，它主要由主调节器和最大电压限幅环节组成。主调节器由比例器 N4、积分器 N5.4 以及加法器 N5.3 三部分组成。电压限幅环节由 N7.2、N7.1、N5.2、N5.1、N7.3、N7.4 组成，其中 N7.2、N7.1 放大器构成输入限幅，N5.2、N5.1 构成输出限幅，N7.3、N7.4 构成转速控制的电压限幅。

速度调节器的工作与封锁由调节器释放环节形成的封锁信号控制，当封锁信号为高电平（即电子开关 V14.3 导通）时，速度调节器立即封锁。电位器 R_{85} 为电压限幅值调节。S_1 为速度调节器输出电压的输出与封锁时的位置切换开关，当 S_1 拨向上端时，速度调节器的输出电压作为电流调节器的给定；当 S_1 拨向下端时，速度调节器处于封锁状态，57 端子的速度给定信号直接作为电流调节器的给定。17 与 13 端子作为速度反馈信号的输入。57 端子和插头 X200/13 为速度调节器的给定输入，当整机没有或者不用 A_1 控制板时，给定电压从 57 端子加入，当整机有 A_1 控制板且使用时，给定电压从 A_1 板的外端子 56 加入。

（5）操作工艺　将 A_2 板上开关 S_1 置于电流调节器位置，按送电程序送电（即先送控制电压，后送主回路电压，断电时先断主回路电压，后断控制电压）。在 64 号端子加+24V，57 号端子加上很小的正电压，使电动机慢速转动，测量端子 17 对于端子 13 的转速反馈电压应为正值，若为负值，则交换测速反馈信号线，端子 57 给定电压调至 0V。将开关 S_1 打至速度调节器位置，断开断路器和刀开关，按程序送电，63、64 号端子加+24V，给定电压为零。此时电动机转速应为零，若转速不为零即电动机转速爬行，则调节 A_2 板上调零电位器 R_{31}，使电动机转速为零；然后增加给定电压，电动机转速随之增加，再改变给定电压正负，电动机转向应随之改变，此时调试工作基本完成。

几种主要参数的整定如下：

1）电位器 R_{85} 用于调节电流最大给定值，若装置输出电流不够，可将 R_{85} 调大但不能过大。

2）电位器 R_{27} 用于调节速度调节器比例放大倍数，若速度不稳，可调节 R_{27}，但其前提条件是测速发电机电压稳定，因此电动机速度不稳时应首先检查测速发电机的安装是否完好。

3）电位器 R_{28} 用于调节速度反馈的强弱，如果给定电压调至最大，电动机仍达不到额定转速或转速过高，可调节 R_{28}。

4）R_4 调整弱磁转速切换点，改变速度给定值，使电动机在额定转速下运行，调节电位器 R_4 使电枢电压从额定值下降 10%，再继续增加给定电压，使电动机转速增加到所要求的最高转速，而电枢电压不超过额定电压即可。

鉴定点 2　大型较复杂继电接触式控制电路的设计、安装与调试

问：电路的设计原则有哪些？电气控制设计方法有哪些？设计电路时的注意事项有哪些？

答：电路设计原则如下：

（1）电气控制电路应最大限度地满足机械设备加工工艺的要求　一般控制电路只需满足起动、反向和制动，有些还要求在一定范围内平滑调速和按规定改变转速；当出现事故时

需要有必要的保护及报警；各部分运动要求有一定的配合和联锁关系等。如果已经有类似设备，还应了解现有控制电路的特点以及操作者对它们的反映。

（2）控制电路应能安全、可靠地工作 为了保证控制电路工作可靠，最主要的是选用可靠的元器件。

（3）控制电路应简单、可靠、造价低 在保证控制功能要求的前提下，控制电路应力求简单、造价低，尽量选用标准常用或经过实际考验的电路。

1）连接线的数量和长度的要求。设计控制电路时，应考虑各个元器件之间的实际连接线，特别要注意电气控制柜、操作台和限位开关之间的连接线，尽量减少连接线数量，缩短连接线长度。

2）减少电器的种类和数量。设计电路时，应尽量采用标准件并尽可能选用相同型号的元器件，减少电器的种类和数量。

3）力求电路简化，可靠性高。电路设计时应简化电路，减少电器的触点，提高可靠性。

4）减少电路的空转耗电。控制电路在工作时，除必要的电器通电外，其余电器尽量不通电，以节约电能。

（4）有完善保护环节 增设信号指示控制电路中应具有完善的保护环节，保证在误操作情况下不致造成事故。一般应有过载、短路、过电流、过电压、失电压保护等，同时还应设有合闸、断开、故障所必须的指示信号。

（5）控制电路应便于操作和维修 控制机构的操作应简单方便，能迅速快捷地由一种形式转换到另一种形式，同时能实现多点控制和自动转换程序，减少人工操作。电控设备应力求维修方便、使用安全，并应有隔离电器，以免带电检修。

电气控制设计方法有功能添加法和逻辑公式法。

（1）功能添加法 它是电气控制设计方法中最基本的方法。设计时应根据控制设备的要求，在原有成熟的电气控制电路的基础上，进行控制功能的增加。这种设计方法的优点是灵活方便，但是对于比较复杂的生产工艺，用此方法设计电路就难以处理。

（2）逻辑公式法 继电接触式控制电路的逻辑表达式是指将继电接触电路中的各种控制元件与受控元件的控制关系用逻辑门来表示，然后根据门电路的逻辑关系列出的表达式。在逻辑表达式中通常是这样规定的：继电接触器的线圈（一般是受控元件）的失电为低电平"0"，得电为高电平"1"；其触点原始状态下打开时为低电平"0"，闭合时为高电平"1"。

设计电路时应注意以下几点：

1）要使线路尽量简单，工作准确可靠。

2）在线路中应尽量避免许多电气设备依次动作才能接通另一个电气设备的控制电路。

3）在一条控制电路中，不得串联两个电器的吸引线圈。

4）要考虑到各个控制元件的实际接线，应尽量减少连接导线。

5）控制电路中应避免出现寄生电路。在控制电路的动作过程中，意外接通的电路叫作寄生电路，在控制电路中应避免这种电路的出现。

6）频繁操作电路要有电气联锁和机械联锁。在频繁操作的可逆电路中，正、反向接触器之间不仅要有电气联锁，而且要有机械联锁。

7）设计的电路应能适应所在电网的情况。电路设计时要考虑电网因素，如电网容量的大小、电压、频率的波动范围，以及允许的冲击电流数值等，据此决定电动机的起动方式是采用直接起动还是间接起动。

8）关于是否采用中间继电器的考虑。在电路中采用小容量继电器的触点控制大容量接触器的线圈时，要计算继电器触点断开和接通容量是否满足需要。如果不能满足则必须增加中间继电器，以保证工作可靠。

试题精选：

设计 1 台卧式车床电气控制电路图、配电盘元器件安装布置图，并进行安装调试。

（1）生产工艺设计要求

1）主电动机的起动与停止能实现自动控制。主电动机为 Y132M-4-B3，7.5kW，1450r/min。

2）刀架能实现快速进退。快速电动机为 AOS5634，0.25kW，1.55A，1360r/min。

3）切削时对刀具及工件提供冷却。主电动机不工作时，冷却泵不能开动。冷却泵电动机为 AOB-25，90W，3000r/min。

（2）评分标准　评分标准见表 1-25。

表 1-25　评分标准

序号	考核内容	考核要求	考核标准	配分	扣分	得分
1	电路设计	根据提出的电气控制要求，正确绘出电路图	1. 主电路设计错误，每处扣 2 分 2. 控制电路设计错误，每处扣 1 分 3. 电路图符号错误、漏标，每处扣 1 分 4. 短路保护电流计算错误、漏标，扣 1 分 5. 熔体电流计算错误、漏标，扣 1 分 6. 热继电器整定电流计算错误、漏标，扣 1 分 7. 导线截面积选择错误、漏标，扣 1 分	10		
2	选择材料	按所设计的电路图，正确选择材料，然后将其填入明细表	1. 主要材料选择错误，每种扣 1 分 2. 其他材料选择错误，每种扣 0.5 分 3. 材料数量选择错误，每种扣 1 分	5		
3	简述工作原理	依据绘出的电路图，正确简述电气控制电路的工作原理	1. 简述电气控制电路工作原理时，实质错误，每次扣 2 分 2. 简述电气控制电路工作原理时，每有 1 处不完善扣 2 分	5		
4	布线	1. 要求美观、紧固、无毛刺，导线要进行线槽 2. 电源和电动机配线、按钮接线要接到端子排上，进出行线槽的导线要有端子标号，引出端要用别径压端子	1. 电动机运行正常，但未按电路图接线，扣 1 分 2. 布线不进行线槽，不美观，主电路、控制电路每根扣 0.5 分 3. 接点松动、接头露铜过长、反圈、压绝缘层，标记线号不清楚、遗漏或误标，引出端无别径压端子，每处扣 0.5 分 4. 损伤导线绝缘或线芯，每根扣 0.5 分	5		
			合　计	25		
备注		考评员 签字			年　月　日	

（3）操作工艺　控制电路的设计如下：

1）设计主电路。主拖动电动机从经济性、可靠性考虑，一般选用交流三相电动机，不进行电气调速。

① 本设计中主轴电动机、冷却泵电动机、快速电动机 $M_1 \sim M_3$ 分别由 $KM_1 \sim KM_3$ 进行控制。

② M_1、M_2 由热继电器 FR_1、FR_2 实现过载保护，M_3 为点动短时工作，故不设过载保护。

③ M_2、M_3 由 FU_1、FU_2 实现短路保护。

2）设计控制电路。

① 主轴电动机的起动和停止由按钮 SB_1、SB_2 控制接触器 KM_1 实现。

② 快速电动机由 SB_3 控制接触器 KM_3 来实现点动控制。

③ 冷却泵电动机由转换开关 SA_1 控制接触器 KM_2 来实现其起动和停止，由于主轴电动机停止时要求冷却停止，故控制主轴电动机的接触器 KM_1 的常开触点串入 KM_2 的控制电路中。

④ 由 FU_6 对控制电路进行短路保护。

⑤ 控制电压由变压器 TC 提供。

⑥ 电源指示灯在合上电源开关 QF 后亮，表明控制系统电源接通。

⑦ 照明电路由变压器提供 24V 安全电压。

⑧ 对电气电路图的主电路及控制电路进行电气编号。卧式车床电气控制电路图如图 1-115 所示。

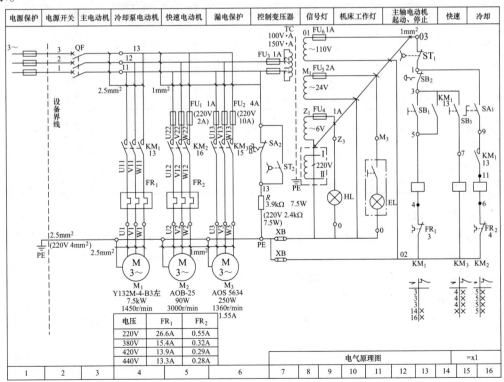

图 1-115　卧式车床电气控制电路图

3）主要参数计算。用于快速电动机的短路保护熔体 FU_2 的额定电流为

$$I_{NR} = 2.5I_N = 2.5 \times 1.55A = 3.875A$$

选用 $I_{NR} = 4A$。

4）选择电器元件的型号及规格，见表 1-26。

表 1-26　电器元件明细表

符号	名称	型号及规格	数量	用途
M_1	异步电动机	Y132M-4-B3 7.5kW 1450r/min	1	主传动
M_2	冷却泵电动机	AOB-25 90W 3000r/min	1	输送冷却液
M_3	异步电动机	AOS 5634 250W 1360r/min	1	滑板快速移动
FR_1	热继电器	JR 16-20/3D 15.4A	1	M_1 的过载保护
FR_2	热继电器	JR 16-20/3D 0.32A	1	M_2 的过载保护
KM_1	交流接触器	CJO-20B 线圈 110V	1	起动 M_1
KM_2	中间继电器	JZ7-44 线圈 110V	1	起动 M_2
KM_3	中间继电器	JZ7-44 线圈 110V	1	起动 M_3
FU_1	熔断器	BZ001 熔体 1A	3	M_2 的短路保护
FU_2	熔断器	BZ001 熔体 4A	3	M_3 的短路保护
FU_3	熔断器	BZ001 熔体 1A	2	控制变压器一次侧短路保护
FU_4	熔断器	BZ001 熔体 1A	1	滑板刻度盘照明电路短路保护
FU_5	熔断器	BZ001 熔体 2A	1	照明电路短路保护
FU_6	熔断器	BZ001 熔体 1A	1	110V 控制电路保护
SB_1	按钮	LAY3 10/3.11	1	起动 M_1
SB_2	按钮	LAY3 01 ZS	1	停止 M_1
SB_3	按钮	LA9	1	起动 M_2
SA_1	旋钮	LAY3 10×2	1	控制 M_2
R	电阻	RXYC3.9 kn	1	漏电保护
ST_1	行程开关	LXW3-N	1	断电保护
ST_2				
TC	控制变压器	BK150、380/110/24/6V		控制电路照明用

电器元件配置设计如下：

1）根据控制要求和电气设备的结构配置电器元件。配电箱外部的元件有电动机、按钮、机床照明灯等。电气配电板上有熔断器、接触器、热继电器和变压器等。

2）绘制配电盘电器元件布置图如图 1-116 所示。

安装电路时应注意以下几点：

1）主电路和控制电路的线号套管必须齐全，每一根导线的两端都必须套上编码套管。标号要写清楚，不能漏标、误标。

2）按钮盒不固定在配线板上，电源和电动机配线、按钮接线要接到端子排上，进出行线槽的导线要有端子标号，引出端要用别径压端子。

3）调整热继电器整定值后再试车。

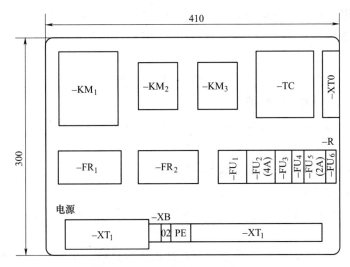

图 1-116　配电盘电器元件布置图

鉴定点 3　检修继电接触式控制的大型电气设备的电气线路

问：机床常用电器检修质量标准有哪些？如何检修继电接触式控制的大型电气设备的电气线路？

答：常用电器主要包括：熔断器、接触器、刀开关、按钮、时间继电器、中间继电器、过电流继电器、限位开关、电磁铁和电磁阀等。常用机床电器的质量标准有以下几点：

1）更换或修理各种电器时，其型号、规格、容量、线圈电压及技术指标（如温度继电器的温度范围，时间继电器的延时范围等）均要符合图样的要求。

2）操作机构和复位机构及各种衔铁的动作应灵活、可靠，闭合过程中不能有卡住和滞缓现象，打开或断电后，可动部分应完全恢复原位；在吸合时，动触头与静触头、可动衔铁与铁心闭合位置要正确，不得有歪斜；吸合时不应有杂音抖动。

3）有灭弧罩的电器，在动作过程中，可动部分不得与灭弧罩相擦、相碰，应有适当间隙，灭弧线圈的绕向应保证起到灭弧作用。

4）对刀开关、转换开关、按钮的所有触点，要求接触良好、动作灵敏、准确可靠。接触器、继电器的触头表面及铁心、衔铁接触面应保证平整、清洁、无油污，相互接触严密。有短路环的电器，其短路环应完整牢固。

5）接触器有多个主触点，接通时各主触点先后相差距离应在 0.5mm 之内。若为线接触的触头，其接触长度要大于触头全宽度的 75%。动、静触头在接触位置的横向偏移小于 1mm。

6）各触头的初压力、终压力开断距离和超额行程均按产品规定调整。触头上不能涂润滑油。严重磨损、烧伤的触头应及时更换，一般要求接触器、继电器的超额行程大于 1.5mm，常开触点开断距离大于 4mm，常闭触点开断距离大于 3.5mm。

7）线圈的固定要牢靠，可动部分不能碰线圈，绝缘电阻应符合规定。

8）各相（或两极）带电部分之间的距离及带电部分对外壳的距离应符合规定。

9）对控制继电器（如时间、湿度、压力继电器）和保护继电器（如热继电器、过电压、过电流、欠电流、欠电压继电器等），在输入信号达到图样规定的整定值时，应可靠地动作。

当电源电压低于线圈工作电压的85%以下时，交流接触器动铁心应释放，主触点打开，自动切断主电路，起到欠电压保护作用。

10）电器的外观应清洁、无油、无尘、无损坏，绝缘物无损伤痕迹。

11）各紧固螺钉、连接螺钉、安装引线应拧紧。

机床电气设备发生故障后一般检查和分析方法如下：

（1）修理前进行调查研究

1）看。观察熔断器内熔体是否熔断；其他电器元件有无烧毁、发热、断线，导线连接螺钉是否松动，有无异常的气味等。

2）问。询问机床操作人员，因为操作者熟悉机床性能，也比较了解发生故障的部位，故障发生后，向操作者了解故障发生的前后情况，有利于根据电气设备的工作原理来判断发生故障的部位，分析故障的原因。一般询问项目是：故障经常发生还是偶然发生；有哪些现象（如响声、冒火、冒烟等）；故障发生前有无频繁起动、停止、制动、过载，是否经过保养检修等。

3）听。电动机、变压器和有些电器元件，正常运行的声音和发生故障的声音是有区别的，听听它们的声音是否正常，可以帮助寻找故障部位。

4）摸。电动机、变压器和电磁线圈发生故障时，温度显著升高，可切断电源并用手触摸、判断元件是否有故障。

（2）从机床电气原理图进行分析　确定产生故障的可能范围，机床电气设备发生故障后，为了能根据情况迅速找到故障位置并予以排除，就必须熟悉机床电气线路。机床电气线路是根据机床的用途和工艺要求而定的，因此了解机床的基本工作原理、加工范围和操作程序对掌握机床电气控制电路和各环节的作用具有一定的意义。任何一台机床的电气线路都是由主电路和控制电路两大部分组成的，而控制电路又可分为若干个控制环节，分析电路时，通常首先从主电路入手，了解机床各运动部件和辅助机构采用了几台电动机，从每台电动机主电路中使用接触器的主触点连接方式，大致可以看出电动机是否有正反转控制，是否采用了减压起动，是否有制动等，然后分析控制电路的控制形式，结合故障现象和电路工作原理进行分析，便可迅速判断出故障发生的可能范围。

（3）进行外表检查　判断了故障可能产生的范围后，可在此范围内对有关电器元件进行外表检查。例如：熔断器的熔体熔断或松动、接线头松动或脱落、接触器和继电器触头脱落或接触不良、线圈烧坏使表层绝缘纸烧焦变色、烧化的绝缘清漆流出、弹簧脱落或断裂、电器开关动作机构失灵等，都能明显地表明故障所在。

（4）试验控制电路的动作顺序　此方法要尽可能切断电动机主电路电源，只在控制电路带电情况下进行检查。具体做法是：操作某一个按钮时，电路中有关的接触器、继电器将按规定的动作顺序进行工作。若依次动作至某一电器零件时发现动作不符，则说明此零件或其相关电路有问题。再对此电路中该项分析检查，一般便可发现故障。

（5）利用仪表检查 利用万用表、钳形电流表、绝缘电阻表对电阻、电流、电压等参数进行测量，以测得电流、电压是否正常，三相是否平衡，导线是否开路、短路，从而找到故障点。

（6）检查是否存在机械、液压故障 在许多电气设备中，电器元件的动作是由机械、液压来推动的，或与它们有着密切的联动关系，所以在检修电气故障的同时，应检查、调整和排除机械、液压部分的故障，可请机械维修工配合完成。

（7）修复及注意事项 找到故障点或修理故障时应注意，不能直接把烧坏的电动机或电器重新修复或更换新的电器，而应找出发生故障的原因。修理后的电器要符合质量标准。每次排除故障后，应及时总结经验，并做好维修记录，记录的内容包括：机床的名称、型号、编号，故障发生的日期，故障的现象、部位，损坏的电器，故障原因，修复措施及修复后的运行情况等，作为档案以备日后维修时参考。

操作要点提示：

在检修机床电气故障的过程中还应注意以下几点：

1）检修前应将机床上所加工的工件卸下来，并将现场清理干净。

2）将机床控制电源的控制开关关闭，检查电源是否被完全切断。

3）当需要更换熔断器的熔体时，必须选择与原熔体型号相同的熔体，不得随意扩大，更不可以用其他导体代替，以免造成意想不到的事故。

4）检修中如果机床保护系统出现故障，修复后一定要按照相关技术要求重新整定保护值，并进行可靠性试验，以免发生失控，造成人为事故。

5）检修时，如要用绝缘电阻表检测电路的绝缘情况，应断掉被测支路与其他支路的联系，以免将其他支路的元器件击穿，将事故扩大。

6）在拆卸元器件及端子连线时一定要事先做好记号，避免在安装时发生错误。被拆下的线头要做好绝缘包扎，以免造成人为事故。

7）当机床线路检修完毕后，在通电试运行前，应再次清理现场，检查元器件、工具有无遗忘在机床机体内，并用万用表 $R \times 10$ 挡检测有无短路现象。

8）为防止出现新的故障，必须在操作者的配合下进行通电试运行。

9）试运行时应做好防护工作，并注意人身及设备安全。若需要带电调整时，应检查防护器具是否完好。操作时要遵照安全规程进行，操作者不得随便触及机床或电气设备的带电部分和运动部分。

试题精选：

检修 B2012A 型龙门刨床的电气控制电路。

故障现象：工作台速度无法升到高速。

故障设置：继电器 KAR 机械卡阻，断电不能复位。

（1）考前准备 常用电工工具 1 套，万用表（MF47 型或自定）、钳形电流表（T301-A 或自定）1 块、示波器 1 台，B2012A 型龙门刨床 1 台，B2012A 型龙门刨床配套电路图（与相应的镗床配套）1 套，故障排除所用材料（与相应的设备配套）1 套，黑胶布 1 卷，透明胶布 1 卷，圆珠笔 1 支，劳保用品（绝缘鞋、工作服）等 1 套。

（2）评分标准　评分标准见表1-27。

表 1-27　评分标准

序号	考核内容	考核要求	考核标准	配分	扣分	得分
1	调查研究	对每个故障现象进行调查研究	排除故障前没有进行调查研究，扣2分	2		
2	读图与分析	在电气控制电路图上分析故障可能的原因，思路正确	1. 错标或标不出故障范围，每个故障点扣2分 2. 不能标出最小的故障范围，每个故障点扣2分	8		
3	故障排除	找出故障点并排除故障	1. 实际排除故障时思路不清楚，每个故障点扣2分 2. 每少查出1处故障点扣2分 3. 每少排除1处故障点扣1分 4. 排除故障方法不正确，每处扣1分	8		
4	工具、量具及仪器、仪表	根据工作内容正确使用工具和仪表	工具和仪表使用错误扣2分	2		
5	劳动保护与安全文明生产	1. 劳保用品穿戴整齐 2. 电工工具佩带齐全 3. 遵守操作规程；尊重考评员，讲文明礼貌	1. 劳保用品穿戴不全扣1分 2. 考试中，违反安全文明生产考核要求的任何一项扣1分，扣完为止 3. 当考评员发现考生有重大人身事故隐患时，要立即予以制止，并扣考生安全文明生产总分3分	5		
6	附加项	操作有错误，要从此项总分中扣分	1. 排除故障时，产生新的故障后不能自行修复，每个扣10分；已经修复，每个扣5分 2. 损坏设备，扣20分			
备注			合　计	25		
		考评员 签　字			年　月　日	

（3）操作工艺

1）根据故障现象，分析故障可能原因。B2012A 型龙门刨床电气原理图如图 1-117 所示。工作台速度无法升到高速，可能原因有：

① 电机扩大机的交轴电刷接触不良，经放大后有很大的电压降，使发电机的励磁回路电压不足，造成速度上不去。

② 控制绕组 WC2 中有接触不良现象。

③ 电压负反馈过强。通常为 200-WA2-G 之间存在短路现象，反馈电压增为原来的两倍以上，而发电机的端电压下降到原来的 1/2 以下，那么相应的工作台的速度也就下降到规定值的 1/2 以下。

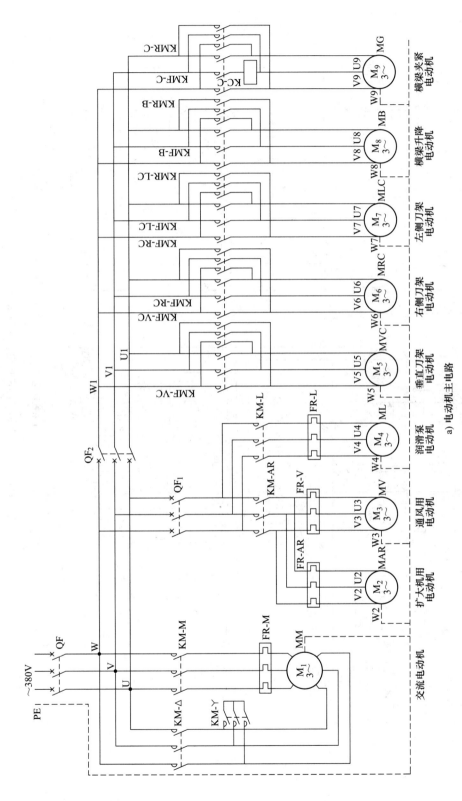

图 1-117 B2012A 型龙门刨床电气原理图
a) 电动机主电路

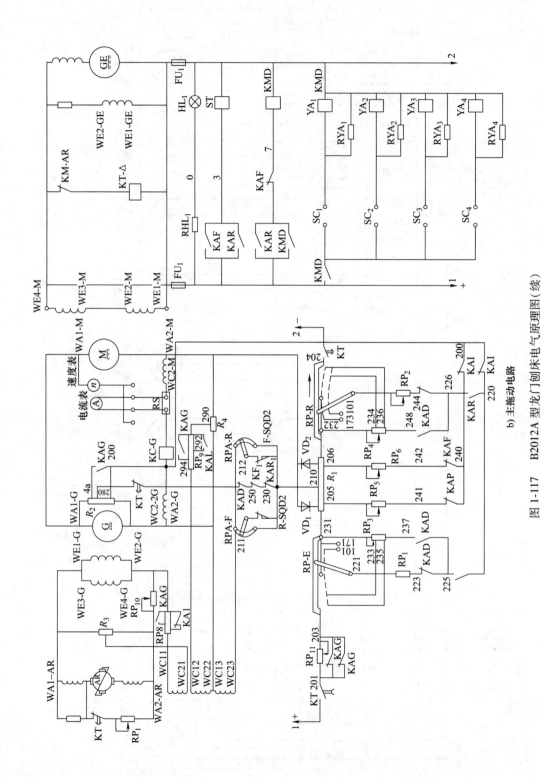

图 1-117　B2012A 型龙门刨床电气原理图（续）

b) 主拖动电路

158

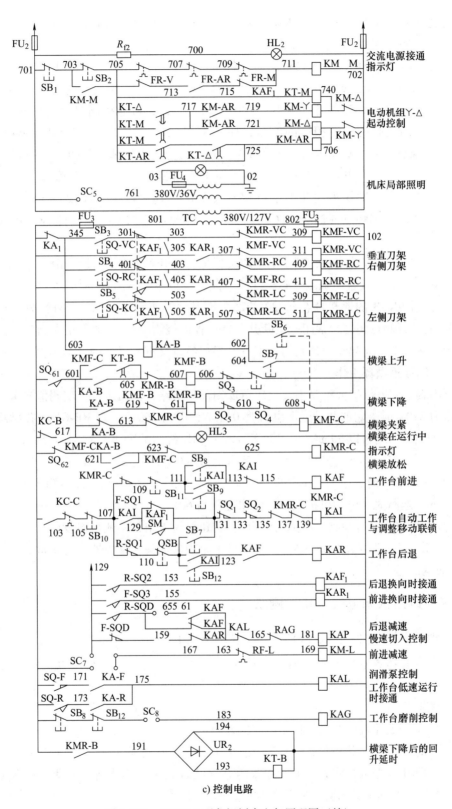

c) 控制电路

图 1-117　B2012A 型龙门刨床电气原理图（续）

④ 减速继电器 KAP 发生机械卡阻，使工作台始终在减速状态下运行。

⑤ 调速手柄本身损坏失去调速作用。

2）原理及故障分析。工作台返回时，继电器 KAP 的常闭触点（159~163）断开，使继电器 KAR 断电释放，从而保证工作台以调速手柄（RP-R）所决定的高速返回，减少工作台空行程的时间。KAR 的常开触点（220~226）闭合，接通控制绕组的反向励磁电路，交磁扩大机输出较高的极性相反的电压，使得工作台迅速制动，并自动反向运行。同时 KAR 的常开触点（1~5）闭合，接触器 KMD 通电吸合，它的常开触点（1~11）和（2~12）闭合，接通了抬刀电磁铁 YA_1，使刀架在工作台返回行程时自动抬起。在工作台返回行程即将结束时，撞块再次碰上了行程开关 SQD，其常开触点（129~157）闭合，使 KAP 通电吸合，常闭触点（224~226）断开，常开触点（226~238）闭合，接通慢速电路，工作台减速。

当工作台返回行程结束时，第 4 个撞块又碰撞行程开关 R-SQ，使常闭触点（107~119）断开。KAR 电释放，其常闭触点（113~115）闭合，继电器 KAF 又通电吸合，工作台又准备向前。继电器 KAR 的常开触点（220~226）断开，常闭触点（240~241）恢复闭合。继电器 KAF 的常开触点闭合，常闭触点断开，使得控制绕组 WC_3 又加上正向给定电压，工作台迅速制动并立即正向起动，达到切入工件的慢速后，又重复以上的运动过程，从而实现了工作台的自动往返循环工作。

用万用表实测电机扩大机输出及电压负反馈部分电路，输出正常。实测值参考如下：励磁机电压为 220V 时，它的并励磁场电流为 0.45A，串入 260Ω 电阻 RP-GE（并励绕组的直流电阻为 234Ω），刨台以 90m/min 速度运行时，WC_3 绕组的励磁电流为 87.5mA，电压负反馈系数一般取 0.35~0.46，实测 95V，当系数为 0.43（R_2 上 200-WA2-G 阻值为 120Ω；R_2 总阻值为 2×140Ω）时，电动机的励磁电流为 4.6A（电动机的分励直流电阻为 37Ω）。刨台在以 90m/min 运行时，电动机扩大机的输出电压为 60V。

3）故障检查。经过检查，故障为继电器 KAR 机械卡阻，不能重新复位。

4）故障排除。调试继电器 KAR 后，机械卡阻现象消失，继电器运行正常。

5）通电试运行。

鉴定点 4　数控机床电气电路的测绘

问：如何根据实物测绘数控机床的电气控制电路图？

答：根据实物测绘数控机床的电气控制电路图的方法和步骤与继电接触式测绘基本相同。

试题精选：

测绘 XSK 型数控铣床的电气控制电路图。

（1）考前准备　常用电工工具 1 套，演草纸 4 张，万用表（MF47 型或自定）1 块，钳形电流表（T301-A 型或自定）1 块，劳保用品（绝缘鞋和工作服等）1 套，圆珠笔、铅笔各 1 支，橡皮和绘图工具 1 套，XSK 型数控铣床 1 台。

（2）评分标准　评分标准见表 1-28。

表 1-28 评分标准

序号	考核内容	考核要求	考核标准	配分	扣分	得分
1	绘制接线图	利用万用表、电工工具等测量工具正确测量机械设备电气控制电路，然后按国家电气绘图规范及标准，正确绘出电气接线图	1. 不能熟练利用测量工具进行测量，扣1分 2. 测量步骤不正确，每次扣1分 3. 绘制电气接线图时，符号错1处扣1分 4. 绘制电气接线图时，接线图错1处扣1分 5. 绘制电气接线图不规范及不标准，扣4分	9		
2	绘制电路图	依据绘出的电气接线图，按国家电气绘图规范及标准，正确绘出电路图	1. 绘制电路图时，符号错1处扣1分 2. 绘制电路图时，电路图错1处扣2分 3. 绘制电路图不规范及不标准，扣5分	10		
3	简述原理	依据绘出的电路图，正确简述电气控制电路的工作原理	1. 缺少一个完整独立部分的电气控制电路的动作，扣2分 2. 在简述每一个独立部分电气控制电路的动作时不完善，每处扣1分	6		
备注	合　计			25		
	考评员 签　字			年　　月　　日		

（3）操作工艺

1）测绘前的调查。XSK 型数控铣床采用了西门子经济型数控系统 SINUMERIK 802S。这种数控系统采用了 32 位微处理器，集成 PLC，分离式小尺寸面板，具有中、英文菜单显示功能，安装调试简便快捷，适用于控制带步进驱动的普通机床。

2）测绘布置图及主电路电气安装接线图。从其配电柜可看出，最上面是 X、Y、Z 三个坐标轴的步进驱动装置，下面是 802S 系统，再下面一排是低压断路器、接触器及继电器，最下面是控制变压器和步进驱动器的电源变压器，最左侧和最下侧分别是两排接线端子。在了解了连线之间的关系后，先把机床所有电器分布和位置画出来，然后将各电器上连接的线号或插头插座的标号依次标注在图中，经过整理后就可以绘出如图 1-118 所示的 XSK 型数控铣床主电路电气安装接线图。

3）测绘主电路图。首先应从电源引入端向下查：

三相电源 U、V、W→电源断路器 QF_0→U1、V1、W1→断路器 QF_1→U11、V11、W11→接触器 KM_1、KM_2→U12、V12、W12→主轴电动机 M_1→断路器 QF_2→U21、V21、W21→接触器 KM_1、KM_2→U22、V22、W22→冷却泵电动机 M_2

根据所测绘的主电路电气安装接线图，按照国家电气绘图规范及标准，绘出如图 1-119 所示的 XSK 型数控铣床主电路图。

4）绘制数控系统（ECU，电子控制单元）与步进驱动装置和 PLC 的接线框图。测绘前

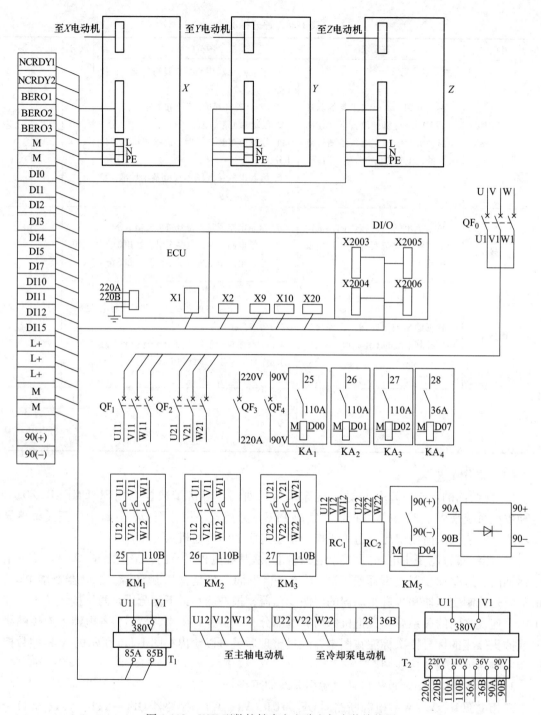

图 1-118　XSK 型数控铣床主电路电气安装接线图

先把控制电源测绘出来，XSK 型数控铣床控制电源电路图如图 1-120 所示。它包括：变压器（T_1，5kV·A）二次侧 85V 供给步进驱动电源；变压器（T_2，0.5kV·A）二次侧（有 4 个绕组）分别供给数控系统（ECU）电源（220V）、接触器电源（110V）、照明电源

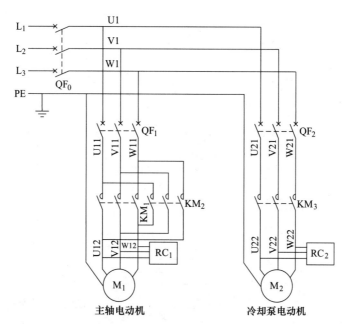

图 1-119　XSK 型数控铣床主电路图

（36V）、Z 轴抱闸电源（90V）。

① 测绘这部分接线图前要求先搞清楚 ECU 与步进驱动装置和 PLC 之间的连线关系，标出它们之间的电缆标号，画出框图。先把数控装置所有接口的标号记下来，然后再顺着接线或电缆向下查，先从左边起，左下方是 AC 220V 交流电源的接线端子，旁边有两组 DC 24V 直流电源输出端子 X1，L+ 为正，M 为负，分别供给步进驱动装置和 PLC I/O 口，ECU 中间一组接口分别是 X9（OPI）、X10（MPG）、X20（DI）、X2（AXIS）。其中，X9 通过电缆直接接到操作面板 X1009 接口上，X10 随 X9 一起接到操作面板上的电子手轮接口上。X20 的接线中，其中 3 根通过端子板 XT3 上的 BERO1～BERO3 分别接到 3 个轴的回零接近开关上，接近开关还接有 L+，X2 接口电缆接至 3 个步进驱动装置的 +PULS、−PULS、+DIR、−DIR、+ENA、−ENA 端子上，

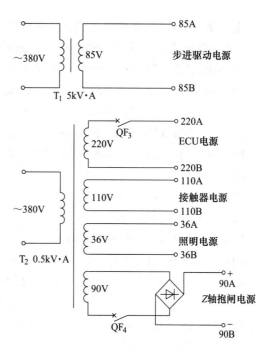

图 1-120　XSK 型数控铣床控制电源电路图

如图 1-121 所示，3 个装置上共有 18 根信号线。另两根线 NCRDY1、NCRDY2 串联到 PLC I/O 口 D17 急停按钮回路里。

② 测绘 PLC I/O 口的接线图。该 I/O 口为 X2003～X2006 四组十芯接线端子，其中 X2003、X2004 为输入端，X2005、X2006 为输出端。

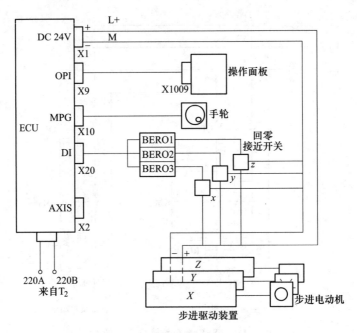

图 1-121　XSK 型数控铣床数控系统接线图

先从输入端开始，1 脚为空脚，2~9 脚依次为 DI0~DI7。X2003 的输入信号分别是：

DI0→端子板 XT3(X+)→ST1→L+(X 轴正方向极限开关)。

DI1→端子板 XT3(Z+)→ST5→L+(Z 轴正方向极限开关)。

DI2→端子板 XT3(XJ)→ST7→L+(X 轴减速开关)。

DI3→端子板 XT3(ZJ)→ST9→L+(Z 轴减速开关)。

DI4→端子板 XT3(X-)→ST2→L+(X 轴负方向极限开关)。

DI5→端子板 XT3(Z-)→ST6→L+(Y 轴负方向极限开关)。

DI6 空脚。

DI7→端子板 XT(NCRDY2)→NCRDY2→急停按钮 ESP→L+10 脚为 DC 24V 的 M。

同样，X2004 的输入信号依次为：

DI8、DI9、DI13、DI14 为空脚。

DI10→端子板 XT3(Y+)→ST3→L+(Y 轴正方向极限开关)。

DI11→端子板 XT3(YJ)→ST8→L+(Y 轴减速开关)。

DI12→端子板 XT3(Y-)→ST4→L+(Y 轴负方向极限开关)。

DI15→X 轴驱动器 RDY 端子（+24V）→Y 轴驱动器 RDY 端子（+24V）→Z 轴驱动器 RDY 端子（+24V）→L+。

再看输出端，从 X2005 开始，1 脚为 DC 24V 正极 L+，2~9 脚分别为 DO0~DO7，10 脚为 DC 24V 的负极 M。X2005 的输出信号分别是：

DO0→KA$_1$ 线圈→M(主轴正转继电器 KA$_1$)。

DO1→KA$_2$ 线圈→M(主轴反转继电器 KA$_2$)。

DO2→KA$_3$ 线圈→M(冷却泵继电器 KA$_3$)。

DO7→KA$_4$ 线圈→M（机床照明转继电器 KA$_4$）。

其余为空脚。

X2006 上只有 DO11 使用，其信号为：

DO11→KA$_5$ 线圈→M（Z 轴抱闸继电器 KA$_5$）。

根据以上所测绘的资料，经过整理，按照国家电气绘图规范及标准，绘出如图 1-122 所示的 XSK5040 型数控铣床 PLC I/O 口的接线图。

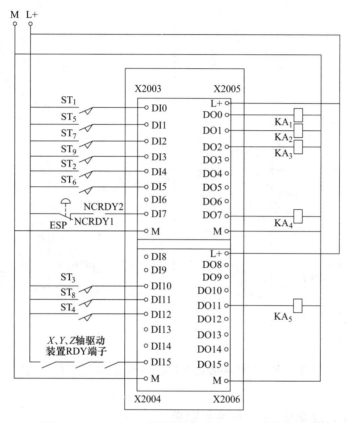

图 1-122　XSK5040 型数控铣床 PLC I/O 口的接线图

③ 最后要测绘出步进驱动装置接线图和接触器控制电路图。X、Y、Z 三个轴的步进驱动装置完全相同，因此只需测绘出一个轴的接线图即可。以 X 轴为例，面对驱动装置，从上向下依次进行，最上面一排接线端子标号分别为 A、$\overline{A}$、B、$\overline{B}$、C、$\overline{C}$、D、$\overline{D}$、E、$\overline{E}$ 和 PE，此步进电动机为五相十拍，用十芯电缆连接，A 和 $\overline{A}$、B 和 $\overline{B}$、C 和 $\overline{C}$、D 和 $\overline{D}$、E 和 $\overline{E}$ 分别对应五相绕组，PE 端子接电缆的屏蔽层。中间一排接线端子标号分别为 +PULS、-PULS、+ DIR、- DIR、+ ENA、- ENA、RDY、+ 24V、+ 24V GND、PE，其中 + PULS、-PULS、+DIR、-DIR、+ENA、-ENA 是由 ECU（电子控制单元）的 X2 接口而来的 L+ 和 M。最下面一排接线端子标号为 L、N，来自 T$_1$ 的 85A、85B 分别接 L 和 N，为步进驱动装置提供 AC 85V 工作电源。接触器的控制回路如下：

KM$_1$ 回路：100A→KA$_1$→（常开）（25#）→KM$_1$ 线圈→110B。

KM₂ 回路：100A→KA₂→（常开）（26#）→KM₂ 线圈→110B。

KM₃ 回路：100A→KA₃→（常开）（27#）→KM₃ 线圈→110B。

将上述叙述经过整理后，就可以得到 XSK5040 型数控铣床步进驱动装置和接触器控制电路图，如图 1-123 所示。

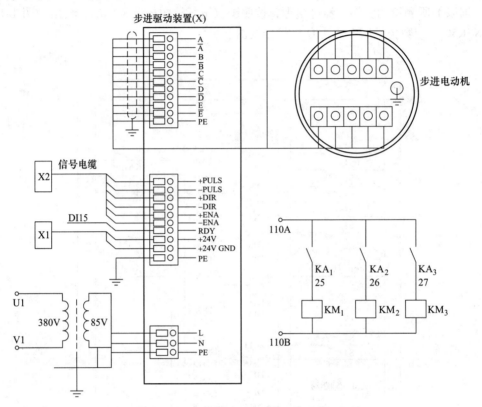

图 1-123　XSK5040 型数控铣床步进驱动装置和接触器控制电路图

鉴定点 5　检修数控车床的电气控制电路

问：如何检修数控机床的电气控制电路？

答：检修数控机床的电气控制电路的方法如下：

数控系统的品种繁多，不仅外形、体积各异，其内部结构差别极大，而且编程格式有很大不同。无论何种数控系统，当发生故障时，都可遵循下述方法进行综合判断：

1）利用问、看、听、摸、嗅的感官功能，注意发生故障时是否有响声及其来源，是否有闪光产生，是否有焦糊味，观察可能发生故障的每块印制电路板的表面状况等，以进一步缩小检查范围。

2）多数系统都具有自诊断程序，可以对系统进行快速诊断。在检测到故障时立即将诊断以报警号的形式在 CRT 上加以显示，或点亮操作面板上的各种报警指示灯。通常，数控机床还能将故障进行分类。一般包括存储器工作不正常引起的报警、程序错误或误操作报警、控制单元或电动机过热报警、设定错误报警、超程报警、连接单元（或 I/O 单元）或 PLC 故障报警及伺服系统报警等。一般数控系统有几十种报警，诊断功能强的有几百种报警。许多数控系统的控制单元（即主板）、输入单元（电源单元）、连接单元（信号输入/输出单元）及伺服单元均有报警指示灯。根据报警号和报警指示灯的提示，可以迅速找到故障源。

3）发生故障时应及时核对系统参数，因为这些参数直接影响着机床的性能，由于受外界干扰或不慎而引起存储器内的个别参数发生变化，从而会出现故障。

4）检查印制电路板上短路棒的设定。与系统参数相同，短路棒的设定是为了保证数控系统与机床匹配后能处于正确的工作状态。如在位置检测系统中，可以选择旋转变压器或感应同步器等不同的检测元件。为了适应不同的检测元件，可能有不同的设定。

5）利用印制电路板的检测端子来测量电路的电压及波形，以检查有关电路的工作状态是否正常。但利用检测端子进行测量以前，应先熟悉这些检测端子的作用及有关部分的电路或逻辑关系。

6）利用自诊断功能的状态显示来检查数控系统与机床之间的接口信号。也就是说，可以检查数控系统是否已将信号输出给机床，以及机床的开关信号是否已输入到数控系统，从而将故障范围缩小到数控系统一侧或机床一侧。

7）备件置换法。如果备有印制电路板，可用其替换认为有故障的印制电路板。采用此法可以迅速找出存在故障的印制电路板。但需注意，置换某些印制电路板之后，需要对系统做某些规定的操作，如存储器初始化等。另外，一些印制电路板（如伺服印制电路板、旋转变压器/感应同步器接口板等）置换后，要注意短路棒的设定位置，或对电位器进行必要的调整。

操作要点提示：

（1）数控装置常见故障分析与检修

1）电源不通。首先检查电源变压器是否接有交流电源，电源单元熔丝是否烧断，再检查电源开关是否接触良好，电路负载是否有短路现象。

2）CRT不显示。检查与CRT有关的电缆是否连接不良，插件是否插好，控制电路有无报警。可以从以下3个方面查找：

① CRT单元输入电压是否正常。

② CRT显示单元中调节器是否正常。

③ 如无CRT视频信号，则故障可能在CRT接口电路板或主控板上。

3）返回基准点时机床停止位置与基准点位置不一致，有以下3种情况：

① 停止位置偏离基准点一个栅格距离。原因是减速挡块安装位置不正确或长度太短，可适当调整或更换减速挡块。

② 没有规律的随机误差。原因是外界干扰如屏蔽接地连接不良、脉冲编码器信号电缆与电源电缆太近、脉冲编码器电源电压太低、脉冲编码器性能不良、数控系统主板不良等。

③ 微小误差。原因是接触不良，主板或位置控制单元不良。

4）不能正常返回基准点且报警。原因是脉冲编码器第一个脉冲信号没有输入到主印制电路板，有断线或机床开始移动点与基准点太近。

5）返回基准点过程突然变成"NOT READY"（未准备好）状态而无报警。可能的原因是减速开关失灵，其触头不能复位。

6）机床不能动作。检查数控系统的复位按钮是否被接通，数控系统是否处于急停状态，如果 CRT 有位置显示而机床不动作，则有可能机床处于锁住状态，还可检查进给设定是否错误，是否设定为零，系统是否处于报警状态。

7）手摇脉冲发生器不能工作，可从以下两个方面进行检查：

① 摇动手摇脉冲发生器时 CRT 显示不变化且机床不运动，可检查机床是否有锁住信号，是否有手摇脉冲发生器方式信号，主板是否有报警信号等，如上述皆正常，则手摇脉冲发生器本身或其接口不正常。

② 摇动手摇脉冲发生器时 CRT 显示变化但机床不运动，此时如果机床没有处于锁住状态，则故障多发生在伺服系统，应检查伺服系统。

（2）进给系统常见故障与检修　数控机床多采用直流伺服系统，其故障占伺服系统故障率的 1/3，其故障大致分为三类，即利用软件在 CRT 上显示报警信息、利用速度控制单元硬件显示报警和没有任何显示的报警。

1）软件报警。根据软件在 CRT 上显示的报警信息判断故障原因。过热报警的原因有很多方面，排除伺服单元电压异常和速度或位置控制故障后，可根据以下情况加以判断：

① 伺服单元的热继电器动作，先检查保护热继电器设定是否有误，再检查机床工作时切削条件是否接近极限，或机床的摩擦力矩是否过大。

② 变压器热动作开关动作。如变压器不热，可能是热动开关失灵；如变压器温升过高，则可能是变压器短路或负载过大。

③ 伺服电动机内装的热动开关动作。此时故障发生在电动机部分，应先用万用表或绝缘电阻表测量电动机绕组与壳体之间的绝缘电阻是否大于 $1M\Omega$，清扫电动机的换向器，并通过测量电动机的空载电流来检查电动机绕组内部是否存在短路，若空载时电动机电流随转速成正比增加，可判断为内部短路，这种故障多数是由于电动机换向器附着油污而引起的，清扫换向器即可。

另外，引起热动开关动作的原因还有电动机的永久磁体去磁和永久磁体黏结不良或内部制动器不良等。

2）硬件报警。硬件报警包括指示灯报警或熔丝熔断报警，一般有以下几个方面：

① 过电压报警。如输入交流电压超过额定值的 10%，可用调压器调压。可能原因是伺服电动机电枢绕组和机壳绝缘下降或者伺服单元印制电路板不良。

② 过电流报警。可能原因是伺服单元功率驱动元件损坏、伺服单元印制电路板故障或电动机绕组内部短路。

③ 过载报警。如果不是伺服电动机电流设定值错误，则是机械负载不正常所致。伺服电动机永磁铁脱落，伺服单元印制电路板故障。

④ 欠电压报警。先检查输入交流电压是否低于额定值的 15%，如输入交流电压正常，则是伺服变压器二次侧与伺服单元之间连接不良或伺服单元印制电路板故障。

⑤ 速度反馈线断线报警。伺服单元与电动机间的动力电源线连接不良；伺服单元印制电路板有关检测元件的设定错误；检查有无加速度反馈电压或反馈信号断线。

⑥ 伺服单元熔丝或断路器跳闸报警。可能原因有：机床负载过大，切削条件恶劣，切削量过大；位置控制部分故障，接线错误或电动机故障；伺服单元设定增益过高，位置控制单元及速度控制单元电压过低或过高；外部干扰流经扼流圈的电流延迟，在加减速时频率太高。

3）无显示的报警。无软硬件报警的故障，一般是在正常运行状态下出现的，常见的故障现象及故障原因如下：

① 机床失控。首先检查位置检测信号连接及电动机与检测器之间的连接是否良好，然后检查主控板或伺服单元印制电路板是否存在故障。

② 机床振动。可能原因是与位置控制有关的系统参数设定错误或伺服单元的短路棒、电位器设定错误，还可能是伺服单元印制电路板存在故障。

③ 电动机摇摆。电动机与检测器之间机械连接不良或速度反馈元件发生故障或连接不良。

④ 过冲。伺服系统速度增益太低或数控系统设定的快速移动时间常数太小。在机械方面，电动机和进给丝杠间的刚性太差如间隙过大，也可能引起过冲。

⑤ 低速爬行。这种情况一般是伺服系统稳定性不够引起的。

⑥ 圆弧切削时切削表面有条纹，电动机轴安装不良，造成机械间隙或者伺服系统增益不足，可适当调整增益控制电位器。

⑦ 加工出的圆形不圆。如果椭圆在直圆度测量轴的45°方向上产生，可调整伺服单元的位置增益控制器，如果椭圆在横轴上产生，则横向进给精度有误差。

⑧ 电动机噪声过大。原因是换向器不清洁或有损伤，电动机轴向窜动。

⑨ 电动机不转。如果用手转不动电动机，可能是永磁铁脱落。对于带制动器的电动机，可能是制动器及其整流器发生故障。

（3）主轴伺服系统的故障与检修　主轴伺服系统有直流伺服和交流伺服之分，其功率放大原理和采用的元件也不同。

1）直流主轴伺服系统的故障分析及维修。

① 熔丝易烧断。可能原因是：伺服单元电缆连接不良，印制电路板和主控回路太脏造成绝缘强度下降，电流极限回路故障，电路调整不当，测速发电机接触不良或断线，动力线短路，测速电动机波纹太大。

② 主轴转速不正常。可能原因是：印制电路板太脏或其误差放大器电路故障，D/A转换器故障，测速电动机故障，速度指令有误。

③ 主轴电动机振动或噪声大。可能原因是：伺服单元50Hz/60Hz频率开关设定错误，印制电路板增益电路或颤抖电路调整不当，电流反馈电路调整不当，与主轴连接的离合器故障，测速发电机纹波太大，电源相序不对或断相，负载太大或主轴齿轮啮合不良。

④ 主轴电动机在加减速时不正常。可能原因是：减速极限回路调整不当，电动机反馈电路不良，负载惯量和加/减速回路时间常数的设定使两者之间的关系不适应，传动带连接不良。

⑤ 主轴不转。可能原因是：印制电路板太脏，触发脉冲电路无脉冲，伺服单元连接不良或动力线断线，高/低挡齿轮切换离合器切换不正常，机床负载太大。

⑥ 主轴发热。可能原因是负载太大。

⑦ 过电流。可能原因是：电流极限设定错误，+15V电源不正常，同步脉冲紊乱，电动机的电枢绕组层间短路，换向器质量不好，与电刷接触旋转时产生较大的火花。

⑧ 速度偏差过大。可能原因是：负载过大，电流零信号没有输出，主轴被制动。

⑨ 速度达不到最高转速。可能原因是：励磁电流太大，励磁控制回路不动作，整流部

分太脏造成绝缘强度降低。

2) 交流主轴伺服系统的故障分析及维修。

① 电动机过热。可能原因是：负载太大或冷却系统不良，电动机内风扇损坏，电动机与伺服单元间连接线断开或连接不良。

② 电动机速度偏离指令值。可能原因是：电动机过载，速度反馈脉冲发生器故障或断线，印制电路板故障。

③ 交流输入电路熔丝熔断。可能原因是：交流电源侧阻抗太大，整流桥损坏，交流输入处浪涌吸收器损坏，逆变器晶闸管故障。

④ 再生回路熔丝熔断。可能原因是加/减速频率太高。

⑤ 电动机速度超过额定值。可能原因是参数设定错误或是印制电路板故障。

⑥ 电动机振动或噪声过大。如果现象在减速过程中产生，则检查再生回路是否出现故障。如果现象在恒速时产生，则检查反馈电路是否正常，然后突然切断指令观察电动机的噪声，如有异常，可能为机械故障，否则为印制电路板故障。如果反馈电压不正常，应检查振动周期是否与速度有关，如有关，应检查主轴电动机的连接以及主轴脉冲发生器是否正常；如无关，则是印制电路板不正常或有机械故障。

⑦ 电动机不转或达不到正常转速。若有报警信号，按报警提示处理，检查速度指令是否正常，检查准停传感器的安装是否正常。

试题精选：

检修配备了 FANUC OT 系统的 CK6140 型车床的电气故障。

故障现象：当脚踏尾座开关时系统产生报警——刀架奇偶报警。

故障设置：压力继电器触点损坏；刀架位置编码器出现故障。

（1）考前准备 万用表 1 块，电工通用工具 1 套，电气图样（电路图、接线图等与机床配套）1 套，说明书 1 套，便携式计算机（装有配套的 PLC 程序）或手持式编程器 1 台，圆珠笔 1 支，劳保用品（绝缘鞋、工作服等）1 套。

（2）评分标准 评分标准见表 1-27。

（3）操作工艺

1）调查研究。向操作者询问故障现象，试运行观察时系统产生报警信号。

2）分析电路故障。

① 查阅机床电路图可知，尾座套筒的伸缩由 FANUC OT 系统的 PLC 控制。如图 1-124 所示。在系统诊断状态下，调出 PLC 输入信号，发现脚踏向前开关 X04.2 输入为 "1"，尾架套筒转换开关 X17.3 输入为 "1"，润滑油供给正常使液位开关 X17.6 输入为 "1"，调出 PLC 输出信号，当脚踏向前开关时，输出 Y49.0 为 "1"，同时电磁阀 YV4.1 得电，这说明系统 PLC 输入/输出均正常。

② 分析尾座套筒的液压系统如图 1-125 所示。当电磁阀 YV4.1 通电后，液压油经溢流阀和单向阀进入尾座套筒液压缸，使其向前顶紧工件，松开脚踏开关后，电磁换向阀处于中间位置，油路停止供应。由于单向阀的作用，尾座套筒向前时的油压得到保持，该油压使压力继电器常开触点接通，系统 PLC 输入信号中的 X00.2 为 "1"。但检查系统的 PLC 输入信号中的 X00.2 为 "0"，说明压力继电器损坏。

③ 分析压力继电器损坏的原因。压力继电器 SP4.1 触点开关损坏，油压信号无法接通，

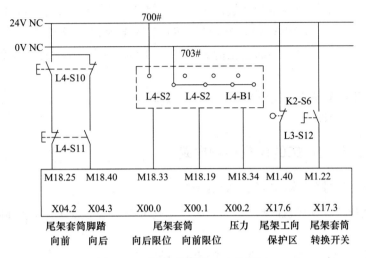

图 1-124 尾座套筒的 PLC 控制图

从而造成 PLC 输入信号为"0"，故系统认为尾座套筒未顶紧而产生报警。

3）解决措施。更换新的压力继电器，调整触点压力，使其在向前脚踏开关动作后接通并保持压力取消。

4）通电试运行，故障排除。当将车床刀架进行定位时，奇数位刀能定位，而偶数位刀不能定位，新的故障出现。

5）分析故障出现的原因：如图 1-126 所示，从机床侧输入 PLC 信号中，刀架位置编码器有 5 根信号线，这是一个二进制编码，它们对应 PLC 的输入信号为 X06.0 ~ X06.4。在刀架的转换过程中，这 5 个信号根据刀架的变化而进行不同的组合，从而输出刀架的奇偶编号。

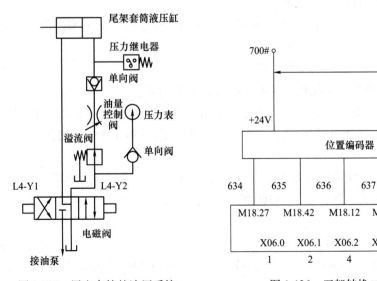

图 1-125 尾座套筒的液压系统　　　　图 1-126 刀架转换二进制编码

根据故障现象分析，若刀架位置编码器最低位 634 线信号恒为"1"，即在二进制中第 0

位恒为"1"时，刀架信号将恒为奇数，而无偶数信号，从而产生奇偶报警。

6）根据上述分析，将 PLC 输入参数从 CRT 上调出观察，当刀架回转时，X06.0 恒为"1"，而其余 4 根线则根据刀架的变化情况为"0"或为"1"，从而证实了刀架位置编码器发生故障。

7）修复故障：更换位置编码器或修复位置编码器。

8）试运行，清理现场。

鉴定点 6　检修数控铣床的电气控制电路

问：如何检修数控铣床的电气控制电路？

答：检修数控铣床电气控制电路的方法和原则可参见鉴定点 5，只是具体电路不同。

试题精选：

检修配备了 FANUC 6M 系统的龙门铣床的电气故障。

故障现象：数控系统电源无法启动；机床不能执行 JOG（手动）进给运动。

故障设置：+24V 电源短路；进给轴方向选择信号未被输入。

（1）考前准备　万用表 1 块，电工通用工具 1 套，配备了 FANUC 6M 系统的龙门铣床 1 台，电气图纸（电路图、接线图等与机床配套）1 套，说明书 1 套，便携式计算机（装有配套的 PLC 程序）或手持式编程器 1 台，圆珠笔 1 支，劳保用品（绝缘鞋、工作服等）1 套。

（2）评分标准　评分标准见表 1-27。

（3）操作工艺

1）根据故障现象进行调查研究，分析故障可能的原因，然后试运行。

2）检查三相电源是否接入，经检查三相电源已接入。

3）检查输入单元板上的指示灯是否被点亮，如果不亮，要检查此板上的熔断器和变压器是否完好。经检查指示灯亮。

4）检查输出端子上的+5V 和+24V 电源是否被短路。经检查+5V 电源正常，+24V 电源被短路。

5）排除短路故障，重新启动电源，恢复正常。

6）重新试运行发现机床不能执行 JOG（手动）进给运动。

7）分析故障原因，要想执行 JOG（手动）进给运动，需要满足一定的条件，如果有一个条件不能满足，就不能执行 JOG 运动。用下面的方法来判断是否满足执行 JOG 运动的条件。

① 检查诊断号 DGN100 的第 7 位是否为"1"，如果为"1"，说明机床被锁住，应将机床锁住功能开关拨至失效位置，使 DGN100 的第 7 位为"0"。经检查诊断号 DGN100 的第 7 位为"0"。

② 检查诊断号 DGN96（97、98、99）的第 4 位是否为"0"，如果为"0"，说明 X 轴（Y 轴、Z 轴和 W 轴）已输入了轴互锁信号，此时应使 DGN96 的第 4 位为"1"。经检查诊断号 DGN96 的第 4 位为"1"。

③ 检查诊断号 DGN105 的第 2 位是否为"0"，如果为"0"，说明 JOG 方式信号未输

入，此时应使 DGN105 的第 2 位为"0"。

④ 检查诊断号 DGN96（97、98、99）的第 2 位或第 3 位的状态来确定进给轴方向选择信号（如+X、−X、…）是否已输入。如果 DGN96 的第 2 位或第 3 位能改变，说明轴方向选择信号已被输入；如果 DGN96 的第 2 位或第 3 位不能改变，说明轴方向选择信号未被输入，应选择 JOG 方式，然后再输入轴方向信号才有效。经检查 DGN96 的第 2 位能够改变，说明 X 轴向选择信号未被输入，故选择 JOG 方式，然后输入轴方向选择信号，继续进行检查。

⑤ 检查 JOG 进给倍率设定是否误设定为零速。经检查未设定为零速。

⑥ 检查诊断号 DG102 的第 7 位是否为"1"，如果为"1"，说明系统处于外部复位状态，应使第 7 位为"0"。经检查第 7 位为"0"，处于正常情况。

⑦ 检查诊断号 DG101 的第 7 位是否为"1"，如果为"1"，说明机床处于返回基准点方式，应使第 7 位为"0"。经检查第 7 位为"0"，处于正常情况。

⑧ 检查主板上的发光二极管（LED）是否点亮，如果被点亮，说明系统处于报警状态，不能进行 JOG 操作。经检查发光二极管不亮，电路属于正常状态。

8）试运行，机床可以执行 JOG（手动）进给运动，故障均已排除。

鉴定范围 2　自动控制装置装调及维修

鉴定点 1　用 PLC 改造较复杂的继电接触式控制电路，并进行设计、安装与调试

问：如何用 PLC 改造较复杂的继电接触式控制系统？

答：用 PLC 改造较复杂的继电接触式控制系统，应按以下步骤进行：

（1）了解系统改造的要求　用 PLC 替换原继电接触式控制电路；尽可能地留用原继电接触式控制电路中可用的元器件；在满足控制要求的情况下尽可能采用便宜的 PLC；要预留一些输入、输出点以备添加功能时使用。

（2）了解原设备的工作原理　根据生产的工艺过程分析控制要求，如需要完成的动作（动作顺序、保护和联锁等）和操作方式（手动、自动、连续、单周期、单步等）。根据控制要求确定系统控制方案，再根据系统构成方案和工艺要求确定系统运行方式。

（3）确定输入、输出设备　根据控制要求确定所需的用户输入、输出设备，据此确定 PLC 的 I/O 点数。

（4）PLC 的选择　PLC 是控制系统的核心部件，正确选择 PLC 对保证整个控制系统的技术经济指标起着重要的作用。PLC 选择应包括机型选择、容量选择、I/O 模块选择、电源模块选择等。

（5）设计控制程序　控制程序是整个系统工作的软件，是保证系统正常、安全、可靠的关键。因此控制系统的程序应经过反复调试、修改，直到满足要求为止。

（6）联机调试　如不满足要求，再返回修改程序或检查接线，直到满足要求为止。

操作要点提示：

PLC 的选用应考虑以下几个方面：

（1）根据所需要的功能进行选择　基本原则是需要哪些功能，就选择具有哪些功能的PLC，同时也要适当地兼顾维修、备件的通用性及今后设备的改进和发展。另外，根据需要选择相应的模块（或扩展选用单元），如开关量的输入与输出模块、模拟量的输入与输出模块、高速计数器模块、网络链接模块等。

（2）根据 I/O 的点数或通道数进行选择　多数小型机为整体式，同一型号的整体式PLC，除按点数分成许多档以外，还配以不同点数的 I/O 扩展单元，来满足对 I/O 点数的不同需求。对于一个被控对象，所用的 I/O 点数不会轻易发生变化，但是考虑到工艺和设备的改动，或 I/O 点的损坏、故障等，一般应保留 1/8 左右的裕量。

（3）根据输入、输出信号进行选择　除了 I/O 点的数量，还要注意输入、输出信号的性质、参数和特性要求等，如输入信号的电压类型、等级和变化频率，信号源是电压输出型还是电流输出型，输出端点的负载特点（例如负载电压、电流的类型）、数量等级及对响应速度的要求等。据此，来选择和配置适合输入、输出信号特点和要求的 I/O 模块。

（4）根据程序存储器容量进行选择　通常 PLC 的程序存储器容量以字或步为单位，如1K 字、4K 步等。这里，PLC 程序的单位"步"是由一个字构成的，即每个程序步占一个存储器单元。

PLC 应用程序所需存储器容量可以预先进行估算。根据经验数据，对于开关量控制系统，程序所需存储器字数等于 I/O 信号总数乘以 8。而对于有数据处理、模拟量输入和输出的系统，所需要的存储器容量要很大。

（5）根据用户程序的使用特点来选择存储器的类型　当程序需要频繁地修改时，应选用 CMOS-RAM。当程序需要长期使用并保持 5 年以上不变时，应选用 EEPROM 或EPROM。

试题精选：

用 PLC 改造 Z3040 型摇臂钻床的电气控制系统。

技术要求：

1）根据任务，设计主电路图，列出 PLC 控制 I/O 口元件地址分配表，设计梯形图及PLC 控制 I/O 口接线图。

2）熟练正确地将所编程序输入到 PLC 中；按照被控设备的动作要求进行安装调试，直至达到设计要求。

（1）电路图　电路图如图 1-127 所示。

（2）考前准备　常用电工工具 1 套，万用表（MF47 型或自定）、钳形电流表（T301-A型或自定）、绝缘电阻表（500V、0~200MΩ）各 1 块，三相四线电源（~3×380V/220V、20A）1 处，单相交流电源（~220V、36V、5A）1 处，Z3040 型摇臂钻床电路配线板（500mm×450mm×20mm）1 处，PLC（FX$_2$-48MR 型或自定）1 台，便携式编程器（FX$_2$-20P型或自定）1 台，劳保用品（绝缘鞋、工作服等）1 套，演草纸（A4、B5 或自定）4 张，圆珠笔 1 支。

（3）评分标准　评分标准见表 1-29。

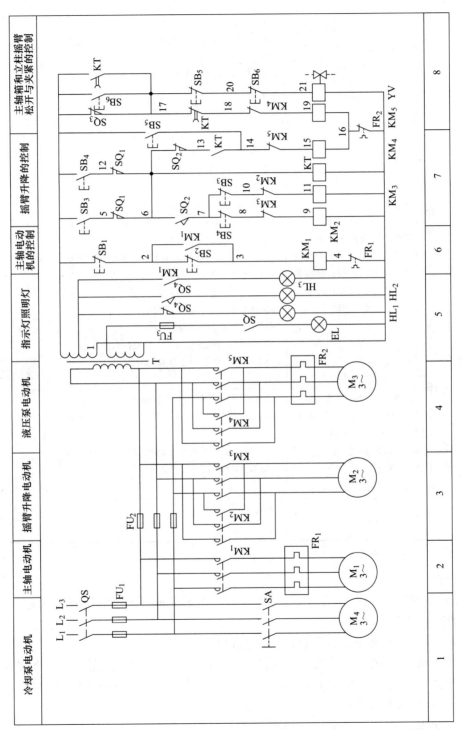

图 1-127 Z3040 型摇臂钻床电路图

表 1-29　评分标准

序号	考核内容	考核要求	考核标准	配分	扣分	得分
1	电路设计	根据给定的继电控制电路图，列出 PLC 控制 I/O 口元件地址分配表，设计梯形图及 PLC 控制 I/O 口接线图，根据梯形图，列出指令表	1. 输入、输出地址遗漏或搞错，每处扣 1 分 2. 梯形图表达不正确或画法不规范，每处扣 1 分 3. 接线图表达不正确或画法不规范，每处扣 1 分 4. 指令有错，每条扣 1 分	5		
2	安装与接线	按 PLC 控制 I/O 口接线图在模拟配线板上正确安装，元器件在配线板上布置要合理，安装要准确紧固，配线导线要紧固、美观，导线要进行线槽，导线要有端子标号，引出端要有别径压端子	1. 元器件布置不整齐、不匀称、不合理，每只扣 1 分 2. 元器件安装不牢固、安装元器件时漏装螺钉，每只扣 1 分 3. 损坏元器件扣 5 分 4. 电动机运行正常，如不按电路图接线，扣 1 分 5. 布线不进行线槽，不美观，主电路、控制电路每根扣 0.5 分 6. 接点松动、露铜过长、反圈、压绝缘层，标记线号不清楚、遗漏或误标，引出端无别径压端子，每处扣 0.5 分 7. 损伤导线绝缘或线芯，每根扣 0.5 分 8. 不按 PLC 控制 I/O 接线图接线，每处扣 2 分	5		
3	程序输入及调试	熟练操作 PLC 键盘，能正确地将所编写的程序输入 PLC；按照被控设备的动作要求进行模拟调试，直至达到设计要求	1. 不会熟练操作 PLC 键盘输入指令，扣 1 分 2. 不会用删除、插入、修改等命令，每项扣 1 分 3. 1 次试运行不成功扣 2 分，2 次试运行不成功扣 4 分，3 次试运行不成功扣 5 分	5		
备注		合　计		15		
		考评员签字			年　月　日	

注：电路设计达不到功能要求，此题无分。

（4）操作工艺

1）分析控制对象、确定控制要求，仔细阅读、分析 Z3040 型摇臂钻床的电路图，确定各电动机的控制要求。

① 对电动机 M_1 的要求：单向旋转，有过载保护。

② 对电动机 M_2 的要求：全压正反转控制，点动控制；起动时，先起动电动机 M_3，再起动电动机 M_2；停机时，M_2 先停止，然后 M_3 才能停止；M_2 设有必要的互锁保护。

③ 对电动机 M_3 的要求：全压正反转控制，设长期过载保护。

④ 电动机 M_4 功率小，由开关 SA 控制，单向旋转。

2）确定 I/O 点数。根据图 1-127 找出 PLC 控制系统的输入、输出信号，共有 13 个输入信号，9 个输出信号。照明灯不通过 PLC 而由外电路直接控制，可以节约 PLC 的 I/O 端子数。考虑将来的发展需要，应留出一定余量，选用 FX$_2$-32MR PLC。将输入、输出信号进行地址分配，见表 1-30。

表 1-30　I/O 端子分配表

输入信号	输入端子号	输出信号	输出端子号
摇臂下降限位行程开关 SQ$_5$	X0	电磁阀 YV	Y0
电动机 M$_1$ 起动按钮 SB$_1$	X1	接触器 KM$_1$	Y1
电动机 M$_1$ 停止按钮 SB$_2$	X2	接触器 KM$_2$	Y2
摇臂上升按钮 SB$_3$	X3	接触器 KM$_3$	Y3
摇臂下降按钮 SB$_4$	X4	接触器 KM$_4$	Y4
主轴箱松开按钮 SB$_5$	X5	接触器 KM$_5$	Y5
主轴箱夹紧按钮 SB$_6$	X6	指示灯 HL$_1$	Y10
摇臂上升限位行程开关 SQ$_1$	X7	指示灯 HL$_2$	Y11
摇臂松开行程开关 SQ$_2$	X10	指示灯 HL$_3$	Y12
摇臂自动夹紧行程开关 SQ$_3$	X11		
主轴箱与立柱箱夹紧松开行程 SQ$_4$	X12		
电动机 M$_1$ 过载保护 FR$_1$	X13		
电动机 M$_2$ 过载保护 FR$_2$	X14		

3）绘制 I/O 端子接线图。根据 I/O 分配结果绘制端子接线图，如图 1-128 所示。在端子接线图中热继电器和保护信号仍采用常闭触点作输入，主令电器的常闭触点可改用常开触点作输入，使编程简单。接触器和电磁阀线圈用交流 220V 电源供电，信号灯采用交流 6.3V 电源供电。

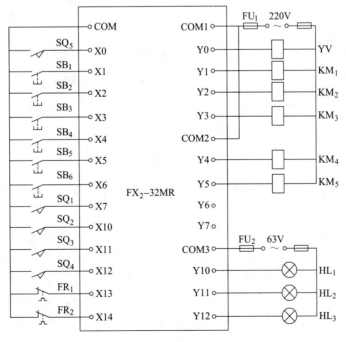

图 1-128　Z3040 型摇臂钻床的 I/O 端子接线图

4）编制梯形图。根据继电控制系统的工作原理，结合 PLC 编程特点，PLC 控制程序梯形图如图 1-129 所示。

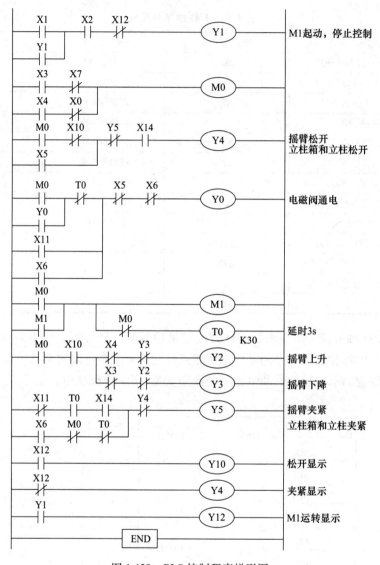

图 1-129 PLC 控制程序梯形图

5）装配调试。在完成通电前的准备工作后，便可接上设备的工作电源，开始通电调试。

① 确认输入电源。闭合为机床供电的电源开关，用万用表测量机床总电源开关进线端的电压，查看电压是否正常，有无断相或三相电压特别不平衡的现象。如果一切正常，便可闭合机床的总电源开关，并用万用表测量各支路终端电压是否正常，有无断相。

② 调试 PLC。在输入 PLC 程序之前，先检查所有输入和输出是否接对了，检查输入是否有效；然后按照操作说明中的方法将 PLC 程序输入，先调试与操作面板等输入有关的程序部分，再一路一路地调试输出电路，使其正常工作。

鉴定点 2 用 PLC 设计较复杂的电气控制电路，并进行安装与调试

问：如何用 PLC 设计较复杂的电气控制电路？其安装与调试的步骤有哪些？

答：用 PLC 设计较复杂的电气控制电路及安装与调试的步骤请参见第二部分应会单元鉴定范围 1 鉴定点 2 的内容，只是复杂程度不同。另外，对 PLC 的安装与调试还要注意以下几点：

（1）PLC 对安装环境的要求 不同的 PLC 对安装环境的要求不同，应以 PLC 产品说明书上的要求为准。通常对安装环境的要求包括以下几点：

1）工作环境温度。

2）工作环境相对湿度。

3）是否有易燃、易爆和腐蚀性气体。

4）有无导电灰尘和导电体。

5）振动和冲击强度。

6）有无强电磁场。

7）对液体的防护要求。

（2）PLC 安装方法 一般情况下 PLC 使用说明书中对安装注意事项都有较详细的说明，使用时应按照说明书中的要求来安装，这里只给出通常应注意的几点：

1）安装是否牢固。

2）应便于接线和调试。

3）应满足 PLC 对环境的要求。

4）防止装配中残留的导线和金属屑进入 PLC 内部。

5）防止发生电击。

（3）接线 在对 PLC 进行外部接线前，必须仔细阅读 PLC 使用说明书中对接线的要求，因为这关系到 PLC 能否正常而可靠地工作、是否会损坏 PLC 或其他电器装置和零件、是否会影响 PLC 的使用寿命。下面是接线中容易出现几个问题。

1）接线是否正确无误。

2）是否有良好的接地。

3）供电电压、频率是否与 PLC 的要求一致。

4）输入或输出的公共端应当接电源的正极还是负极。

5）传感器的漏电流是否会引起 PLC 状态误判。

6）过载、短路。

7）防止强电场或动力电缆对控制电缆的干扰。

操作要点提示：

系统空载调试时应注意以下几点：

1）使用 I/O 表在输出表中"强制"调试，即检查输出表中输出端口为"1"状态时，外部设备是否运行；为"0"状态时，外部设备是否真正停止。也可以交叉地对某些设备做"1"与"0"的"强制"，应考虑供电系统是否能保证准确而安全启动或者停止。

2）通过人机命令在用户软件监视下，考核外部设备的启动或停止。对于某些关键设备，

为了能及时判断它的运行，可以在用户软件中加入一些人机命令联锁，细心地检查它们，检查正确后，再将这些插入的人机命令拆除。这种做法与软件调试设置断点或语言调试的暂停相同。

3）空载调试全部完成后，要对现场再做一次完整的检查，去掉多余的中间检查用的临时配线，临时布置的信号，将现场做成真正使用的状态。

试题精选：

设计液压滑台式自动攻螺纹机电气控制电路。

机床控制要求：

1）该机床的攻螺纹动力头安装在液压驱动的滑台上。滑台在原位起动后，快速向前到一定位置时转为慢速向前，滑台前进并到达攻螺纹进给位置时停止前进，转为攻螺纹主轴转动。主轴正转、丝锥离开原位向前攻入，攻螺纹到达规定深度时，主轴快速制动，接着反转，丝锥退出。丝锥退到原位即快速制动，同时滑台快速退回，到达原位停下。其结构示意图如图 1-130 所示。

2）滑台前进、后退分别由液压换向阀 YV_1、YV_3 控制，滑台慢速向前由 YV_1 与 YV_2 控制，攻螺纹机主轴电动机由 KM_1、KM_2 控制正反转。其工作循环如图 1-131 所示。

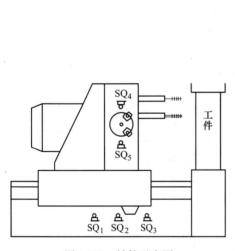

图 1-130 结构示意图

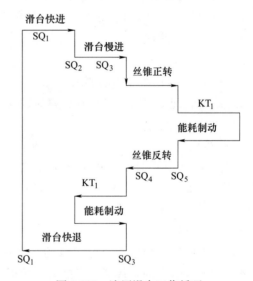

图 1-131 液压滑台工作循环

（1）考前准备 常用电工工具 1 套，万用表（MF47 型或自定）、钳形电流表（T301—A 型或自定）、绝缘电阻表（500V、0~200MΩ）各 1 块，三相四线电源（~3×380V/220V、20A）1 处，单相交流电源（~220V、36V、5A）1 处，电路配线板（500mm×450mm×20mm）1 处，PLC(FX₂-48MR 或自定) 1 台，便携式编程器（FX₂-20P 型或自定）1 台，三相电动机（Y112M—6，2.2kW、380V、Y 接法或自定）1 台，组合开关（HZ10—25/3）1 个，交流接触器（CJ10—20，线圈电压 380V）4 只，熔断器及熔芯配套（RL1—60/20A）3 套，熔断器及熔芯配套（RL1—15/4 A）2 套，三联按钮（LA10—3H 或 LA4—3H）2 个，电磁阀 3 个，行程开关 5 个，转换开关 1 个，接线端子排（JX2—1015，500V、10A、15 节）

1 条，劳保用品（绝缘鞋、工作服等）1 套，演草纸（A4、B5 或自定）4 张，圆珠笔 1 支。

（2）评分标准　评分标准见表 1-29。

（3）操作工艺

1）电路设计。

① 选择控制原则。选定机床的运动控制为按行程控制，并设置行程开关如下：

滑台原位：SQ_1　　　　丝锥原位：SQ_4

滑台终点：SQ_3　　　　丝锥终点：SQ_5

滑台变速：SQ_2

选定按时间原则控制能耗制动来实现攻螺纹主轴的快速制动，并设接触器 KM_3 接通或断开直流电源。

② 确定 PLC 输入及输出信号。PLC 的输入、输出信号及其地址编号的分配见表 1-31 及表 1-32。

表 1-31　输入信号及其地址编号的分配

选择开关	行程开关					按钮	
PLC 启动	滑台原位	滑台变速	滑台终点	丝锥原位	丝锥终点	总停	自动起动
SA	SQ_1	SQ_2	SQ_3	SQ_4	SQ_5	SB_1	SB_2
RUN	X0	X1	X2	X3	X4	X5	X6

表 1-32　输出信号及其地址编号的分配

电磁阀			接触器			
YV_1	YV_2	YV_3	KM_1	KM_2	KM_3	KM_4
Y0	Y1	Y2	Y4	Y5	Y6	Y7

③ 液压滑台式攻螺纹机主电路与 PLC 的外部接线图，分别如图 1-132 及图 1-133 所示。

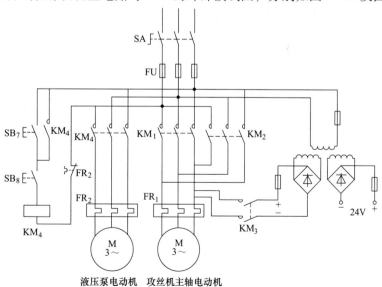

图 1-132　液压滑台式攻螺纹机主电路

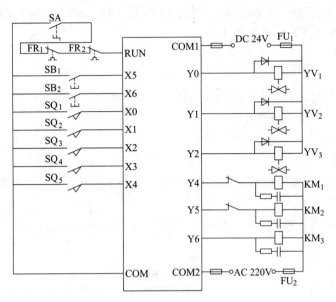

图 1-133　PLC 的外部接线图

④ 画出梯形图。梯形图如图 1-134 所示。

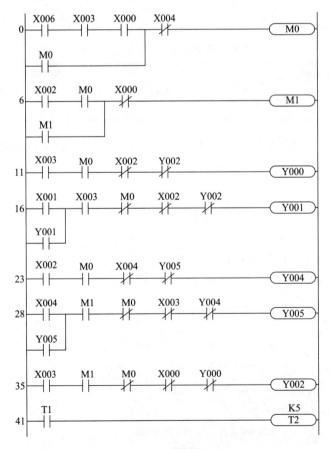

图 1-134　梯形图

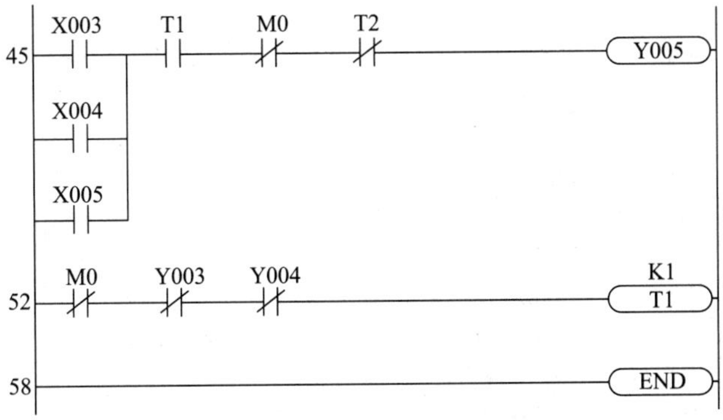

图 1-134　梯形图（续）

⑤ 写出语句表。语句表如下：

0	LD	X006
1	AND	X003
2	AND	X000
3	OR	M0
4	ANI	X004
5	OUT	M0
6	LD	X002
7	AND	M0
8	OR	M1
9	ANI	X000
10	OUT	M1
11	LD	X003
12	AND	M0
13	ANI	X002
14	ANI	Y002
15	OUT	Y000
16	LD	X001
17	OR	Y001
18	AND	X003
19	ANI	M0
20	ANI	X002
21	ANI	Y002
22	OUT	Y001
23	LD	X002
24	AND	M0
25	ANI	X004
26	ANI	Y005
27	OUT	Y004
28	LD	X004
29	OR	Y005
30	AND	M1
31	ANI	M0
32	ANI	X003

33	ANI	Y004	
34	OUT	Y005	
35	LD	X003	
36	AND	M1	
37	ANI	M0	
38	ANI	X000	
39	ANI	Y000	
40	OUT	Y002	
41	LD	YT1	
42	OUT	T2	K5
43	LD	X003	
46	OR	X004	
47	OR	X005	
48	AND	T1	
49	ANI	M0	
50	ANI	T2	
51	OUT	Y005	
52	LDI	M0	
53	ANI	Y003	
54	ANI	Y004	
55	OUT	T1	K1
58	END		

2）安装接线。先安装主电路，再安装 PLC 控制电路，元器件在配线板上的布置要合理，配线要美观，导线要进行线槽，将导线编号，导线引出端要用别径压端子。

3）调试及试运行。操作 PLC 键盘，将程序输入 PLC，按照设计要求进行模拟调试，调试达到要求后，主电路通电试运行。

鉴定点 3　用 PLC 设计电气控制电路，并进行模拟安装与调试

问：如何利用 PLC 设计电气控制电路，并进行模拟安装与调试？

答：利用 PLC 设计电气控制电路，并进行模拟安装与调试，具体方法与步骤可参见鉴定点 2 的有关内容。

操作要点提示：

（1）PLC 控制系统中接地的处理　地线如何处理是 PLC 系统设计、安装、调试中的一个重要问题。处理方法如下：

1）一点接地和多点接地。一般情况下，高频电路应就近多点接地，低频电路应一点接地。在低频电路中，布线和元器件间的电感影响不大，然而接地形成的环路对电路的干扰影响很大，因此通常以一点作为接地点。但一点接地不适用于高频，因为高频时，地线上具有电感而增加了地线阻抗，调试时各地线之间又产生了电感耦合。一般来说，频率在 1kHz 以下，可用一点接地；高于 10MHz 时，采用多点接地；在 1~10MHz 之间可用一点接地，也可多点接地。根据这一原则，PLC 组成的控制系统一般采用一点接地。

2）交流地与信号地不能共用。在一般电源地线的两点间会有数毫伏，甚至几伏电压，

对低电平信号电路来说，这是一个非常严重的干扰，因此必须加以隔离和防止。

3）浮地与接地的比较。全机浮空即系统各个部分与大地浮置起来。这种方法简单，但整个系统与大地的绝缘电阻不能小于50MΩ。这种方法具有一定的抗干扰能力，但一旦绝缘下降就会带来干扰。

4）将机壳接地，其余部分浮空。这种方法抗干扰能力强，安全靠，但实现起来比较复杂。

由此可见，PLC系统最好接大地。

5）模拟地。模拟地的接法十分重要，为了提高抗共模干扰能力，对于模拟信号可采用屏蔽浮地技术。对于具体的PLC模拟量信号的处理要严格按照操作手册上的要求设计。

6）屏蔽地。在控制系统中，为了减少信号中电容耦合噪声以便准确检测和控制，对信号采用屏蔽措施是十分必要的。屏蔽目的不同，屏蔽地的接法也不同。电场屏蔽解决分布电容问题，一般接大地；磁气屏蔽以防磁铁、电机、变压器、线圈等的磁感应、磁耦合，一般接大地为好。

当信号电路是一点接地时，低频电缆的屏蔽层也应一点接地。如果电缆的屏蔽层接地点有一个以上，产生噪声电流，形成噪声干扰源。当一条电路有一个不接地的信号源与系统中接地的放大器相连时，输入端的屏蔽应接于放大器的公共端；相反，当接地的信号源与系统中不接地的放大器相连时，放大器的输入端也应接到信号源的公共端。

（2）I/O的选择 I/O的选择方法如下：

1）确定I/O点数。确定I/O点数有助于识别控制器的最低限制因素。要考虑未来扩充和备用（典型的10%~20%备用）的需要。

2）离散I/O。标准的I/O接口可用于从传感器和开关（如按钮、限位开关等）及控制（开除）设备（如指示灯、报警器、电动机起动器等）接收信号。典型的交流I/O量程为24~240V，直流I/O为5~240V。

若I/O设备由不同电源供电，应当有带隔离公共线路。

3）模拟I/O。模拟I/O接口用来感知传感器产生的信号。这些接口测量流量、温度和压力的数值，并用于控制电压或电流输出设备。典型接口量程为-10~410V，0~10V，4~20mA或10~50mA。

4）特殊功能I/O。在选择一个PLC时，用户可能会面临着需要一些特殊类型且不能用标准I/O实现的I/O限定（如定位、快速输入、频率等）的情况。用户应当考虑销售方是否提供一些特殊的有助于最大限度减小控制作用的模块。

5）智能式I/O。所谓智能式I/O模块，就是模块本身带有处理器，对输入或输出信号做预先规定的处理，将其处理结果送入中央处理器或直接输出，从而提高PLC的处理速度并节省存储器的容量。

智能式I/O模块有：高速计数器、凸轮模拟器、带速度补偿的凸轮模拟器、单回路或多回路的PID调节器和RS 232/422接口模块等。

试题精选：

试设计运行小车的控制电路。

（1）控制要求 对小车运行的控制要求为：小车从原位A点出发驶向B点，抵达后立即返回原位；接着驶向 C 点，到达后立即返回原位；然后出发一直驶向 D 点，到达后返回原位，完成一个完整周期工作。小车重复上述过程，不停地运行，直到按下停止按钮为止，停止时小车完成一个周期后才能停下来。小车行驶示意图如图 1-135 所示。

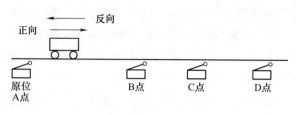

图 1-135　小车行驶示意图

（2）考前准备　常用电工工具 1 套，万用表（MF47 型或自定）1 块，钳形电流表（T301—A 型或自定）1 只，三相四线电源（~3×380V/220V、20A）1 处，单相交流电源（~220V、36V、5A）1 处，三相电动机（Y112M—6，2.2kW、380V、丫接法或自定）1 台，配线板（500mm×450mm×20mm）1 块，计算机（配 PC 编程软件）1 台，组合开关（HZ10—25/3）1 个，交流接触器（CJ10—20 型，线圈电压 380V）4 只，熔断器及熔芯配套（RL1—60/20A）3 套，熔断器及熔芯配套（RL1—15/4A）2 套，三联按钮（LA10—3H 或 LA4—3H）2 个，行程开关 4 个，转换开关 1 个（自定），接线端子排（JX2—1015，500V、10A、15 节）1 条，劳保用品（绝缘鞋、工作服等）1 套，演草纸（A4、B5 或自定）4 张，圆珠笔 1 支。综合设计时，允许考生携带电工手册、物资购销手册作为选择元器件时的参考。

（3）评分标准　评分标准见表 1-29。

（4）操作工艺

① 确定 PLC 输入、输出信号。根据控制要求，系统的输入量有：起动、停止按钮信号；B 点~D 点限位开关信号；连续运行开关信号和原位点限位开关信号。系统的输出信号有：运行指示和原点指示输出信号，前进、后退控制电动机接触器驱动信号。共需实际输入点数 7 个，输出点数 4 个。PLC 的输入、输出信号及其地址编号的分配见表 1-33 和表 1-34。

表 1-33　输入信号及其地址编号的分配

选择开关	行程开关				按钮	
连续运行	滑台原位	滑台变速	滑台终点	丝锥原位	起动	停止
S	SQ_0	SQ_1	SQ_2	SQ_3	SB_1	SB_2
X405	X401	X402	X403	X404	X400	X407

表 1-34　输出信号及其地址编号的分配

接触器			
原点指示	运行指示	前进	后退
KM_1	KM_2	KM_3	KM_4
Y430	Y431	Y432	Y433

② 小车行驶控制系统 PLC 的外部接线图如图 1-136 所示。

③ 梯形图如图 1-137 所示。

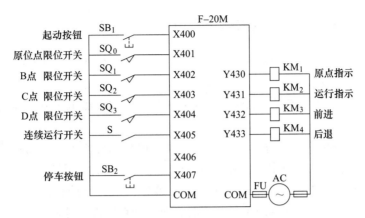

图 1-136 PLC 的外部接线图

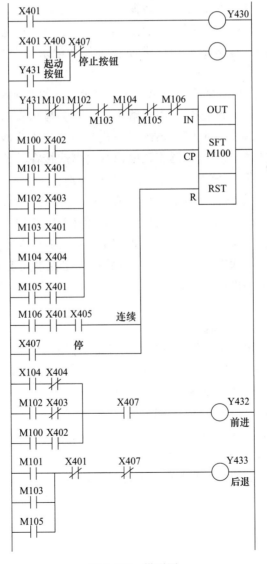

图 1-137 梯形图

鉴定点 4　检修 PLC 控制的较复杂电气设备

问：如何检修 PLC 控制的较复杂电气设备？如何利用输入、输出指示灯的状态判断 PLC 控制系统故障？

答：检修 PLC 控制的较复杂电气设备的方法与步骤与高级电工基本相同，只是复杂程度不同而已。

当 PLC 控制系统出现故障时，不必急于去检查 PLC 的外围电器，而应该重点检查 PLC 的接收信号和发出信号是否正常。正常与否，可通过面板上的指示灯体现出来。

在 PLC 的面板上，对应于每一信号的输入点或输出点，都没有指示灯来显示每一点的工作状态。当某一点有信号输入或信号输出时，对应该点的指示灯发亮。维修人员只要充分利用这些指示灯的工作状况，就能方便地实现故障的判断、分析和确认。

为此在 PLC 正常运行时，需记录下列数据：

1）PLC 输出、输入指示灯所对应的外围设备名称、位置、功能。

2）将被控制设备的工作分成几个工艺阶段，分别记录每个阶段 PLC 输入灯的显示状态。

3）记录各个工艺阶段 PLC 输入、输出指示灯显示状态的变化顺序。

当控制系统出现故障时，首先检查 PLC 输出指示灯的显示状态是否和记录一致。如果一致，则可能是对应的外围设备或 PLC 内部（输出）继电器发生故障，PLC 内部继电器损坏时，可更换 PLC 输出模板或用编程器将该输出继电器改接在其他空余的继电器上，并改接相应的输出端接线。如果不一致，应按照下列顺序判别：

① 检查通电后外围设备预置信号是否和记录相符。大多数 PLC 控制系统故障是由于行程开关错位、检测开关损坏、光控接收器被挡住等，使信号无法正确输入给 PLC。

② 动作状态转换时，指示灯亮灭顺序是否和记录相一致，若不一致，则着重检查与指示灯亮灭对应的外围设备。检查的顺序是：在判断 PLC 主控单元正常后，先查相关的输出，后查该输出应具备的输入条件。

试题精选：

检修 OMRON PLC 控制的电梯设备。

故障现象：系统时间单元不工作。PLC 控制系统一直工作正常，由于某时刻某动作需保持 3s 延时，而在控制系统配置的时间单元模板 TIM 中，当输入定时器 T0 的 SET、TLME UP 指令后，其对应的指示灯不亮，设备不能正常工作。

故障设置：模拟设定电位器使 T0 不能工作。

（1）考前准备　常用电工工具 1 套、万用表（MF47 型或自定）、钳形电流表（T301—A 型或自定）、绝缘电阻表各 1 块、OMRON PLC（CPM1A 型或自定）控制的电梯 1 台，配套电路图（与相应设备配套或自定）1 套，手持式编程器或计算机（配套编程软件）1 台，故障排除所用材料（与相应设备配套）1 套，黑胶布 1 卷，透明胶布 1 卷，圆珠笔 1 支，劳保用品（绝缘鞋、工作服等）1 套。

（2）评分标准　评分标准见表 1-24。

（3）操作工艺

1）原理分析。正常情况下在时间单元模板 TIM 中，输入 SET 指令后，4 个指示灯亮，表示对应的定时器 T0~T3 正在工作；输入 TIME UP 指令，4 个指示灯亮，表示对应的定时器到达设定时间时，会有输出信号（即 ON）。可见，上述故障现象说明 T0 没有工作。对于原长期运行的用户程序，程序错误可能性很小，检查其他模板工作均正常，说明 PLC 电源系统正常。检查模板 DIP 开关，其开关设定信号与时间范围要求相符。

2）故障分析。故障原因是内部可调电阻接触不良进而造成具体时间数值为零，时间单元模板中 T0 也就不会工作。

3）故障排除。向右微旋内部可调电阻，观察设备运行情况，若 T0 工作，设备正常，时间较设定稍长，再向左微旋，直至与要求相符，从而排除故障。

4）通电试运行。

鉴定点5　检修变频器控制的较复杂电气设备

问：通用变频器有哪些常见故障？

答：通用变频器常见的故障及原因分析：

（1）过电流跳闸的原因分析　重新起动时，一升速就跳闸，这是过电流十分严重的表现，主要原因有：负载侧短路；工作机械卡住；逆变管损坏；电动机的起动转矩过小，拖动系统转不起来。

重新起动时并不立即跳闸，而是在运行过程（包括升速和降速运行）中跳闸，可能的原因有：升速时间设定太短；降速时间设定太短；转矩补偿（U/f）设定较大，引起低频时空载电流过大；电子热继电器整定不当，动作电流设定得太小，引起误动作。

（2）过电压、欠电压跳闸的原因分析

1）过电压跳闸主要原因有：电源电压过高；降速时间设定太短；降速过程中，再生制动的放电单元工作不理想。如果来不及放电，应增加外接制动电阻和制动单元；如果有制动电阻和制动单元，那么放电支路实际不放电。

2）欠电压跳闸可能的原因有：电源电压过低；电源断相；整流桥故障。

（3）电动机不转的原因分析

1）功能预置不当。例如上限频率与最高频率或基本频率与最高频率设定矛盾，最高频率的预置值必须大于上限频率和基本频率的预置值；使用外接给定时，未对"键盘给定/外接给定"的选择进行预置；其他的不合理预置。

2）在使用外接给定方式时，无"起动"信号。当使用外接给定信号时，必须由起动按钮或其他触点来控制其起动。当不需要由起动按钮或其他触点控制时，应将 RUN 端（或 FWD 端）与 CM 端之间短接起来。

3）其他可能的原因：机械有卡阻现象；电动机的起动转矩不够；变频器发生电路故障。

试题精选：

检修松下 BFV7037FP 型变频器控制的流量泵。

故障现象：运行时发现主拖动电动机无法正常运行。

故障设置：减小 PO1 设定值，增大 PO5 设定值。

（1）考前准备　常用电工工具 1 套，万用表（MF47 型或自定）、钳形电流表（T301—A 型或自定）、绝缘电阻表各 1 块，示波器 1 台，松下 BFV7037FP 型变频器控制的流量泵 1 台，配套电路图（与相应设备配套或自定）1 套，故障排除所用材料（与相应设备配套）1 套，黑胶布 1 卷，透明胶布 1 卷，圆珠笔 1 支，劳保用品（绝缘鞋、工作服等）1 套。

（2）评分标准　评分标准见表 1-24。

（3）操作工艺

1）原理分析。按下主电动机运行按钮，变频器显示屏显示的频率由低向高变化，而主电动机却不能运转，只是不停地颤动，同时发出很大的噪声。停机检查电路，发现主电路与控制电路连接均无误，且接触良好，无掉线、虚接及断相等情况，再次开机，仍不能运转。按变频器控制板上的 SET 键，把频率显示方式转到电流显示方式，起动电动机，发现输出电流为 12A，而电动机的额定电流为 6.3A。这么大的电流可能为装配等原因引起的过载或传送带松或打滑所造成。为此检查传送带，不松也无打滑。卸下传送带，手盘车检验一下负载，发现机器并不重。空载传送情况下，按下起动按钮，电动机能正常运转，而且调速也正常，在带载情况下电动机却无法正常运转。

2）故障分析。变频器某些功能码设定不当也可能造成电动机过载。该变频器共有 71 种功能码，与电动机起动有关的参数为加速时间与转矩提升水平，如果这两个参数的设置与机器的负载特性不匹配，就会造成主拖动电动机不能正常起动运转。加速时间过短、转矩提升水平量过大，都可能造成过电流及电动机过载，从而无法正常运转，考虑到这些情况，就必须对这两种参数重新进行设定。

3）故障检查及排除。按下变频器控制板的 MODE 键。进入功能设定方式，PO1 为第一加速时间，原设置为 2s，延长一下加速时间，改为 6s；PO5 为转矩提升水平，原设置为 20，减小转矩提升量，改为 8。设置完毕后，进入主显示方式，按下起动按钮，电动机就能正常起动运转，而且调速也正常，无失速现象，同时电动机的噪声也得以消失。变频器的输出电流维持在 4.8A 左右。

4）通电试运行。

鉴定点 6　用单片机进行电子电路的设计、安装和调试

问：单片机应用系统设计有哪些内容？硬件及软件抗干扰有哪些内容？如何进行预防？

答：单片机应用系统的设计一般可分为总体设计、硬件设计、软件设计和抗干扰设计。

（1）总体设计　总体设计主要考虑总体设计方案、确定技术指标和选择单片机机型。从性能价格比、开发工具、设计人员熟悉程度等因素考虑，除某些高精度、快速系统需要采用 16 位或更高级的单片机外，目前情况下，首选机型仍为 80C51 单片机。

（2）硬件设计　硬件设计主要包括扩展部分和功能模块的设计。单片机系统扩展部分，都已有成熟的典型电路，只需要根据具体情况选用。近年来由于 OTPROM 和 Flash ROM 的广泛应用，解决了并行扩展 ROM 的主要问题，省下了 P0、P2 口供用户使用，扩展 I/O 口的问题已大大缓解，即使还需扩展少量 I/O 口，一般也采用串行扩展的方式。

功能部分设计的优劣是单片机应用系统性能优劣的关键，每一个模块均应多借鉴他人在

这方面的工作经验，参考成熟电路，对部分关键性或尚有疑问的电路应仔细分析，并对这部分电路单独进行试验、验证，对可靠性和精度进行考验。

(3) 软件设计 在总体设计和硬件设计的基础上，确定程序结构，分配 RAM 资源，划分功能模块，然后进行主程序和各模块程序的设计，最后连接起来成为一个完整的应用程序。

单片机应用系统中，软件设计与硬件设计是紧密相关、互补互依的。有时，硬件任务可由软件完成，软件任务可由硬件完成，应根据具体情况，选择最佳方案，达到最佳性价比。

(4) 抗干扰设计 抗干扰设计是单片机应用设计的重要组成部分。干扰是指叠加在电源电压或正常工作信号电压上无用的电信号，干扰有多种来源：电网、空间电磁场、输入/输出通道等。干扰会影响传送信息的正确性，扰乱程序的正常运行，甚至可能损坏系统的硬件。解决干扰问题主要从两方面入手：一是切断干扰通路或减小干扰的影响；二是增强系统本身的抗干扰能力。具体方法有硬件抗干扰和软件抗干扰。

1) 硬件抗干扰。硬件抗干扰的内容包括：

① 切断来自电源的干扰。对单片机应用系统影响最严重的干扰来源于电源污染。由于任何电源及输电线路都存在内阻和分布电容、分布电感，正是这些因素引起电源的噪声干扰。解决的方法是：采用交流稳压器来保证供电的稳定性，防止电源系统的过电压和欠电压；利用低通滤波器滤去高次谐波以改善电源波形；采用隔离变压器，双层屏蔽（一、二次屏蔽）措施减少分布电容，提高系统共模干扰能力；在有条件的情况下，还可采用对各功能模块电路独立供电的措施。

② 切断来自传感器和各功能模块部分的干扰，采取的措施有模拟电路通过隔离放大器进行隔离，数字电路通过光电耦合进行隔离，模拟地和数字地分开，采用提高电路共模抑制比等。

③ 在常用系统的长线传输中，采用双绞线或屏蔽线作传输线能有效地抑制共模噪声及电磁场干扰，但应注意传输线阻抗匹配，以免产生反射，使信号失真。

④ 对空间干扰（系统内部或外部电磁场在线路、导线、壳体上的辐射、吸收、耦合和调制）的抗干扰设计主要考虑地线设计、布局设计和系统的屏蔽措施。

⑤ 地线设计是一个很重要的问题。在单片机应用系统中，地线结构大致可分为系统地、机壳地（屏蔽地）、数字地、模拟地等。在设计时，数字地和模拟地要分开，分别与电源端地线相连。当系统工作频率小于 1MHz 时，屏蔽线应采用单点接地；当系统工作频率在 1~10MHz 时，屏蔽线应采用多点接地。

⑥ 在印制电路板设计中，要将强、弱电路严格分开，尽量不要把它们设计在一块印制电路板上；电路板的走向应尽量与数据传递方向一致，接地线应尽量加粗，在印制电路板的各个关键部分应配置去耦电容。

⑦ 对系统中用的元器件要进行筛选，要选择标准化及互换性好的元器件或电路。

⑧ 电路设计时要注意电平匹配。如 TTL 输入 "1" 电平为 2.4~5V，"0" 电平为 0~0.4V；而 COMS 输入 "1" 电平为 4.95~5V，"0" 电平为 0~0.05V。因此，当 CMOS 接受 TTL 输出时，其输入端要加电平转换器或上拉电阻，否则 CMOS 就会处于不确定状态。

⑨ 单片机进行扩展时，不应超过其驱动能力，否则将会使整个系统工作不正常。如果要超负载驱动，则应加上总线驱动器，如 74LS245。

⑩ CMOS 电路不使用的输入端不允许浮空，否则有可能接受外界干扰而产生误动作。设计时可根据需要接正电源或接地。

2）软件抗干扰。干扰对单片机系统可能造成下列后果：数据采集误差增大，程序跑飞失控或陷入死循环。尽管在硬件方面采取种种抗干扰措施，但仍不能完全消除这些干扰，必须同时从软件方面采取适当措施，才能取得良好的抗干扰效果。软件方面的抗干扰措施通常有以下几种方法：

① 数据采集误差一般采取数字滤波方法，常用方法如下：

a. 算术平均法。对一点数值连续多次采样，取其算术平均值。这种方法可以减小系统的随机干扰对数据采集的影响。

b. 比较取舍法。对一点数值连续多次采样，剔除较大偏差。如用比赛中常用的去掉一个最高分、去掉一个最低分的方法，或取其中相同值、接近值、平均值作为可信采样结果。

c. 中值法。对一点数值连续多次采样，依次排序，取其中间值作为采样结果。

上述 3 种方法均要对一点数值连续多次采样，然后根据数据特点和干扰特点采用其中一种方法采样。

d. 一阶递推数字滤波法。这种方法是利用软件完成 RC 低通滤波器的算法，代替硬件实现 RC 滤波，计算公式为

$$Y_K = (1 - a) Y_{K-1} + a X_K$$

式中，X_K 为第 K 次采样值；Y_{K-1} 为上次滤波结果输出值；Y_K 为本次滤波结果输出值；a 为滤波平滑系数。

$$a \approx \frac{T}{\tau}$$

式中，τ 为 RC 滤波器时间常数；T 为采样周期。

② 程序跑飞失控或进入死循环。系统受到干扰导致数值改变后，数值不是指向指令的首地址而可能指向指令中的中间单元即操作数，将操作数作为指令码执行，或使数值超出程序区，将非程序区的随机数作为指令码运行，从而使程序失控跑飞，或由于偶然巧合进入死循环。这里所说的死循环并非程序编制中出现的死循环错误，而是指正常运行时程序正确，只是因干扰而产生的死循环。解决的方法有：

a. 设置软件陷阱，即在非程序区安排指令强迫复位。例如，用 LJMP 0000H 的机器码填满非程序区，则无论程序失控后飞到非程序区的哪个字节，都能复位。也可在程序区每隔一段（如几十条指令）连续安排 3 条 NOP 指令，因为 MCS-51 型单片机最长字节指令为 3 字节。当程序失控时，只要不跳转，指令连续执行，就会运行 NOP 指令，能使程序恢复正常。

b. 设置"看门狗"。设置软件陷阱能解决一部分程序失控问题，但当程序失控而进入某种死循环时，软件陷阱可能不起作用。使程序从死循环中恢复到正常状态的有效方法是设置时间监视器，时间监视器又称为"看门狗"。时间监视器有两种：一种是硬时钟，一种是软时钟。硬时钟是在 CPU 芯片外用硬件构成一个定时器，软时钟是利用片内定时/计数器，定时时间比正常执行一次程序循环所需时间长。正常运行未受干扰时，CPU 每隔一段时间就对硬时钟输出复位脉冲使其复位；对软时钟重置时间常数复位。其时间应比设定的定时时间短，使其始终不中断、不复位。当受到干扰，程序不能正常运行、陷入死循环时，因不能及时"喂狗"，硬时钟或软时钟运行至既定的定时时间时，硬时钟会输出一个复位脉冲至 CPU

的 RESET 端而使单片机复位。软时钟可产生中断，在中断服务子程序中进行修正或复位。上述软、硬时钟只需设置其中一种。软时钟不需增加硬件电路但要占用宝贵的定时/计数器资源；硬时钟不占资源，但要增加硬件电路和材料成本。

试题精选：

已知晶振的频率为 6MHz，试编写程序，使 P1.7 输出如下连续矩形脉冲。

（1）电路图　连续矩形脉冲如图 1-138 所示。

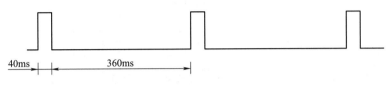

图 1-138　连续矩形脉冲

（2）考前准备　电烙铁、验电器、螺钉旋具、尖嘴钳、平嘴钳、镊子、剥线钳、小刀、锥子、针头；示波器、可调稳压电源、MF47 型万用表或自定，印制电路板；松香和焊锡丝等，其数量按需要而定，元器件见表 1-35。

表 1-35　元器件

序号	名称	型号及规格	数量
1	单片机	AT89C2051	1
2	晶振	6MHz	1
3	电解电容器	CDX—3　22μF，10V	1
4	瓷片电容器	30pF，63V	2
5	电阻器	10kΩ	1
6	按键	自定	1

（3）评分标准　评分标准见表 1-29。

（4）操作工艺

1）设计要点：

① 设计电路图。电路图如图 1-139 所示。

② 根据题目要求，设将 T0 用作定时器方式 1，定时 40ms。

a. T0 初值 $= 2^{16} - 40000\mu s/2\mu s = 65536 - 20000 = 45536 = B1E0H$

b. TMOD $= 00000001B$

c. 编制程序如下：

```
ORG   0000H              ;复位地址
LJMP  STAT               ;转初始化程序
ORG   000BH              ;T0 中断入口地址
LJMP  IT0                ;转 T0 中断服务程序
ORG   1000H              ;初始化程序首地址
STAT:CLR   P1.7          ;输出低电平
```

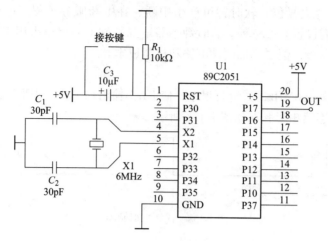

图 1-139　电路图

MOV　TMOD,#01H	;置 T0 定时器方式 1
MOV　TH0,#0B1H	;置 T0 初值,定时 40ms
MOV　TL0,#0E0H	;
SETB　PT0	;置 T0 为高优先级
SETB　TR0	;T0 启动
SETB　P1.7	;输出高电平
SETB　F0	;置 40ms 标志
MOV　R7,#9	;置 360ms 计数器初值
MOV　IE,#10000010B	;T0 开
LJMP　MAIN	;转主程序,并等待中断
ORG　2000H	;T0 中断服务程序首地址
IT0：MOV　TH0,#0B1H	;重置 T0 初值 40ms
MOV　TL0,#0E0H	;
JB　F0,IT01	;有 40ms 标志,转
DJNZ　R7,IT02	;无 40ms 标志,判 360ms 到否？未到转返回
MOV　R7,#9	;360ms 0,重置 360ms 计数器初值
IT01:CPL　P1.7	;输出波形取反
CPL　F0	;40ms 标志取反
IT02:RETI	;中断返回

2）安装与调试：安装与调试方法与电子线路的安装与调试基本相同。

鉴定范围 3　应用电子电路装调及维修

鉴定点 1　较复杂电子电路的安装与调试

问：电子电路调试有哪些方法和步骤?

答：电子电路调试过程就是利用各种仪器仪表，例如万用表、示波器、信号发生器等，对安装好的电路进行调整和测量，判断性能好坏，各种指标是否符合设计要求。因此，调整和测试必须遵守一定的测试方法并按一定的步骤进行。

（1）检查

1）检查连线。电路安装完毕后，先不要急于通电，认真检查连接是否正确，如错线、漏线和多线。通常采用两种查线方法：一是按照设计的电路图检查安装的线路，把电路图上的连线按一定顺序在安装好的线路中逐一对应检查，这种方法比较容易找出错线和少线。另一种方法是按实际线路来对照电路图，按照两个元器件引脚的去向查清。这种方法不但能查出错线和少线，还能查出是否多线。无论用什么方法查线，一定要在电路图上对查过的线路做出标记，并且检查每个元器件的引脚的使用端数是否与图样相符。

2）直观观察。直观检查电源、地线、信号线、元器件引脚之间有无短路，连线处有无接触不良，二极管、晶体管、电阻器、电容器等引脚有无错接，集成电路是否插对等。

3）通电观察。把经过准确测量的电源电压加入电路，但信号源暂不接入。电源接通后不要急于测量数据和观察结果，首先要观察有无异常现象，包括有无异常气味，元器件是否发烫，电源是否有短路现象等。如果出现异常，应立即关断电源，待排除故障后方可重新通电。

再测量各元器件引脚的电源电压，而不是只测量各路总电源电压，以保证元器件正常工作。

（2）调试电子电路　调试方法有两种：分块调试法和整体调试法。

1）分块调试法：分块调试是把总体电路按功能分成若干个模块，对每个模块分别进行调试。模块的调试顺序最好是按信号的流向，一块一块地进行，逐步扩大调试范围，最后完成总调试。

分块调试法的优点是问题出现的范围小，可及时发现，易于解决。所以，这种方法适于新设计电路和课程设计。

2）整体调试法：此种方法是把整个电路组装完毕后，不进行分块调试，实行一次性总调。显然，它只适用于定型产品或某些需要相互配合、不能分块调试的产品。

无论是分块调试还是整体调试，调试的内容应包括静态与动态调试两部分。

① 静态调试。静态调试一般指在没有外加信号的条件下测试电路各点的电位。如测量模拟电路的静态工作点，数字电路各输入、输出电平及逻辑关系等，测出的数据与设计值相近，若超出范围，则应分析原因。

② 动态调试。动态调试需要加入输入信号，也可以利用前级的输出信号作为后级的输入信号，或用自身的信号检查功能块的各种指标是否满足设计要求，包括信号幅值、波形的形状、相位关系、频率、放大倍数、输出动态范围等。模拟电路比较复杂，而对于数字电路来说，由于集成度比较高，一般调试工作量不太大，只要元器件选择合适，直流工作状态正常，逻辑关系就不会有太大问题。一般是测试电平的转换和工作速度。

3）调试步骤：

① 调试之前先要熟悉各种仪器的使用方法，并仔细检查，避免由于仪器使用不当或出现故障而做出错误判断。

② 仪器的地线和被测电路的地线应连在一起。只有使仪器和电路之间建立 1 个公共参考点，测量的结果才是正确的。

③ 调试过程中，发现元器件或接线有问题需要更换或修改时，应先切断电源，待元器件更换完毕并认真检查后才能重新通电。

④ 调试过程中，要认真观察和测量，做好记录。

操作要点提示：

调试过程中故障的处理：

（1）简易故障诊断法 寻找故障在哪一级单元模块和单元模块内哪个元器件或连线，简易方法是在电路的输入端施加一个合适的输入信号，依信号流向，逐级观测各级单元模块的输出是否正常，从而找出故障所在单元模块。

接下来查找故障模块内部的故障点，其步骤是：

1）检查元器件引脚电源电压。确定电源是否已接到元器件上及电源电压值是否正常。

2）检查电路关键点上电压的波形和数值是否符合要求。

3）断开故障模块的负载，判断故障来自故障模块本身还是负载。

4）对照电路图，仔细检查故障模块内电路是否有错。

5）检查可疑的元器件是否已损坏。

6）检查用于观测的仪器是否有问题及使用是否得当。

7）重新分析电路图是否存在问题，是否应该对电路、元器件参数等做出合理的修改。

（2）常见的安装错误

1）元器件引脚接错。

2）集成电路引脚插反，未按引脚标记插片。

3）用错集成电路芯片。

4）元器件损坏或质量低劣。电路组装前，集成块和半导体器件未经测试和筛选，导致坏的元器件和质量低劣的元器件出现在电路中。

5）二极管和稳压二极管极性接反。

6）电源极性接反或电源线断路。

7）电解电容极性接反。

8）连线接错，开路、短路（线间或对地等）。

9）接插件接触不良。

10）焊点虚焊，焊点碰接。

11）元器件参数不对或不合理。

试题精选：

安装和调试（X2010C 型龙门铣床）BTJ1—3 调节器电路。

（1）电路图 电路图如图 1-140 所示。

（2）考前准备

1）工具：电烙铁、验电器、螺钉旋具、尖嘴钳、平嘴钳、镊子、剥线钳、小刀、锥子和针头等。

2）仪器仪表：慢扫描示波器、可调稳压电源、MF47 型万用表或自定、绝缘电阻表。

3）器材：BTJ1—3 调节器印制电路板；松香和焊锡丝等，其数量按需要而定。

元器件见表 1-36。

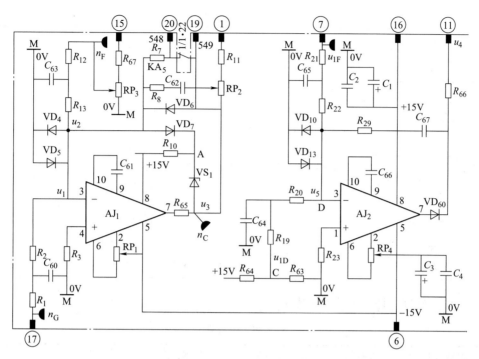

图 1-140　BTJ1—3 调节器电路图

表 1-36　元器件

代号	名称	型号及规格	数量
AJ_1、AJ_2	运算放大器	F006	2
VS_1	稳压二极管	2CW4（1N758） 稳定电压（10+0.5）V	1
$VD_4 \sim VD_7$ VD_{10} VD_{13} VD_{60}	二极管	2CP13（1N4004） 400V，1A	7
$R_1 \sim R_3$ R_{12}、R_{13} $R_{19} \sim R_{23}$ R_{29}	金属膜电阻器	RJX-0.5　20kΩ	11
R_{10} R_{63}	金属膜电阻器	RJX—0.5　10kΩ	2
R_7	金属膜电阻器	RJX—0.5　36kΩ	1
R_8	金属膜电阻器	RJX—0.5　120kΩ	1
R_{11}	金属膜电阻器	RJX—0.5　2kΩ	1
R_{64}	金属膜电阻器	RJX—0.5　5.1kΩ	1
R_{65}	金属膜电阻器	RJX—0.5　100Ω	1
R_{66}	金属膜电阻器	RJX—0.5　10kΩ	1

（续）

代号	名称	型号及规格	数量
R_{67}	金属膜电阻器	RJ-2（RX21—2） 2W，6.8kΩ	1
RP_1 RP_4	线绕电位器	WS2—1 1/2W，10kΩ	2
RP_2 RP_3	线绕电位器	WS2—1 1/2W，3kΩ	2
C_{60}、C_{65}、C_{67}	金属化纸介电容器	CZJ2 1μF，160V	3
$C_{62} \sim C_{64}$	金属化纸介电容器	CZJ2 0.47μF，160V	3
C_1、C_3	电解电容器	CDX—3 33μF，25V	2
C_2、C_4	涤纶薄膜电容器	CLX 0.1μF，63V	2
C_{61}、C_{66}	云母电容器	CY-O 10pF，110V	2

（3）评分标准 评分标准见表1-37。

表1-37 评分标准

序号	考核内容	考核要求	考核标准	配分	扣分	得分
1	按图焊接	正确使用工具和仪表，焊接质量可靠，焊接技术符合工艺要求	1. 布局不合理，扣1分 2. 焊点粗糙、拉尖、有焊接残渣，每处扣1分 3. 元器件虚焊、气孔、漏焊、松动、损坏元器件，每处扣1分 4. 引线过长、焊剂不擦干净，每处扣1分 5. 元器件的标称值不直观、安装高度不合要求，扣1分 6. 工具、仪表使用不正确，每次扣1分 7. 焊接时损坏元器件，每只扣2分	10		
2	调试后通电试验	在规定时间内，利用仪器仪表调试后进行通电试验	1. 通电调试1次不成功扣3分，2次不成功扣5分 2. 调试过程中损坏元器件，每只扣2分	5		
3	测试	在所焊接的电子电路板上，用频率测试器测试电路中A点（A点考评员自定）频率，并写出数值	1. 开机准备工作不熟练，扣1分 2. 测量过程中，操作步骤每错1步扣1分 3. 频率值错，扣2分	5		
			合 计	20		
备注			考评员签字		年 月 日	

（4）操作工艺

1）工作原理分析。X2010C型龙门铣床的工作台和铣头移动进给拖动采用了晶闸管直流调速系统。X2010C 型龙门铣床进给拖动系统框图如图 1-141 所示。BTJ1—3 调节器电路包括速度调节器和电流调节器两部分。

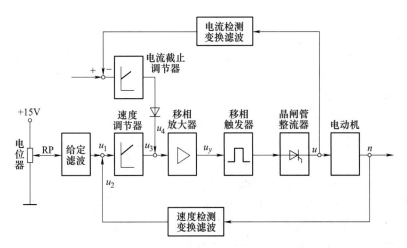

图 1-141　X2010C 型龙门铣床进给拖动系统框图

① 速度调节器。给定电压 u_1 与速度反馈电压 u_2 由调节器反相输入端"3"输入，"7"端输出。由于调节器具有比例积分作用，因此只要"3"端有输入信号电压，调节器就积分不止，一直积到稳压二极管 VS_1 的限幅值（-10V），电阻 R_8、电容 C_{62} 组成调节器比例积分并联负反馈网络。电阻 R_1、R_2 为调节器输入电路电阻，并与 C_{60} 组成滤波回路。当给定某一速度时，调节器即按 R_8、C_{62}、R_1 和 R_2 参数的比例和时间常数关系积分。"7"端作为下一级移相放大器的输入迅速反应，并经下一级的移相等控制过程使电动机运转，待速度反馈电压 u_2 与给定电压 u_1 相等（即调节器"3"端电压为零）时，调节器积分即停止，维持速度给定的数值。二极管 VD_4、VD_5 为调节器输入信号限幅保护，VD_7、VS_1 组成输出限幅环节，当"7"端输出电压 u_3 在±10V 之间时，A 点电位为正，因此二极管 VD_7 不导通，调节器电路为一个比例积分器，当输出电压 $u_3 > 10V$ 时，稳压二极管 VS_1 反向击穿，A 点电位由正变负，二极管 VD_7 电路便不能继续积分，因此"7"端输出电压 u_3 总被限制在±10V 之内。电阻 R_{10} 为稳压二极管 VS_1 的限流保护电阻。"10"和"9"端之间所接的电容 C_{61} 为电路校正网络，用来消除高频自激振荡。"2"和"6"端到-15V 电源端之间接入的电位器 RP_1 为调节器的调零电路。二极管 VD_6 用于在系统调节过程中，当调节器输入端"3"为负信号时，作为调节器输出端电压钳位，电位器 RP_2 用于调节速度调节器放大倍数。

② 电流调节器。此电路形式也为比例积分调节器，与速度调节器基本相同（见图 1-140 右半部分），取自电阻 R_{63}C 端的电流截止比较电压 u_{1D} 和从电流互感器检测的电流反馈信号 u_{1F} 均由调节器"3"端反号输入。电流反馈信号 u_{1F} 的数值由电压 u_{1D} 整定。当 $u_{1F} > u_{1D}$，即 D 点电位 u_5 为负值时，则调节器输出正电压 u_4，使系统迅速堵转。由于二极管 VD_{60} 的钳位作用，因此调节器只有正输出，没有负输出。该调节器在系统静态下是不参加工作的，只有在系统起动、制动过程或发生堵转电流时才起调节作用，从而使系统在起动、制动时平稳，且在系统过载时得到良好的保护。

电容 $C_1 \sim C_4$ 为调节器和速度调节器在 $\pm 15\text{V}$ 电源引入端的吸收电容。

2）安装。根据电路图制作印制电路板，并按照安装工艺进行焊接安装。

3）电路调试。

① 速度调节器的调整。如图 1-142 所示，M 点均连接在一起。首先把稳压电源调至 $\pm 15\text{V}$，并将调节器中的积分电容 C_{62} 短接，同时置电位器 RP_2 滑动触点于最下端，即调节器放大倍数为最小（$a = 1$）处。调整步骤如下：

a. 消除振荡。调节器有无自激振荡现象，可用示波器观察。如发生自激高频振荡，可改变调节器电容 C_{61}，调整应反复进行，直到消除振荡为止。

b. 零点调整。调节电位器 RP_1，输出电压也为零。调零时要反复进行，尤其在更换元器件或改变元器件参数时都必须反复调零。调零完毕后，RP_1 手柄位置要固定不动。

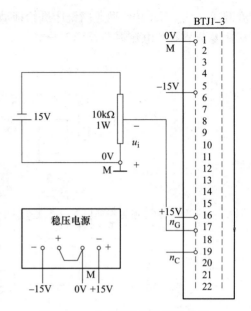

图 1-142　速度调节器的调整接线

正常工作情况下，调节器的输入、输出特性应符合图 1-143 所示曲线。

② 电流截止调节器调整。电流截止调节器预调整的步骤和方法与速度调节器的预调整相似。其接线也可按图 1-142 进行，但要改变一下信号的输入端，即由插座的"17"脚移至"7"脚即可。电流截止调节器的输出 u_C 为插座"11"脚或"19"脚，同时将积分电容 C_{67} 和二极管 VD_{60} 短接。

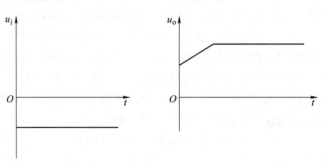

图 1-143　调节器的输入、输出特性

a. 消除振荡。用示波器观察调节器输出有无振荡现象。若出现自激振荡，可适当调整电容 C_{66}。

b. 零点调整。调节电位器 RP_4，使输入信号电压为零时输出电压也为零；观察过渡过程，将 C_{67} 短接线拆除，重新调零，输入突加给定信号，用慢扫描示波器观察其过渡过程，即 $u_o = f(t)$ 的关系，若无异常现象，即认为调节器已调好。

鉴定点 2　较复杂电子电路的测绘

问：如何测绘较复杂的电子电路？

答：电子电路测绘的步骤有以下几个方面：

（1）了解测绘电路板有关设备的情况　随着电子技术的发展，元器件的种类越来越多，其结构越来越复杂，仅仅通过外观是无法断定其功能、性能和型号的。印制电路板有单面板、双面板、多层板，因此，仅从外表是无法完全了解其走线、结构。并且由于电路板故障造成元器件损坏、标志不清、板面局部损毁等原因，如不了解设备的有关情况，要想完成对复杂电路板的测绘，就会遇到很大的困难。尽可能多地了解设备的有关情况，电路结构、工作原理、特点及常用的元器件等，从而使实测电路板时能做到目的明确、测绘准确、迅速、不走弯路或少走弯路，有助于正确地测绘电路板。

（2）实测 拿到一块电路板后，就要开始准备一些测绘工具，如绘图纸、铅笔、橡皮、万用表、电烙铁等。如果电路板是单面布线板，用一支铅笔画线路图即可；如果是双面布线板，最好有两支不同颜色的笔，每一面用一种颜色的笔来画。

1）绘出线路图。测绘时首先在纸上按电路板走线的形式测绘出电路板的走线图，图要画得大一些。电路板上的覆铜线在测绘图中用一条细线表示。对于单面板来说，画出电路板走线图比较容易；对于双面板来说，由于板的两面都有覆铜线，又有焊接在板上的元器件，有些走线被压在元器件下，而且两面的走线有些是相通的，这时要用万用表来测量，用以断定哪些线是相通的。用万用表测量时要用低阻挡，以免将一些阻值小的元器件当作相通的线，这一点要特别注意。

2）测绘元器件。绘出电路板走线图后，要逐一将电路板上的元器件用相应的符号画到图中相应的位置，并标出它们的编号、型号、参数等。

（3）绘制 完成了对电路板的实际测绘图后，接下来要做的工作是将测绘图展开，调整元器件的摆放位置，使其尽可能不出现连接线的交叉，并按左进右出的顺序画出电路图。在完成了电路图的绘制后，检查一下有没有明显错误的地方，再分析一下电路的工作原理是否合理，有没有不合理的地方或值得怀疑的地方。如果有，再对原电路板有异议的地方进行二次测绘，以确认测绘的正确性，完成最终电路图的绘制。

操作要点提示：

对于不同的元器件其测绘方法有所不同，它们的测绘方法如下：

（1）电阻、电容、二极管、稳压二极管等 一般在电路板上会标有相应的符号、编号、型号、数值、功率、耐压、极性等，只要记录下这些参数即可。如果电路板上没有这些参数，通过检查元器件上的标志或印在器件上的数值，再根据学过的有关电工电子知识，判断其参数。如果元器件上没有任何标志，就只有将其焊下，用万用表测得其有关参数。

（2）晶体管 一般在电路板上会标有晶体管的符号、编号、型号等，只要记录下这些参数即可。如果电路板上没有这些参数，通过检查元器件上标识的型号，也能得到有关晶体管的参数。判断引脚时，常用万用表的电阻量程 $R\times100$ 或 $R\times1k$ 挡。

（3）变压器（类） 一般在电路板上会标有变压器符号、编号、型号等，只要记录下这些参数即可。

（4）集成电路 一般在电路板上会标有集成电路的符号、编号、型号等，只要记录下这些参数即可。

（5）其他元器件 元器件的种类很多，有许多元器件的外形非常相似，但其功能可能完全不同，对于这种情况，如果在电路板上标有它的符号、编号、型号等，只要记录下这些参数即可。如果元器件上标有型号，也能得到它的参数。但是，如果找不到有关的标志，又没有相关的仪器来测量，只有靠自身对这种电路的了解来判断其类型、型号和有关参数，再找出合适的替代元器件。

试题精选：

根据 BWY1—1 稳压电源（X1020C 型龙门铣床）的印制电路板，测绘出电路图。

（1）印制电路板导电图 印制电路板导电图如图 1-144 所示。

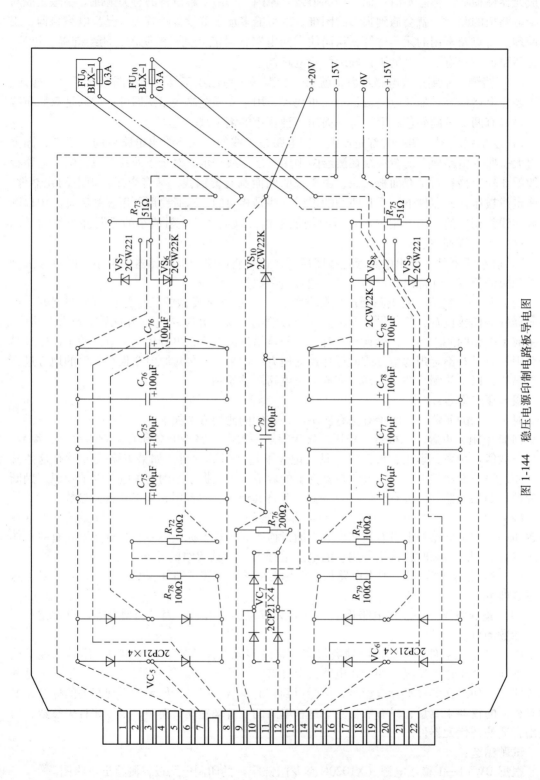

图 1-144　稳压电源印制电路板导电图

（2）考前准备　BWY1—1 稳压电源印制电路板 1 块，常用电工工具 1 套，万用表（MF47 型或自定）1 块、示波器 1 台，铅笔、橡皮、绘图工具 1 套。

（3）评分标准　评分标准见表 1-38。

表 1-38　评分标准

序号	考核内容	考核要求	考核标准	配分	扣分	得分
1	绘制电路图	依据印制电路板或实物，按国家电气绘图规范及标准，正确绘出电路图	1. 绘制电路图时，符号错 1 处扣 1 分 2. 绘制电路图时，电路图错 1 处扣 2 分 3. 绘制电路图不规范及不标准，扣 2 分	10		
2	简述原理	依据绘出的电路图，正确简述电气控制电路的工作原理	1. 缺少一个完整独立部分的电气控制电路的动作，每处扣 1 分 2. 在简述每一个独立部分电气控制电路的动作时不完善，每处扣 1 分 3. 简述电气动作过程错误，扣 2 分	10		
备注			合　计	20		
		考评员 签　字			年　月　日	

（4）操作工艺

1）依照电路板上的元器件布置，绘制元器件布置草图。注意观察各个元器件的功能和作用。

2）测量时，判断出电子电路板上的信号处理流程方向。根据电路的整体功能，找出整个电路的总输入端和总输出端，即可判断出电路的信号处理流程方向。例如，电源输入处为总输入端，输出处为总输出端。从总输入端到总输出端即为处理流程方向。按照信号处理流程方向将电路图分解为若干个单元电路，分析主通道各单元电路的基本功能及其相互间的接口关系。因此，测量分析电路时应首先分析主通道各单元电路的功能，以及各单元电路间的接口关系。

3）按国家电气绘图规范及标准，正确绘出电子电路图，如图 1-145 所示。

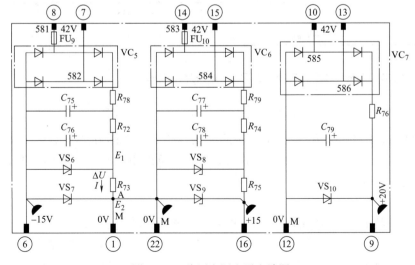

图 1-145　稳压电源电子电路图

4）工作原理分析。BWY1—1稳压电源提供各环节的工作电源，如给定电源（+15V）、速度调节器、电流截止调节器和移相放大器工作电源（±15V），触发器工作电源（+20V）。交流电压经过由二极管组成的整流桥 $VC_5 \sim VC_7$ 整流，以及由 C_{75}、C_{76}、R_{72}、C_{77}、C_{78}、R_{74}、C_{79}、R_{76} 组成的∏形滤波器滤波后，得到直流电压 E_1，E_1 即为第一级稳压二极管 VS_6、VS_8、VS_{10} 的击穿电压，电阻 $R_{72}（R_{74}）$ 即是滤波电阻，也是第一级稳压二极管的限流电阻。经过第一级稳压后的电压 E_1 通过限流电阻 $R_{73}（R_{75}）$，从而产生击穿电流 I，电流 I 流过限流电阻 $R_{73}（R_{75}）$ 产生电压降 ΔU，以致 A 点的电位变小，一直到 A 点的电位等于稳压二极管 VS_7 的击穿电压为止，此击穿电压就是最后的稳定电压 E_2。

5）元器件列表。元器件见表1-39。

表 1-39　元器件

代号	名称	型号及规格	数量
$VC_5 \sim VC_7$	二极管	2CP21　400V，1A	12
VS_6 VS_8 VS_{10}	稳压二极管	2CW22K　120mA，19～24V	3
VS_7 VS_9	稳压二极管	2CW221　15V　配对误差±0.3V	2
R_{72} R_{74} R_{78} R_{79}	被釉线绕电阻	RXYD—8W8W，100Ω	4
R_{73} R_{75}	被釉线绕电阻	RXYD—2W2W，51Ω	2
R_{76}	被釉线绕电阻	RXYD—8W8W，200Ω	1
$C_{75} \sim C_{79}$	电解电容器	CD10—63V，100μF	5
FU_9	熔断器	RL1—15	2
FU_{10}	熔断器芯	BGXP—10.3A	2

鉴定点3　具有双面印制电路的电子电路板的测绘

问：如何根据双面印制电路的电子电路板测绘出电子电路图？

答：根据双面印制电路的电子电路板测绘出电子电路图的方法、步骤及操作要点提示与单面印制电路的电子电路板测绘基本相同，只是较单面印制电路的电子电路板复杂，可参考鉴定点2的有关内容。

试题精选：

测绘焊有完整电子元器件的双面印制电路板，并绘出其电子电路图。

（1）考前准备　常用电工工具1套，演草纸4张，万用表（MF47型或自定）1块，钳形表（T301—A型或自定）1块，劳保用品（绝缘鞋和工作服等）1套，圆珠笔、铅笔各1

支，橡皮和绘图工具1套，双面印制电路板1块。

（2）双面印制电路板　双面印制电路板如图1-146所示。图中深色线为双面印制电路板正面，浅色线为双面印制电路板背面。

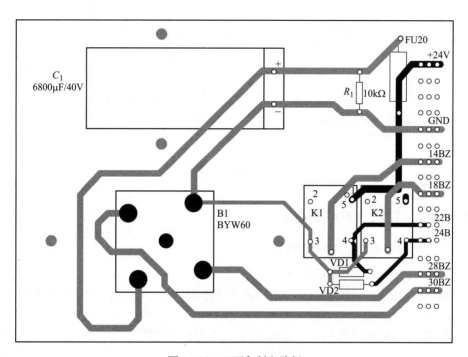

图 1-146　双面印制电路板

（3）评分标准　评分标准见表1-38。

（4）操作工艺

1）测绘草图。首先观察整个印制电路板，确认电子电路的类型属于直流控制电源，并分析每个元器件的功能和作用，电路板上面共有8个元器件，分别是整流桥1个，电解电容1只，电阻1只，熔断器1只，二极管2只，继电器2只。用万用表测量继电器，发现3、4引脚为线圈，触点只用了1、5脚（常开触点）。先从整流桥开始，可以看到它的输入端由外部接来，引脚标号为28BZ、30BZ。顺着整流桥正极向下查，先接至电解电容 C_1 的正极，又通过熔断器接至两只继电器的5脚，也从电路板的反面+24V引脚接至外部，整流桥的负极分别接在电路板正面引脚GND和两只继电器线圈上。在正极和负极之间还并联了一只电阻（$10k\Omega$，0.5W）。两只继电器线圈上分别并联两只续流二极管，测绘时应注意二极管的极性。两只继电器的4脚又通过反面引脚22B、24B接至外部，是控制继电器的信号，则草图可以基本画出来了。

2）测绘电路图。把测绘出的草图，按照基本电路组成和电路相互连接关系画到一起，得到一张图1-147所示的+24V电源和继电器控制电路的正规电路图。

3）检查对照，看有无遗漏和差错。

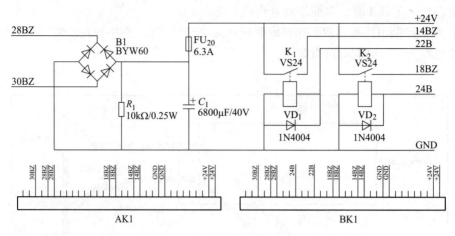

图 1-147　+24V 电源和继电器控制电路的正规电路图

鉴定点 4　检修较复杂的电子电路

问：如何检修较复杂的电子电路？

答：检修电子电路故障的步骤如下：

1）检修前，必须了解被检修电子电路的工作原理、信号流程，正常工作状态下关键点的电压及波形。

2）在不扩大电路故障范围、不损坏设备元器件的前提下，可以通电调试，观察故障现象。

3）在电路图上分析故障原因，缩小故障范围，确定检查线路。

4）用测量法确定故障点的位置。测量法是维修工作中用来准确确定故障点的一种检查方法，常用的电子电路测试工具和仪表有验电器、万用表、示波器等，主要通过对电路进行带电或断电时的有关参数（电压、电阻、电流、波形等）的测量，来判断元器件的好坏、线路的通断情况。

用测量法检查故障点时，一定要保证各种测量工具和仪表完好，使用方法正确，还要注意防止感应电、回路电及其他并联支路的影响，以免产生误判。

对于比较复杂的电子电路，在电路图中给出重要参数，在修复故障时，可对照电路图给出的参数进行比较，可以少走许多弯路。

5）修复故障点。对查找到的故障点，需补焊的焊点应按焊接工艺要求补焊，需更换的元器件按同型号、同参数的要求更换。

6）调试电路。根据电路图或接线图从电源端开始，逐步、逐段校对元器件的技术参数与电路图是否相对应；校对连接导线连接的是否正确，检查焊点是否虚焊。

操作要点提示：

电子电路的检修方法如下：

（1）检测故障的测量方法

1）直流电压检查法。通过对整个电子电路某些关键点在有无信号时的直流电压的测量，并与正常值相比较，经过分析便可确定故障范围，再测量此故障电路中有关点的直流电压，就能较快地找出故障点。

2）交流电压检查法。交流电压检查法主要是用来测量交流电路是否正常，对于音频输出电路或场输出电路，有时也可以用万用表 dB 挡或交流电压挡串一只高压电容，来检查有无脉冲或音频信号，由于所测量的是脉冲或音频电压，万用表的读数只作为判断电路是否正常的参考，不能代表实际电压值。

3）电阻检查法。电阻检查法通常在关机状态下进行，主要检查内容如下：

① 用来测量交流和稳压直流电源的各输出端对地电阻，以检查电源的负载有无短路或漏电。

② 用来测量电源调整管、音频输出管和其他中、大功率晶体管的集电极对地电阻，以防这些晶体管集电极对地短路或漏电。

③ 测量集成电路各引脚对地电阻，以判断集成电路是否损坏或漏电；直接测量其他元器件，以判断这些元器件是否损坏，由于 PN 结的作用，最好进行正、反向电阻的测量；另外，由于万用表的内阻、电池电压等方面的差异，测试结果可能不一致，应多加注意。

4）直流电流检查法。直流电流检查，常用来检查电源的输出电流、各单元电路的工作电流，尤其是输出级的工作电流，这种方法更能定量反映电路的静态工作是否正常。

用万用表测量电路电流时，电流挡的内阻应足够小，以免影响电路正常工作。

5）示波器测量法。检修电子线路，示波器是通用性很强的信号特性测试仪，既能显示波形，又能测量电信号的幅度、周期、频率、时间间隔、相位等，还能测量脉冲信号的波形参数；多踪示波器还能进行信号比较，是检测电子电路的重要仪器。

（2）较复杂电子电路的调试方法　先进行静态测量，应从电源开始，测量各关键点的直流电压值是否与电路规定值对应，进一步确定电路的正确性；再进行动态测量，加入动态信号，用电子仪器与仪表进行测量，将测量结果与标准参数、波形对比，进一步调整电路，完善电路的性能。

试题精选：

检修 UPS 自动稳压电源。

故障设置：换上损坏的集成电路块（A2）。

故障现象：输出无电压。

（1）考前准备　常用电工工具 1 套，万用表（MF47 型或自定）、钳形电流表（T301—A 型或自定）、绝缘电阻表各 1 块，示波器 1 台，UPS 自动稳压电源 1 台，配套电路图（与相应设备配套或自定）1 套，故障排除所用材料（与相应设备配套）1 套，黑胶布 1 卷，透明胶布 1 卷，圆珠笔 1 支，劳保用品（绝缘鞋、工作服等）1 套。

（2）评分标准　评分标准见表 1-40。

表 1-40　评分标准

序号	考核内容	考核要求	考核标准	配分	扣分	得分
1	故障查找	正确使用工具和仪表，找出故障点，在原理图上标注	错标或漏标故障点，每处扣 4 分	8		
2	故障排除	排除故障	1. 每少排除 1 处故障点扣 3 分 2. 排除故障时产生新的故障后不能自行修复，每个扣 4 分	8		

（续）

序号	考核内容	考核要求	考核标准	配分	扣分	得分
3	试运行	电路功能正确	1. 仪器使用不正确扣2分 2. 送电运行不成功扣4分	4		
4	安全与文明生产	操作过程符合国家、部委、行业等权威机构颁发的电工作业操作规程、电工作业安全规程与文明生产要求	1. 违反规程每项扣2分 2. 操作现场工器具、仪表、材料摆放不整齐扣2分 3. 劳保用品佩戴不符合要求扣2分 4. 本项实行扣分制，最多扣5分			
备注			合　计	20		
		考评员签字			年　月　日	

（3）操作工艺

1）原理分析。WJW 型 5kV·A 自动交流稳压电源是一种自动补偿型稳压电源。其稳压精度高，运用 4 只继电器实现 5 级调压；设有过电压、欠电压保护和报警，而且在输入电压恢复正常范围后，该机能自动恢复稳压供电；对输入电压的变化应变速度快，适应电网电压的范围宽。该机由工作电源变压器（T_2）、输入电压取样（R_1、VD_1、VD_4、C_1）、电压检测控制和调压切换（A_1 和 KM_1、KM_3、KM_4、KM_5）、电压保持变压器（T_1）、极限位报警保护（A_2 和 KM_2）等组成，如图 1-148 所示。

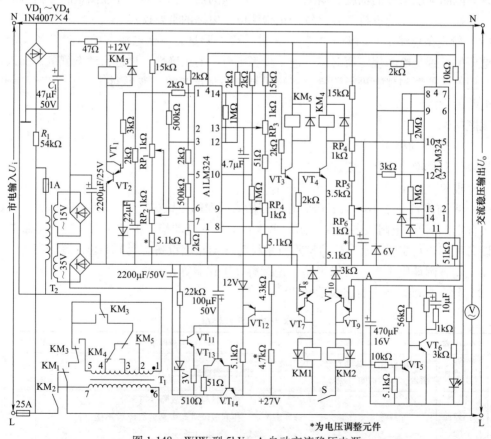

图 1-148　WJW 型 5kV·A 自动交流稳压电源

2）故障分析。首先检查晶体管 VT_{14} 的 +27V 稳压电压是否正常。如无 +27V 电压输出或电压偏低，应检查稳压电路各晶体管是否损坏，常见为 VT_{11}、VT_{13} 损坏；如 +27V 电压正常，则应检查 KM_2 及 VT_9、VT_{10}。

若输出无电压，蜂鸣器鸣叫报警，应首先检查输入电压是否超出过电压和欠电压保护极限值。在排除交流供电因素后，应着重检查集成电路 A_2 工作是否正常。A_2 的 8 脚或 14 脚中，任一脚输出为低电位都会引起报警并切断输出电压，通常是由 A_2 损坏或检测回路可调电阻接触不良所引起的。

3）故障检查。经检查，集成电路块 A_2 损坏。

4）故障排除。用相同的集成电路块替换，经检查故障排除。

5）通电试运行。

鉴定点 5　用 EWB 软件进行电子电路的仿真

问：什么是 EWB 软件？如何应用 EWB 软件进行电子电路仿真？

答：Electronics Workbench（电子工作平台，EWB）是电子电路仿真的虚拟电子工作台软件（现已升级并改称为 Multisim）。作为 EDA 软件中的一种，它具有以下特点：

1）EWB 采用界面直观、交互性好的图形方式创建电路，操作和调整十分方便，容易掌握。

2）EWB 在计算机屏幕上模仿实验室的工作台，绘制电路图所需要的各种元器件，电路仿真所需要的各种测试、测量仪器均可直接从屏幕上相应的元器件库和仪器仪表库中选取。

3）EWB 中各种仪器的控制面板外形和操作方式与实物相似，可以实时显示测量结果。

4）EWB 不仅带有丰富的电路元器件库，而且具有完整的混合模拟与数字模拟的功能，可提供多种电路分析仿真方法。

5）EWB 作为以 SPICE 为内核的设计工具，它可以同其他流行的电路分析、设计和制板软件（如 Protel、PSpice、OrCAD 等软件）交换数据。EWB 绘制的电路文件甚至可以直接输出至常见的印刷板设计软件中自动排出印制电路板图。

EWB 作为一个优秀的电工电子技术设计训练工具，利用它提供的虚拟仪器和元器件不仅可以熟悉掌握常用电子仪器的使用和测量方法，还可以用比实验室中更灵活的方式进行电路实验，仿真电路的实际运行情况，大大提高了电子设计的工作效率，而且没有设备条件的限制和各种物质消耗。

EWB 的基本界面、菜单及常用元器件和仪器库简介如下：

（1）EWB 的基本界面

1）主窗口。EWB 界面的主窗口包括菜单栏、工具栏、元器件库栏、电路工作区、电路描述区和状态栏，如图 1-149 所示。

2）菜单栏。菜单栏位于操作界面的第二行，由文件（File）、编辑（Edit）、电路（Circuit）、分析（Analysis）、视窗（Window）和帮助（Help）菜单构成，如图 1-150 所示。

3）工具栏。工具栏位于操作界面的第三行，由文件工具快捷键、图形工具快捷键和帮助快捷键构成，如图 1-151 所示。

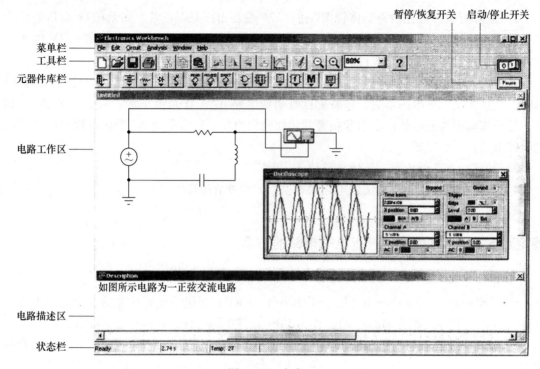

图 1-149　主窗口

图 1-150　菜单栏

图 1-151　工具栏

4）元器件库栏。元器件库栏位于操作界面的第四行，由各类元器件库快捷键和仪器仪表库快捷键构成，如图 1-152 所示。

图 1-152　元器件库栏

（2）EWB 菜单　EWB 菜单由文件菜单、编辑菜单、电路菜单、分析菜单、视窗菜单和帮助菜单等下拉式菜单构成，如图 1-153 所示。这些菜单分别提供对电路文件的操作，对所设计电路的编辑，对电路图的显示方式和电路元器件属性的设定，对电路分析选项的设定并选择分析方法和结果显示方法，安排视图结构以及给出软件各种帮助信息。

（3）EWB 的元器件库　EWB5.0 提供了丰富的元器件库和包含各种常用测量仪器的仪器仪表库，为电路的仿真实验带来极大方便。单击元器件库栏上某一元器件库的图标可以将该库打开。

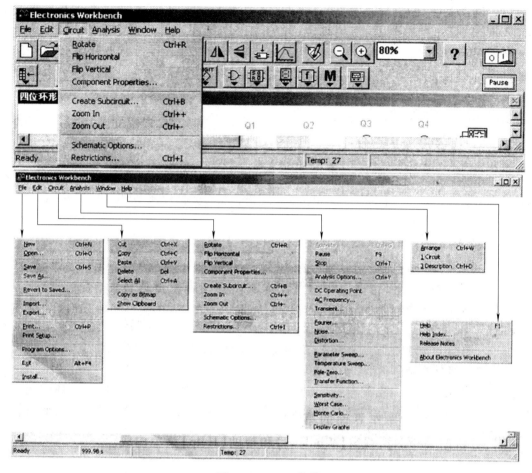

图 1-153　EWB 菜单

1）电源器件库包括各种类型的交直流独立电源及受控电源。

2）基本器件库包括各种电阻、电容、电感、开关、变压器和连接接头等。

3）二极管器件库包括各种二极管、稳压管、整流桥和晶闸管等。

4）晶体管库包括各种类型的晶体管。

5）模拟集成电路库包括各种运算放大器、比较器及锁相环电路。

6）混合集成电路库包括 A/D 转换器、D/A 转换器、单稳态触发电路和 555 定时器等。

7）数字集成电路库包括各种 74 系列和 4000 系列的数字集成电路。

8）逻辑门电路库包括与门、非门、与非门、或非门、三态门和缓冲器等基本数字门。

9）数字器件库包括加法器、触发器、多路开关、移位寄存器、计数器、译码器和算术处理单元等数字部件。

10）指示器件库包括电压表、电流表、灯泡、逻辑探针、数码显示器、蜂鸣器和条图显示器等。

11）控制器件库包括微分器、积分器、乘法器、除法器和限幅器等。

12）其他器件库包括熔断器、传输线、晶体振荡器、直流电机、真空管、变换器、文本框和标题框等。

13）仪器仪表库包括数字式万用表、函数信号发生器、双踪示波器、扫频仪、自发生器、逻辑分析仪和逻辑转换器等。

14）自定义器件库存放自定义的元器件或子电路。

（4）EWB的基本操作方法要对一个电路进行模拟仿真实验必须经过逐一选择并放置元器件、连接电路、选择放置仪器仪表、将仪器仪表连接至电路中、设置元器件参数、选择和调整仪器仪表或量程等步骤，最后合上"电源开关"。

1）创建电路。

① 元器件操作。

a. 元器件选用。在元器件库栏中单击包含该元器件的图标，打开该元器件库，然后移动光标到需要的元器件图形符号上，单击鼠标左键，将该元器件拖曳到电路工作区适当位置后释放。

b. 元器件的选中。在连接电路时，常常需要对元器件进行移动、旋转、删除和设置参数等操作，这就需要先选中该元器件，元器件被选中后将以红色显示。

c. 元器件的移动。要移动一个元器件，只要用鼠标指向已被选中的元器件，鼠标箭头变成"🖑"后按下鼠标左键后可拖曳该元器件在电路工作区进行移动。如果被选中的是多个元器件，用鼠标左键拖曳其中任意一个元器件，则可拖动多个被选元器件一起移动。元器件被移动后，与其相连的导线就会自动重新排列。选中元器件后，也可以使用计算机键盘的上下左右箭头键使之做微小移动。

d. 元器件的剪切、复制和删除。使用工具栏中的"剪切、复制、粘贴"快捷键或菜单命令，可以分别实现对被选中元器件的剪切、复制、粘贴。如果直接将元器件拖曳到已打开的元器件库，也可以实现删除操作。

e. 元器件的旋转和翻转。为了使电路布局合理，便于连接，常常需要对元器件进行旋转或翻转操作。可用鼠标单击元器件符号选中该元器件，然后使用工具栏上的"旋转、水平翻转、垂直翻转"三种快捷键完成。通过编辑菜单或单击右键激活弹出菜单，也可进行相应的操作。

f. 元器件参数设置。用鼠标双击所要设置属性参数的元器件，则会弹出该元器件的属性对话框，该对话框有多种选项可供选择，用户可在其中对该元器件的各种参数——标识（Label）、参考编号（Reference ID）、标称值（Value）和模型（Model）、故障设置（Fault）、显示（Display）、分析设置（Analysis Setup）等进行修改和设定。元器件的属性对话框也可通过选中元器件后按下工具栏中的元器件属性图标或按鼠标右键从弹出菜单中选"元器件属性"（Component Properties）来获得。

② 导线的操作。导线的操作主要包括：导线的连接、删除，弯曲导线的调整，导线颜色的改变及连接点的使用。

a. 连接导线。用鼠标指向某一元器件的端点，出现黑色小圆点后，按下左键并拖曳导线到另一个元器件的端点，当出现黑色小圆点后送开鼠标左键，即可实现一段导线的连接。

b. 调整导线位置。元器件位置与导线不在一条直线上就会产生弯曲。调整时必须先选中导线，即用鼠标单击需调整的导线，使该导线变粗，然后用鼠标随箭头方向可移动该导线至适当位置；也可以选中该元器件，然后用鼠标拖曳或用计算机键盘的四个箭头键微调元器件位置。

c. 调整导线的颜色。用鼠标双击待调整颜色的导线或在选中该导线后右击鼠标，在弹出的导线属性对话框中选中 Schematic Option 选项并按下"设置导线颜色"按钮即可改变导线的颜色，有 6 个色块可供选择。

③ 节点属性的设置。节点的属性设置功能可以用于设置节点的标号、与节点相连的导线颜色及进行节点故障模拟。双击某个节点，屏幕弹出一个节点属性对话框，其中 Label 选项设置节点显示特性，Fault 选项进行节点故障模拟，Node 选项用于设置与节点相关联的连线的颜色、是否显示节点标识、是否设置测试点、是否使用初始条件及设置瞬态分析和直流工作点分析时该节点的状态。

④ 电路图选项的位置。Circuit/Schematic Option 对话框可对电路中元器件的标识、标号、标称值、模型参数、节点号等的显示方式及栅格（Grid）、显示字体（Fonts）进行设置，该设置对整个电路图的显示方式有效。其中节点号是在连接电路时，EWB 自动为每个连接点分配的。选项前有"√"的表示该项有效。

2）连接仪器仪表。电路图设计完毕就可以将仪器仪表接入电路，以供实验测试用。EWB 提供了仿真实验可能的各种仪器仪表，使用时只需打开仪表库，将光标移动到所需的仪器上，按住鼠标左键将仪器拖曳至电路工作区中的适当位置释放即可。仪器仪表与元器件的连线方法同上。连线时应分清输入端、输出端和地端，如果对仪器的各端口不熟悉，可用鼠标双击仪器符号，显示仪器的面板图，根据面板图上的位置进行连接。一般可将仪器上的输入连线和输出连线设置为不同的颜色，以便于测试时辨别和区分信号的波形。仪器仪表库中图标所对应的仪器仪表名称如图 1-154 所示。

a) 数字万用表

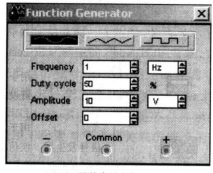
b) 函数信号发生器

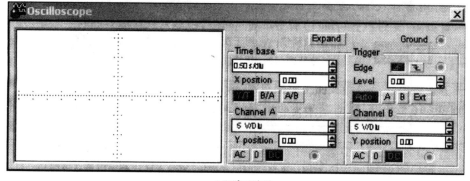
c) 双踪示波器

图 1-154　图标对应名称

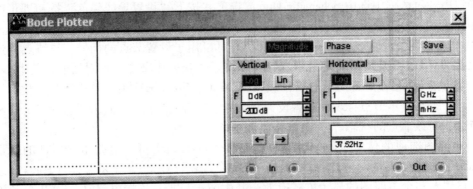

d) 扫频仪

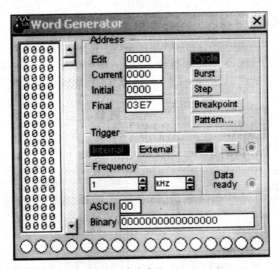

e) 字发生器

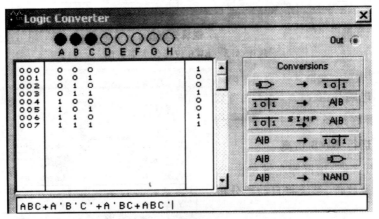

f) 逻辑转换仪

图 1-154　图标对应名称（续）

3）电路存盘。选择好路径，输入电路图的文件名并存盘。

4）运行 EWB 仿真。打开文件，单击主窗口右上角的开关图标，软件自动开始运行 EBW 仿真软件，系统将自动把分析结果显示在各仪器仪表和分析图上。

如果要暂停仿真操作，单击主窗口右上角的暂停图标，实现暂停/恢复操作。

5）查看分析结果。EWB 的仿真分析方法如下：

① 六种基本分析功能：直流工作点分析、交流频率分析、温度扫描分析、瞬态分析、傅里叶分析、噪声分析和失真分析。

② 三种扫描分析功能：参数扫描分析、温度扫描分析和灵敏度分析。

③ 两种高级分析功能：极点-零点分析、传递函数分析。

④ 两种统计分析：最坏情况分析、蒙特卡罗分析。

分析结果除了有些可以通过示波器、扫频仪等进行显示外，通常还可通过图形显示窗口进行图形或者数据的显示，以及对这些数据文件进行操作。

操作要点提示：

（1）元器件的选中

1）选择单个元器件，用鼠标左键单击该元器件即可。

2）选中多个元器件，可在按住<Ctrl>键的同时，依次单击要选中的元器件。

3）选中某一个区域的元器件，可按住鼠标左键，在电路工作区的适当位置拖曳一个矩形区域，该区域内的元器件同时被选中。

要取消所有被选中元器件的选中状态，单击电路工作区的空白部分即可；要取消其中某一个元器件的选中状态，可以使用 Ctrl+单击该元器件。

（2）查看分析结果的方法

1）接通电源，打开仪器仪表的面板，调节仪器仪表的设置，以满足实验需要。观察指定点的波形或数值变化。

2）接通电源，单击工具栏上的分析图图标，屏幕出现要显示的波形，单击该波形即可对该波形进行读数。显示图中除了可以显示仪器上的波形外，还可以显示各种分析中的曲线或数值。在分析显示图上单击鼠标右键，从弹出的对话框中可以修改显示坐标。

试题精选：

RC 串并联电路的频率特性测试仿真。

（1）考前准备　装有 EWB 仿真软件的计算机 1 台，电工工具 1 套。

（2）评分标准　评分标准见表 1-41。

表 1-41　评分标准

序号	考核内容	考核要求	考核标准	配分	扣分	得分
1	仿真设计	1. 设计出完成电路功能的梯形图 2. 完成动画设计	1. 梯形图设计不完整，每处扣 2 分 2. 动画功能设计不完整，每处扣 2 分	10		

（续）

序号	考核内容	考核要求	考核标准	配分	扣分	得分
2	仿真调试	根据电路要求和仿真设计，进行功能调试，使动画达到性能指标	1. 调试方法不正确，扣2分 2. 调试后，达不到设计要求指标，每少一项扣3分	10		
备注			合　　计	20		
			考评员 签　字		年　月　日	

（3）操作工艺

1）创建电路。

① 元器件的操作。在元器件库栏中选中所需要的元器件，选取电容和电阻，并将它们移到合适位置，并设置其参数，取 0.01μF 电容 2 只，20kΩ 电阻 2 只。

② 导线的操作。连接电阻和电容，调整导线的位置。

③ 设置节点。

2）连接仪器仪表。选择扫频仪并接于电路中。

3）合上仿真开关，进行电路的仿真，测试该电路的频率特性。RC 串联并联电路的频率特性测试如图 1-155 所示。

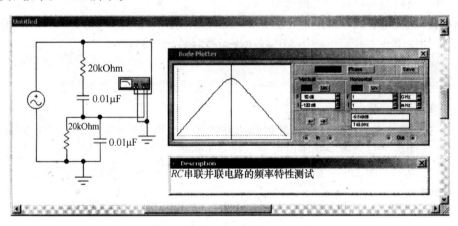

图 1-155　RC 串联并联电路的频率特性测试

鉴定范围 4　交直流传动及伺服系统调试及维修

鉴定点 1　变频器控制电路的设计、安装与调试

问：如何进行变频调速控制系统的设计、安装与调试？

答：在进行变频调速控制系统的设计、安装与调试时应注意以下几个方面：

（1）变频器的基本设计步骤　无论生产工艺提出的动态、静态指标要求如何，其变频调速控制系统的设计过程基本相同，基本设计步骤是：

1）了解生产工艺对转速变化的要求，分析影响转速变化的因素，根据自动控制系统的形成理论，建立调速控制系统的原理框图。

2）了解生产工艺的操作过程，根据电气控制电路的设计方法，建立调速控制系统的电气控制电路原理框图。

3）根据负载情况和生产工艺的要求选择电动机、变频器及其外围设备。如果是闭环控制，最好选用能够四象限运行的通用变频器。

4）根据实际设备，绘制调速控制系统的电气控制电路图，编制控制系统的程序参数，修改调速控制系统的原理框图。

（2）变频器的接地 所有变频器都有一个接地端子"E"，用户应将此端子与大地相接。当变频器和其他设备，或有多台变频器一起接地时，每台设备都必须分别和地线相接，不允许将一台设备的接地端和另一台设备的接地端相接后再接地。

（3）试运行 将电动机与负载连接起来进行试运行。

操作要点提示：

（1）电动机的起动

1）将频率缓慢上升至一个较低的数值，观察机械的运行状况是否正常，同时注意观察电动机的转速是否从一开始就随频率的上升而上升。如果在频率很低时，电动机不能很快旋转起来，说明起动困难，应适当增大 U/f，或增大起动频率。

2）显示内容切换至电流显示，将频率给定调至最大值，使电动机按预置的升速时间起动到最高转速。观察在起动过程中的电流变化。如因电流过大而跳闸，应适当延长升速时间；如机械对起动时间并无要求，则最好将起动电流限制在电动机的额定电流以内。

3）观察整个起动过程是否平稳。对于惯性较大的负载，应考虑是否需要预置S形升速方式，或在低速时是否需要预置暂停升速功能。

4）对于风机，应注意观察在停机状态下风叶是否因自然风而反转，如有反转现象，则应预置起动前的直流制动功能。

（2）停机试验 在停机试验过程中，应把显示内容切换至直流电压显示，并注意观察以下内容：

1）观察在降速过程中直流电压是否过高，如因电压过高而跳闸，应适当延长降速时间。如降速时间不宜延长，则应考虑接入制动电阻和制动单元。

2）观察当频率降至0Hz时，机械是否有"蠕动"现象，并了解该机械是否允许蠕动。如需要制止蠕动时，应考虑预置直流制动功能。

（3）带载能力试验

1）在负载所要求的最低转速下带额定负载，并长时间运行，观察电动机的发热情况。如果发热严重，应考虑增加电动机的外部通风。

2）如果在负载所要求的最高转速下，变频器的工作频率超过额定频率，则应进行负载试验，观察电动机能否带动该转速下的额定负载。

如果上述高、低频运行状况不够理想，还可考虑通过适当增大传动比，以减轻电动机负担的可能性。

试题精选：

试设计一个由PLC控制的变频器正反转控制电路，变频器具体设定参数由考评员指定。

（1）考前准备 常用电工工具 1 套，万用表（MF47 型或自定）1 块，钳形电流表（T301—A 型或自定）1 块，三相四线电源（~3×380V/220V、20A）1 处，单相交流电源（~220V、36V、5A）1 处，三相电动机（Y112M—6，2.2kW、380 V、丫接法或自定）1 台，配线板（500mm×450mm×20mm）1 块，变频器（VFD—B 型或自定）1 台，PLC（FX$_{2N}$-48 型或自定），便携式编程器（FX$_2$-20P 型或自定）或计算机（配套编程软件）1 个，组合开关（HZ10—25/3）1 个，交流接触器（CJ10—20、线圈电压380V）1 只，熔断器及熔芯配套（RL1—60/20A）3 套，熔断器及熔芯配套（RL1—15/4A）2 套，三联按钮（LA10—3H 或 LA4—3H）1 个，接线端子排（JX2—1015，500V、10A、15 节）1 条，劳保用品（绝缘鞋、工作服等）1 套，演草纸（A4、B5 或自定）4 张，圆珠笔 1 支。综合设计时，允许考生携带电工手册、物资购销手册作为选择元器件时参考。

（2）评分标准 评分标准见表 1-42。

表 1-42 评分标准

序号	考核内容	考核要求	考核标准	配分	扣分	得分
1	设计	根据给定电路图，按国家电气绘图规范及标准，绘制电路图。写出变频器需要设定的参数	1. 电路图设计时，错 1 处扣 2 分 2. 绘制电路图不规范及不标准，每 1 处扣 2 分 3. 列出变频器的设定参数，缺 1 项或错 1 项扣 2 分	10		
2	元器件安装	元器件在配电板上布置要合理，安装要准确紧固、美观	1. 元器件布置不整齐、不匀称、不合理，每只扣 1 分 2. 元器件安装不牢固、安装元器件时漏装螺钉，每只扣 1 分 3. 损坏元器件每只扣 2 分	5		
3	接线	配线要求紧固、美观，导线要进行线槽。按钮不固定在配电板上，电源和电动机配线、按钮接线要接到端子排上，进出行线槽导线要有端子标号，引入端子要用别径压端子	1. 布线不进行线槽，不美观，每根扣 0.5 分 2. 接点松动、露铜过长、压绝缘层、标记线号不清、遗漏或误标，引入端子无别径压端子，每处扣 0.5 分 3. 损伤绝缘导线或线芯，每根扣 0.5 分	5		
4	调试	熟练操作变频器参数设定的键盘，并能正确输入参数。按照被控设备要求，进行正确的调试	1. 使用变频器参数设定的操作键盘不熟练，扣 3 分 2. 调试时，没有严格按照被控设备的要求进行，而达不到设计要求，每缺少 1 项功能，扣 5 分	10		
备注		合　计		30		
		考评员 签　字		年　　月　　日		

（3）操作工艺

1）根据电气控制电路的设计方法，设计变频控制系统的电气控制电路图。

① 设计整体的控制方案，由变频器控制正反转的速度，选用外部端子控制模式，并选

用两线式，具体参数根据考评员指定来设定；PLC 控制整个电路，根据设计要求分配输入、输出点数，画出电路图，如图 1-156 所示。

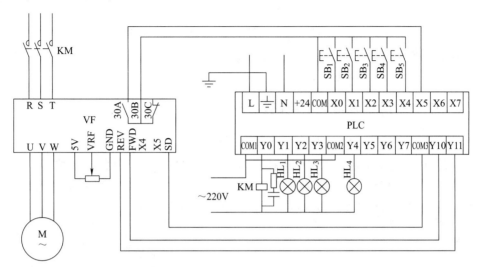

图 1-156　电路图

② 在输入侧，按钮 SB$_2$ 和 SB$_3$ 用于控制变频器接通和切断电源，SB$_4$ 用于决定电动机的正转运行，SB$_5$ 用于决定电动机的反转运行，SB$_1$ 为电动机停止，X5 接受变频器的保护信号，即跳闸信号。

③ 在输出侧，Y0 与接触器 KM 相连，其动作受 X1（SB$_2$）和 X2（SB$_3$）的控制，Y1~Y4 分别与指示灯 HL$_1$~HL$_4$ 相连接，分别指示变频器通电、正转运行、反转运行及变频器故障，Y10 与变频器的正转 FWD 相连接，Y11 与变频器的反转 REV 相连接。

2）设计 PLC 程序，PLC 的梯形图如图 1-157 所示。它的原理分析如下：

① 按下 SB$_2$，输入继电器 X1 得到信号并动作，输出继电器 Y0 得电动作并保持，接触器 KM 动作，变频器接通电源。Y0 动作后，Y1 动作，指示灯 HL$_1$ 亮。

② 按下 SB$_4$，X3 得到信号并动作，输出继电器 Y10 动作，变频器 FWD 接通，电动机正转起动并运行。同时 Y2 也动作，正转指示灯 HL$_2$ 亮。

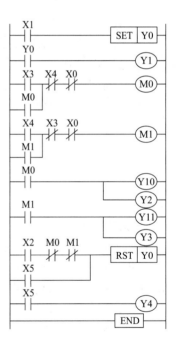

图 1-157　PLC 的梯形图

③ 按下 SB$_5$，X4 得到信号并动作，输出继电器 Y11 动作，变频器 REV 接通，电动机反转起动并运行。同时 Y3 也动作，反转指示灯 HL$_3$ 亮。

④ 当电动机正转或反转时，M0 或 M1 的常闭触点断开，使 X2 不起作用，于是防止了变频器在电动机运行的情况下切断电源。

⑤ 在电动机运行中，如变频器因发生故障而跳闸，则 X5 得到信号，一方面使 Y0 复位，

变频器切断电源，同时 Y4 动作，指示灯 HL₄ 亮。

3）画出接线图并安装元器件和线路。

4）接上电源线，断开 PLC 与变频器输入控制端的连接导线 COM，使变频器输入控制端在变频器不带电时合上电源，根据考评员要求设定参数，并将参数输入变频器。

5）将程序输入到 PLC，连接 COM 线，并进行空载调试。

6）将负载电动机接上，通电试运行。

鉴定点 2 中小容量直流调速系统的调试

问：双闭环调速系统的调试内容及步骤有哪些？

答：双闭环调速系统是晶闸管变流技术与自动控制技术相结合的复杂控制系统，具有综合性与典型性。双闭环直流调速系统的调试分为两部分，即开环控制系统的调试与闭环控制系统的调试，其系统框图如图 1-158 所示。其具体调试内容及步骤如下：

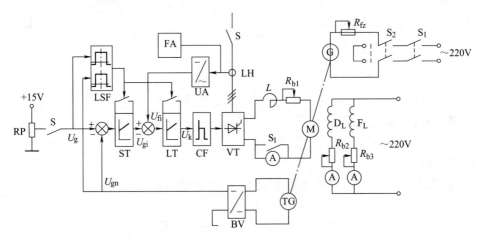

图 1-158 双闭环直流调速系统框图

（1）调试内容

1）调试前的正规检查：

① 按照原理检查系统中各设备、元器件及部件的型号和规格。

② 根据电路图和施工图（或接线图），检查主电路各部件及控制电路各部件间的连线是否正确，线头标号是否符合图样要求，连接点是否牢固，焊接点是否有虚焊，连接导线规格是否符合要求，接插件的接触是否良好等。

③ 检查各部位的绝缘电阻，检查接地装置等。

2）继电控制电路的通电调试。在通电之前，应将其他暂不调试部分的电源断开，然后通电，检查继电器的工作状态和控制顺序等，可采用万用表进行查验。

3）控制单元电路的调试：

① 电源电路的调试。将单元调试通过的电路板，放入控制箱的安装位置进行到位调试。检查电源接通后是否所有控制部件的工作电源都能按要求达到指定的位置。

② 速度调节器（ST）和电流调节器（LT）的调试。

a. 调零。

b. ST 和 LT 输出限幅值的调整。

③ ST 和 LT 特性测试。

（2）开环调试步骤

1）安全保护措施。

① 将系统装置所有控制单元从插件箱中拔出，所有开关均处于断路状态，熔断器全部分离。

② 根据调试的需要，逐步闭合需要的开关，接通熔断器。

2）进行相序及相位的检查。

3）控制电源测试：插入控制电源板，用万用表校验送至其供电处的电源电压是否到位、电压值是否符合要求。

4）ST 和 LT 插接件系统试验。

① 先插入 ST 板，并将校正网络接成 $K=1$ 的比例形式，线性改变给定电压 U_g，并注意检查 ST 的输入与输出的极性是否相反，是否符合系统电路的要求。

② 再插入 LT 板，按上述步骤进行调试。

5）触发脉冲检测。

① 插入触发电路板，用示波器逐一检查触发脉冲是否真正送到晶闸管的 G、K 端。

② 观察脉冲幅值、前沿陡度、脉冲宽度和移相范围是否符合电路要求。

6）定相。就是使晶闸管的触发脉冲的起始相位与正极电压相位保持在一定的相位差上。

（3）闭环调试步骤

1）电流环的调试：电动机不加励磁，处于堵转状态，并短接欠励磁继电器触点。

① 电流负反馈极性的测定。电流负反馈极性的校验通常先把电流反馈回路断开，让电枢回路通过一个小电流，然后把反馈信号往 LT 的输入端顺接一下便立即断开，检查信号反馈极性。

② 过电流继电器的整定。整定过电流继电器的动作值或者是过电流保护电路中的整定电位器。过电流继电器的动作值一般为电动机额定电流的 1.2~1.5 倍，对小功率电动机可以适当加大。

③ 系统限流效能和反馈强度 β 值的整定。首先要保证电流负反馈强度为最强的条件下，缓慢增加 U_{gn} 时电流 I_d 的上升情况为：当 I_d 增加到一定值后，该值将保持不变，而 U_d 将明显下降，这表明电流负反馈在起作用。若 I_d 达到规定的最大值，还不能被稳住，这说明电流负反馈信号偏小或 ST 的限幅值定得太高，也可能是由于 LT 给定回路及反馈回路的输入电阻有差值。出现上述情况后，必须停止调试，重新检查和调整电流反馈环节，再进行调试。

④ 电流环校正网络参数调试。该测试为起动过程的动态测试，当突加给定电压时，用长余辉慢扫示波器观察电流起动过程的上升率。按照系统的设计要求，反复调节 PI 校正参数和反馈强度值。R、C 及 β 三个参数的调节必须相应配合，既要满足最大允许电流下的最佳起动，又要使电流超调量不要过大，还要保持静态时的稳流特性。

⑤ 电流环静态稳流特性的试验。当电流给定不变时，改变负载的大小，电流值应基本不变，若不能稳流，则应检查电流反馈环节 LT 参数的作用。

2）速度环的调试。

① 励磁环节的测定。电动机加上额定励磁，若系统带有自励磁控制，则应先调好励磁控制系统。

② 检查联锁保护环节。

③ 转速负反馈极性的测定。先将转速反馈信号断开，使电动机在低速下旋转，检查电动机和测速发电机的安装是否良好，观察测速发电机输出电压波形，同时还要检查转速反馈信号的极性。

④ 转速负反馈系数的调整。缓慢增大转速给定信号，并在较低的转速下，先按系统设计的要求调整反馈系数。

⑤ 整定 ST 和 PI 的参数。

⑥ 转速闭环精调。系统稳定后，可以进一步进行精调，以使转速闭环系统获得较好的动态品质因数，满足生产机械的要求。调试时，转速给定信号采用小阶跃信号，系统各环节都不饱和，即工作在线性区域。若系统中有积分器，则此时将积分器短接，将阶跃信号直接加在转速调节器的输入端，适当改变一些参数，直到获得满意的过渡过程。

操作要点提示：

1）比例调节器输入—输出特性的测试方法。

① 逐点测试法。如图 1-159a 所示，电路应先调零，满足 $U_i = 0$，$U_o = 0$。对带有外限幅电路的调节器，应将其正、负限幅至最大输出位置。调节电位器 RP_1，即逐点改变输入信号的大小，分别测定 U_i 及 U_o，然后做出图 1-159b 所示的特性曲线。放大倍数为 $K_P = U_o / U_i = R_f / R_o$，其中 $R_o = R_i$。

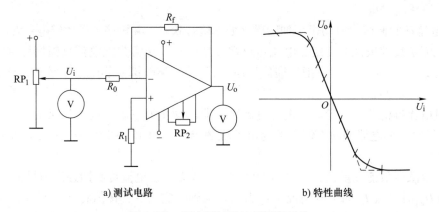

a) 测试电路　　　　　　　　　　　b) 特性曲线

图 1-159　逐点测试法比例调节特性

② 波形显示法。示波器直接显示输入—输出特性，如图 1-160a 所示，输入部分交流信号可以由正弦信号发生器提供，也可以采用工频交流电，但此时有可能从电网中引入干扰，从而影响测量结果。测试特性曲线如图 1-160b 所示。当示波器的 X、Y 轴衰减倍数相同（如均为"10"挡）时，则可由示波器刻度直接读出其线性部分的 X、Y 值，则 $K_P = Y/X$。

2）PI 调节器的特性测定。示波器测试点和使用方法与图 1-160a 相同，测试电路和特性曲线如图 1-161 所示。注意：若要观察到时间特性，需满足 $U_i < R_i / R_o$ 时才有可能。

3）在完成系统开环调试的基础上进行闭环调试。闭环调试后，由于各种因素的相互影

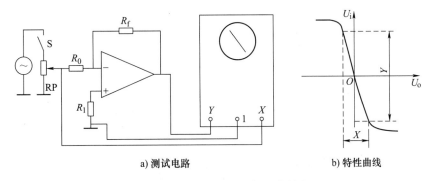

a) 测试电路　　　　　　b) 特性曲线

图 1-160　波形显示法比例调节特性

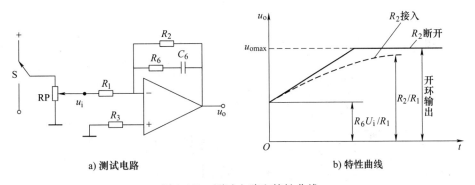

a) 测试电路　　　　　　b) 特性曲线

图 1-161　测试电路和特性曲线

响，当系统出现不正常现象时，其故障点难以判断，甚至会发生未知的事故。为此，闭环调试必须遵守"先内环、后外环"的步骤，这样易于发现和排除故障。

4）在负载的选用上，调试内环时可以从电阻性负载开始，然后换成电动势负载，直至外环调试结束。也可以直接选用反电动势负载。对中小功率装置，可以进行全负载的模拟试验；对大功率装置则主要靠现场进行闭环调试。

5）由于电流反馈环强度整定时，电动机处于堵转状态，通风较差，故在调节 U_{gn} 时应慢慢增加，经整定完毕应立即断开 U_{gn}，以免电动机电流过大，时间太长而过热。

6）若采用弱磁调速的系统，还应选定几个不同的弱磁点，测试系统的阶跃响应过程。最后，把转速慢慢升至超速保护动作值，检查超速保护动作是否可靠。

7）电路调试与测试前要仔细分析电路原理，对调试与测试的目的与要求要明确。

试题精选：

DSC—5 型直流调速装置的调试。

（1）电路图　调节板电路图如图 1-162 所示。

（2）考前准备　常用电工工具 1 套，万用表（MF47 型或自定）、钳形电流表（T301—A 型或自定）各 1 块，示波器 1 台。直流调速柜（DSC—5 型）1 台，调速柜配套图样 1 套，故障排除所用材料 1 套，黑胶布 1 卷，透明胶布 1 卷，圆珠笔和铅笔各 1 支，劳保用品（绝缘鞋和工作服等）1 套。

（3）评分标准　评分标准见表 1-43。

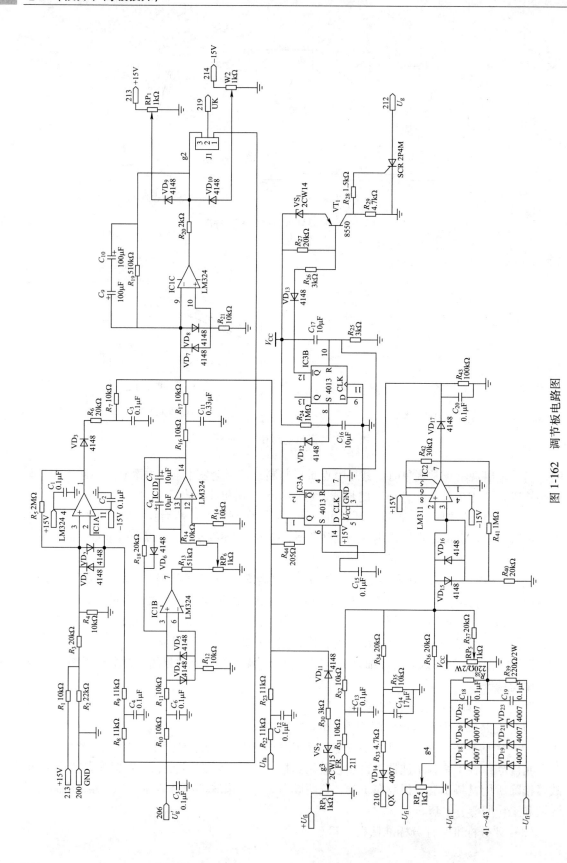

图 1-162 调节板电路图

表 1-43 评分标准

序号	考核内容	考核要求	考核标准	配分	扣分	得分
1	调试	调试前，对照电路图及电气系统互连图熟悉装置，寻查关键元器件安装的位置及有关线端标记；调试中，按考评员提出的要求，进行功能调试，直至达到性能指标	1. 调试操作过程不熟练，扣 5 分 2. 调试方法不正确，扣 5 分 3. 调试后，达不到考评员提出的性能指标，每少一项扣 5 分 4. 调试过程中损坏元器件，每只扣 5 分	20		
2	工作原理分析	根据使用说明书及电路图叙述系统各控制环节的作用、工作原理及动作情况，回答考评员提出的问题	1. 不会分析电路图，扣 5 分，经考评员提示仍不会分析电路图，扣 10 分 2. 主回路及各控制环节的作用、工作原理及动作情况叙述不完整，每项扣 3 分 3. 对考评员提出的问题回答不完整，每个扣 2 分	10		
备注			合 计	30		
			考评员 签 字		年 月 日	

（4）操作工艺

1）调试前的分析。

① 调节板的主要作用是使速度及电流实现无静差，是调试过程中的重点所在，调试前应认真分析调节板电路图。

② 零速封锁电路的作用是当输入与转速反馈电压接近零时，封锁住转速调节器（ASR），以免停车时各调节器零漂引起晶闸管整流输出电路有输出电压，造成电动机爬行等不正常现象。从输出电压表指针回偏到接近 0 刻度时有一个明显的快速反偏过程为重要标志，也可据此来大致判断零速封锁电路是否正常。

③ 在电流调节过程中系统有推 β 过程，保证电动机内磁场有一个释放机会，切不可直接断开主电路，否则容易烧坏晶闸管。

2）调试步骤。

① 先单元电路测试，后整机测试。

② 先静态调试，后动态调试。

③ 先开环调试，后闭环调试。

④ 先轻载调试，后满载调试。

3）系统调试。

① 控制板通电前，一定要检查所安装、焊接的元器件是否与图样一致。焊接点有无短路及虚焊现象，导线连接是否正确。

② 电源板调试。电源板主要是由 $VD_1 \sim VD_{12}$ 共 12 个二极管组成的桥式整流电路，滤波后集成稳压器 LM7815 和 LM7915 提供电源，其输出为各控制板及脉冲变压器，过电流继电器提供电源。调试时可参照控制盒后视图检查 200 号线对 227~232 号线应为 17V 交流电，可用万用表检测其前面板测试点 S_4 应为 24V 直流电，对测试点 S_2 应为 +15V 直流电，对测

试点 S_3 应为−15V 直流电，同时前面板的 3 个发光二极管应正常发光。注意：在电源板正常的情况下才允许插入其他控制板。

③ 限幅值翻转电压的调试。

a. ASR 正限幅 W1，其值应为 ASR+（W1）=βI_d，其中 β 为电流反馈系数，I_d 为主电路电流。

b. ASR 负限幅 W2，其值应为 |ASR−（W2）|= ASR+（W1）。

ASR 输出限幅值视调节器的结构而定，在运算放大器工作电压为±15V 的情况下，ASR 的输出限幅值取±（5~10）V 为宜，电路中其值为±6V。

c. 电流调节器（ACR）的正负限幅值的作用是限定系统的最小整流角 α_{min} 和最小逆变角 β_{min}，其大小与触发电路的形式有关，在本控制柜中其值为±3V。

d. 给 W6 一个翻转电位，其值一般定为 6V。

4）通电调试（带电阻性负载，开环）。

① 通过跳线开关 K1，将调节板处于开环位置，接通控制电路、主电路及给定回路后，从零缓慢调节给定电位器，电枢电压应从 0~300V 线性可调，调节增大负载到 1/4 额定电流值，用万用表电压挡测量电位器 W7 的中间点，看其性质是否为正极性，将电压值调为最大。

② 断开主电路，将电动机励磁、电枢接好，把给定电位器调为最小，接通主电路，给定回路，缓慢调节给定电位器，电动机应从零速逐渐上升，调到一转速，用万用表电压挡测量电位器 W8 的中间点，看其值是否为负极性，将电压值调为最大。

5）系统闭环调试（带电动机负载），K1 放在闭环位置。

① 系统得电，缓慢将给定电位器调为最大，由于设计的原因，电动机转速不会达到额定值。这时调节 W8 减小转速反馈系数，使系统达到电动机额定转速值，ASR 即调好。

② 去掉电动机励磁，使电动机堵转（有励磁时电动机转矩很大，不容易堵转，去掉励磁只有下剩磁，转矩就很小了，工程上可以用），缓慢调节 W7 使电枢电流为电动机额定电流的 1.5~2 倍，ACR 即调好。

③ 过电流的调整。电动机堵转，将 W5 调为反馈最弱，调节电位器 W7 使电枢电流为电动机额定电流的 2~2.5 倍，调节 W5 使系统保护装置动作。这时看到的现象是电枢电压变为 0V，延时，主电路断开，故障指示灯亮。

最后重复②的工作，将系统电流调为正常工作值。

6）注意事项。

① 一般调节时将工作电流调整为电动机额定电流。过电流值为 1.5 倍额定值。

② 电流调节过程中时间应尽量短，以防止电动机过热，不能断开主电路。

③ 电流调节过程中，不能突然断开主电路以防止损坏晶闸管。

鉴定点 3 中小直流调速系统的测绘

问：如何根据电子电路板测绘中小直流调速系统的电路图？

答：根据电子电路板测绘中小直流调速系统的电路图的方法、步骤及操作要点提示与单面印制电路板测绘基本相同，只是较单面印制电路板复杂，可参见鉴定范围 3 中鉴定点 2 的有关内容。

试题精选：

测绘焊有完整电子元器件的双面印制电路板，并绘出其电子电路图。

（1）考前准备　常用电工工具1套，演草纸4张，万用表（MF47型或自定）1块，钳形表（T301—A型或自定）1块，劳保用品（绝缘鞋和工作服等）1套，圆珠笔、铅笔各1支，橡皮和绘图工具1套，中小直流调速系统印制电路板1块。

（2）中小直流调速系统印制电路板　如图1-163所示，图中浅色线为双面印制电路板正面，深色线为双面印制电路板反面。

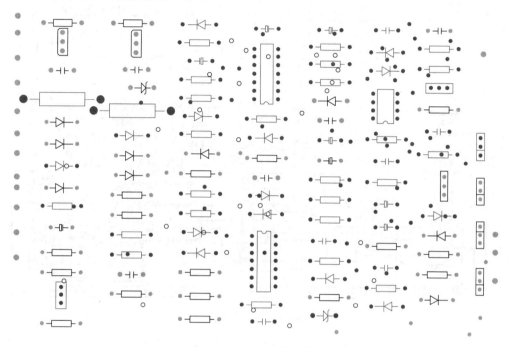

图1-163　双面印制电路板

（3）评分标准　评分标准见表1-44。

表1-44　评分标准

序号	考核内容	考核要求	考核标准	配分	扣分	得分
1	绘制电路图	依据印制电路板或实物，按国家电气绘图规范及标准，正确绘出电路图	1. 绘制电路图时，符号错1处扣2分 2. 绘制电路图时，电路图错1处扣2分 3. 绘制电路图不规范及不标准，扣2分	10		
2	简述原理	依据绘出的电路图，正确简述电气控制线路的工作原理	1. 缺少一个完整独立部分的电气控制电路的动作，每处扣1分 2. 在简述每一个独立部分电气控制电路的动作时不完善，每处扣1分 3. 简述电气动作过程错误，扣2分	10		
备注			合　计	20		
			考评员签字		年　月　日	

（4）操作工艺

1）测绘草图。浅色为顶层，深色为底层，测绘出接线草图。接线草图如图 1-164 所示。

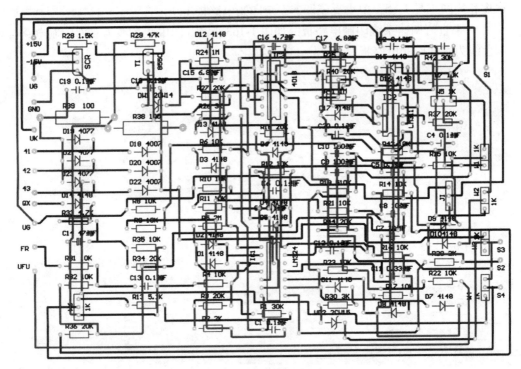

图 1-164　接线草图

2）测绘电路图。按照测绘方法测绘出电路图，如图 1-162 所示。

鉴定点4　检修中小型晶闸管直流调速系统

问：如何检修中小型晶闸管直流调速系统的故障？

答：晶闸管调速系统装置和其他电气设备一样，在运行中难免出现各种故障，当故障出现时，应迅速有效地排除故障，检修小容量晶闸管直流调速系统应从以下几方面着手：

（1）熟悉电路原理，确定检修方案　当一台设备的电气系统发生故障时，不要急于动手拆卸，首先要了解该电气设备产生故障的现象、经过、范围和原因，熟悉该设备及电气系统的基本工作原理，分析各个具体电路，弄清电路中各级之间的相互联系及信号在电路中的路径，结合实际经验，经过周密思考，确定一个科学的检修方案。

（2）先机械，后电路　电气设备都以电气—机械原理为基础，特别是机电一体化的先进设备，机械和电子在功能上有机配合，是一个整体的两个部分。通常机械部件出现故障，影响电气系统，许多电气部件不起作用。因此不要被表面现象迷惑，电气系统出现故障并不都是电气本身问题，有可能是机械部件发生故障所造成的。因此先检修机械系统所产生的故障，再排除电气部分的故障。

（3）先简单，后复杂　检修故障要先用最简单易行、最熟悉的方法去处理，再用复杂、精确的方法。排除故障时，先排除直观、显而易见的故障，后排除难度较高、没有处理过的疑难故障。

（4）先检修通病，后攻疑难杂症　电气设备经常产生相同类型的故障就是"通病"。由于通病比较常见，检修经验较丰富，可快速排除，因此可以集中精力和时间排除比较少见、难度高的疑难杂症，简化步骤，缩小范围，提高检修速度。

（5）先外部调试，后内部处理　外部是指暴露在电气设备外壳或密封件外部的各种开关、按钮、插口及指示灯。内部是指在电气设备外壳或密封件内部的印制电路板、元器件及各种连接导线。先外部调试，后内部处理，就是在不拆卸电气设备的情况下，利用电气设备面板上的开关、按钮等调试检查，缩小故障范围。首先排除外部部件引起的故障，再检修内部的故障，尽量避免不必要的拆卸。

（6）先不通电测量，后通电测试　首先在不通电的情况下，对电气设备进行检修；然后在通电情况下，对电气设备进行检修。对许多发生故障的电气设备检修时，不能立即通电，否则会人为扩大故障范围，烧毁更多的元器件，造成不必要的损失。因此，在故障机通电前，先进行电阻测量，采取必要的措施后，才能通电检修。

（7）先公用电路、后专用电路　任何电气系统的公用电路出故障，其能量、信息无法传送、分配到各具体专用电路，专用电路的功能、性能就不起作用。如果一个电气设备的电源发生故障，整个系统就无法正常运转，向各种专用电路传递的能量、信息就不可能实现。因此遵循先公用电路、后专用电路的顺序，能快速、准确地排除电气设备的故障。

（8）总结经验，提高效率　电气设备出现的故障五花八门、千奇百怪。任何一台有故障的电气设备检修完，应该把故障现象、原因、检修经过、技巧、心得记录下来，学习掌握各种新型电气设备的机电理论知识、熟悉其工作原理、积累维修经验，将自己的经验上升为理论。在理论指导下，具体故障具体分析，才能准确、迅速地排除故障。

另外，排除故障还应注意以下几个方面：

（1）外观检查　可以从表面观察发现简单故障，如电阻、变压器等烧毁、元器件脱焊等。

（2）测量电阻值　在不通电的情况下，用万用表测量所怀疑电路中有关各点的直流电阻值，粗略地判断元器件的好坏。

（3）测量电压　电压检查是常用的检查方法之一。任何电气系统都有一定的传输关系，根据这一特点可以逐级、逐段地进行电压检查，从中找到故障点。

（4）替换检查　用完好的元器件或板件（最好选用经过上机实验证明其是完好的）替换柜内相应的元器件或板件进行试验检查，从而可以较简捷、快速地查找到故障部位。

（5）仪器检查　仪器检查是维修中必不可少的检查方法。它能直观、准确地反映出被测试点的波形状态，有助于查找故障点。

以上检修手段在使用时，应根据具体条件灵活运用，以提高检修效率。

试题精选：

检修 3M 8001C 型调速控制系统的电气故障。

故障现象：施加转速给定指令后，JS04 上的 V14 "U_K" 亮。

故障设置：电阻 R_3 断开。

（1）考前准备　常用电工工具 1 套，万用表（MF47 型或自定）1 块，钳形电流表（T301—A 型或自定）1 块，示波器 1 台，镗床（3M 8001C 调速系统）1 台，镗床配套电路图（与相应的镗床配套）1 套，故障排除所用材料（与相应的设备配套）1 套，黑胶布 1 卷，透明胶布 1 卷，圆珠笔 1 支，劳保用品（绝缘鞋、工作服等）1 套。

（2）评分标准　评分标准见表 1-45。

表 1-45　评分标准

序号	考核内容	考核要求	考核标准	配分	扣分	得分
1	故障查找	正确使用工具和仪表，找出故障点，在原理图上标注	错标或漏标故障点，每处扣 5 分	10		
2	故障排除	排除故障	1. 每少排除 1 处故障点扣 5 分 2. 排除故障时产生新的故障后不能自行修复，每个扣 5 分	10		
3	试运行	电路功能正确	1. 仪器使用不正确扣 3 分 2. 送电运行不成功扣 10 分	10		
4	安全与文明生产	操作过程符合国家、部委、行业等权威机构颁发的电工作业操作规程、电工作业安全规程与文明生产要求	1. 违反规程每一项扣 2 分 2. 操作现场工器具、仪表、材料摆放不整齐扣 2 分 3. 劳保用品佩戴不符合要求扣 2 分 4. 本项实行扣分制，最多扣 3 分			
		合　计		30		

注：若考生发生重大设备和人身事故，应及时终止其考试，考生该试题成绩记为 0 分。

（3）操作工艺

1）读图与分析。3M 8001C 型调速控制系统采用模块化的设计方式，可根据不同的需要组成不同的控制方式。3M 8001C 型调速控制系统为励磁可逆逻辑无环流控制系统，它的电枢控制采用转速与电流双闭环调速系统，它的励磁控制采用非独立励磁的反电动势、励磁电流调节器闭环系统。由此可见，直流电动机采用了调压和调磁联合调速方式。当电动机在额定转速以下时，采用改变电枢电压的方法调速；当电动机在额定转速以上时，采用减弱电动机励磁的方法调速。调压和调磁的调速比为 1∶2。

3M 8001C 型调速控制系统框图如图 1-165 所示。该调速装置适用于他励直流电动机的拖动，它可以使电动机在 4 个象限内运行。Ⅰ象限为正转整流状态，Ⅱ象限为正转逆变状态，Ⅲ象限为反转整流状态，Ⅳ象限为反转逆变状态。电动机电枢电压由整流器（14）提供，整流器为一组三相桥式整流电路。因而，电动机无论工作在整流状态还是逆变状态，电枢电流只能单方向流动。磁场整流器（23）由单相桥式反并联电路组成，用以提供电动机的励磁电压。电动机的正、反转和制动均靠切换励磁电流的方向来实现。

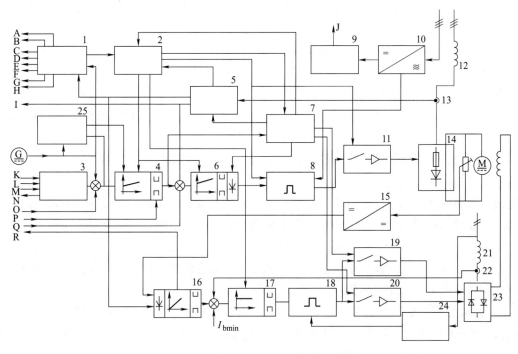

图 1-165　3M 8001C 型调速控制系统框图

1—故障信号及监控电路　2—封锁电路　3—转速给定电路　4—转速调节器　5—电枢电流检测装置
6—电枢电流调节器　7—逻辑切换电路　8、18—脉冲发生器　9—稳压电源　10—控制和同步电源
11—触发脉冲开关和放大电路　12、21—进线电抗器　13—电枢电流检测电路　14—电枢整流器
15—电枢电压处理电路　16—电动机反电动势调节器　17—电动机励磁电流调节器　19、20—电子开关及放大电路
22—励磁电流检测电路　23—磁场整流器　24—励磁同步电源　25—转速调节器自适应电路
A、B—整流器准备就绪　C—故障　D—零速　E—已达到的转速　F—超过额定电流
G—超过最高温度　H—最小励磁电流　I—实际电流值　J—±10V 给定电源　K—转速给定值
L—外部的转速控制　M—第一转速校正　N—第二转速校正　O—转速调节器的辅助输入
P—最大电流的外部控制　Q—电流调节器的辅助输入　R—反电动势

调速装置的控制和同步电源 10 由 E6 单元构成，励磁同步电源 24 和励磁电流检测电路 22 由 E5 的一部分构成。电枢电压处理电路 15 由 E10 单元构成。

当合闸接通电源后，选择电动机旋转方向并起动，那么电动机的实际转速信号，传输到转速调节器 4 的输入端相加，其偏差信号经过转速调节器 4 放大后，作为电流给定值送到电枢电流调节器 6。同时，该信号还要送到逻辑切换电路 7，用于电枢转矩极性变换时切换所需的励磁电流方向。电动机最大电流给定值由转速调节器 4 的输出限幅值来确定。

电枢电流调节器 6 的输出电压经绝对值电路将双极性控制信号变为单一极性的控制信号输送脉冲发生器 8，用来控制脉冲移相。该脉冲经触发脉冲开关和放大电路 11 放大后，对电枢整流器 14 进行控制。电枢电流检测装置 5 输出一个与电枢电流值成正比例的控制信号。这个信号一路输送到故障信号及监控电路 1 和励磁电流调节器 17，另一路作为电枢电流反馈信号，还有一路用作封锁电路 2 的电枢电流断续信号，当电枢电流断续时以改善电流调节器的调节参数。

封锁电路 2 与故障信号及监控电路 1 和逻辑切换电路 7，实施对转速调节器 4、电枢电流调节器 6、脉冲发生器 8 的封锁。

励磁电路同样也受到上述电路的封锁。当励磁电流为零时，脉冲发生器 18 的输出脉冲也受到封锁。

逻辑切换电路 7 的作用是当转速调节器的调节偏差即转矩信号改变极性时，切换励磁电流方向。这一转矩信号控制着所需磁场电流方向的切换电路。这一切换电路的门槛电压由实际的转速值确定。零速时，转矩信号的门槛电压为 150mV，最高转速时为 2.5V，从而避免了电动机高速运转时，转矩信号极性变化不大而导致的不必要的逻辑切换。

当电动机达到额定电压后，电动机进入弱磁调速状态，这一过程由反电动势调节器 16 来完成。相对应于电动机额定电压的给定值输入到反电动势调节器，当实际反电动势反馈值达到反电动势给定值之后，反电动势调节器的输出电压开始下降，从而使励磁电流调节器的输出电压随之下降，导致励磁电流下降，电动机进入弱磁调速状态。为了防止磁场过弱而飞车，在磁场输入端接入一个最小励磁电流，弱磁不能低于此值。但这一最小励磁电流必须调整到高于防止失磁的安全电流值。

2）故障分析。故障灯含义：U_T——测速反馈丢失指示。而 JS05 组件的主要作用是对测速发电机反馈信号 U_T 和电枢电压反馈信号 U_K 进行监控，并把这些信号变换成绝对值。U_T、U_K、I_{Kmax} 监控电路如图 1-166 所示。

V15、V16 为绝对值电路，来自 29 端的测速发电机转速反馈信号经过该电路处理成 U_T 绝对值信号，故测试孔 2 点总为正极性电压。在电动机达到最高转速，即测速发电机处于最大反馈量时，通过整定 R_4 使测试孔 2 点为 +10V。放大器 V19、V20 也是绝对值电路，它把来自 23 端的电枢电压处理器的 U_K 信号变换成它的绝对值信号。两个绝对值电路的放大倍数为 1。

V17 构成两个具有磁滞回环的电压比较器，U_r、U_K 绝对值信号分别输入到两个电压比较器的同相、反相输入端，当信号丢失时，V17 输出高电平向故障报警指示板提供故障信息，并发出封锁控制系统指令。

V18 电路的上半部分为零转速鉴别器，它由 $R_{28} \sim R_{35}$ 和放大器 V18 组成电压比较器电路。当 U_T 的输入信号大于由 R_{33} 设置的零速阈值（-0.7V）时，测试孔 3 点上有正电压输出，表明电动机运转；测试孔 3 点上有负电压输出时，表明电动机静止。

V18 电路的下半部分形成电动机最大电枢电流与电动机转速的线性函数关系：$I_{Kmax} = f(n)$ 电路，从而实现根据电动机的实际转速限制电动机最大电枢电流的目的。

3）故障检查。首先检查测速发电机的输入线，经检查完好，进一步检查发现 R_3 断开。

4）故障排除。用相同电阻替换 R_3，重新试运行，故障排除。

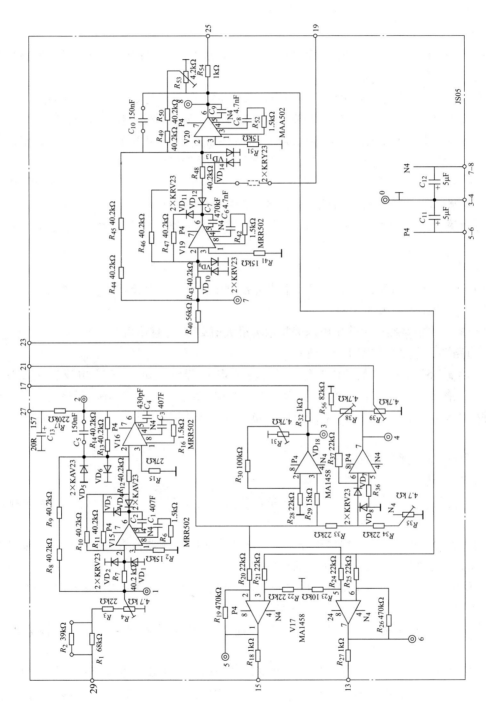

图 1-166　U_T、U_K、I_{Kmax} 监控电路

鉴定点 5　检修大型晶闸管直流调速系统

问：如何检修大型晶闸管直流调速系统的故障？

答：检修大型晶闸管直流调速系统的故障与继电接触式电气设备的方法基本相同，与中小型晶闸管直流调速系统的调试内容有些相近，只是要先找出故障并排除后，再进行调试。另外要注意以下几个方面：

1）在故障检测过程中，用万用表测量电压数据时，要使系统处于静态，即给定电位器应处于零位，需要在测量的同时配合调节，也要在测试完某项后使电位器复位。

2）某些情况下，根据故障现象难以准确判断故障部位时，可置于开环位置并观察设备的运行情况，通常可以较快区分故障是在调节器部分还是触发电路。

3）零速封锁电路可以有效防止负载电动机的爬行等不良现象，所以在故障现象不明显时，优先排除此部分存在故障的可能性，达到少走弯路的目的。

4）进行通电、断电交替测量时，不可频繁开关主电路，以免对系统某些部件造成损坏。

试题精选：

检修 DSC—5 型直流调速装置单闭环系统（带电压负反馈、电流截止负反馈）。

故障设置：IC1C9、10 脚短路。

故障现象：主电路接通后输出电压表指示为最大值 270V，且不可调整。

（1）电路图　电路图如图 1-162 所示。

（2）考前准备　常用电工工具 1 套，万用表（MF47 型或自定）、钳形电流表（T301—A 型或自定）各 1 块，示波器 1 台，直流调速柜（DSC—5 型）1 台，调速柜配套图样 1 套，故障排除所用材料 1 套，黑胶布 1 卷，透明胶布 1 卷，圆珠笔和铅笔各 1 支，劳保用品（绝缘鞋和工作服）1 套。

（3）评分标准　评分标准见表 1-45。

（4）操作工艺

1）为了避免意外事故的发生，应先把负载拆除，然后进行空载试运行、检测及排除故障。

2）用万用表电压挡检测主电源电压，用示波器或相序检测器检查电源相序。如果没有相序检测仪器，也可用万用表代替进行简单判别。

3）确认电源相序及电压正常后，应进一步检查控制电路，特别应以电源板（WYD）为主。主要测量几个关键点的电压，如±15V 电压。

4）电源部分测量完毕后，均显示正常。经进一步分析和判断，应重点检查调节板（TJD）和触发板（CFD）。

5）顺序接通控制电路和主电路后，对触发板进行检查，主要量取 4 个电压值，即 3 个同步电压 U_{ta}、U_{tb}、U_{tc} 和 1 个控制电压 U_k，可以发现同步电压均正常（交流 3V 左右），控制电压 U_k 为 +3V（正限幅值，异常），因此时给定回路还处于负压保护状态，正常情况下 U_k 应为负限幅值 -3V。

6）通过上述测量，故障点可以被压缩至调节板上。接下来可以从后往前，也可从前往后测量来逐步缩小故障范围，下面以从前往后为例来判断。

① 先测量调节板的给定电压 U_g，测试孔的电压为 0V。

② 测量运算放大器 LM324 的 14 脚输出电压，同时调节给定电位器，可看到万用表指示有变化的负压，最大值约为-9V（正常）。

③ 测量零速封锁放大器 1 脚输出电压为+14V，但不可调（有异常）。

④ 进一步测量 LM324 末端输出 8 脚有+14V 电压，但不可调（异常）。这应是造成该故障的根本所在。因 8 脚有+14V 输出（正常应为-14V），以至于超过上限幅器限幅值，从而使 U_k 被钳位在正限幅值+3V 上，形成故障。

⑤ 此时可以把故障范围圈定在 LM324 末级放大器上。再进一步测量发现 9、10 两脚电压在给定为零的静态下电压值均为 2.2V，而正常情况下 9、10 两脚的电压只有在动态调节时才会出现相等的情况。

a. 导致 9、10 两脚电压相等可能的原因有：VD_7、VD_8 两二极管内部击穿短路，9、10 两脚外部或内部短路等。拆下 VD_7、VD_8 测量，二极管的正反向特性基本正常。观察印制电路板时发现 9、10 两脚之间有轻微的发霉现象，应为故障所在。

b. 用橡皮擦拭并用小刀轻轻刮除霉点后通电试运行，设备恢复正常。接负载试运行，电动机运转也正常，证实故障排除。

鉴定范围 5　培训与技术管理

鉴定点 1　理论培训指导

问：理论培训指导的方法和步骤有哪些？进行理论培训指导时应注意哪些问题？

答：理论培训指导是对技师和高级技师提出的要求，其目的是考察考生是否具有较高的理论培训技能，它要求考生既要有牢固的理论知识，又要有一定的语言表达能力，以便能把自己的知识传授给学员。

理论培训指导的内容包括培训计划的编写、备课和讲授三部分。

操作要点提示：

（1）培训计划的编写　培训计划的编写应注意几点：

1）培训前应充分了解学员的技术等级、专业知识的水平和技能操作熟练的程度，做到有的放矢、因人施教。

2）根据培训人数及等级安排培训的批次。

3）根据培训要求制定培训的时间。

4）根据培训要求和教材编写培训计划和教学大纲。

（2）教案的编写

1）要明确教学目的和教学任务，充分理解教学大纲。

2）要科学地处理教材，根据学员的情况及培训任务，合理地选择教学方法。

3）科学地进行版面设计。

4）编写教案，教案的编写有详案也有简案，可根据培训内容选用。

（3）授课　讲授时一般应注意以下几个方面：

1）授讲内容的科学性和思想性。

2）讲授要有系统性、逻辑性，更要注意其中的重点、难点和关键点，使"培训对象"能透彻理解，融会贯通。

3）讲授时要注意教学方法的多样性，特别是要有启发性。

4）语言要明白易懂，具体生动，有感染力，以表情和姿势帮助说话，注意运用语音的高低强弱和速度。

5）板书要有计划、有条理，字迹要工整、正确清楚。

6）教具要事先准备充分。

试题精选：

讲述三相异步电动机的能耗制动控制电路的工作原理。

（1）**考前准备**　三相异步电动机的能耗制动控制电路工作原理讲义（B5 纸）5 份，教具、演示工具（全套自定）1 套，培训指导的场地及设施（要求准备不少于 $30m^2$ 教室或会议室，其配套设施要满足培训指导的要求）1 处。

（2）**评分标准**　评分标准见表 1-46。

表 1-46　评分标准

序号	考核内容	考核要求	考核标准	配分	扣分	得分
1	编写教案	内容正确	1. 内容错误每处扣 1 分 2. 主题不明确扣 2 分 3. 得出不正确结论扣 1 分	5		
2	教学过程	教学内容正确，重点突出	1. 教学内容有错每处扣 1 分 2. 重点不突出扣 1 分	2		
		板书工整，教案亲切 自然语法，精炼准确	1. 板书不工整扣 1 分 2. 语法不精炼扣 1 分 3. 教法不自然扣 1 分	3		
3	时间安排	不得超过规定时间	超过规定时间扣 1 分			
合计				10		

否定项：具有下面情况之一者，视为培训指导不合格

1）不能正确编写教案

2）讲授内容错误过多，达到 5 处

3）讲授内容组织不合理且有整体逻辑错误

技术要求：

1）培训指导的内容应反映本等级水平

2）内容正确，组织合理

3）具有良好的语言表达能力

4）讲授内容正确，主题明确，重点突出

5）思路清晰、通俗易懂，举例恰当

6）语言流畅、表达准确，板书规范

（3）操作工艺　首先根据考核题目熟悉教学内容，即钻研教材，把握三相异步电动机的双重联锁正反转控制电路的重点和难点，准备教具和挂图，写出教案。教案如下：

课时计划

授课日期：××××

课题：三相异步电动机能耗制动控制电路的工作原理。

教学目的和要求：

1）理解能耗制动的概念。

2）掌握三相异步电动机能耗制动控制电路的工作原理。

重点和难点：

1）重点。三相异步电动机能耗制动控制电路的工作原理。

2）难点。三相异步电动机全波能耗制动控制电路的工作原理。

教具与挂图：三相异步电动机、三相异步电动机能耗制动控制电路的挂图（或图样）各1张。

课的类型：讲授法。

复习旧课：

1）什么是三相异步电动机的制动？

2）什么是三相异步电动机的反接制动？

教学步骤：

1）组织教学（1min）。

2）复习旧课，引入新课（2min）。复习三相异步电动机反接制动的工作原理，给三相异步电动机的定子绕组中通以反相序的交流电，使其产生一个反向力矩使电动机迅速停转，当转速低于100r/min时，速度继电器动作，进而切断电源。

3）讲授新课（20min）。首先引入三相异步电动机半波整流能耗制动控制电路，分别对主电路和控制电路进行分析，总结出优缺点。对存在的操作不方便问题如何解决？引入三相异步电动机的全波整流能耗制动控制电路，然后分别对主电路和控制电路进行分析，并将两者进行比较。

4）小结（1min）。

5）布置作业（1min）。

鉴定点 2　技能培训指导

问：技能培训指导的方法和步骤有哪些？培训中应注意哪些问题？

答：技能培训指导是对技师和高级技师提出的要求，其目的是考察考生是否具有较高的技能培训能力，它要求考生既要有牢固的理论知识，又要有丰富的实践经验，同时还要有一定的语言表达能力，以便把自己的知识和经验传授给学员。

技能培训常用的教学方法有讲授法、演示法、练习法、讨论法和参观法等。

操作要点提示：

（1）"技能培训指导"备课时的注意事项

1）根据技能培训大纲的要求，考生对课题内容有关的材料、资料（电路图）等进行分析、研究，以理论知识为指导，层次分明，编写教案。

2）依据课题内容，选用合适的电工材料，以保证"技能培训指导"的顺利进行。

3）课题内容需要考生做演示操作时，一定要按国家技术标准和规范，准确无误地进行演示。

4）依据培训对象的水平和以往培训对象的技能培训指导情况，预测可能出现的问题，做到心中有数，确定指导要点。

（2）进行示范操作时的注意事项

1）适当放慢操作速度。考生一般操作都比较熟练，如果用通常的速度演示，培训对象看不清楚演示的内容，因此要适当放慢示范速度，才能收到良好的效果。

2）分解演示。将操作过程分为几个步骤来加以演示，先做什么，后做什么，分步演示，如变频器的预置、PLC 程序的输入与调整等。

3）重复演示。一次演示不一定能使培训对象理解，培训对象人数较多时，靠后的人看不清，要做重复演示。

4）重点演示。对关键操作重点演示，如使用双踪示波器观察波形变化情况。

5）边演示边讲解。只演示不讲解，不能发挥演示作用，因此在演示时，考生要讲清楚操作的意义、特点、步骤和注意事项，并指导培训对象观察示范过程。讲解过程中，语言一定要生动、简练、恰当。

6）考核过程中，考生一定要掌握好时间，使学生获得完整、正常的操作过程，以免出现因时间过长或过短而影响考核成绩。

7）考生应按照国家技术标准进行正确演示，目的在于指导培训对象如何防止和矫正不正确的操作。

8）考核时尽可能采用实物演示，采用模型或教具演示可能会带来失真，与实际操作有差别。

试题精选：

进行变频器安装的培训指导。

（1）考前准备

1）进行变频器安装培训指导的备课。

2）材料准备：三相四线交流电源（~3×380V/220V）1 处，万用表（自定）1 块，电工通用工具 1 套，圆珠笔 1 支，演草纸（自定）2 张，绝缘鞋、工作服等 1 套，变频器 1 台，中、小型三相异步电动机（与变频器配套）1 台，安装、接线及调试的工具和仪表（配套自定）1 套，纸（B 4 或自定）3 张，教具、演示工具（全套自定）1 套，培训指导的场地及设施（要求准备不少于 $30m^2$ 的实训场地，其配套设施要满足培训指导的要求）1 处。

（2）评分标准　评分标准见表 1-46。

（3）操作工艺

1）首先进行变频器安装培训指导的备课。

① 研究授课内容，确定授课方法，采用演示教学法。

② 准备教具、实物及拆卸工具。

③ 进行变频器的安装练习。

④ 授课前将电动机安装或固定好。

⑤ 写出教案。

2）授课：

① 组织教学。

② 讲解安装变频器的要求和步骤。

③ 讲解安装要领及注意事项。

④ 进行演示教学，边安装边讲解，并对每一步的操作要领及注意事项进行提示。

⑤ 小结。进一步强调安装要领和注意事项。

⑥ 布置作业。

⑦ 清理现场。

教案： 　　　　　　　　　　　　　　课时计划

授课日期：××××

课题：变频器的安装与接线。

教学目的和要求：

1）掌握变频器的安装要求和安装方法。

2）掌握变频器的接线。

重点和难点：

1）重点。变频器的安装方法。

2）难点。变频器的安装与接线方法。

教具与挂图：变频器和三相异步电动机各 1 台（配套），变频器接线图 1 张。

课的类型：演示讲授法。

复习旧课：

1）变频器的主要组成。

2）变频器的工作原理。

教学步骤：

1）组织教学（1min）。

2）复习旧课（2min）。

3）讲授新课（25min）。

① 变频器的安装要求及方法。

a. 由于变频器使用了塑料零件，所以安装时，不要在前盖板上使用太大的力。

b. 变频器要安装在不易受振动的地方，注意台车和冲床等的振动。

c. 注意安装场所周围的温度不能超过允许温度（−10~50℃）。

d. 变频器应安装在不可燃的表面上，并在其周围留有足够的空间散热，具体要求是上下 10mm，左右 100mm。

e. 避免安装在阳光直射、高温和潮湿的场所；避免安装在油雾、易燃性气体、棉尘及尘埃等较多的场所。

f. 将变频器安装在清洁的场所，或安装在可阻挡悬浮物质的封闭型屏板内。

g. 变频器安装在柜内的散热方法。当两台变频器安装在一个控制柜内时，应将通风口向上并平行安装，以利散热。

h. 要用螺钉将变频器垂直且牢固地安装在控制板上。

② 变频器的接线图（出示变频器接线图）。

③ 介绍变频器的端子（出示变频器）。

④ 演示操作。

4）小结（1min）。

5）布置作业（1min）。

鉴定点 3 　 编制检修继电接触式控制的大型电气设备的工艺计划

问：制订工艺文件的原则有哪些？编制机械设备电气大修工艺的方法有哪些？一般机械设备电气大修工艺应包括哪些内容？

答：制订工艺文件的原则是在一定的生产条件下，能以最快的速度、最少的劳动量、最低的生产费用，安全可靠地生产出符合用户要求的产品。因此，在制订工艺文件时，应注意以下 3 方面的问题：

（1）技术上的先进性　在编制工艺文件时，应从本企业的实际条件出发，参照国际、国内同行业的先进水平，充分利用现有生产条件，尽量采用先进的工艺方法和工艺设备。

（2）经济上的合理性　在一定的生产条件下，可以制订出多种工艺方案。这时应全面考虑，利用价值工程的原理。通过经济核算、对比，选择经济上合理的方案。

（3）有良好的劳动条件　在现有的生产条件下，应尽量采用机械和自动化的操作方法，尽量减轻操作者的繁重体力劳动。同时充分注意在工艺过程中要有可靠的安全措施，给操作者创造良好而安全的劳动条件。

编制机械设备电气大修工艺的方法如下：

（1）编制大修工艺前的技术准备

1）查阅资料。查阅该设备的档案，了解其电气控制结构，为制订大修方案做准备工作。

2）现场了解。查阅资料后，深入现场了解设备现状。

3）制订方案。通过调查分析，针对设备现状，制订出合理的大修方案，既要考虑大修效果，又要考虑大修成本。

（2）编制大修工艺的分析　对设备进行分析，此次电气大修对有的部件进行更换，有的进行大修，有的进行保养。对变压器、电动机和高压柜等特殊电器，可参照比较成熟、完整的大修工艺和大修质量标准执行。通用电气设备、成套机床电气柜也有现成的大修工艺，因此只编写整个设备的总体工艺。

（3）编写具体的设备大修工艺　大修工艺步骤、技术要求要填写标准的电气大修工艺卡，对于线路比较简单的电气设备，修理工艺内容可适当简化。

一般机械设备电气大修工艺应包括的内容如下：

1）整机及部件的拆卸程序及拆卸过程中应检测的数据和注意事项。

2）主要电气设备、元器件的检查、修理工艺及应达到的质量标准。

3）电气装置的安装程序及应达到的技术要求。

4）系统的调试工艺和应达到的性能指标。

5）需要的仪器、仪表和专用工具应另行注明。

6）试运行程序及需要特别说明的事项。

7）施工中的安全措施。

操作要点提示：

电气设备的复杂系数是制定电气设备修理计划的重要依据。通过它可以估算出设备修理的劳动定额、时间定额、维修定额、动力设备值班维护定额等。

（1）设备的修理复杂系数　用系数来表示不同设备的结构、性能、精度、工艺特性而定出修理时的复杂程度，称为设备修理时的复杂系数。例如，修理 0.6kW 的三相异步电动机的复杂系数定为 1，设备修理的复杂系数用 F 为代号，$1F$ 表示一个修理复杂系数，而 $50F$ 则表示 50 个修理复杂系数。

（2）设备修理复杂系数的确定　设备修理复杂系数的确定方法有以下几个方面：

1）通过公式计算。根据设备的参数，按有关公式进行计算，便可得出设备的修理复杂系数 F，即

$$F = F_{电} + F_{机} + F_{液} + F_{其他}$$

式中，$F_{电}$ 为电气修理复杂系数；$F_{机}$ 为机械修理复杂系数；$F_{液}$ 为液压修理复杂系数；$F_{其他}$ 为其他修理复杂系数。

例如，M7120 型平面磨床的修理复杂系数为

$$F = F_{电} + F_{机} + F_{液} + F_{其他} = 9 + 9 + 2.5 + 0 = 20.5$$

2）通过表格查取。长期以来，各工业部门在长期修理工作中积累了大量数据，编有设备修理系数表，其中包括电动机修理复杂系数表、部分切削机床修理复杂系数表、变配电设备修理复杂系数表、起重和锻压设备修理复杂系数表、电焊设备及变频设备修理复杂系数表等。部分切削机床修理复杂系数见表 1-47。

表 1-47　部分切削机床修理复杂系数

序号	设备名称	型号	规格/mm	修理复杂系数		备注
				机械	电气	
1	落地车床	DP50000	$\phi5000$	50	11	
2	立式车床	C512	$\phi1250$	17	23	
3	卧式车床	C630	$\phi600\times8000$	27	5	
4	卧式车床	C6160	$\phi1600\times8000$	45	39	
5	摇臂钻床	Z35	$\phi50\times1600$	11	12	
6	卧式镗床	T68	$\phi85$	19	10	
7	平面磨床	M7120	200×630	9	9	
8	立式镗床	X53	400×1600	15	11	
9	龙门刨床	B2010	1000×3000	27	56	
10	龙门刨床	B220	2000×5000	46	70	
11	插床	B5050A	500	14	5.5	
12	卧式镗床	L6140	$40T\times2000$	18	11	
13	金属圆锯床	G6014	$\phi1430$	16	6	
14	电脉冲加工机床	D5070A	$700\times600\times400$	5	15	
15	线切割机床	J-01045	$200\times125\times50$	6	40	

3）通过分析比较法确定。由于种种复杂情况，即使通用设备，也因新的线路和技术改造而与原来性能有变化。因此，要积累修理资料，用分析比较法来修订修理复杂系数，使之更符合实际，也可用经验估计和资料统计法确定。

（3）设备修理复杂系数与工时定额的关系　一个设备修理复杂系数与工时定额的关系见表 1-48。

表 1-48　一个设备修理复杂系数与工时定额的关系

工种	电气设备			锅炉及其他设备		
	小修	中修	大修	小修	中修	大修
电、钳管工	1.5	7	13	10	32	58
机工	0.5	2	3		4	7
其他		1	2	2	14	20
合计	2	10	18	12	50	85

（4）工时定额与技术等级的换算　由于表 1-48 是按高级工（旧 5 级）来计算的，所以对于不同等级的技术工人，要进行技术等级的工时定额换算，见表 1-49。

表 1-49　技术等级工时定额换算系数

技术等级	初级	中级	高级	技师	高级技师
换算系数	1.63～2.28	1.18～1.56	1～1.18	1	1

（5）设备修理费用定额　通过修理复杂系数还可以从有关手册中查到设备修理费用定额，由于物价是不断变化的，新的元器件价格也有变化，因此只能做参考。制作计划时，要多做市场调查。电气大修、中修、小修、维护费用比约为 10∶4∶2∶1，仅供参考。

（6）设备电气修理复杂系数的计算公式

1）设备电气修理复杂系数的计算公式。

① 金属切削机床电气修理复杂系数的计算公式为

$$F_{电} = \sum F_1 + F_2 + F_3 + F_4$$

式中，F_1 为电动机修理复杂系数；F_2 为配电箱与操纵台的修理复杂系数；F_3 为机床上的电器、电线的修理复杂系数；F_4 为电磁吸盘的修理复杂系数。

② 起重运输机械电气修理复杂系数的计算公式为

$$F_{电} = \sum F_1 + F_5 + F_6$$

式中，F_1 为电动机修理复杂系数；F_5 为起重运输机械上的电气修理复杂系数。F_6 为起重运输机械滑触器上的电气修理复杂系数。

③ 弱电元件的电气修理复杂系数的计算公式为

$$F_7 = 0.015n_4 + 0.2n_5$$

式中，n_4 为弱电元件的个数；n_5 为中小规模集成电路及厚膜电路的个数。

以上公式适用于机床电气复杂系数的计算，也可以用于相对应的电气设备计算。

2）电力变压器修理复杂系数的计算公式为

$$F_{变压器} = 1.6\frac{S}{3K}$$

式中，S 为变压器的容量（kV·A）；K 为电压修正系数，小于 1kV 时，$K=1$，1~11kV 时，$K=1.1$，11.1~40kV 时，$K=1.2$。

试题精选：

编制某厂铸钢车间一台 1.5T 电弧炉的电气大修工艺卡。

（1）考前准备　1.5T 电弧炉 1 台，圆珠笔 1 支，绘图工具 1 套，劳保用品（绝缘鞋、工作服等）1 套，A4 纸若干。

（2）评分标准　评分标准见表 1-50。

表 1-50　评分标准

序号	考核内容	考核要求	考核标准	配分	扣分	得分
1	设备检修工艺计划	编制检修工艺合理、可行	施工计划不够合理、不完整每处扣1分	2		
2	检修步骤和要求	检修步骤和要求清楚、正确	制订检修步骤和要求不具体、不明确每处扣1分	2		
3	材料清单	所列材料清单品种齐全，材料名称、型号、规格和数量恰当	材料清单不完整、型号规格数量不当，每处扣1分	2		
4	人员配备和分工	人员配备和分工方案合理	人员配备和分工不合理，每处扣1分	2		
5	检修管理	检修管理的措施科学	检修管理的措施不科学，每处扣1分	2		
合计				10		

否定项：如发现设备检修工艺不是考生自己撰写的，本项考核做 0 分处理

技术要求：
1）资金预算编制经济合理
2）编制工时定额合理
3）选用材料准确齐全
4）编制工程进度合适
5）人员安排合理
6）安全措施到位
7）质量保证措施明确

（3）操作工艺

1）做好编制大修前的技术准备，包括查阅资料、现场了解和制定方案。

2）编制大修工艺的分析。本设备包含电弧炉变压器、高低压控制柜、KSD 电极自动升降调节柜等设备。此次电气大修对有的部件进行更换，有的进行大修，有的进行保养。对电

弧炉变压器、电动机、高压柜等特殊电器，可参照比较成熟、完整的大修工艺和大修质量标准执行。通用电气设备、成套机床电气柜也有现成的大修工艺，因此只需编写设备大修的总体工艺。

3）编写大修工艺并填写工艺卡片。工艺卡片见表1-51。

表1-51 大修工艺卡片

设备名称	型号	制造厂名	出厂时间	使用单位	大修编号	复杂系数	总工时	设备进厂日期	技术人员	主修人员
1.5T电弧炉				铸钢车间	05-04	FD/47	800h			

序号	工艺步骤及技术要求	使用仪器仪表	本工序定额	备注
1	切断总电源，做好预防性安全措施			
2	拆线（包括高低压母线），做好相应的记录，所有零部件整理归类，妥善保管，以备使用			
3	电弧炉变压器大修准备（包括取油样试验备品备件和测试仪表准备）			
4	电弧炉变压器大修，按大修工艺及大修质量标准执行			
5	高压配电屏保养及检修，按高压配电屏检修工艺及完好标准执行			
6	电弧炉变压器和高压配电屏的测试及参数整定，做好相应记录			
7	拆除低压控制柜及端子箱，移交设备库处理			
8	对电极自动升降控制柜进行一级保养，按照技术说明书要求对系统所有参数进行重新整定			
9	交流电动机达到检修保养完好标准，注意轴承应使用高温润滑油，冷却水管必须畅通			
10	新的低压控制柜及端子箱重新安装就位并固定好			
11	电弧变压器一、二次侧母线制作安装，要求接触面平整，间隙小于0.05mm，接触面之间涂导电膏			
12	按图样要求在管内重新穿线并进行绝缘检测，管内不允许有接头			
13	按图对号接线，并检查接线的正确性			
14	检查接地电阻值，保证接地系统处于完好状态			
15	在接线无误的情况下进行系统调试			
16	配合机械做负载试验			
17	电气整改			
18	所有电气设备重新刷漆			
19	设备合格后，办理设备移交手续			
20	资料移交，包括技改图样、新柜合格证书、安装技术记录、调整试验记录、绝缘油化验报告等			

4）人员、设备、工器具。

① 人员：工长 1 名，电工 3 名。

② 设备：起重机 1 台，手电钻 1 台。

③ 工器具：紧线器、压线钳各 1 套，万用表 1 块，绝缘电阻表 1 块，单梯 2 架，合页梯 1 架。此外，施工人员各带自配通用工具和安全带、防护绳。

④ 电气设备和照明灯具、电源开关等按设计图样提供。

5）安全保障措施。

① 施工人员进入施工现场要戴好安全帽，穿好工作服及其他劳保用品。

② 施工人员在高处工作时要系好安全带；登梯工作时要有人扶牢梯子；高空工作时，地面始终要有人监护。

③ 高空作业所需物品要通过绳子提拉，严禁上下抛接。

④ 施工用具、原材料要摆放整齐，不得乱扔乱放，保持安全通道畅通。

⑤ 施工用临时电源要按规定架设，不得随意乱接。严禁带电操作。

6）施工进度计划。施工进度计划和保障措施如下：

① 切断总电源，做好预防性安全措施。拆线（包括高低压母线），电弧炉变压器大修准备，4 人，1 天。

② 电弧炉变压器大修，2 天；高压配电屏保养及检修，4 人，1 天。

③ 电弧炉变压器和高压配电屏的测试及参数整定，4 人，0.5 天。

④ 对电极自动升降控制柜进行一级保养，4 人，1 天。

⑤ 拆除低压控制柜及端子箱，新的低压控制柜及端子箱重新安装就位并固定好，1 天。

⑥ 交流双电动机检修保养，2 人，0.5 天。

⑦ 电弧变压器一、二次侧母线制作安装，4 人，0.5 天。

⑧ 按图样要求在管内重新穿线并进行绝缘检测，管内不允许有接头，4 人，2 天；

⑨ 按图对号接线，检查接地电阻值，进行系统调试，做负载试验 1 天。

⑩ 所有电气设备重新刷漆，设备合格后，办理设备移交手续，1.5 天。

计划 10 天完成全部安装工作。

为保证工期，施工计划应根据实际情况随时调整，合理安排施工顺序，杜绝等工具、等材料的现象。

7）资金预算。由于采用本单位电工维修班，则不需考虑维修工资，只需考虑更换元器件及低压柜的资金费用。

鉴定点 4　编制检修 PLC+变频器控制的较复杂电气设备的工艺计划

问：如何编制检修 PLC 控制及 PLC+变频器控制的较复杂电气设备的工艺计划？

答：编制检修 PLC 控制及 PLC+变频器控制的较复杂电气设备的工艺计划的方法和步骤与编制检修继电接触式控制的大型电气设备的工艺计划基本相同，只是复杂系数和具体的设备不同。

试题精选：

编制检修 B2010 型龙门刨床变频调速系统的工艺计划，并填写大修工艺卡。

（1）考前准备　B2010 型龙门刨床 1 台，与机床 PLC 配套的编程器或装有相应软件的计算机 1 台，圆珠笔 1 支，绘图工具 1 套，绝缘鞋、工作服等 1 套，A4 纸若干。

（2）评分标准　评分标准见表 1-50。

（3）操作工艺

1）做好编制大修前的技术准备，包括查阅资料、现场了解和制定方案。

2）编制大修工艺的分析。

① 本设备距上次技术改造检修间隔 6 年，修理周期已到；从检修记录中可看出，改造时只是用变频器+PLC 调速系统进行改造，原有的正常元器件没有更换。

② 设备现状：导线绝缘老化，接触器、行程开关损坏频繁，编号脱落模糊，电动机需进行保养。

3）编写大修工艺并填写工艺卡片，见表 1-52。

表 1-52　大修工艺卡片

设备名称	型号	制造厂名	出厂时间	使用单位	大修编号	复杂系数	总工时	设备进厂日期	技术人员	主修人员
龙门刨床	B2010			机加工车间	05-05	FD/56	800h			

序号	工艺步骤及技术要求	使用仪器仪表	本工序定额	备注
1	切断总电源前，将 PLC 程序进行保存，并做好预防性安全措施	编程器		
2	拆线，做好相应的记录，所有零部件整理归类，妥善保管，以备使用			
3	8 台交流电动机达到检修保养完好标准			
4	更换行程开关和全部导线			
5	检修控制电气柜，更换交流接触器和部分导线			
6	按图样要求在管内重新穿线并进行绝缘检测，管内不允许有接头			
7	按图对号接线，并检查接线的正确性			
8	检查接地电阻值，保证接地系统处于完好状态			
9	检查 PLC 程序是否正确，否则重新输入	编程器		
10	检查各变频器的参数设定，如有错误，按照说明书要求和原保存的参数进行设定			
11	在接线无误的情况下进行系统调试			
12	配合机械做负载试验			
13	所有电气设备重新刷漆			
14	设备合格后，办理设备移交手续			
15	资料移交，包括技改图样、安装技术记录，调整试验记录			

4）人员、设备、工器具。

① 人员：工长 1 名，电工 3 名。

② 工器具：压线钳 1 套，万用表 1 块，绝缘电阻表 1 块，单梯 2 架，合页梯 1 架。此外，施工人员各带自配通用工具。

③ 照明灯具：行灯 4 盏。

5）安全保障措施。

① 施工人员进入施工现场要穿好工作服及其他劳保用品。

② 施工用具、原材料要摆放整齐，不得乱扔乱放，保持安全通道畅通。

③ 施工用临时电源要按规定架设，不得随意乱接。严禁带电操作。

6）施工进度计划。施工进度计划和保障措施如下：

① 切断总电源，做好预防性安全措施。拆线，保存程序和变频器的参数，4 人，0.5 天。

② 8 台交流电动机达到检修保养完好标准，4 人，2 天。

③ 更换行程开关，更换全部导线，4 人，6 天。

④ 检修低压控制柜，4 人，2 天。

⑤ 按图样要求在管内重新穿线并进行绝缘检测，2 人，0.5 天。

⑥ 按图对号接线，并检查接线的正确性，2 人，1 天。

⑦ 检查接地电阻值，检查 PLC 程序是否正确，检查各变频器的参数设定，2 人，1 天。

⑧ 所有电气设备重新刷漆，设备合格后，办理设备移交手续，2 天。

计划 15 天完成全部安装工作。

为保证工期，施工计划应根据实际情况随时调整，合理安排施工顺序，杜绝等工具、等材料的现象。

7）资金预算。由于采用本单位维修电工人员，则不考虑工资，只需考虑购买元器件及材料费用。

鉴定点 5 编制检修中、小容量晶闸管调速系统的工艺计划

问：如何编制检修中、小容量晶闸管调速系统的工艺计划？

答：编制检修中、小容量晶闸管调速系统的工艺计划的方法和步骤与编制检修继电接触式控制的大型电气设备的工艺计划基本相同，只是复杂系数和具体设备不同。

试题精选：

编制检修 B2012 型龙门刨床 V55 系统的工艺计划，并填写大修工艺卡。

（1）考前准备 B2012A 型龙门刨床 1 台，电工工具 1 套，圆珠笔 1 支，绘图工具 1 套，绝缘鞋、工作服等 1 套，A4 纸若干。

（2）评分标准 评分标准见表 1-50。

（3）操作工艺

1）做好编制大修前的技术准备，包括查阅资料、现场了解和制定方案。

2）编制大修工艺的分析。

① 本设备距上次检修间隔 5 年，修理周期已到；从检修记录中可看出，原有的正常元器件没有更换。

② 设备现状：导线绝缘老化，接触器损坏频繁，编号脱落模糊，电动机要进行保养。

3）编写大修工艺并填写工艺卡片。工艺卡片见表 1-53。

表 1-53　大修工艺卡片

设备名称	型号	制造厂名	出厂时间	使用单位	大修编号	复杂系数	总工时	设备进厂日期	技术人员	主修人员
龙门刨床	B2010A			机加工车间	05-06	FD/40	800h			
序号										

序号	工艺步骤及技术要求	使用仪器仪表	本工序定额	备注
1	电气控制设备的安全处理，如各开关置于零位，断开低压断路器等			
2	拆线，做好相应的记录，所有零部件整理归类，妥善保管，以备使用			
3	交流电动机达到检修保养完好标准			
4	更换行程开关及全部导线			
5	检修控制电气柜，更换交流接触器和部分导线			
6	按图样要求在管内重新穿线并进行绝缘检测，管内不允许有接头			
7	按图对号接线，并检查接线的正确性			
8	检查接地电阻值，保证接地系统处于完好状态	绝缘电阻表		
9	检查电源电压和控制电压是否正常			
10	检查励磁回路			
11	检查波形	示波器		
12	系统逻辑反转检查			
13	配合机械做负载试验			
14	调试系统，整定主要参数			
15	控制电器的动作检查			
16	横梁升降试验与调整			
17	刨台综合试验与调整			
18	设备合格后，办理设备移交手续，资料移交包括技改图样、安装技术记录、调整试验记录			

4）人员、设备、工器具。

① 人员：工长 1 名，电工 3 名。

② 工器具：压线钳 1 套，万用表 1 块，绝缘电阻表 1 块，示波器 1 台，此外施工人员各带自配通用工具。

③ 照明灯具：行灯 4 盏。

5）安全保障措施。

① 施工人员进入施工现场要穿好工作服及其他劳保用品。

② 施工用具、原材料要摆放整齐，不得乱扔乱放，保持安全通道畅通。

③ 施工用临时电源要按规定架设，不得随意乱接。严禁带电操作。

6）施工进度计划。

① 切断总电源，做好预防性安全措施及准备工作，4 人，0.5 天。

② 6 台交流电动机达到检修保养达到完好标准，4 人，2 天。

③ 更换行程开关及全部导线，4 人，4 天。

④ 检修低压控制柜，4 人，2 天。

⑤ 按图样要求在管内重新穿线并进行绝缘检测，2 人，0.5 天。

⑥ 按图对号接线，并检查接线的正确性，2 人，1 天。

⑦ 检查接地电阻值，2 人，0.5 天。

⑧ 系统试验，4 人，3 天。

⑨ 设备合格后，办理设备移交手续，1.5 天。

计划 15 天完成全部安装工作。

为保证工期，施工计划应根据实际情况随时调整，合理安排施工顺序，杜绝等工具、等材料的现象。

7）资金预算。由于采用本单位维修电工人员，则不考虑工资，只需考虑购买元器件及材料费用。

第二部分 电工高级技师

（一）应知单元

鉴定范围1 数控机床电气系统故障判断与维修

鉴定点1 数控系统的组成

问：数控机床数控系统由哪几部分组成？简述其工作原理。

答：数控机床采用计算机数控（CNC）系统，由数控加工程序、输入/输出接口、CNC装置、PLC、伺服驱动装置和检测反馈装置组成。

（1）数控加工程序 数控加工程序记载零件几何信息、工艺信息及辅助信息等。

（2）输入/输出接口 典型的输入/输出（I/O）控制部件有：数控系统操作面板接口、CRT接口、进给伺服控制接口等。

（3）CNC装置 CNC装置是核心部件，由硬件和软件组成。

1）硬件部分包括中央处理器（CPU）、存储器、I/O接口部分。软件部分包括控制软件和管理软件两大部分。

2）控制软件由译码程序、刀具补偿计算程序、速度控制程序、插补运算程序和位置控制程序等组成。

3）管理软件由零件程序的I/O程序、显示程序和诊断程序等组成。

（4）PLC PLC用于开关量控制。

（5）伺服驱动装置 伺服驱动装置响应CNC装置发出的指令，带动机床各坐标轴运动。

（6）检测反馈装置 检测反馈装置通过比较进行调节控制。

数控系统是严格按照数控加工程序对工件进行自动加工的。数控装置将数控加工程序信息按两类控制量分别输出：一类是连续控制量，送往伺服驱动装置；另一类是离散的开关控制量，送往机床逻辑控制装置。共同控制机床各组成部分实现各种数控功能。

试题精选：

数控系统不包括（B）。

A. CNC装置   B. 机床主体

C. I/O接口   D. 伺服和检测反馈装置

鉴定点 2　数控系统的基本功能

问：数控机床的数控系统有哪些基本性能？有哪些选择功能？

答：CNC 系统的基本功能包括：

（1）控制功能　控制功能主要反映在 CNC 系统能够控制的轴数（即联动轴数）。

（2）准备功能　准备功能是指定机床动作方式的功能，主要有基本移动、程序暂停、坐标平面选择、坐标设定、刀具补偿、固定循环、基准点返回、公英制转换和绝对值增量值转换等。

（3）插补功能　插补功能指 CNC 系统可以实现的插补加工线型的能力，如直线插补、圆弧插补等。

（4）进给功能　进给功能包括切削进给、同步进给、快速进给、进给倍率修调等。

（5）刀具功能　刀具功能用来选择刀具，通过指令来指定。

（6）主轴功能　主轴功能指定主轴转速的功能、同步运行功能、恒线速度切削功能等。

（7）辅助功能　辅助功能用来规定主轴的启停和转向、切削液的接通和断开、刀库的启停、刀具的更换、工件的夹紧或松开等。

（8）字符显示功能　CNC 系统可以通过软件和接口在 CRT 显示器上实现字符显示，如显示程序、参数、各种补偿量、坐标位置和故障信息等。

（9）自诊断功能　通过诊断程序，防止故障发生和扩大，并可以在故障出现后迅速查明故障类型和部位。

选择功能包括：

（1）补偿功能　补偿功能可以补偿由于刀具磨损造成的误差，补偿机械间隙误差等。

（2）固定循环功能　CNC 系统为典型加工工步所编制，可多次循环加工的功能。

（3）图形显示功能　单/彩色 CRT 能显示动态刀具轨迹、零件图形、人机对话界面等。

（4）通信功能　通常备有 RS232C 接口，有的备有 DNC（分布式数控）接口。

试题精选：

数控系统的主轴功能不包括（D）。

A. 指定主轴转速的功能　　　　B. 同步运行功能
C. 恒线速度切削功能　　　　　D. 插补功能

鉴定点 3　数控机床的安装与调试

问：数控机床如何进行安装和调试？

答：数控机床安装调试的目的、环境要求和调试步骤如下：

（1）数控机床安装调试的目的　目的是使数控机床恢复和达到出厂时的各项性能指标。

（2）数控机床安装环境要求　要求有地基、环境温度、湿度、电网、地线和防止干扰等项目。

1）地基要求。重型机床和精密机床，参照制造厂向用户提供的机床基础地基图制作基础，并应在安装时，基础已进入稳定阶段。对中小型数控机床，对地基要求同普通机床。

2）环境温度和湿度要求。精密数控机床会提出恒温及湿度要求，以确保机床精度和加工精度。普通和经济型数控机床应尽量保持恒温，以降低故障发生的可能性。安装环境要求保持空气流通和干燥，但要避免阳光直射。

3）电网和地线的要求。数控机床对电源供电要求高，若供电质量较低，应在电源上增加稳压器。为了安全和抗干扰，数控机床必须要接地线，一般采用一点接地，接地电阻小于4Ω。

4）避免环境干扰等要求。远离锻压设备等振动源，远离电磁场干扰较大的设备，根据需要采取防尘措施等。

5）仪器仪表要求。安装维护使用的仪器仪表包括交直流电压表、万用表、相序表、示波器、验电器等，以及一些专用的仪器如红外线热检测仪、逻辑分析仪、电路维修测试仪等，可根据实际需要选用。

（3）数控机床调试步骤

1）通电前外观检查包括机床电器检查、CNC电器箱检查、接线质量检查、电磁阀检查、限位开关检查、操作面板上按钮及开关检查、地线检查、电源相序检查和伺服电动机外表检查等。

2）机床总电源接通检查包括直流电压输出检查、液压系统检查及冷却风扇、照明、熔断保护等是否工作正常检查。

3）CNC电器箱通电检查包括参数设定值是否符合随机资料中规定的数据，试验各主要操作动作、安全措施和常用指令执行情况。

4）处围设备及通信功能检查 有程序输入与输出检查。

5）数控机床试运行。数控机床安装完毕，要求在一定负载下，经过一段较长时间的自动运行，全面检查机床功能及工作可靠性。时间一般为8h连续运行2~3天或24h连续运行1~2天。

试题精选：

数控机床调试工作不包括（D）。

A. 数控系统外观检查 　　　　　　B. 机床总电源接通检查

C. CNC电器箱通电检查 　　　　　D. 数控机床外电源安装

鉴定点4　PLC在数控机床中的作用

问：PLC在数控机床中的作用有哪些？

答：PLC在数控机床中的作用有：

1）操作面板分为系统操作面板和机床操作面板。系统操作面板的控制信号先是进入CNC装置，然后由CNC装置送到PLC，控制数控机床的运行。机床操作面板的控制信号直接进入PLC，控制机床的运行。

2）机床外部开关输入信号将机床侧的开关信号输入到PLC，进行逻辑运算。这些开关信号包括很多检测元件（如行程开关、接近开关、模式选择开关等）信号。

3）输出信号控制。PLC输出信号经外围控制电路中的继电器、接触器、电磁阀等输出给控制对象。

4）T功能实现。系统送出T指令给PLC，经过译码在数据表内检索，找到T代码指定的刀号，并与主轴刀号进行比较。如果不相符，将发出换刀指令，刀具换刀完成后，系统发出完成信号。

5）M功能实现。系统送出M指令给PLC，经过译码输出控制信号，控制主轴正反转和起动、停止等。M指令完成，系统发出完成信号。

试题精选：

PLC在数控机床中的作用是（A）。

A. 向机床发出控制信息　　　　B. 向控制器发出控制信息

C. 接收来自网络的信息　　　　D. 接收来自机床外部的信息

鉴定点5　PLC在数控机床中的应用形式

问：PLC在数控机床中的应用形式有哪些？

答：PLC在数控机床中的应用形式通常有内装式和独立式两种形式。

（1）内装式　内装式PLC也称为集成式PLC，采用这种方式的数控系统，NC（数控）装置和PLC之间的信号传递是在内部总线的基础上进行的，有较高的交换速度和较宽的信息通道。它们可以共用一个CPU，也可以是单独的CPU。这种结构需从软硬件整体上进行考虑，PLC和NC装置之间没有多余的导线连接，增加了系统的可靠性，而且NC装置和PLC之间易实现许多高级功能。PLC中的信息也能通过NC装置的显示器显示，这种方式对于系统的使用具有较大的优势。高档的数控系统一般都采用这种形式的PLC。

（2）独立式　独立式PLC也称为外装式PLC，它独立于NC装置，具有独立完成控制功能的PLC。在采用这种应用方式时，用户可根据自己的特点来选用不同的产品，并且可以更为方便地对控制规模进行调整。

试题精选：

PLC在数控机床中的应用形式为独立式和（D）。

A. 组合式　　　　B. 外装式　　　　C. 扩展式　　　　D. 内装式

鉴定点6　PLC与数控系统的信息交换

问：PLC与数控系统的信息交换是如何实现的？

答：相对于PLC，机床和NC装置属于外围设备，PLC与数控系统及数控机床间的信息交换有以下几种：

1）机床侧至PLC。机床侧的开关量信号通过I/O单元接口输入到PLC中，除极少数信号外，绝大多数信号的含义及所配置的输入地址，均可由PLC程序编制者或程序使用者自行定义。数控机床生产厂家可以方便地根据机床的功能和配置，对PLC程序和地址分配进行修改。

2）PLC至机床侧。PLC的控制信号通过PLC的输出接口送到机床侧，所有输出信号的含义和输出地址也由PLC程序编制者或使用者自行定义。

3）NC装置至PLC。NC装置送至PLC的信息可由NC装置直接送入PLC的寄存器中，所有NC装置送至PLC的信号含义和地址均由NC装置厂家确定，PLC编程者只可使用，不可修改。

4）PLC至NC装置。PLC送至NC装置的信息也由开关量信号或寄存器完成，所有PLC

送至 NC 装置的信号地址与含义由 NC 装置厂家确定，PLC 编程者只可使用，不可修改。

试题精选：

PLC 送至（C）的信息由开关量或寄存器完成，所有 PLC 送至的信号地址与含义，由生产厂家确定，PLC 程序编制者只能使用，不可改变和增删。

A. 负载　　　　　　B. 机床　　　　　　C. NC 装置　　　　　D. 变频器

鉴定点 7　数控机床中 PLC 与 NC 装置的关系及接口类型

问：数控机床中 PLC 与 NC 装置有哪些联系？其接口类型有哪些？

答：PLC 用于数控机床的外围辅助电气的控制，称为可编程序机床控制器。数控系统有两大部分，NC 装置和 PLC，这两者在数控机床所起的作用范围不同。NC 和 PLC 的作用范围如下：

1）实现刀具相对于工件各坐标轴几何运动规律的数字控制。这个任务是由 CNC 来完成。

2）机床辅助设备的控制是由 PLC 来完成的。它在数控机床运行过程中，根据 NC 内部标志及机床的各控制开关、检测元件、运行部件的状态，按照程序设定的控制逻辑对刀库运动、换刀机构、冷却液等的运行进行控制。

NC 和 PLC 的接口类型如下：

1）与驱动命令有关的连接电路：传送的是 NC 装置与伺服单元、伺服电机、位置检测及数据检测装置之间控制信息。

2）NC 装置与测量系统和测量传感器间的连接电路：传送的是 NC 装置与伺服单元、伺服电动机、位置检测及数据检测装置之间控制信息。

3）电源及保护电路：由数控机床强电电路中的电源控制电路构成的强电回路。

4）通断信号及代码信号连接电路：数控装置向外部传送的输入、输出控制信号。

试题精选：

能传送数控装置与伺服单元、伺服电动机、位置检测及数据检测装置之间控制信息的接口类型是（ABCD）。

A. 与驱动命令有关的连接电路

B. 数控装置与测量系统和测量传感器间的连接电路

C. 电源及保护电路

D. 通断信号及代码信号连接电路

鉴定点 8　PLC 与数控机床外围电路的关系

问：PLC 与数控机床外围电路有哪些联系？

答：PLC 与数控机床主要是对外围电路进行控制。数控机床通过 PLC 对机床的辅助设备进行控制，PLC 通过对外围电路的控制来实现对辅助设备的控制。PLC 接受 NC 的控制信号及外部反馈信号，经过逻辑运算、处理，将结果以信号的形式输出。输出信号从 PLC 的输出模块输出，直接控制外围设备，或者通过中间继电器、接触器控制具体的执行机构动作，从而实现对外围辅助机构的控制。也就是说每一个外围设备（使用 PLC 控制的）都是由 PLC 的一路控制信号来控制的，两者是一一对应关系。

PLC 不仅仅是要输出信号控制设备的动作，还要接受外部反馈信号，以监控这些设备、设施的状态。在数控机床中用于检测机床状态的设备或元件主要有温度传感器、振动传感器、行程开关、接近开关等。这些检测信号有些可以直接输入到 PLC 的端口，有些必须要经过一些中间环节才能够输入到 PLC 的输入端口。

试题精选：

（√）PLC 不仅仅是要输出信号控制设备的动作，还要接受外部反馈信号，以监控这些设备设施的状态。

鉴定点 9　数控机床主轴系统的组成

问：数控机床主轴系统主要由哪几部分组成？

答：数控机床主轴系统是数控机床的大功率执行机构，其功能是接收数控系统的 S 码速度指令及 M 码辅助功能指令，驱动主轴进行切削加工。它包括主轴驱动装置、主轴电动机、主轴位置检测装置、传动机构及主轴。

试题精选：

数控机床主轴系统不包括：（D）。

A. 主轴电动机　　　　　　　　　　　B 主轴位置检测装置

C. 主轴驱动装置　　　　　　　　　　D. 伺服进给系统

鉴定点 10　数控机床交流主轴传动系统的分类

问：常见的数控机床主轴传动系统有哪几类？

答：数控机床的主轴传动系统大多采用无级变速。无级变速系统根据控制方式的不同主要有变频主轴系统和伺服主轴系统两种，一般采用直流或交流主轴电动机，通过带传动带动主轴旋转，或通过带传动和主轴箱内的减速齿轮带动主轴旋转。另外，根据主轴速度控制信号的不同可分为模拟量控制的主轴驱动装置和串行数字量控制的主轴驱动装置两类。模拟量控制的主轴驱动装置采用变频器实现主轴电动机控制，有通用变频器控制通用电动机和专用变频器控制专用电动机两种形式。目前，大部分经济型机床均采用数控系统模拟量输出+变频器+异步电动机的形式，性价比很高，这时也可以将模拟主轴称为变频主轴。

1）普通笼型异步电动机配简易型变频器，这种方案适用于需要无级调速但对低速和高速都不要求的场合，如数控钻铣床。

2）普通笼型异步电动机配通用变频器，基本上可以满足车床低速（100~200r/min）小加工余量的加工，但同样受电动机最高转速的限制，是目前经济型数控机床比较常用的主轴驱动系统。

3）专用变频电动机配通用变频器，一般采用反馈矢量控制，低速甚至零速时都可以有较大的力矩输出。

4）伺服主轴驱动系统。伺服主轴驱动系统具有响应快、速度高、过载能力强的特点，还可以实现定向和进给功能。何服主轴驱动系统主要应用在加工中心上，以满足系统自动换刀、刚性攻丝、主轴 C 轴进给功能等对主轴位置控制性能要求很高的加工。

试题精选：

数控机床主轴系统根据主轴速度控制信号分为模拟量控制和（A）控制的主轴驱动装置。

A. 串行数字量　　　　B. 并行数字量　　　　C. A/D 转换　　　　D. D/A 转换

鉴定点 11　数控机床交流主轴传动系统的特点

问：数控机床交流主轴传动系统有哪些特点？

答：数控机床交流主轴传动系统分为模拟式和数字式两种，其特点如下：

1）振动和噪声小。

2）采用了再生制动控制功能。在直流主轴传动系统中，电动机急停时，大多采用能耗制动。而在交流主轴传动系统中，采用再生制动的情况很多，可将电动机能量反馈回电网。

3）交流数字式传动系统控制精度高。与交流模拟式传动系统比较，交流数字式传动系统由于采用数字直接控制，数控系统输出不需要经过 D/A 转换，所以控制精度高。

4）交流数字式传动系统采用参数设定的方法调整电路状态。与交流模拟式传动系统比较，交流数字式传动系统电路中不用电位器调整，而是采用参数数值设定的方法调整系统状态，所以比电位器调整准确、设定灵活、范围广且可以无级设定。

试题精选：

交流主轴传动系统的特点不包括：（C）。

A. 振动和噪声小　　　　　　　　　B. 再生制动控制功能

C. 控制精度一般　　　　　　　　　D. 采用参数数值设定

鉴定点 12　数控机床直流主轴传动系统的特点

问：数控机床直流主轴传动系统有哪些特点？

答：数控机床直流主轴传动系统的特点如下：

1）简化变速机构。在直流主轴传动系统中通常只需设置高、低两级速度的机械变速机构，就能得到全部的主轴变换速度。电动机的速度由主轴传动系统进行控制，变速时间短；通过最佳切削速度的选择，可以提高加工质量和加工效率，进一步提高可靠性。

2）适合工厂环境的全封闭结构。数控机床采用全封闭结构的直流主轴电动机，所以能在有尘埃和切削液飞溅的工业环境中使用。

3）主轴电动机采用特殊的热管冷却系统，外形小。在主轴电动机轴上装入了比铜的热传导率大数百倍的热管，能将转子产生的热量立即向外部发散。为了把发热限制在最小限度以内，定子内采用了独特方式的特殊附加磁极，减小了损耗，提高了效率。电动机的外形尺寸小于同等功率的开启式电动机，容易安装在机床上，而且噪声很小。

4）驱动方式性能好。主轴传动系统采用晶闸管三相全波驱动方式，振动小、旋转灵活。

5）主轴控制功能强，容易与数控系统配合。在与数控系统结合时，主轴传动单元准备了必要的 D/A 转换器、超程输入、速度计数器用输出等功能。

6）纯电式主轴定位控制功能。采用纯电式主轴定位控制主轴的定位停止，故无需机械定位装置，可进一步缩短定位时间。

试题精选：

直流主轴传动系统的特点不包括：（B）。

A. 简化变速机构 　　　　　　　　B. 再生制动控制功能

C. 全封闭结构 　　　　　　　　　D. 主轴控制功能强

鉴定点 13　数控机床主轴传动系统的常见故障

问：数控机床主轴传动系统的常见故障表现形式有哪些？常见的故障有哪些？

答：数控机床主轴传动系统的故障通常有三种表现形式：一是 CRT 或操作面板显示报警内容或报警信息；二是主轴驱动装置上的报警灯、数码管或显示屏显示故障；三是主轴工作不正常，但无任何报警信息显示。常见的故障有：

（1）外界干扰　由于受到电磁干扰、屏蔽和接地不良的影响，主轴转速指令信号或反馈信号受到干扰，使主轴驱动出现随机和无规律性的波动。判别有无干扰的方法是：当主轴转速指令为零时，主轴仍往复转动，调整零速平衡和漂移补偿也不能消除故障。

（2）过载　切削用量过大，或频繁地正、反转变速等均可引起过载报警。具体表现为主轴电动机过热、主轴驱动装置显示过电流报警等。

（3）主轴定位抖动　对有主轴准停功能的数控机床，主轴的定向控制（也称为主轴定位控制）是将主轴准确停在某一固定位置上，以便在该位置进行刀具交换、齿轮换档等。产生主轴定位抖动故障的原因有：

1）准停要经过减速的过程，减速或增益等参数设置不当，均可引起定位抖动。

2）采用位置编码器作为位置检测元件的准停方式时，定位液压缸活塞移动的限位开关失灵，引起定位抖动。

3）采用磁性传感头作为位置检测元件时，磁体和磁性传感器之间的间隙发生变化或磁传感器失灵，引起定位抖动。

（4）主轴转速与进给不匹配　当进行螺纹切削或用每转进给指令切削时，可能出现停止进给、主轴仍继续转动的故障。系统要执行每转进给指令，主轴必须每转由主轴编码器发出一个脉冲反馈信号。出现主轴转速与进给不匹配故障，一般是由于主轴编码器有问题，可用以下方法加以确定。

1）观察 CRT 界面是否有报警显示。

2）通过 CRT 调用机床数据或 I/O 状态，观察编码器的信号状态。

3）用每分钟进给指令代替每转进给指令来执行程序，观察故障是否消失。

（5）转速偏离指令值　当主轴转速超过技术要求所规定的范围时，一般有以下原因：

1）电动机过载。

2）CNC 系统输出的主轴转速模拟量（常为 0~10V）没有达到与转速指令对应的值。

3）测速装置有故障或速度反馈信号断线。

4）主轴驱动装置故障。

（6）主轴异常噪声及振动

1）在减速过程中发生异常噪声，一般是由驱动装置造成的，如交流驱动中的再生回路故障。

2）在恒转速时产生异常噪声，可通过观察主轴电动机自由停车过程中是否有噪声和振动来区别，如有，则是主轴机械部分有问题。

3）检查振动周期是否与转速有关，如无关，一般是主轴驱动装置未调整好，如有关，应检查主轴机械部分是否良好，测速装置是否不良。

（7）主轴电动机不转　CNC系统至主轴驱动装置的控制信号，除了转速模拟量控制信号外，还有使能控制信号，两者缺一不可。

1）检查CNC系统是否有转速模拟量控制信号输出。

2）检查使能信号是否接通。通过CRT观察I/O状态，分析机床PLC梯形图（或流程图），以确定主轴的起动条件，如润滑、冷却等是否满足。

3）检查主轴驱动装置是否有故障。

4）检查主轴电动机是否有故障。

试题精选：

数控机床主轴转速偏离指令值，一般的原因可能是（D）。

A. 电动机过载　　　　　　　　　　B. 主轴驱动装置故障

C. 测速装置有故障或速度反馈信号断线　　D. 以上都是

鉴定点 14　数控机床伺服系统的组成

问：数控机床伺服系统主要由哪些部分组成？各起什么作用？

答：数控机床伺服系统由伺服电动机（M）、驱动信号控制转换电路、电力电子驱动放大模块、电流调节单元、速度调节单元、位置调节单元和相应的检测装置（如光电脉冲编码器G等）组成。一般闭环伺服系统的结构如图2-1所示。这是一个三环结构系统，外环是位置环，中环是速度环，内环为电流环。

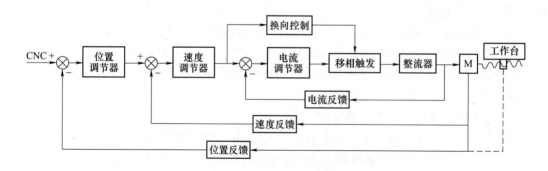

图 2-1　闭环伺服系统的结构

位置环由位置调节控制模块、位置检测和反馈控制三部分组成。速度环由速度比较调节器、速度反馈和速度检测装置（如测速发电机、光电脉冲编码器等）组成。电流环由电流调节器、电流反馈和电流检测环节组成。电力电子驱动装置由驱动信号产生电路和功率放大器等组成。位置控制主要用于进给运动坐标轴，对进给轴的控制是要求最高的位置控制，不仅对单个轴的运动速度和位置精度的控制有严格要求，而且在多轴联动时，还要求各进给运动轴有很好的动态配合，才能保证加工精度和表面质量。

位置控制功能包括位置控制、速度控制和电流控制。速度控制功能只包括速度控制和电流控制，一般用于对主运动坐标轴的控制。

试题精选：

数控机床伺服系统的速度控制功能只包含：（D）。

A. 位置控制　　　　　　　　　　B. 速度控制

C. 电流控制　　　　　　　　　　D. 速度控制和电流控制

鉴定点 15　数控机床伺服系统的要求

问：对数控机床伺服系统有哪些要求？

答：伺服系统为数控系统的执行部分，不仅要求其能够稳定地保证所需的切削力矩和进给速度，而且还要准确地完成指令规定的定位控制和复杂的轮廓加工控制。对伺服系统的基本要求如下：

1）高精度。能够保证加工质量的稳定性；解决复杂空间曲面零件的加工问题；解决复杂零件的加工精度问题，缩短制造周期；消除操作者的人为误差。

2）响应速度快。为了保证轮廓切削形状精度并获得较低的加工表面粗糙度，除了要求有较高的定位精度外，还要求跟踪指令信号的响应要快，即要求有良好的快速响应特性。一方面，要求过渡过程时间要短，其时间应小于200ms，甚至小于几十毫秒；另一方面，为了满足控制超调要求，要使过渡过程的前沿陡即上升率要大。

3）调速范围宽。在进给速度范围内，最高控制水平可达到脉冲当量为$1\mu m$的情况，进给速度从0~240mm/min连续可调。对于一般的数控机床而言，进给驱动系统能够在0~24mm/min进给速度下工作就足够了。

4）在低速时具有大转矩。机床的加工特点，大多是在低速时进行重切削，即要求在低速时进给驱动具有大的转矩输出。

5）要求伺服电动机具有高精度、快响应、宽调速和大输出转矩等特点。

6）能可逆运行和频繁灵活起动和停止。

7）系统的可靠性高，维护使用方便，成本低。

试题精选：

对数控机床伺服系统运行在低速时的要求是：（A）。

A. 恒转矩控制，能提供较大转矩

B. 恒转矩控制，能提供较小转矩

C. 恒功率控制，能提供较大转矩

D. 恒功率控制，能提供较小转矩

鉴定点 16　数控机床伺服系统的分类

问：数控机床伺服系统分为哪几类？

答：数控机床伺服系统分类如下：

（1）按有无闭环分类　可分为开环伺服系统和闭环伺服系统（又分为全闭环系统和半

闭环系统）。

（2）按使用元器件分类

1）电液伺服系统：电液伺服系统的执行元件为电液脉冲电动机和电液伺服电动机，其前一级为电器元件，驱动元件为液压机和液压缸。

2）电气伺服系统：电气伺服系统的执行元件为伺服电动机（步进电动机、直流电动机和交流电动机），驱动单元为电力电子器件。这种系统操作维护方便，可靠性高，被现代数控机床广泛采用。电气伺服系统分为步进伺服系统、直流伺服系统和交流伺服系统。

（3）按被控对象分类

1）进给伺服系统：进给伺服系统是指一般概念的位置伺服系统，它包括速度控制环和位置控制环。进给伺服系统控制机床各进给坐标轴的进给运动，具有定位和轮廓跟踪功能，是数控机床中要求最高的伺服控制。

2）主轴伺服系统：一般的主轴伺服系统只是一个速度控制系统，控制主轴的旋转运动，提供切削过程中的转矩和功率，完成在转速范围内的无级变速和转速调节。当主轴伺服系统要求有位置控制功能时（如数控车类机床），称为 C 轴控制功能，这时，主轴与进给伺服系统相同，为一般概念的位置伺服控制系统。

（4）按反馈比较控制方式分类

1）脉冲、数字比较伺服系统。该系统属于闭环伺服系统，它是将数控装置发出的数字（或脉冲）指令信号与检测装置测得的以数字（或脉冲）形式表示的反馈信号直接进行比较，以产生位置误差，达到闭环控制的目的。这种系统结构简单，容易实现，整机工作稳定，应用十分普遍。

2）相位比较伺服系统。在该伺服系统中，位置检测装置采用相位工作方式。指令信号与反馈信号都变成了某个载波的相位，通过两者相位的比较，获得实际位置与指令位置的偏差，实现闭环控制。这种系统适用于感应式检测元件（如旋转变压器、感应同步器）的工作状态，可以得到满意的精度。

3）幅值比较伺服系统。这种系统以位置检测信号的幅值大小来反映机械位移的数值，并以此信号作为位置反馈信号，一般还要进行幅值信号和数字信号的转换，进而获得位置偏差，构成闭环控制系统。

在以上 3 种伺服系统中，相位比较和幅值比较伺服系统从结构和安装维护上都比脉冲、数字比较伺服系统复杂和要求高，所以一般情况下脉冲、数字比较伺服系统的应用更广泛。

4）全数字伺服系统。数控机床的伺服系统采用高速、高精度的全数字伺服系统，即由位置、速度和电流构成的三环反馈控制全部数字化，使伺服控制技术从模拟方式、混合方式走向全数字化方式。这种系统具有使用灵活、柔性好的特点。它采用了许多新的控制技术和改进伺服性能的措施，使控制精度和品质大大提高。

试题精选：

伺服系统按反馈比较方式分为：脉冲、数字比较伺服系统和（D）。

A. 相位比较伺服系统　　　　　　　　B. 幅值比较伺服系统

C. 全数字伺服系统　　　　　　　　　D. 以上都是

鉴定点 17 开环步进伺服系统的特点

问：数控机床开环步进伺服系统有哪些特点？

答：开环伺服系统是指只有指令信号的前向控制通道，没有检测反馈控制通道，驱动元件主要是步进电动机的系统。这种系统的工作原理是将指令数字脉冲信号转换为电动机的角度位移。实现运动和定位则主要靠驱动装置（即驱动电路）和步进电动机本身来完成。转过的角度正比于指令脉冲的个数，运动速度由进给脉冲的频率决定。

这种系统的结构简单，易于控制，但精度差、低速不平稳、高速转矩小。因此，主要用于轻载、负载变化不大或经济型数控机床上。为了拓宽开环系统的使用范围，现代高精度、硬特性的步进电动机及其驱动装置都在迅速发展中。

试题精选：

（×）开环伺服系统结构简单，易于控制，但精度差、低速平稳、高速转矩小。

鉴定点 18 直流伺服系统的特点

问：直流伺服系统具有哪些特点？

答：在直流伺服系统中，常用的伺服电动机有小惯量直流伺服电动机和永磁直流伺服电动机（也称为大惯量宽调速直流伺服电动机）。小惯量伺服电动机可以最大限度地减少电枢的转动惯量，所以能够获得最好的快速性。由于小惯量伺服电动机具有高的额定转速和低的惯量，所以要经过中间机械传动与丝杠相连接。

（1）SCR 双环控制方式　SCR 双环控制方式多采用三相全控桥式整流电路作为直流速度控制单元的主电路。SCR 双环调速系统控制框图，如图 2-2 所示。它是在具有速度反馈的闭环控制方案中增加了电流反馈环节的双闭环调速系统，保证了较宽的调速范围、改善了低速特性。双环调速系统主要由比较放大环节、PI 速度调节器、电流调节器、移相触发器、换向和可逆调速环节及各种保护环节（如过载保护、过电流保护及失控保护等）组成。

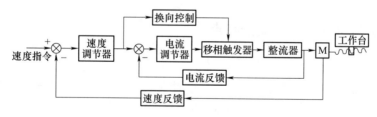

图 2-2　SCR 双环调速系统控制框图

SCR 双环调速控制方式的工作过程如下：数控系统发出的速度指令与速度反馈信号比较后，经速度调节器调节后输出，输出信号分两路作用于电路：一路作为换向控制电路的输入，另一路与电流反馈信号比较后为电流调节器提供输入信号。速度调节器与电流调节器的作用与直流主轴控制系统中的速度调节器与电流调节器的作用相同。电流调节器的输出控制移相触发电路输出脉冲的相位，触发脉冲相位的变化即可改变整流器的输出电压，从而改变直流伺服电动机的转速。

（2）PWM 控制方式　转速与电流双闭环 PWM 控制电路如图 2-3 所示。

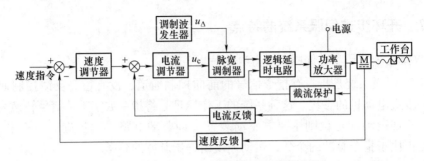

图 2-3　转速与电流双闭环 PWM 控制电路

PWM 调速控制系统的工作原理是利用脉宽调制器对大功率晶体管开关放大器的开关时间进行控制，将直流电压转换成某一频率的方波电压，加到直流电动机的两端，通过对方波脉冲宽度的控制，改变电枢两端的平均电压，达到调节电动机转速的目的。

在电路中，速度调节器和电流调节器的作用与直流主轴控制系统中的相同。截流保护的目的是防止电动机过载时流过功率晶体管或电枢的电流过大。

1）脉宽调制器。为了对功率晶体管基极提供一个宽度可由速度给定信号调节且与之成比例的脉宽电压，需要一种电压—脉宽变换装置（称为脉宽调制器）。脉宽调制器的调制信号通常有锯齿波和三角波，它们由调制波发生器产生。

2）逻辑延时电路。功率放大器中的功率晶体管经常处于交替工作状态，晶体管的关断过程有一关断时间，在这段时间内，晶体管并未完全关断。若此时，另一个晶体管导通，就会造成电源正负极短路。逻辑延时电路就是保证在向一个晶体管发出关断脉冲后延时一段时间，再向另一个晶体管发出触发脉冲。

注意：SCR 方式是晶闸管控制调速方式，PWM 方式是晶体管脉宽调制控制方式。

试题精选：

（√）在直流伺服系统中，常采用小惯量直流伺服电动机，由于惯量小能够获得最好的快速性。

鉴定点 19　交流进给伺服系统的特点

问：交流进给伺服系统具有哪些特点？

答：交流进给伺服系统的闭环控制，是通过安装在伺服电动机上的位置检测装置将实际位置检测信号反馈给驱动，经过位置比较后调整输出，其控制框图如图 2-4 所示。

交流进给伺服系统的工作原理是：三相交流电源经过整流组件整流和电容滤波后，输出的直流电压由电源组件监控和限幅为逆变器提供电源，逆变器的输出为三相同步伺服电动机提供频率可调的电源。调节组件的作用是对逆变器输出电压的频率进行控制，

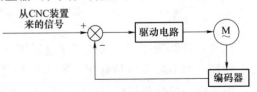

图 2-4　交流进给伺服系统控制框图

调节组件包括速度调节器、电流调节器、位置控制电路和脉冲分配电路。来自 CNC 装置的速度给定电压与速度反馈信号（信号由测速发电机提供）比较后，经过速度调节器调节，

其输出电压与电流反馈信号（信号由电流检测器提供）比较后为电流调节器提供输入信号。经电流调节器调节后的输出电压与位置反馈信号比较，比较结果经位置控制电路后控制脉冲分配电路，脉冲分配电路的输出可以控制逆变器的工作情况，从而可以控制逆变器输出电压的频率。位置反馈信号由位置检测器提供，常用的位置检测器包括脉冲编码器、旋转变压器和感应同步器等。

交流进给伺服系统具有以下特点：

1）系统在极低速度时仍能平滑地运转，而且具有较快的响应速度。

2）高速区有极好的转矩特性，即特性硬。

3）能将电动机的噪声和振动抑制到最低的限度内。

4）有很高的转矩/惯量比，所以能很快起动和制动。

5）由于采用了高精度的脉冲编码器进行数字控制，所以具有高加工精度。

6）由于采用了大规模的专用集成电路，使零部件减少，因此整个系统结构紧凑，体积小而可靠性高。

试题精选：

交流进给伺服系统已经实现了（B），其性能更加优越。

A. 数字化　　　　　B. 全数字化　　　　　C. 自动化　　　　　D. 电气化

鉴定点 20　交流进给伺服系统的常见故障

问：数控机床伺服系统常见故障的表现形式有哪些？常见故障的原因有哪些？

答：数控机床伺服系统常见故障的表现形式有：

1）在 CRT 显示器或操作面板上显示报警内容或报警信息。

2）在伺服驱动系统单元上用报警灯或数码管显示驱动单元故障。

3）进给运动不正常，但无任何报警信息。

数控机床伺服系统的常见故障及原因有：

（1）超程　当进给运动超过由软件设定的软限位或由限位开关设定的硬限位时，就会发生超程报警。可能原因有：

1）编程不当，如工件坐标系没设定或没调用刀补。

2）操作不当，如在 JOG 方式回参考点、对刀错误、刀补值设定错误、刀架离参考点太近，就进行手动返回参考点等情况下容易出现超程。

3）减速开关失灵、参数设置不合理。减速开关失灵、参数设置不合理造成回不到参考点故障，也会出现超程。

超程故障一般会在 CRT 显示器上显示报警内容，根据数控系统说明书即可排除故障，解除报警。

（2）过载　当进给运动的负载过大，频繁正、反向运动及传动链润滑状态不良时，均会引起过载报警。一般会在 CRT 显示器上显示伺服电动机过载、过热或过电流等报警信息。同时，在强电柜中的进给驱动单元上，指示灯或数码管会提示驱动单元过载、过电流等信息。

（3）窜动　在进给时出现窜动现象的原因有：

1）测速信号不稳定，如测速装置故障、测速反馈信号干扰等。

2）速度控制信号不稳定或受到干扰。

3）接线端子接触不良，如螺钉松动等。

如果窜动发生在由正方向运动与反向运动的换向瞬间，一般是由于进给传动链的反向间隙或伺服系统增益过大。

（4）爬行　爬行如果发生在起动加速或低速进给时，一般是由于进给传动链的润滑状态不良、伺服系统增益低及外加负载过大等因素。尤其要注意伺服电动机和滚珠丝杠连接用的联轴器由于连接松动或联轴器本身的缺陷（如裂纹等），造成滚珠丝杠转动与伺服电动机的转动不同步，从而使进给运动忽快忽慢，产生爬行现象。

（5）振动　机床高速运行时，可能产生振动，这时就会出现过电流报警。机床振动问题一般属于速度问题，所以应去查找速度环。而机床速度的整个调节过程是由速度调节器来完成的，即凡是与速度有关的问题，应该去查找速度调节器。因此振动问题应主要从给定信号、反馈信号及速度调节器本身这三方面去查找故障。

（6）伺服电动机不转　伺服电动机不转的常用诊断方法如下：

1）检查数控系统是否有速度控制信号输出。

2）检查使能信号是否接通。通过 CRT 观察 I/O 状态，分析机床 PLC 梯形图（或流程图），以确定进给轴的起动条件，如润滑、冷却等是否满足。

3）对带电磁制动的伺服电动机，应检查电磁制动是否释放。

4）检查进给驱动单元是否有故障。

5）检查伺服电动机是否有故障。

（7）位置误差　当伺服轴运动超过位置允差范围时，数控系统就会产生位置误差过大的报警。位置误差包括跟随误差、轮廓误差和定位误差等，其产生的主要原因如下：

1）系统设定的允差范围过小。

2）伺服系统增益设置不当。

3）进给传动链累积误差过大。

4）位置检测装置遭受污染。

5）主轴箱垂直运动时平衡装置不稳。

（8）漂移　当指令值为零时，坐标轴仍移动，从而造成误差的现象称为漂移。漂移可通过误差补偿和驱动单元的零速调整来消除。

试题精选：

交流进给伺服系统产生超程的原因可能是（D）。

A. 编程不当　　　　　　　　　　　　B. 操作不当

C. 减速开关失灵、参数设置不合理　　D. 以上都是

鉴定点 21　常用位置检测装置的要求及指标

问：对常用位置检测装置有哪些要求？主要性能指标有哪些？

答：数控机床位置检测装置的主要作用是检测运动部件的位移和速度，并反馈检测信号。其精度对数控机床的定位精度和加工精度均有很大影响。数控机床对位置检测装置的基

本要求如下：

1）稳定可靠、抗干扰能力强。

2）满足精度和速度的要求。位置检测装置分辨率应高于数控机床分辨率一个数量级。

3）安装维护方便、成本低廉。

检测装置的主要性能指标有：

（1）精度 符合输出量与输入量之间特定函数关系的准确程度称为精度，数控机床用传感器要满足高精度和高速实时测量的要求。

（2）分辨率 位置检测装置能够检测的最小位置变化量称为分辨率。分辨率应适应机床精度和伺服系统的要求。分辨率的高低，对系统的性能和运行平稳性具有很大的影响。检测装置的分辨率一般按机床加工精度的 $1/10 \sim 1/3$ 选取，即位置检测装置的分辨率要高于机床加工精度。

（3）灵敏度 输出信号的变化量相对于输入信号变化量的比值称为灵敏度。实时测量装置不但要求灵敏度高，而且输出、输入关系中各点的灵敏度应一致。

（4）迟滞 对某一输入量，传感器正行程的输出量与反行程的输出量不一致，称为迟滞。数控伺服系统的传感器要求迟滞小。

（5）测量范围和量程 传感器的测量范围要满足系统的要求，并留有余地。

（6）零漂与温漂 零漂与温漂是在输入量没有变化时，随时间和温度的变化，位置检测装置的输出量发生了变化。传感器的漂移量是其重要性能指标，零漂和温漂反映了随时间和温度的改变，传感器测量精度的微小变化。

试题精选：

数控机床对检测装置的要求包括：（D）。

A. 稳定可靠，抗干扰能力强   B. 满足精度和速度要求

C. 安装维护方便，成本低廉   D. 以上都是

鉴定点 22 常用位置检测装置的测量方式

问：常用位置检测装置的测量方式有哪几种？

答：常用位置检测装置的测量方式有：

（1）直接测量和间接测量 位置检测装置按形状可分为直线式和旋转式。用直线式位置传感器测量直线位移，用旋转式位置传感器测量角位移，则该测量方式称为直接测量。由于检测装置要和行程等长，故其在大型数控机床的应用中受到限制。

旋转式位置传感器测量的回转运动只是中间值，由它再推算出与之相关联的工作台的直线位移，这种测量方式称为间接测量。这种测量方式先由检测装置测量进给丝杠的旋转位移，再利用旋转位移与直线位移之间的线性关系求出直线位移量。由于存在直线与回转运动间的中间传递误差，故准确性和可靠性不如直接测量。其优点是无长度限制。

（2）数字式测量和模拟式测量 数字式测量是以量化后的数字形式表示被测量，得到的测量信号通常是电脉冲形式，它将脉冲个数计数后以数字形式表示位移。模拟式测量是以模拟量表示被测量，得到的测量信号是电压或电流，电压或电流的大小反映位移量的大小。由于模拟量需经 A/D 转换后才能被计算机数控系统接受，所以目前模拟式测量在计算机数

控系统中应用很少。而数字式测量检测装置简单、信号抗干扰能力强，且便于显示和处理，目前应用非常普遍。

（3）增量式测量和绝对式测量　增量式测量的特点是只测量位移增量，即工作台每移动一个基本长度单位，检测装置便发出一个测量信号，此信号通常是脉冲形式。因此，一个脉冲所代表的基本长度单位就是分辨率，而通过对脉冲计数便可得到位移量。

试题精选：

数控机床检测装置的增量式测量方式的特点是只测量（B）。

A. 长度的增量　　　B. 位移的增量　　　C. 速度的增量　　　D. 角度的增量

鉴定点 23　检测系统常见故障分析

问： 检测系统常见故障有哪些？

答： 检测系统常见故障有：

（1）加减速时产生机械振荡

1）脉冲编码器出现故障，应重点检查速度检测单元反馈线端子上的电压是否下降，如有下降说明编码器故障，应更换编码器。

2）脉冲编码器十字联轴节损坏，导致轴转速与检测到的速度不同步，应更换联轴节。

3）测速发电机出现故障，应维修或更换测速发电机。

（2）飞车　出现此类故障时，应在检查位置控制单元和速度控制单元工作情况的同时，重点检查：

1）检查脉冲编码器接线是否错误，是否为正反馈，相位是否接反。

2）检查脉冲编码器联轴节是否损坏，如损坏则更换联轴节。

3）检查测速发电机端子是否接反，以及励磁信号线是否接错。

（3）主轴不能定向移动或定向移动不到位　应在检查定向控制电路的设置调整，定向板、主轴控制印制电路板调整的同时，检查编码器是否正常。

（4）坐标轴进给时振动　应在检查电动机线圈是否短路、机械进给丝杠同电动机的连接是否良好、整个伺服系统是否稳定的情况下，再检查脉冲编码是否良好、联轴节连接是否平稳可靠、测速发电机是否可靠等。

（5）出现 NC 错误报警　NC 报警中程序错误、操作错误引起的报警，有可能是主电路故障和进给速度太低造成的，也可能是：

1）脉冲编码器出现故障。

2）脉冲编码器电源电压太低。

3）没有输入脉冲编码器的一转信号而不能正常执行参考点返回。

（6）出现伺服系统报警　此时要注意检查：

1）用示波器检查轴脉冲编码器反馈信号断线、短路或信号丢失。

2）脉冲编码器内部故障，造成信号无法正确接收。检查其是否受到污染、太脏、变形等。

试题精选：

当数控机床加减速时产生机械振荡，引发此类故障的原因可能是（D）。

A. 脉冲编码器出现故障　　　　　B. 脉冲编码器十字联轴节损坏

C. 测速发电机损坏　　　　　　　D. 以上都是

鉴定点 24　数控机床的故障诊断

问：数控机床的常见电气故障有哪些？如何进行诊断和维修？

答：数控机床常见电气故障主要有数控系统故障、伺服系统故障、位置检测装置故障等。

（1）数控系统故障　数控系统故障一般分为软、硬两种故障。

1）软故障包括数控系统参数故障和软件故障。

① 后备电池失效导致全部参数丢失。

② 操作者误操作导致参数故障。

③ 数控系统通信时瞬时掉电导致参数故障。

④ 用户程序出错，引起软件运行中断报警。

⑤ 电源波动，引起程序执行错误等。

2）硬故障包括 CNC 装置、PLC 控制器、输入和输出接口、电源模块、显示器及操作面板等电路及各部分印制电路板上的集成电路芯片、分离元件、接插件、外部连接组件等发生的故障。

（2）伺服系统故障　伺服系统故障一般有超程、过载、窜动、爬行、振动、伺服电动机不转、速度、位置发生误差等故障现象。

（3）位置检测装置故障　位置检测装置故障一般在 CRT 上显示报警信息，主要有轮廓误差报警，漂移过大报警等。

进行诊断和维修的方法一般有：

（1）直观法　利用感觉器官查找故障。

1）询问。向故障现场人员询问故障产生的过程、表象和结果。

2）目视。总体查看机床各部分工作状态是否正常，如坐标轴位置、主轴状态、刀库、机械手位置等。局部查看有无熔体烧断、元器件烧焦开裂、电线电缆脱落、各操作元件位置错误等。

3）触摸。在整机断电条件下，可以通过触摸各主要电路板的安装状况，各插头的插接状态，各功率及信号线的连接状况等来发现可能出现故障的原因。

4）通电。通电检查有无冒烟、打火、有无异常声音、气味及触摸电动机与元器件有无过热而通电，一旦发现立即断电分析。

（2）系统自诊断　利用 CNC 系统自诊断功能，对故障进行分析定位。常见的自诊断有存储器警示、过热警示、伺服系统警示、轴超程警示、程序出错警示、过载警示和断线警示等。可对照维修手册，确定故障原因。

（3）报警指示灯显示故障　可根据分布在电源、伺服驱动、输入、输出等装置上的报警指示灯，大致分析判断出故障的部位与性质。

（4）交换模块　有数控系统中常有型号完全相同的电路板、集成电路模块和其他零部件，可将有故障疑点的模块交换，观察故障转移情况，以快速简便地判断故障部位。

（5）替换模块　利用备用的电路板来替换有疑点的模块，可以快速而简便地判断故障原因，常用于 CRT 模块、存储器模块。

（6）敲击法　检查有虚焊或接触不良疑点的电路板、接插件或元器件时，若故障出现，则很可能在敲击部位。

（7）测量比较法　可用验电器、万用表、示波器等测试工具测量电路的电压、电流、电平、波形、短路或阻值等，从而判断出故障原因。

（8）原理分析法　根据 CNC 的组成原理，从系统各部件的工作原理着手进行分析和判断，确定故障部位。

试题精选：

（D）不属于数控机床电气故障常用的诊断方法。

A. 敲击法　　　　　　　　　　　　B. CNC 系统自诊断功能
C. 报警指示灯显示故障　　　　　　D. 润滑油磨粒检测

鉴定范围 2　复杂生产线电气传动控制设备调试与维修

鉴定点 1　多辊式轧机的组成

问：什么是多辊式轧机？多辊式轧机主要由哪几部分组成？

答：轧机是实现金属轧制过程的设备，泛指完成轧材生产全过程的装备，包括主要设备、辅助设备、起重运输设备和附属设备等。多辊式轧机一般采用工作辊传动，用于轧制钢板、钢带等重要设备，是辊式轧机里一种多用途的典型轧机。

多辊式轧机主要由开卷机、主轧机和卷取机三大部分组成。主轧机主要由两个支撑辊和两个轧辊组成，其基本结构如图 2-5 所示。

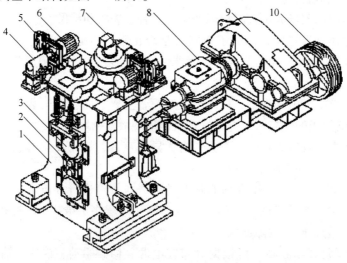

图 2-5　主轧机的基本结构

1—机架　2—轧辊　3—压下辊　4—开卷器　5—减速机　6—开卷电动机
7—压下电动机　8—人字齿轮箱　9—减速机　10—主轧电动机

（1）机架 轧机的机架采用封闭式机架，它主要由两片牌坊、上横梁、前后轨座、工作辊压紧装置、工作辊固定轨道、工作辊支承辊轴端挡板等组成。

（2）压下装置 为了调整辊缝，上辊必须可以升降，该动作由压下装置与平衡装置来完成。压下装置由电动机、蜗轮副减速机、压下螺钉、压下螺母、APC 装置等组成，安装在轧机顶平台上。

（3）轧辊及轴承 此部分为直接完成钢板轧制的部分，主要由上下支承辊及其轴承座、上下工作辊及其轴承座等组成。工作辊采用无限冷硬铸铁辊，以保证轧辊使用寿命长，钢板表面质量好。工作辊轴承采用四列圆锥滚子轴承，承载能力大，使用寿命长。

试题精选：

（√）多辊式轧机主要由开卷机、主轧机和卷取机三大部分组成。

鉴定点 2 多辊式轧机电气控制系统的要求

问：多辊式轧机对电气控制系统有哪些要求？

答：多辊式轧机的主传动速度控制是对轧机主传动速度进行控制，以确保带钢在轧制过程中各机架的速度匹配（即秒流量相等），从而确保带钢的稳定轧制。

电气传动系统作为机械能与电气能量的转换环节，应满足生产工艺的需要，同时又要适应电网的要求，实现高效率运行和高水平生产。为了保证加工精度、操作安全性及易操作性等，轧机对电气系统提出了如下要求：

1）轧制速度要有较高的稳定裕度，正常轧制时，轧制速度为 30~60m/min 可调，点动速度为 5m/min，速度精度为静态±1%，轧机快速起停车时间不超过 5s。

2）冷轧操作时要求可以快速频繁起动、制动。

3）轧制方式要可逆，同时要能自动检测各元器件的工作状态，以便能及时自我保护。

4）操作方便，并具备必要的显示功能，如轧制线速度、电流、电压、运行状态、故障显示等。

试题精选：

（√）多辊式轧机的主传动速度控制是对轧机主传动速度进行控制。

鉴定点 3 多辊式轧机的工作原理

问：简述多辊式轧机的工作原理。

答：在冶金工业中，轧制过程是金属压力加工的主要工艺过程，连轧是一种可以提高劳动生产率和轧制质量的先进方法。连轧机主要特点是被轧制金属同时处于若干机架之中，并沿着同一方向进行轧制，最终形成一定的断面形状。轧机的电气传动应在保证物质流量恒定的前提下，承受咬合和轧制时的冲击性负载，实现机架的各部分控制和协调控制。每个机架的上下轧辊公用一台电动机集中拖动，不同机架采用不同电动机实现部分传动，各机架之间的速度则按照物质流量恒定原理用速度链实现协调控制。

物质流量不变的要求应在稳态和过渡过程中得到满足，因此必须对过渡过程时间和超调量提出相应的限制。

试题精选：

多辊式轧机的工作原理是（A）。

A. 物质流量不变　　　B. 能量守恒　　　C. 恒压　　　D. 恒速

鉴定点 4　多辊式轧机的结构特点

问：多辊式轧机的结构有哪些特点？

答：多辊式轧机的结构特点是：采用双闭环调速系统，可以近似在电动机最大受限的条件下，充分利用电动机的最大过载能力，使电力拖动系统尽可能用最大的加速度起动，达到稳态转速后，将电流迅速下降，使转矩立即与负载平衡，从而转入稳定运行，此时起动电流波形近似方波，而转速近似线性增长。这是在最大电流受到限制的条件下，调速系统所能得到的最快的起动过程。采用转速与电流双闭环调速系统，在系统中设置两个调节器，分别调节转速和电流，两者之间采用串级连接，可以实现在起动过程中只有电流负反馈，而它和转速负反馈不同时加在一个调节器的输入端，达到稳态转速后，只靠转速负反馈，不靠电流负反馈发生主要的作用，从而获得良好的静动态性能。

试题精选：

多辊式轧机结构的显著特点是（C）。

A. 速度负反馈单闭环调速　　　　　B. 电压负反馈单闭环调速

C. 速度、电流负反馈双闭环调速　　D. 电压、电流负反馈双闭环调速

鉴定点 5　多辊式轧机速度调节系统

问：多辊式轧机速度调节系统主要由哪几部分组成？

答：多辊式轧机速度调节系统主要由给定环节、速度调节器、电流调节器、触发器和整流装置环节、速度检测环节及电流检测环节组成。为了使转速负反馈和电流负反馈分别起作用，系统设置了速度调节器和电流调节器分别构成速度环和电流环，称为双闭环调速系统。为了获得良好的静动态性能，速度调节器和电流调节器都采用具有输入、输出限幅功能的 PI 调节器，且转速和电流都采用负反馈闭环控制。

速度调节系统用以控制多辊式轧机的速度，所有机架都按照轧制规范所规定的速度同步运行，协调升速或降速，以避免堆料和断带。为了保证前后各机架轧制出的钢带流量相同，要求速度调节系统的调节精度很高，通常由模拟和数字双重调节系统组成，模拟系统保证调节响应的快速性，而数字系统保证调节响应的准确性，一般调节精度可达 1/1000。设定值按规定曲线变化，以防止速度突变引起轧机的损坏和断带。

试题精选：

多辊式轧机为了获得较好的静动态性能，速度、电流调节器都采用具有输入、输出限幅功能的（D）。

A. 比例调节器　　　B. 积分调节器　　　C. 微分调节器　　　D. 比例积分调节器

鉴定点 6　多辊式轧机电气控制系统常见故障

问：多辊式轧机电气控制系统常见故障有哪些？

答：多辊式轧机电气控制系统常见故障及排除措施如下：

在分析和判断轧机电气故障时，应首先对轧机各开关、手柄的位置进行检查，然后再根据故障现象采取相应措施予以排除。

（1）轧机主驱动电动机不工作　主驱动电动机的工作过程为：按下按钮，继电器动作，速度给定装置将速度给定电压输出给控制器，速度给定电压经过速度调节器向电流调节器送出信号；电流调节器向脉冲触发电路输出移相信号；相应的整流器向电动机电枢绕组输出电压，电动机旋转。检查时应注意调节器释放信号是否满足，以及过电流等保护电路是否动作等。

1）主电路有电压、电流输出，电动机仍不动作，则故障应该是出现在机械传动方面，应检查是否有机械卡阻，电动机的励磁电流是否正常，导轨润滑油黏度是否过高等。

2）主电路没有电压和电流输出，经检查主电路交流输入电源正常，应检查晶闸管上有无触发脉冲。

① 当有触发脉冲时，应检查触发脉冲的幅值和宽度是否符合触发要求。如果不符合触发要求，则应进一步检查故障原因；如果触发脉冲正常，则应检查触发脉移相是否符合要求。如果移相正常，但仍没有输出，其原因是晶闸管损坏；如果不能移相，则应按工作过程进行进一步检查。

按下按钮时，检查速度调节器输出电压的情况。如果输出电压不变，故障应在速度调节器或其前面的电路中；如果速度调节器输出电压有变化，但电流调节器输出电压不变化，则电流调节器中有故障；如果速度调节器和电流调节器输出电压都正常，则应检查电流调节器与脉冲触发器的移相电路之间的电路，可用万用表直流电压挡进行逐点测量检查。

② 当没有触发脉冲时，其故障应在脉冲触发电路、锯齿波发生器及过电流保护装置中，导致脉冲无法产生或脉冲的输出被封锁。

（2）主驱动电动机速度不正常　速度不正常包括速度过高、速度升不高或升高时间太长、轧板后速度下降过大等现象。

速度控制信号的传递过程为：速度给定装置提供的输出电压和测速发电机产生的反馈电压，一起提供给速度调节器进行综合。综合后的信号经速度调节器、电流调节器调节，向触发电路发出移相控制信号，触发电路发出相应角度的触发脉冲去控制晶闸管，晶闸管整流器输出相应的电压。此电压驱动电动机，拖动工作台以预定的速度运行。

检查时，可首先使用万用表对速度给定电压进行测量，并与所需的速度进行比较，然后测量测速发电机的反馈电压是否正常。当上述检查均正常时，则应在速度调节器、电流调节器、触发电路和晶闸管整流器中查找故障原因。

1）当出现速度过高时，则应首先检查测速发电机反馈电压是否正常，有无断线、虚焊等现象造成速度反馈电压为零，或因速度反馈信号线接反而造成正反馈。如果速度反馈电路正常，可进一步检查速度反馈的大小调节是否正确，以及速度给定电路到速度调节器之间有无干扰信号等。

正常情况下，除了起动和制动的过程，电动机的端电压与速度给定电压之间保持近似的正比关系。在两者关系不成正比时，在排除反馈系统的原因后，故障多发生在速度调节器和电流调节器电路中，可进一步检查这两个调节器及励磁是否正常。

2）速度升不高或升高速度太慢。如果工作台速度出现升不高的现象，应首先检查电动机是否有异常响声。

① 如存在电动机声音异常、火花增大的现象，则可能是整流器三相输出不平衡，可用万用表直流电压挡测量 6 个晶闸管两端的电压是否相同。如果不相同，可能是某个晶闸管熔断器断路，或某个晶闸管不导通，也可能是触发脉冲的问题。对于触发脉冲的问题，需要用示波器进一步检查，从而确定是电路损坏，还是电路虚焊、接触不良或其他原因造成的故障。

② 如果电动机声音正常，则应检查速度给定电压能否调至最大，速度调节器和电流调节器是否正常工作，速度负反馈调节是否过强等。电流限幅值调得过低，或加速度调节器和励磁控制部分调整不良时，也会出现工作台速度升不高，或虽能升高但升得太慢的现象，同时可能出现吃刀时工作台速度下降过多的现象。

（3）换向或停车时冲击电流过大　电动机换向电流产生的过程是：速度给定装置输出反极性的给定电压后，速度调节器将这个电压进行积分，输出反向电压；电流调节器使触发脉冲后移，将工作的整流器推到逆变状态；系统经本桥逆变后，电枢电流为零。在零电枢电流信号及反向的转矩极性信号共同作用下，无环流逻辑切换，封锁原工作的整流器，开放原封锁的整流器。在切换过程中，电流调节器使触发脉冲角从 β_{min} 逐渐前移，系统开始时处于回馈制动状态，避免了由于整流器电压与电动机反电动势作用方向一致而产生的冲击电流。由此可知，为了避免过大冲击电流，在切换后开放的整流器首先要处于最大逆变状态，然后逆变角逐渐增大，直到逆变电压与电动机反电势大小相适应为止。

无论故障出现在电流调节器还是将电流调节器推到逆变状态的逻辑信号，都可能会造成大的换向冲击电流。为了查找这些故障，可用万用表或示波器仔细检查相关的电路。

试题精选：

多辊式轧机主驱动电动机出现速度过高故障时，应首先检查：（A）。

A. 测速发电机反馈电压是否正常　　　　B. 速度调节器
C. 电流调节器　　　　　　　　　　　　D. 伺服进给系统

鉴定范围 3　电气自动控制系统分析与测绘

鉴定点 1　电气测量的特点

问：什么是电气测量？电气测量有哪些特点？

答：电气测量泛指以电磁技术为手段的电工测量和以电子技术为手段的电子测量的电工电子系统的综合测量。电气测量有以下特点：

（1）测量对象的广泛性　电气测量可以测量各种电量（电流、电压、功率等）和电参量（电阻、电感、电容等），也可以测量非电量（如温度、压力、流量等）。

（2）测量过程的连续性　电气测量技术既可以对被测量对象进行连续测量，还可以用仪器仪表将被测量对象随时间的变化情况记录下来，便于对生产过程的各种状态进行监测。

（3）测量方法的遥测性　电气测量可以借助各种类型的传感器，实现远距离、对人体难以接近的地方进行测量，即遥测。

（4）易于实现测量自动化　无论测量何种形式的物理量，电气测量输出的都是电量信号，易于与电气控制系统连接，实现测量、记录和数据处理的自动化。

试题精选：

电气测量具有的特点：测量对象的广泛性和（D）的特点。

A. 测量过程的连续性　　　　　　　B. 测量方法的遥测性

C. 易于实行测量自动化　　　　　　D. 以上都是

鉴定点 2　电气测量的方法

问：电气设备故障维修中电气测量的方法有哪些？

答：电气测量的基本方法有以下几类：

（1）直接测量　这种测量结果可以从测量的数据中获得，按照度量器是否参与，又可分为直读法和比较法。比较法又分为 4 种：插值法、零值法、替代法和重合法。

（2）间接测量　根据被测量与其他量的函数关系，先测得其他量，然后通过计算间接求得被测量。

（3）组合测量　在测量中，根据直接测量和间接测量所得的数据，通过解一组联立方程组求得未知数的大小，这类测量称为组合测量。

试题精选：

直接测量法测量的结果可以从测量的数据中获得，按照度量器是否参与，又可分为直读法和（D）。

A. 零值法　　　　　B. 插值法　　　　　C. 替代法　　　　　D. 比较法

鉴定点 3　非电量的电测法

问：什么是非电量的电测法？非电量的电测系统主要由哪几部分组成？

答：用电测技术对非电量进行测量，称为非电量的电测法。非电量的电测系统主要由传感器、测量电路、信息处理及显示装置组成，在不需要显示的保护、计量和控制系统中，显示装置可被执行机构所代替。

传感器可将接收的信号变成电信号。从传递信号连续性的观点来看，信号的表示方法可以分为模拟信号、开关信号、数字信号和调制信号。

模拟信号在时间上是连续的，通常采用模拟式电子计算装置对这种信号进行处理。

开关信号是不连续的，仅有两种状态，即开或关。

数字信号以离散形式表现出来，这种离散信号的幅值是按一定编码规律的组合。将连续信号转变为离散信号时，必须加以量化。

调制信号是以不连续-连续方式表现的信号。复原调制信号称为解调。电工仪表可以看作解调器，传感器可看作调制器。

试题精选：

从传递信号连续性的观点来看，信号的表示方法可以分为模拟信号、开关信号、数字信号和（D）。

A. 连续信号　　　　B. 离散信号　　　　C. 断续信号　　　　D. 调制信号

鉴定点4　测量误差的分类

问：什么是测量误差？常见的测量误差有哪些？

答：用测量仪器进行测量时，所测出的数值与被测量的实际值之间的差值，称为测量误差。常见的测量误差有：

（1）装置误差和方法误差　由于元器件和装置本身质量不高而引起的误差叫作装置误差；而采用理想元器件时，由测量方法而引起的误差叫作方法误差。

（2）基本误差和附加误差　由于外界干扰的影响而产生的误差叫作基本误差。在使用过程中，由现场条件偏离参比条件而产生的大于基本误差的部分，称为附加误差。

（3）系统误差和随机误差　系统误差的误差值是固定的，或按一定规律变化。按其表现的特点，可分为恒值误差和变值误差。恒值误差在整个测量过程中，其数值和符号都保持不变。而大部分附加误差则属于变值误差，变值误差又分为累积误差、周期误差和按复杂规律变化的随机误差。累积误差在整个测量中是逐渐增加或逐渐减小的，可在每次测量时予以修正。系统误差是有规律的，可以通过实验或修正的方法计算修正，也可以重新调整测量仪表的有关部件进行消除。随机误差又称为偶然误差，由大量偶然因素的影响而引起的测量误差称为随机误差。随机误差不能用实验的方法加以消除。

（4）绝对误差和相对误差　绝对误差是测量值 X 与真实值（理想值）L 之间的代数差。绝对误差不能用作测量精确度的尺度。相对误差定义为绝对误差与约定值之比。约定值可以是被测量的真实值、测试值或装置的满刻度值，分为实际相对误差、标称相对误差和引用相对误差。

（5）相加误差和相乘误差　若电子测量装置的实际特性曲线与规定的特性曲线相差一固定值，则这种误差称为相加误差或零点误差。若绝对误差与输入量成正比例变化，则这种误差称为相乘误差或灵敏度误差。

（6）静态误差与动态误差　与被测量变化速度无关的误差叫作静态误差。当被测量随时间迅速变化时，由于元器件具有延时与相移，其输出量在时间上不能与被测量的变化精确吻合，因此造成的误差称为动态误差。

（7）量化误差　量化误差是一种特殊形式的误差，产生于将连续信号转换成离散信号的量化过程中。

（8）粗大误差　由于读数错误、记录错误、操作装置不正确、测量过程中的失误及计算错误等，会明显地歪曲测量结果。由这种歪曲引起的误差称为粗大误差或疏失误差。

试题精选：

当被测量随时间迅速变化时，由于元器件具有延时和相移，其输出量在时间上不能与被测量的变化精确吻合而产生的误差称为（D）。

A. 静态误差　　　　B. 粗大误差　　　　C. 量化误差　　　　D. 动态误差

鉴定点5　提高测量精度的方法

问：提高测量精度的方法有哪些？

答：衡量测量结果的好坏常用精确度来表示，精确度包含精确度和准确度。

精确度是指在测量中所测数据重复一致的程度，随机误差的大小是精确度的标志。精确度高，意味着随机误差小，但精确不一定准确。

准确度是说明测量结果与真实值的偏离程度。系统误差的大小是准确度的标志。准确度高，但不一定精密。常采用下列方法提高测量精度：

1）通过工艺途径稳定测量装置中的最主要参数，可利用最稳定的经过时效的材料，选择合理的工艺，使加工后的零件有稳定的性能。

2）采用被动防护法，包括静电屏蔽、频率滤波、机械缓冲或隔热绝缘等。这种方法的缺点是不能对慢变信号及有影响的直流干扰信号进行防护。

3）采用主动防护法。对直流及慢变干扰信号采用主动防护，以减少由此种干扰所引起的附加误差。例如采用稳压电源，对相应元器件采取局部恒温措施等。其缺点是装置复杂、成本高。

4）对系统恒值误差进行校正。自动评价系统的恒值误差可自动校正测量结果。

5）利用校正零点和变换灵敏度的方法来消除步进误差。

6）对随机误差进行统计处理。多次重复测量某一被测量得到一系列数据，或对记录曲线整理出一些数据，称为测量列。应用统计处理可以减少随机误差的影响，得到比较准确的测量结果。此法的缺点是不能消除系统误差，且花费时间较多。

试题精选：

对直流及缓慢变化的干扰信号应采取（B），以减少此干扰所造成的附加误差。

A. 被动防护法　　　B. 主动防护法　　　C. 变换灵敏度　　　D. 通过工艺途径

鉴定点6　线性度误差及校正

问：什么是线性度误差？如何校正线性度误差？

答：特性曲线的线性度误差是指该特性曲线与直线特性的偏离，这种误差属于系统误差，可在一定范围内校正。线性度误差校正的方法有：

1）如果传感器的非线性在时间上是稳定的，则可用列表的方法来表示其特性曲线，利用这种表可将装置的非线性指示值变换成与被测量成比例的数值。

2）在测量装置的刻度盘上直接用被测量标定出非线性刻度。

3）选择与被测量呈线性函数的量作为装置的输出量。

4）在小范围线性化区域工作。无论特性曲线的形式如何，局部总可以用直线段来代替。一般来说，允许误差越小，直线段的范围越小；若直线段范围扩大，则误差迅速增长。

5）当两个相同的非线性传感器接成差动形式时，其输出端没有恒定分量，可消除恒定误差，使线性误差的线性范围大大扩展。

6）合理选择非线性传感器的规定特性曲线，可使线性误差减至最小。

7）用切换测量极限法扩大测量装置的量程。用切换测量极限法，常采用更换不同灵敏度的传感器，而电子测量装置其他部分不变的方法。一般来讲，选择的测量极限，是由允许误差决定的。即在保证测量精度的情况下更换测量极限，使每一挡的测量误差都不超过允许值。

试题精选：

线性度误差校正的方法包括（D）。

A. 小范围线性化区域工作

B. 切换测量极限法

C. 在测量装置的刻度盘上直接用被测量标定出非线性刻度

D. 以上都是

鉴定点7 根据实物测绘电气自动控制系统电路图的方法

问：如何根据实物测绘电气自动控制系统的控制电路图？

答：根据机械设备电气部分的实际安装和接线位置绘出其电路原理图、位置图和接线图的方法称为电气测绘。根据实物测绘设备电气控制电路图的方法如下：

（1）位置图—接线图—电路图测绘法 根据电气设备的位置图和接线图测绘出电路图的方法称为位置图—接线图—电路图测绘法，这是最基本的测绘电路图的方法。

（2）查对法 在调查、了解的基础上，分析判断生产设备控制电路中采用的基本控制环节，并画出电路草图，再与实际控制电路进行查对，对不正确的地方加以修改，最后绘制出完整的电气电路图。

采用此法绘图需要绘制者有一定的基础，既要熟悉各种电器元件在系统中的作用及连接方法，又要对系统中各种典型环节的画法有比较清楚的了解。

（3）综合法 根据对生产设备中所用电动机的控制要求及各环节的作用，采用上述两种方法相结合进行绘制。如先用查对法画出草图，再按实物测绘检查、核对、修改，画出完整的电气电路图。

试题精选：

电气控制电路图测绘时，在调查、了解的基础上，分析判断生产设备控制电路中采用的基本控制环节，并画出电路草图，再与实际控制电路进行查对的测绘方法称为（A）。

A. 查对法

B. 位置图—接线图—电路图测绘法

C. 综合法

D. 仪器仪表法

鉴定点8 根据实物测绘电气自动控制系统电路图的步骤

问：根据实物测绘设备的电气控制电路图的步骤有哪些？

答：根据实物测绘设备电气控制电路图的步骤如下：

（1）测绘前的调查

1）了解设备的基本结构及运动形式，有哪些运动由电气控制，哪些运动由机械传动，哪些由液压传动，液压传动时，电磁阀的动作情况如何。另外，了解电气控制中哪些需要联锁、限位及所需的各种电气保护等。

2）在熟悉机械动作情况的同时，让机床的操作者起动机床，展示各运动部件的动作情况。了解哪些是正反转控制，哪些是顺序控制，哪台电动机需制动控制等。有些电器的功能不清楚时，可通过试运行确认。

3）根据各部件的动作情况，在电气控制箱（盘）中观察各电器元件的动作情况。

（2）测绘布置图

1）将机床停电，并使所有电气元件处于正常（不受力）状态。

2）按实物画出设备的电器布置图。一般电器位置分为控制箱（柜）、电动机和设备本体上的电器。

（3）画出接线图　根据测绘出的布置图画出所有电器内部功能示意图，在所有接线端子处标号。画出实物接线图。

（4）绘制电路图　根据实物和接线图绘制电路图的原则如下：

1）先绘制主运动、辅助运动及进给运动的主电路图。

2）绘制主运动、辅助运动及进给运动的控制电路图。

3）将绘制的电路图按实物编号。

4）将绘制好的控制电路图对照实物进行实际操作，检查绘制的电气控制电路图的操作控制与实际操作的电器动作情况是否相符，如果与实际操作情况相符，就完成了电器电路图的绘制。否则必须进行修改，直到与实际动作相符为止。

试题精选：

电气控制电路图测绘的一般步骤是（D），先画电器布置图，再画电器接线图，最后画出电气原理图。

A. 准备图纸　　　B. 准备仪表　　　C. 准备工具　　　D. 设备停电

鉴定点9　根据实物测绘电气自动控制系统电路图的注意事项

问：根据实物测绘电气自动控制系统电路图时应注意哪些问题？

答：电气控制电路图测绘的注意事项：

1）电路图中的连接线、设备或元器件的图形符号的轮廓线都用实线绘制。其线宽可根据图形的大小在0.25mm、0.35mm、0.5mm、0.7mm、1.0mm、1.4mm中选取。屏蔽线、机械联动线、不可见轮廓线等用虚线，分界线、结构图框线、分组围框线等用点画线绘制。一般在同一图中，用同一线宽绘制。

2）图中各电器元件的图形和文字符号均应符合最新国家标准。

3）各个元器件及其部件在电路图中的位置应根据便于阅读的原则来安排，同一元器件的各个部件可以不画在一起，但属于同一电器上的各元器件都用同一文字符号和同一数字表示。

4）所有电器开关和触点的状态，均以线圈未通电、手柄置于零位、无外力作用或生产机械在原始位置为基础。

5）电路图分主电路和控制电路两部分，主电路画在左边，控制电路画在右边，一般用竖直画法。

6）电动机和电器的各接线端子都要编号。主电路的接线端子用一个字母后面附一位或两位数字来编号，如U1、V1、W1。控制电路只用数字编号。

7）各元器件在图中还要标有位置编号，以便寻找对应的元器件。对电路或分支电路可用数字编号表示其位置。数字编号应按从左到右或自上而下的顺序排列。如果某些元器件符号之间有相关功能或因果关系，还应表示出它们之间的关系。

试题精选：

根据实物测绘电气控制系统的电路图时，主电路应画在（A），控制电路画在右边，一般用竖直画法。

A. 左边　　　　　B. 右边　　　　　C. 上边　　　　　D. 下边

鉴定点 10　自动控制系统的概念

问：什么是自动控制？自动控制系统的分类有哪些？

答：自动控制是指在人不直接参与的情况下，利用控制装置使被控对象自动地按照预定的规律运行或变化。自动控制系统，是指能够使被控对象的工作状态进行自动控制的系统，一般由控制装置和被控对象组成。自动控制系统一般分为以下几类：

（1）按系统的结构特点分类

1）开环控制系统。这类系统的特点是系统的输出量对系统的控制作用没有直接影响。在开环系统中，由于不存在输出对输入的反馈，因此对系统的输出量没有任何闭合回路。

2）闭环控制系统。这类系统的特点是输出量对系统的控制作用有直接影响，由于输出量经测量后反馈到输入端，故对系统的输出量形成了闭合回路。

3）复合控制系统。复合控制是开环控制与闭环控制相结合的一种控制方式。复合控制系统是兼有开环结构和闭环结构的控制系统。

（2）按输入量的特点分类

1）恒值控制系统。这类系统的输入量是恒值，要求系统的输出量也保持相应恒值。

2）随动系统。这种系统的输入量是随意变化的，要求系统的输入量能以一定的精确度跟随输入量的变化做相应变化。

3）程序控制系统。这类系统的特点是系统的控制作用按预先制定的规律变化。

（3）按系统输出量与输入量的关系分类

1）线性控制系统。这类系统的输出量和输入量之间为线性关系。系统和各环节均可用线性微分方程来描述。线性系统的特点是可以运用叠加原理。

2）非线性控制系统。这类系统中具有非线性性质的环节，因此系统只能用非线性微分方程来描述。

试题精选：

自动控制系统按输入量的特点可分为恒值控制系统、随动系统和（D）。

A. 线性控制系统　　　　　　　　　B. 非线性控制系统

C. 闭环控制系统　　　　　　　　　D. 程序控制系统

鉴定点 11　自动控制系统的组成

问：自动控制系统主要由哪几部分组成？

答：典型自动控制系统框图如图 2-6 所示。

自动控制系统按其被控对象和具体用途的不同，可以有不同的结构形式，但是从原理上来看，自动控制系统是由一些具有不同职能的基本元件组成。

1）测量反馈元件，用来测量被测量，并将其转换成与输入量同类的物理量后，再反馈

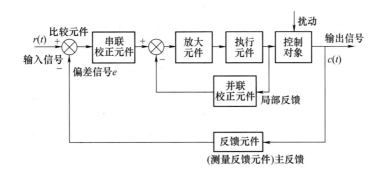

图 2-6　典型自动控制系统框图

至输入端以做比较。

2）比较元件，用来比较输入信号和反馈信号。

3）放大元件，用来将微弱的信号线性放大，并产生反映两者差值的偏差信号。

4）校正元件，按某种函数规律变换控制信号，以利于改善系统动态品质或静态性能。

5）执行元件，根据偏差信号的性质执行相应控制作用，以便使被控量按期望值变化。

6）控制对象，又称为被控对象或受控对象，通常指生产过程中需要进行控制的生产机械或生产过程。出现在被控对象中，需要控制的物理量称为被控量。

试题精选：

自动控制系统主要由（C）、比较器和控制器等构成，利用输入与反馈两信号比较后的偏差作为控制信号来自动纠正输出量与期望值之间的误差，是一种精确控制系统。

A. 给定环节　　　　B. 补偿环节　　　　C. 放大器　　　　D. 检测环节

鉴定点 12　自动控制系统的静态性能指标

问：自动控制系统的静态性能指标有哪些？

答：直流调速系统主要性能指标是衡量调速性能好坏的标准，也是直流调速系统设计和实际运行中考核的主要指标。直流调速系统主要性能指标包括静态性能指标和动态性能指标两部分。静态性能指标主要有：

（1）调速范围 D　调速范围 D 是指电动机在额定负载下，电动机的最高转速 n_{max} 与最低转速 n_{min} 之比，即：

$$D = \frac{n_{max}}{n_{min}}$$

对于少数负载很轻的机械（如精密机床），最高转速 n_{max} 和最低转速 n_{min} 时的负载另有规定。

（2）静差率 s　静差率 s 是指电动机在某一转速下运行时，负载由理想空载增加到额定负载时所产生的转速降 Δn_N 与理想空载转速 n_0 之比，常用百分数表示为

$$s = \frac{\Delta n_N}{n_0} = \frac{n_0 - n_e}{n_0} \times 100\%$$

由此可知，静差率 s 与机械特性硬度及理想空载转速 n_0 有关。机械特性越硬，静差率 s 越小。同样硬度的机械特性，理想空载转速越低，静差率 s 越大。在调压调速系统中，同一电动机在不同转速运行时，其额定转速降 Δn_N 是相同的，但理想空载转速 n_0 不同，因而电动机在不同转速运行时的静差率不同。高速时静差率 s 小，低速时静差率 s 大。所以对一个系统所提的静差率要求，主要是对最低速的静差率要求，最低速时静差率能满足要求，高速时就没有问题。

（3）D、s、Δn_N 之间的关系 在调压调速系统中，n_{max} 就是电动机的额定转速，即：

$$n_{max} = n_N$$

$$n_{min} = n_{0min} - \Delta n_N$$

$$D = \frac{n_{max}}{n_{min}} = \frac{n_N}{n_{0min} - \Delta n_N}$$

$$s = \frac{\Delta n_N}{n_{0min}}, \quad n_{0min} = \frac{\Delta n_N}{s}$$

所以
$$D = \frac{n_{max}}{n_{min}} = \frac{n_N}{n_{0min} - \Delta n_N} = \frac{n_N}{\dfrac{\Delta n_N}{s} - \Delta n_N} = \frac{n_N s}{\Delta n_N (1 - s)}$$

该式表达了调速范围 D、静差率 s 和静态转速降 Δn_N 三者之间的关系。n_N 可由电动机出厂数据给出，D 和 s 由生产实际要求确定。当系统的特性硬度一定（即 Δn_e 一定）时，如果要求静差率 s 越小，则调速范围 D 也就越小；反之，若要求 D 和 s 一定时，那么静态转速降 Δn_N 就必须小于某一值。

试题精选：

工程设计中的调速精度指标要求在所有调速特性上都能满足，故应是调速系统（D）特性的静差率。

A. 最高调速   B. 额定转速   C. 平均转速   D. 最低调速

鉴定点 13 自动控制系统的动态性能指标

问：自动控制系统的动态性能指标有哪些？

答：动态性能指标是指在给定控制信号和扰动信号作用下，控制系统输出在动态响应中的各项指标。理想的控制系统应该对给定控制信号的变化不失真地准确跟踪，具有很好的跟随性，同时对扰动信号具有很强的抗扰性，不受扰动的影响。因此，动态性能指标分成给定控制信号和扰动信号作用下两类性能指标。

（1）给定控制信号作用下的主要动态性能指标 对直流调速系统来说，一般采用单位阶跃给定控制信号作用下系统输出响应的上升时间 t_r、调节时间 t_T（也称为过渡过程时间）和超调量 σ 来衡量系统对给定控制信号作用下的动态性能指标。系统在单位阶跃给定控制信号作用下的动态响应曲线如图 2-7 所示。

1）上升时间 t_r。上升时间是从加上阶跃给定的时刻起到系统输出量第一次达到稳态值所需的时间。

2）调节时间 t_T。调节时间是从加上阶跃给定的时刻起到系统输出量进入（并且不再超出）其稳态值的±(2%~5%) 允许误差范围之内所需的最短时间。

3）超调量 σ。超调量是指在动态过程中系统输出量超过其稳态值的最大偏差与稳态值之比，通常用百分数表示为

$$\sigma = \frac{Y(t_{\mathrm{m}}) - Y(\infty)}{Y(\infty)} \times 100\%$$

超调量 σ 指标用来表征系统的相对稳定性，σ 小表示系统的稳定性好。t_{r} 越小表示系统快速性越好。这两者往往是互相矛盾的，减少了 σ，就导致 t_{r} 增加，也就延长了过渡过程时间。反之，加快过渡过程时间，减小 t_{r}，却又增加了 σ。实际应用中，应根据工艺的要求选择合适的参数指标。

（2）扰动信号作用下的主要动态性能指标 对直流调速系统来说，一般采用突加阶跃扰动作用下的系统输出响应的最大动态速降、恢复时间 t_{s} 来衡量系统对扰动响应的动态性能指标。系统在突加阶跃扰动作用下的动态响应曲线如图 2-8 所示。

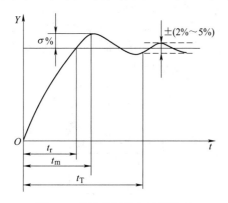

图 2-7　单位阶跃给定控制信号
作用下的动态响应曲线

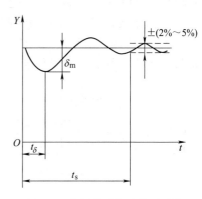

图 2-8　突加阶跃扰动作用下的
动态响应曲线

1）最大动态速降。最大动态速降是在突加阶跃扰动作用下，系统的输出响应的最大动态速降。动态速降常用百分数表示为

$$\delta_{\mathrm{m}} = \frac{Y(\infty) - Y(t_{\delta})}{Y(\infty)} \times 100\%$$

2）恢复时间 t_{s}。t_{s} 是从加上突加阶跃扰动的时刻起到系统输出量进入原稳态值的 $Y(0)$ 的 95%~98% 范围内［即与稳态值之差±(2%~5%)］所需的最短时间。最大动态速降越小，t_{s} 越小，说明系统的抗扰能力越强。

试题精选：

自动控制系统的动态指标中（A）反映了系统的稳定性能。

A. 最大超调量 σ 和振荡次数 N　　　　B. 调整时间 t_{s}

C. 最大超调量 σ　　　　　　　　　　　D. 调整时间 t_{s} 和振荡次数 N

鉴定点 14　比例调节器的组成及作用

问：比例调节器由哪几部分组成？有什么作用？

答：在自动控制系统中，比例（P）调节器主要由集成运算放大器（运放）和外部元器件组成，如图 2-9 所示。由图可见，该 P 调节器实际上就是一个反相放大器，其放大倍数为

$$A_u = \frac{U_o}{\Delta U_i} = -\frac{R_1}{R_0}$$

式中的负号是由于运放为反相输入方式，其输出电压 U_o 的极性与输入电压 ΔU_i 的极性相反，即 U_o 的实际极性与其在图中的参考极性相反。为便于系统的分析，P 调节器的比例系数 K_P 可用正值表示，而其极性的关系在分析具体电路时再考虑。故该 P 调节器的比例系数 K_P 为：

$$K_P = \frac{R_1}{R_0}$$

显然，改变反馈电阻 R_1，可以改变 P 调节器的比例系数 K_P。为得到满意的控制效果，实际的 P 调节器的比例系数 K_P 常常是可以调节的。

P 调节器的输出信号 U_o 与输入信号 ΔU_i 之间关系的一般表达式为 $U_o = K_P \Delta U_i$，式中 K_P 为 P 调节器的比例系数。该式表明了 P 调节器的比例调节规律，即输出信号 U_o 与输入信号 ΔU_i 之间存在一一对应的比例关系。因此，比例系数 K_P 是 P 调节器的一个重要参数。图2-10 所示为由运放组成的一种 P 调节器在输入为阶跃时的输出特性。

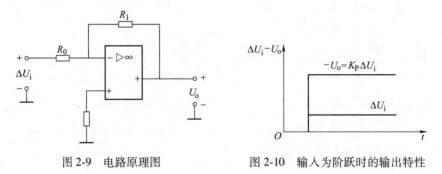

图 2-9　电路原理图　　　　　图 2-10　输入为阶跃时的输出特性

比例控制的特点是：在比例控制的自动控制系统中，系统的控制和调节作用几乎与被控量的变化同步进行，在时间上没有任何延迟，如图 2-10 所示。这说明比例控制作用及时、快速、控制作用强，而且 K_P 值越大，系统的静特性越好、静差越小。但是，K_P 值过大将有可能造成系统的不稳定，故实际系统只能选择适当的 K_P 值，因此比例控制存在静差。实际上，比例控制正是依据输入偏差（即给定量与反馈量之差）来进行的控制。若输入偏差为零，P 调节器的输出将为零，这说明系统没有比例控制作用，故系统不能正常运行。因此，当系统中出现扰动时，通过适当的比例控制，系统被控量虽然能达到新的稳定，但是永远回不到原值。

试题精选：

由比例调节器组成的闭环控制系统是（A）。

A. 有静差系统　　　B. 无静差系统　　　C. 离散控制系统　　　D. 顺序控制系统

鉴定点 15　积分调节器的组成及作用

问：积分调节器由哪几部分组成？有什么作用？

答：当自动控制系统不允许静差存在时，比例控制的 P 调节器就不能满足使用的需要，这就必须引入积分控制。积分控制是指系统的输出量与输入量对时间的积分呈正比例的控制，简称 I 控制。I 调节器积分调节规律的一般表达式为

$$U_o = K_I \int \Delta U_i \mathrm{d}t = \frac{1}{T'} \int \Delta U_i \mathrm{d}t$$

式中，K_I 为 I 调节器的积分常数；T' 为 I 调节器的积分时间，$T' = 1/K_I$。

由此可见，I 调节器的输出电压 U_o 与输入电压 ΔU_i 对时间的积分呈正比例。图 2-11 所示为由运放组成的一种积分调节器的电路原理及其在输入为阶跃时的输出特性。

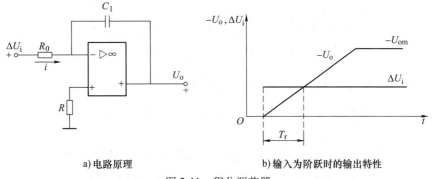

a) 电路原理　　　　　b) 输入为阶跃时的输出特性

图 2-11　积分调节器

I 调节器实际上是一个运放积分电路。当突加输入信号 ΔU_i 时，由于电容 C_1 两端的电压不能突变，故电容 C_1 被充电，输出电压 U_o 随之线性增大，U_o 的大小正比于 ΔU_i 对作用时间的积累，即 U_o 与 ΔU_i 为时间积分关系。如果 $\Delta U_i = 0$，积分过程就会终止；只要 $\Delta U_i \neq 0$，积分过程将持续到积分器饱和为止。电容 C_1 完成了积分过程后，其两端电压等于积分终值电压并保持不变，由于 $\Delta U_i = 0$，故可认为此时运放的电压放大倍数极大，I 调节器便利用运放这种极大开环电压放大能力使系统实现了稳态无静差。该 I 调节器的输出电压 $U_o = -1/R_0 C_1 \int \Delta U_i \mathrm{d}t$。

因此，该 I 调节器的积分时间为 $T = R_0 C_1$。若改变 R_0 或 C_1，均可改变 T。T 越小，表明 $-U_o$ 上升得越快，积分作用就越强；反之，T' 越大，则积分作用越弱。

积分控制的特点：在采用 I 调节器进行积分控制的自动控制系统中，由于系统的输出量不仅与输入量有关，而且与其作用时间有关，因此只要输入量存在，系统的输出量就不断地随时间积累，调节器的积分控制就起作用。正是这种积分控制作用，使系统输出量逐渐趋向期望值，而输入偏差逐渐减小，直到输入量为零（即给定信号与反馈信号相等），系统进入稳态为止。稳态时，I 调节器保持积分终值电压不变，系统输出量等于其期望值。因此，积分控制可以消除输出量的稳态误差，能实现无静差控制，这是积分控制的最大优点。

但是，由于积分作用是随时间积累而逐渐增强的，故积分控制的调节过程是缓慢的；由于积分作用在时间上总是落后于输入偏差信号的变化，故积分调节作用又是不及时的。因此，积分作用通常作为一种辅助的调节作用，而系统也不单独使用 I 调节器。

试题精选：

稳态时，积分调节器中积分电容两端的电压（D）。

    A. 一定为零　　　　　B. 不确定

    C. 等于输入电压　　　D. 保持在输入信号为零前的按偏差的积分值

鉴定点 16　比例积分调节器的组成及作用

问：比例积分调节器由哪几部分组成？有什么作用？

答：比例控制速度快，但有静差；积分控制虽能消除静差，但调节过程时间较长。因此，在实际应用中总是把这两种控制作用结合起来，形成比例积分控制规律。比例积分控制简称 PI 控制，它既具有稳态精度高的优点，又具有动态响应快的优点，因此它可以满足大多数自动控制系统对控制性能的要求。

    PI 调节器是以比例控制为主、积分控制为辅的调节器，其积分作用主要用来最终消除静差。比例积分调节规律的一般表达式为

$$U_o = U_{oP} + U_{oI} = K_P \Delta U_i + K_I \int \Delta U_i dt = K_P \left(\Delta U_i + \frac{1}{T_I} \int \Delta U_i dt \right)$$

式中，U_{oP} 为比例控制的输出；U_{oI} 为积分控制的输出；T_I 为 PI 调节器的积分时间，$T_I = K_P / K_I$。

    该式说明，PI 调节器的输出实际上是由比例和积分两个部分相加而成的。图 2-12 所示为由运放组成的一种 PI 调节器的电路原理及其在输入为阶跃时的输出特性。

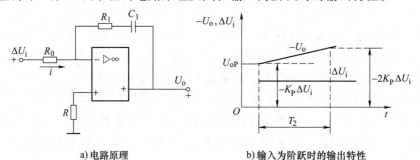

    a) 电路原理　　　　　　　　　b) 输入为阶跃时的输出特性

图 2-12　PI 调节器

    PI 控制的特点：PI 控制的比例作用使得系统动态响应速度快，而积分作用又使系统基本上无静差。PI 调节器有两个可供调节的参数位 K_P 和 T_i。减小 K_P 或增大 T_i 均会减小超调量，有利于系统稳定，但同时也降低了系统的动态响应速度。

试题精选：

带比例调节器的单闭环直流调速系统中，放大器的放大倍数越大，系统的（A）。

    A. 静态特性越好　　　　　　　　B. 动态特性越好

    C. 静态、动态特性越差　　　　　D. 静态特性越差

鉴定点 17　微分调节器的组成及作用

问：微分调节器由哪几部分组成？有什么作用？

答：微分调节器由集成运算放大器与外围元件组成，如图 2-13 所示。从图中可看出，将积分运算电路中的 R 和 C 位置互换，即为微分运算电路。输出电压为

$$u_{\mathrm{o}} = -RC\frac{\mathrm{d}u_{\mathrm{i}}}{\mathrm{d}t}$$

该式表明输出电压与输入电压的微分呈正比例，RC 为微分时间常数，负号表示输出与输入反相。

微分调节器的作用是：若输入方波信号，且 $RC \ll t_{\mathrm{P}}$（t_{P} 为脉冲宽度），则输出信号为双向的尖脉冲波形，如图 2-14 所示。在自动控制系统中，微分调节器常用来产生控制脉冲。

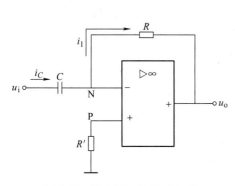

图 2-13　微分调节器运算电路

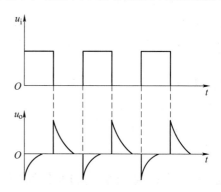

图 2-14　微分调节器波形

在闭环调速系统中，造成系统不稳定的主要原因是系统动态放大倍数太大。最好的解决方法是降低动态放大倍数，而静态放大倍数不变，因此，在自动调速系统中加入电压微分负反馈和电流微分负反馈。

电压微分负反馈只有在电压变化时才起作用，而电压的变化，意味着电动机转速的变化。稳定电压也就稳定了电动机的转速。由于电压微分负反馈并不影响静态放大倍数，所以保持了系统应有的静态指标。电流微分负反馈的原理与电压微分负反馈一样，只是所取的信号是电流，只有当电流有变化时，该信号才起作用。

试题精选：

（√）在自动调速系统中加入电压微分负反馈和电流微分负反馈后，可以降低动态放大倍数。而静态放大倍数不变。

鉴定范围 4　工业控制网络系统调试与维修

鉴定点 1　现场总线的定义

问：什么是现场总线？

答：现场总线是指以工厂内的测量和控制机器间的数字通信为主的网络，也称为现场网络，即将传感器、各种操作终端和控制器间的通信及控制器之间的通信进行转化的网络。原来这些机器间的主体配线是 ON/OFF、接点信号和模拟信号，通过通信的数字化使时间分割、多重化、多点化成为可能，从而实现高性能化、高可靠化、保养简便化、节省配线。

试题精选：

使用一根通信电缆，使所有具有统一通信协议、通信接口的现场设备连在一起的方式被称为（D）的网络。

    A. 通信管理   B. 现场通信   C. 网络总线   D. 现场总线

鉴定点 2　现场总线的特点

问：现场总线具有哪些特点？

答：现场总线的特点有：系统的开放性；互可操作性与互用性；现场设备的智能化与功能自治性；系统结构的高度分散性；对现场环境的适应性；节省硬件数量与投资；节省安装费用；节省维护成本；用户具有高度的系统集成主动权；提高了系统的准确性与可靠性。

试题精选：

现场总线的特点包括（D）。

    A. 系统的开放性   B. 现场设备的智能化

    C. 保养简便化和配线简洁   D. 以上都是

鉴定点 3　PLC 控制系统的通信网络

问：PLC 控制系统的通信网络是如何实现的？

答：PLC 控制系统的通信网络又称为高速数据公路，这类网络既可传送开关量又可传送数字量，一次传送的数据量较大。这类网络的工作过程类似于普通局域网，如 A-B 的 DH+网、西门子的 SINEC-H1 网，MODICON 的 Modbus+网等都属于 PLC 通信网络。

以三菱 PLC 为例，三菱 PLC 提供清晰的三层网络，即信息与管理层的以太网、管理与控制层的局域令牌网、控制设备层的 CC-LINK 开放式现场总线。这样可针对各种用途配备最合适的网络产品。如信息与管理层的以太网，能使产品信息广泛传输；ELSECNET/10 令牌网，PCTOPC 网络用于 A 系列的 PLC 网络，提供 10Mbit/s 的高速数据传输；ELSECNET/H 令牌网，PCTOPC 网络用于 Q 系列的 PLC 高速网络系统，提供 25Mbit/s 的高速数据传输；CC-LINK 开放式现场总线，提供安全、高速、简便的连接，传输速度可达 10Mbit/s；另外采用其他网络模块如 PROFIBUS、DeviecNet、Modbus、AS-i 等，可进行 RS232/RS422/RS485 等串行通信，通过数据专线、电话线进行数据传送等多种通信方式。

试题精选：

（√）三菱 PLC 提供清晰的三层网络，即信息与管理层的以太网、管理与控制层的局域令牌网和控制设备层的开放式现场总线。

鉴定点 4　工业以太网的定义

问：什么是工业以太网？

答：在局域网中，以太网是指遵循有关标准，在光缆和双绞线上传输的网络。工业以太网是普通以太网在控制网络延伸的产物。

以太网也是当前主要应用的一种局域网。目前的以太网按照传输速率大致分为以下 4 种。

1）10Base-T 以太网：传输介质是同轴电缆，传输速率为 10Mbit/s。

2）快速以太网：传输速率为 100Mbit/s，采用光缆或双绞线作为传输介质，兼容 10Base-T 以太网。

3）Gigabit 以太网：扩展的以太网协议，传输速率为 1Gbit/s，采用光缆或双绞线作为传输介质，基于当前的以太网标准，兼容 10Mbit/s 以太网和 100Mbit/s 以太网的交换机和路由器设备。

4）10Gigabit 以太网：是一种速度更快的以太网技术，支持智能以太网服务，是未来广域网和城域网的宽带解决方案。

试题精选：

工业以太网是基于遵循有关技术标准的强大的（B）网络。

A. 办公　　　　　　B. 区域和单元　　　　　C. 互联　　　　　　D. 广域

鉴定点 5　工业以太网的作用

问：工业以太网有哪些作用？

答：工业以太网的作用有：通过简单的连接方式实现快速装配；通过不断的开发提供持续的兼容性，因而保证了投资的安全；通过交换技术提供无限制的通信性能；可以实现办公室环境和生产应用环境等联网的应用。

试题精选：

工业以太网由于其固有的（B），已经渗透到工厂车间，成为自动化和控制系统的首选通信协议。

A. 可靠性　　　　　B. 高性能　　　　　　C. 互操作性　　　　　D. 经济型

鉴定点 6　工业以太网的构成

问：工业以太网主要由哪几部分构成？

答：一个典型的工业以太网主要由以下 3 类网络器件所组成：

1）网络部件。

2）连接部件：FC 快速连接插座、ELS（工业以太网电气交换机）、ESM（工业以太网电气交换机）、SM（工业以太网光纤交换机）、MC TP11（工业以太网光纤电气转换模块）。

3）通信介质：普通双绞线；工业屏蔽双绞线和光纤。

试题精选：

一个典型的工业以太网中的工业以太网电气交换机属于（B）。

A. 网络部件　　　　B. 连接部件　　　　　C. 通信介质　　　　　D. 以上都是

鉴定点 7　工业以太网的特点

问：工业以太网的特点有哪些？

答：工业以太网的特点有：

1）应用广泛。以太网是应用最广泛的计算机网络技术，几乎所有的编程语言如 Visual C++、Java、Visual Basic 等都支持以太网的应用开发。

2）通信速率高。以太网的速率比传统现场总线要快得多，完全可以满足工业控制网络不断增长的带宽要求。

3）资源共享能力强。以太网已渗透到各个角落，网络上的用户已解除了资源地理位置上的束缚，在联入互联网的任何一台计算机上都能浏览工业控制现场的数据，实现"控管一体化"，这是其他现场总线都无法比拟的。

4）可持续发展潜力大。以太网的引入将为控制系统的后续发展提供可能性，同时，机器人技术、智能技术的发展都要求通信网络具有更高的带宽和性能，通信协议有更高的灵活性，这些要求以太网都能很好地满足。

试题精选：

工业以太网具有的特点不包括：（D）。

A. 资源共享能力强　　　　　　　　B. 通信速率高

C. 可持续发展潜力大　　　　　　　D. 应用在专用场合

鉴定点 8　工业以太网的连接部件

问：工业以太网的连接部件有哪些？

答：工业以太网的连接部件有：FC 快速连接插座、ELS（工业以太网电气交换机）、ESM（工业以太网电气交换机）、SM（工业以太网光纤交换机）、MC TP11（工业以太网光纤电气转换模块）。

试题精选：

一个典型的工业以太网的连接部件包括快速连接插座和（D）。

A. 工业以太网电气交换机　　　　　B. 工业以太网光纤交换机

C. 工业以太网光纤电气转换模块　　D. 以上都是

鉴定点 9　工业以太网的通信介质

问：工业以太网的通信介质有哪些？

答：工业以太网的通信介质有传输线和互联设备。

1）传输线：普通双绞线、工业屏蔽双绞线和光纤。

2）互联设备：中间继电器、集线器、网桥、路由器、网关和交换机。

试题精选：

一个典型的工业以太网络的通信介质不包括（D）。

A. 普通双绞线　　　　　　　　　　B. 工业屏蔽双绞线

C. 光纤　　　　　　　　　　　　　D. 终端

鉴定点 10　工业以太网的重要性能

问：工业以太网有哪些重要性能？

答：1）工业以太网技术上与 IEEE 802.3/802.3u 兼容，使用 ISO 和 TCP/IP 通信协议。

2）10Mbit/s 或 100Mbit/s 自适应传输速率。

3）可以方便地构成星形、线型和环形拓扑结构。

4）通过带有 RJ45 技术、工业级的 Sub-D 连接技术和安装专用屏蔽电缆的 Fast Connect

技术，确保现场电缆安装工作的快速进行。

5）使用 VB/VC 或组态软件即可监控管理网络。

试题精选：

（√）工业以太网可以方便地构成星形、线型和环形拓扑结构。

鉴定点 11　工业以太网的安全要求

问：工业以太网的安全要求有哪些?

答：工业以太网的安全要求有以下几点：

1）工业以太网是一个网络控制系统，实时性要求高，网络传输要有确定性和稳定性。

2）工业以太网应该保证实时性不会被破坏，因为过程控制对实时性的要求非常高，涉及生产设备和人员安全。

3）在工业以太网的数据传输中要防止数据被窃取。

4）工业以太网的应用必须保证经过授权的合法性和可审查性。

5）工业以太网必须要有防止病毒攻击的措施。

试题精选：

工业以太网的安全要求不包括（C）。

A. 保证实时性不被破坏　　　　　　　B. 数据传输中的保密性

C. 数据传输速度适应性　　　　　　　D. 合法性和可审查性

鉴定点 12　工业以太网的传输协议

问：工业以太网的传输协议是如何规定的?

答：为了满足工业现场的要求，必须在以太网和 TCP/IP 基础上，建立完整、有效的通信服务模型，制定有效的实时通信服务机制，协调好工业现场控制系统中实时信息和非实时信息服务，形成广大工控生产商和用户所接受的应用层、用户层协议，进而形成开放的标准，从而开发出了工业以太网协议等。

工业以太网协议（Ethernet/IP）是应用层协议。Ethernet/IP 指的是以太网工业协议（Ethernet Industrial Protocol）。

它定义了一个开放的工业标准，将传统的以太网与工业协议相结合。Ethernet/IP 基于 TCP/IP 系列协议，因此采用以原有的形式 OSI 层模型中较低的 4 层。所有标准的以太网通信模块，如 PC 接口卡、电缆、连接器、集线器和开关都能与 Ethernet/IP 一起使用。

例如：S7-300 PLC 的工业以太网通信方法如下：

（1）标准通信　标准通信运行于 OSI 参考模型第 7 层协议，有 MMS、MAP3.0 和 FMS。MAP（制造业自动化协议）提供 MMS 服务，主要用于传输结构化的数据。MMS 是一个符合 ISO/IES 9506-4 的工业以太网通信标准。MAP3.0 的版本提供了开放统一的通信标准，可以连接各个厂商的产品，但很少使用。

（2）S5 兼容通信　S5 兼容通信包括的通信协议有：

1）ISO Transport（ISO 传输协议）。ISO 传输协议支持基于 ISO 的发送和接收，使得设备（如 SIMATIC S5 或 PC）在工业以太网上的通信非常容易，该服务支持大数据量的数据传输（最大 64KB）。ISO 数据接收由通信方确认，通过功能块可以看到确认信息。它用于 SIMATIC S5 和 SIMATIC S7 的工业以太网连接。

2）ISO-on-TCP。ISO-on-TCP 支持 TCP/IP 的开放数据通信，用于支持 SIMATIC S7 和 PC 及非西门子支持的 TCP/IP 以太网系统。ISO-on-TCP 符合 TCP/IP，相对于标准的 TCP/IP，还附加了 RFC 1006 协议。RFC 1006 是一个标准协议，该协议描述了如何将 ISO 映射到 TCP。

3）UDP。UDP（用户数据报协议）提供了 S5 兼容通信协议，适用于简单的交叉网络数据传输，没有数据确认报文，不检测数据传输的正确性。UDP 支持基于 UDP 的发送和接收，使得设备（如 PC 或非西门子公司设备）在工业以太网上的通信非常容易。该协议支持较大数据量的数据传输（最大 1472B），数据可以通过工业以太网或 TCP/IP 网络（拨号网络或因特网）传输。SIMATIC S7 通过建立 UDP 连接，提供了发送和接收通信功能，与 TCP 不同，UDP 实际上并没有在通信双方建立一个固定的连接。

4）TCP。TCP 是 TCP/IP 中的传输控制协议，支持 TCP/IP 的开放数据通信，提供了数据流通信，但并不将数据封装成消息块，因而用户并不接收到每一个任务的确认信号。

TCP 支持基于 TCP/IP 的发送和接收，使得设备（如 PC 或非西门子设备）在工业以太网上的通信非常容易。该协议支持大数据量的数据传输（最大 64KB），数据可以通过工业以太网或 TCP/IP 网络（拨号网络或因特网）传输。SIMATIC S7 可以通过建立 TCP 连接来发送和接收数据。

试题精选：

西门子 S7—300 PLC 工业以太网的标准通信协议为（C）。

A. MMS   B. MAP   C. MAP3.0   D. MMS～MAP3.0

鉴定点 13   PROFIBUS 的定义

问：什么是 PROFIBUS？

答：PROFIBUS 是过程现场总线（Process Field Bus）的简称，PROFIBUS 是一种国际化、开放式、不依赖于设备生产商的现场总线标准。

试题精选：

PROFIBUS 是一种（D）现场总线标准。

A. 个体化   B. 封闭式   C. 小型化   D. 国际化

鉴定点 14   PROFIBUS 的组成

问：PROFIBUS 主要由哪几部分组成？

答：PROFIBUS 主要由 PROFIBUS-DP、PROFIBUS-FMS、PROFIBUS-PA 组成。

1）PROFIBUS-DP 用于分散外部设备间的高速数据传输，适合于加工自动化领域的应用。

2）PROFIBUS-FMS 即现场信息规范。其适用于纺织、楼宇自动化、PLC、低压开关等。FMS 还采用了应用层。传输速率为 9.6Kbit/s～12Mbit/s，最大传输距离在 12Mbit/s 时为 100m，1.5Mbit/s 时为 400m，可用中继器延长至 10km。其传输介质可以是双绞线，也可以是光缆，最多可挂接 127 个站点，可实现总线供电与本质安全防爆。

3）PROFIBUS-PA 是用于过程自动化的总线类型。它遵从 IEC 1158-2 标准，采用了 OSI 模型的物理层、数据链路层。

试题精选：

（B）是一种高速低成本的数据传输形式，用于自动化单元级控制设备与分布式 I/O 通信。

　　A. PROFIBUS　　　　B. PROFIBUS-DP　　　C. PROFIBUS-PA　　　D. PROFIBUS-FMS

鉴定点 15　PROFIBUS 的用途

问：PROFIBUS 的用途有哪些?

答：PROFIBUS 广泛适用于制造业自动化、流程工业自动化和楼宇、交通、电力等其他领域自动化。具体的用途如下：

（1）PROFIBUS-DP　PROFIBUS-DP 应用于现场级，它是一种高速低成本通信，用于设备级控制系统与分散式 I/O 之间的通信，总线周期一般小于 10ms。主站之间的通信为令牌方式，主站与从站之间为主从方式，以及两种方式的混合。一个网络中有若干个被动节点（从站），而它的逻辑令牌只含有一个主动令牌（主站），这样的网络为纯主—从系统。

（2）PROFIBUS-PA　PROFIBUS-PA 适用于过程自动化的现场传感器和执行器的低速数据传输，使用扩展的 PROFIBUS-DP 协议。传输技术采用 IEC 1158-2 标准，可用于防爆区的传感器和执行器与中央控制系统的通信。使用屏蔽双绞线电缆，由总线提供电源。

（3）PROFIBUS-FMS　PROFIBUS-FMS 可用于车间级监控网络，FMS 提供大量的通信服务，用以完成中等级传输速率进行的循环和非循环的通信服务。对于 FMS 而言，它考虑的主要是系统功能而不是系统响应时间，应用过程中通常要求的是即时的信息交换，如改变设定参数。FMS 服务向用户提供了广泛的应用范围和更大的灵活性，通常用于大范围、复杂的通信系统。

试题精选：

PROFIBUS 主要用于（D）。

　　A. 制造业自动化　　　B. 交通自动化　　　C. 电力自动化　　　D. 以上都是

鉴定点 16　PROFIBUS 的传输技术

问：PROFIBUS 的传输技术有哪几种?

答：PROFIBUS 符合 EIA RS485 标准，使用两端有终端电阻的总线型拓扑结构，保证在运行期间接入和断开一个或多个站时，不会影响到其他站的工作。

PROFIBUS 使用 3 种传输技术，PROFIRUS-DP 和 PROFIBUS-FMS 采用相同的传输技术，可以使用 RS485 屏蔽双绞线电缆传输和光纤传输，PROFIBUS-PA 采用 IEC 1158-2 传输技术。

（1）RS485　PROFIBUS RS485 传输时以半双工、异步、无间隙同步为基础，传输介质可以是屏蔽双绞线和光纤。

RS485 若采用屏蔽双绞线进行电缆传输，不用中继器时，每个 RS485 最多连接 32 个站；用中继器时可以扩展到 126 个站，传输速率为 9.6Kbit/s～12Mbit/s。

（2）光纤　为了适应强度很高的电磁干扰环境和高速远距离的传输，PROFIBUS 可使用光纤传输技术。使用光纤传输的 PROFIBUS 段可以设计成星形或环形结构。可采用 RS485 传输链接与光纤传输链接之间的耦合器，实现系统内 RS485 和光纤传输之间的转换。

（3）IEC 1158-2　IEC 1158-2 协议规定，在过程自动化中使用固定速率 31.25Kbit/s 进行同步传输，它考虑了应用于化工和石化工业时对安全的要求。在此协议下，通过采用具有本质安全的双线供电技术，PROFIBUS 就可用于危险区域。

试题精选：

PROFIBUS 采用的传输技术不包括（D）。

A. RS485 双绞线　　　　B. 光纤　　　　C. IEC 1158-2　　　　D. RS422

鉴定点 17　PROFIBUS 传输的速率与距离

问：PROFIBUS 传输的速率与距离有什么关系？

答：PROFIBUS 传输的速率取决于电缆的长度，电缆的长度为 100～1200m，传输速率为 9.6Kbit/s～12Mbit/s。电缆长度取决于传输速率，传输速率与电缆长度的关系见表 2-1。

表 2-1　传输速率与电缆长度的关系

传输速率/(Kbit/s)	9.6～93.75	187.5	500	1500	3000～12000
电缆长度/m	1200	1000	400	200	100

试题精选：

PROFIBUS RS485 传输时，传输速率一般为（D）。

A. 9.6Kbit/s　　　　B. 31.25Kbit/s　　　　C. 12Mbit/s　　　　D. 9.6Kbit/s～12Mbit/s

鉴定点 18　PROFIBUS-DP 的设备分类

问：PROFIBUS-DP 的设备是如何分类的？

答：PROFIBUS-DP 在整个 PROFIBUS 应用中最为广泛，可以连接不同厂商符合 PROFI-BUS-DP 协议的设备，PROFIBUS-DP 定义了 3 种设备类型。

（1）DPM1 类主设备　DPM1 类主设备是控制系统的中央控制器，可以发送参数给 DP 从站，读取从站的诊断信息，用全局控制命令将它的运行状态告知从站。典型的设备有 PLC、微机数值控制器或计算机等。

（2）DPM2 类主设备　DPM2 类主设备是 DP 网络中的编程和管理设备。这类设备在 DP 系统初始化时生成系统配置，是 DP 系统中组态或监视工程的工具。除了具有 1 类主站的功能外，还可以读取 DP 从站的输入/输出数据和当前的组态数据，可以给 DP 从站分配新的总线地址。属于这一类的设备包括编程器、组态装置和诊断装置、上位机等。

（3）DP 从站设备　DP 从站设备可构成 DP 从站。这类设备是 DP 系统中直接连接 I/O 信号的外围设备。典型的 DP 从站设备有分布式 I/O、ET200、变频器、驱动器、阀和操作面板等。

试题精选：

PROFIBUS DPM1 类主设备不包括（C）。

A. PLC   B. 微机数值控制器   C. 打印机   D. 计算机

鉴定点 19   PROFIBUS-DP 从站设备的分类

问：PROFIBUS-DP 从站设备分为哪几类？

答：根据 PROFIBUS-DP 从站设备的用途和配置，可将 SIMATIC S7 的 DP 从站设备分为以下 3 种。

（1）紧凑型 DP 从站   紧凑型 DP 从站具有不可更改的固定结构的输入、输出区域。ET200B 电子终端系列就是紧凑型 DP 从站。

（2）模块化 DP 从站   模块化 DP 从站具有可变的输入、输出区域，可以用 SIMATIC 管理器的 HW config 工具进行组态。ET200M 就是模块化 DP 从站的典型代表，可以使用 S7—300 全系列模块，最多可有 8 个 I/O 模块，连接 256 个 I/O 通道。ET200M 需要一个 ET200M 接口模块（IM153）与 DP 主站连接。

（3）智能 DP 从站   在 PROFIBUS-DP 系统中，带有集成 DP 接口的 CPU，或 CP342-5 通信处理器可用作智能 DP 从站，简称"I 从站"。智能从站提供给 DP 主站的输入、输出区域不是实际的 I/O 模块所使用的 I/O 区域，而是从站 CPU 专用于通信的输入、输出映像区。

试题精选：

SIMATIC S7 的 DP 从站设备不包括（D）。

A. 紧凑型 DP 从站   B. 模块化 DP 从站   C. 智能 DP 从站   D. 仿真型

鉴定点 20   PROFIBUS-DP 主从系统的分类

问：PROFIBUS-DP 主从系统是如何分类的？

答：PROFIBUS-DP 主从系统分为：

（1）单主站系统   单主站系统可实现最短的总线循环时间。以 PROFIBUS-DP 系统为例，一个单主站系统由一个 DPM1 类主站和 1~125 个 DP 从站组成。

（2）多主站系统   若干个主站可以用读功能访问一个从站，以 PROFIBUS-DP 系统为例，多主站系统由多个主设备（DPM1 类或 DPM2 类）和 1~124 个 DP 从设备组成。

（3）多主—多从系统   前面两种系统的组合就形成了多主—多从系统。多个主站构成了一个令牌传递的逻辑环，在这个环中，令牌按照系统预先确定的地址升序从一个主站传递到另一个主站。当一个主站得到了令牌后，它能在一定时间间隔内执行该主站的任务，可以按照主—从关系与所有从站通信，也可以按照主—主关系与所有主站通信。

试题精选：

PROFIBUS-DP 主从系统分为（D）。

A. 单主站系统   B. 多主站系统   C. 多主-多从系统   D. 以上都是

鉴定范围5　可编程控制系统调试与维修

鉴定点1　用 PLC 改造继电接触式控制电路的优点

问：用 PLC 改造继电接触式控制电路具有哪些优点？

答：用 PLC 改造继电接触式控制电路具有以下优点：

1）功能强，性价比高。PLC 有很强的功能，可以实现非常复杂的控制功能。与相同功能的继电器相比，具有很高的性价比。PLC 可以通过通信联网，实现分散控制，集中管理。

2）硬件配套齐全，用户使用方便，适应性强。PLC 产品已经标准化、系列化、模块化，配备有品种齐全的各种硬件装置供用户选用。用户能灵活方便地进行系统配置，组成不同功能、不同规模的系统。安装接线也很方便，一般用接线端子连接外部接线。PLC 有很强的带负载能力，可以直接驱动一般的电磁阀和交流接触器。

3）可靠性高，抗干扰能力强。PLC 采取了一系列硬件和软件抗干扰措施，具有很强的抗干扰能力，平均无故障时间达到数万小时，可以直接用于有强烈干扰的工业生产现场。

4）系统的设计、安装、调试工作量少。

5）编程方法简单。梯形图是使用最多的 PLC 编程语言，其电路符号和表达方式与继电接触式控制电路原理图相似，梯形图语言形象直观，易学易懂。

6）维修工作量少，维修方便。PLC 的故障率很低，而且有完善的自诊断和显示功能。PLC 或外部的输入装置和执行机构发生故障时，可以根据 PLC 上的发光二极管或编程器提供的信息迅速地查明故障的原因，用更换模块的方法可以迅速地排除故障。

7）体积小，能耗低

试题精选：

利用 PLC 对继电接触式控制电路进行改造，优点是（D）。

A. 功能强，性价比高　　　　　　　B. 维修工作量小，维护方便

C. 能实现网络通信　　　　　　　　D. 以上都是

鉴定点2　用 PLC 改造继电接触式控制电路的方法

问：用 PLC 改造继电接触式控制电路常采用哪些方法？

答：用 PLC 改造继电接触式控制电路的方法大致有两种：

1）根据原有系统的工艺要求重新设计，这种方法要求设计人员具有丰富的程序设计经验和现场设备维护经验，称为逻辑设计法。采用逻辑设计法在设计时要充分考虑各种意外情况的发生。

2）根据原有系统的继电接触式控制电路图来设计，这些方法有经验设计法、移植设计法和顺序功能图设计法，它们是 PLC 改造继电接触式控制电路的一条捷径。原有的继电接触式控制电路与梯形图有很多相似之处，可以将它"翻译"成梯形图。同时，原有的继电接触式控制电路是经过长期使用和考验的，是已经被证明能在保证安全的前提下完成系统的

控制要求的。

试题精选：

用 PLC 改造继电接触式控制电路时，根据继电接触式控制电路上反映出的电器元件逻辑控制要求，重新进行梯形图设计的方法是（B）。

A. 经验设计法 　　　　　　　　　B. 逻辑设计法

C. 移植设计法（翻译法）　　　　　D. 顺序功能图设计法

鉴定点 3　用 PLC 改造继电接触式控制电路的步骤

问：用 PLC 改造继电接触式控制电路的步骤是什么？

答：PLC 应用于改造机床继电接触式控制电路的一般步骤如下：

1）熟悉加工工艺流程，弄清老设备的继电接触式控制原理。其中包括：控制过程的组成环节；各环节的技术要求和相互间的控制关系；输入、输出的逻辑关系和测量方法；设备的控制方法与要求。

2）列出设备机床电器元件，根据现场信号、控制命令、作用等条件，确定现场输入、输出信号和分配到 PLC 内与其相连的输入、输出端子号。并应绘出 I/O 端子接线图

3）确定 PLC 机型，主要依据是输入、输出形式和点数。

4）根据控制流程，设计 PLC 梯形图，并由梯形图写出指令与程序。

5）将程序输入到 PLC 中并进行调试。

试题精选：

用 PLC 改造继电接触式控制电路时，首先要了解系统改造的要求和熟悉原设备的电气工作原理。其次采取的步骤正确的是（A）。

①确定所需的用户输入、输出设备；②设计控制程序；③确定 PLC 的机型、容量选择、I/O 模块选择、电源模块选择；④整理资料；⑤联机调试。

A. ①③②⑤④ 　　　　　　　　　B. ③①②⑤④

C. ③②①④⑤ 　　　　　　　　　D. ③②①⑤④

鉴定点 4　用 PLC 改造继电接触式控制电路的注意事项

问：用 PLC 改造继电接触式控制电路时应注意哪些问题？

答：用 PLC 改造继电接触式控制电路时应注意以下几点：

1）常闭触电提供输入信号的处理。在梯形图中一般将输入信号改为常开状态。如果某些信号只能用常闭触点输入，可先按照输入设备为常开触点设计，然后将梯形图中对应的输入继电器触点取反。

2）断电延时继电器的处理。可以用线圈通电后延时定时器来实现延时功能，但是通电的定时器线圈必须可以断电，因此输入给通电定时器线圈的触点必须能断开。

3）尽量减少 PLC 的输入信号和输出信号。继电接触式控制电路中某些相对独立且比较简单的部分，可以继电器控制，从而同时减少了所需 PLC 的输入点数和输出点数。

4）热继电器过载信号的处理。热继电器过载保护信号作为输入信号接在 PLC 输入回路中，如果串接在输出控制回路，虽说可以保护动作使电动机停转，但 PLC 的输出并未切断，

一旦热继电器冷却后复位，常闭触点闭合使电动机立即起动，容易造成事故。

5）一些简单、独立的控制电路（如机床中冷却泵电动机的控制电路），可以不进入PLC程序控制。

6）梯形图中进行了互锁保护，同时还要使接触器常闭触点在输出电路中实现互锁保护

试题精选：

用PLC改造继电接触式控制电路时，对于注意事项，说法不正确的是（C）。

A. 接入PLC输入端带触点的元件尽量采用常开触点

B. 一些简单、独立的控制电路（如机床中冷却泵电动机的控制电路），可以不进入PLC程序控制

C. 为保证安全，各热继电器常闭触点直接接在输入端

D. 梯形图中进行了互锁保护，同时还要使接触器常闭触点在输出电路中实现互锁保护

鉴定点5　变频器控制电路的设计步骤

问：简述变频器控制电路的设计步骤。

答：无论生产工艺提出的动态、静态指标要求如何，其变频调速控制系统的设计过程基本相同，基本设计步骤是：

1）了解生产工艺对转速变化的要求，分析影响转速变化的因素，根据自动控制系统的形成理论，建立调速控制系统的原理框图。

2）了解生产工艺的操作过程，根据电气控制电路的设计方法，建立调速控制系统的电气控制电路原理框图。

3）根据负载情况和生产工艺的要求选择电动机、变频器及其外围设备。如果是闭环控制，最好选用能够四象限运行的通用变频器。

4）根据实际设备，绘制调速控制系统的电气控制电路原理图，编制控制系统的程序参数，修改调速控制系统的原理框图。

试题精选：

变频器控制电路的设计步骤内容正确的是（B）。

① 首先了解生产工艺对转速变化的要求，分析影响转速变化的因素，根据自动控制系统的形成理论，建立调速控制系统的原理框图。

② 根据负载情况和生产工艺的要求选择电动机、变频器及其外围设备。

③ 根据电气控制电路的设计方法，建立调速控制系统的电气控制电路原理框图。

④ 编制控制系统的程序参数，修改调速控制系统的原理框图。

⑤ 绘制调速控制系统的电气控制电路原理图。

A.①②③④⑤　　　　　　　　　　B.①③②⑤④

C.①③②⑤④　　　　　　　　　　D.①④③②⑤

鉴定点6　变频器控制电路的调试方法

问：如何调试变频器控制电路？

答：变频器控制电路的调试方法及步骤如下：

（1）电动机的起动

1）将频率缓慢上升至一个较低的数值，观察机械的运行状况是否正常，同时注意观察电动机的转速是否从一开始就随频率的上升而上升。如果在频率很低时，电动机不能很快旋转起来，说明起动困难，应适当增大 U/f，或增大起动频率。

2）显示内容切换至电流显示，将频率给定调至最大值，使电动机按预置的升速时间起动到最高转速。观察在起动过程中的电流变化。如因电流过大而跳闸，应适当延长升速时间；如机械对起动时间并无要求，则最好将起动电流限制在电动机的额定电流以内。

3）观察整个起动过程是否平稳。对于惯性较大的负载，应考虑是否需要预置 S 形升速方式，或在低速时是否需要预置暂停升速功能。

4）对于风机，应注意观察在停机状态下风叶是否因自然风而反转，如有反转现象，则应预置起动前的直流制动功能。

（2）停机试验　在停机试验过程中，应把显示内容切换至直流电压显示，并注意观察以下内容：

1）观察在降速过程中直流电压是否过高，如因电压过高而跳闸，应适当延长降速时间；如降速时间不宜延长，则应考虑接入制动电阻和制动单元。

2）观察当频率降至 0Hz 时，机械是否有"蠕动"现象，并了解该机械是否允许蠕动。如需要制止蠕动时，应考虑预置直流制动功能。

（3）带载能力试验

1）在负载所要求的最低转速时带额定负载，并长时间运行，观察电动机的发热情况。如发热严重，应考虑增加电动机的外部通风问题。

2）如在负载所要求的最高转速下，变频器的工作频率超过额定频率，则应进行负载试验，观察电动机能否带动该转速下的额定负载。

如果上述高、低频运行状况不够理想，还可考虑通过适当增大传动比，以减轻电动机负载的可能性。

试题精选：

（×）调试变频器控制电路时，当电动机起动时，对于惯性较大的负载，应考虑是否需要预置半 S 形升速方式，或在低速时是否需要预置暂停升速功能。

鉴定点 7　PLC 和变频器控制电路的设计步骤

问：简述 PLC 和变频器控制电路的设计步骤。

答：PLC 和变频器控制电路的设计步骤为：

1）根据控制要求设计整体控制方案，用 PLC 控制变频器的正反转和高低速变化。

2）选择 PLC 的型号和规格，列出 I/O 地址表，选择变频器的型号和规格。

3）画出 PLC、变频器的控制电路和主电路的原理图及安装接线图。

4）编写 PLC 的控制程序。

5）设置变频器的各种参数。

试题精选：

PLC 与变频器控制电路设计时，说法不正确的是（D）。

A. 变频器只作为控制电动机转速变换；PLC 作为整个设备或系统的各种程序控制

B. 系统的保护功能是变频器通过 PLC 来控制实现的

C. 用 PLC 的输出端去控制变频器的通电或断电及信号指示，即将变频器的 FWD 和 REV 端接至 PLC 的指定输出端子上

D. PLC 与变频器共用一套接地装置

鉴定点 8　PLC 与变频器的联机运行方法

问：PLC 与变频器如何联机运行？

答：变频器与 PLC 进行联机运行的方法如下：

1）变频器只作为控制电动机转速变换；PLC 作为整个设备或系统的各种程序控制。

2）在输入端一般用接触器控制变频器的供电电源，接触器受 PLC 控制，变频器的正常工作与停止也受 PLC 控制，故将变频器的主电源 R、S、T 端接到接触器上主触点上。

3）变频器的保护功能触点接至 PLC 的指定输入端，当变频器出现故障时，将保护信号传至 PLC，PLC 将立即发出指令，使系统停止工作，即系统的保护功能是变频器通过 PLC 来控制实现的。

4）用 PLC 的输出端去控制变频器的通电或断电及信号指示，特别是变频器的正反转信号，即将变频器的 FWD 和 REV 端接至 PLC 的指定输出端子上。

5）根据电路设计要求，按上述原则分配好 PLC 的输入和输出接口，正确连接变频器与 PLC 之间的连接线。

6）输入 PLC 程序和变频器的有关指令，然后进行试运行。

试题精选：

PLC 和变频器控制电路联机运行时，说法不正确的是（C）。

A. 通信给定，变频器基本都自带 485 通信，PLC 与变频器相连接，通过 MODBUS 通信协议来控制变频器

B. 端子给定，通过 PLC 的输出点与变频器的输出点、输入点相连接。通过数字量信号来控制变频器

C. 当 PLC 和变频器安装在同一控制柜中时，尽可能使与 PLC 和变频器有关的电线装在一起

D. 输入 PLC 程序和变频器的有关指令，进行试运行

鉴定点 9　PLC 中 A/D、D/A 转换模块的作用

问：PLC 中 A/D、D/A 转换模块的作用有哪些？

答：A/D、D/A 转换模块包括模拟量输入模块、模拟量输出模块两大类。根据数据输入、输出转换的点数、转换精度等的不同，有多种规定可以供选择。

1）A/D 转换模块的作用是将来自过程控制的传感器输入信号，如电压、电流等连续变化的物理量（模拟量）直接转换为一定位数的数字量信号，以供 PLC 进行运算与处理。

2）D/A 转换模块的作用是将来自 PLC 内部的数字量信号转为电压、电流等连续变化的物理量（模拟量）输出。它可以用作变频器、伺服驱动器等装置的速度、位置控制输入，

也可以用来作为外部仪表显示。

试题精选：

（×）A/D 转换模块可以用作变频器、伺服驱动器等装置的速度、位置控制输入。

鉴定点 10　PLC 中温度测量模块的作用

问：PLC 中温度测量模块有什么作用？

答：温度控制是模拟量控制中应用比较多的物理量控制，一般的温度传感器只能将温度变成电量，还必须通过变送器将非标准电量转换成标准电量才能传送到 A/D 转换模块或控制端口。而 PLC 中温度测量模块的作用是把现场的模拟温度信号转换成相应的数字信号送给 MPU（主处理单元），而变换器和 A/D 转换模块均由温度模块自动完成，即对过程控制的温度进行测量和显示。三菱 FX_{2N} 有两种温度 A/D 输入模块，一种是热电偶温度传感器，另一种是铂电阻温度传感器，两者原理基本相同。

试题精选：

（√）温度测量模块的作用是可以直接将温度传感器的信号转换成数字信号。

鉴定点 11　PLC 中温度控制模块的作用

问：PLC 中温度控制模块有什么作用？

答：温度控制功能模块的作用是对过程控制的温度测量输入与系统的温度给定信号进行比较，并通过参数可编程的 PID 调节与模块的自动调节功能，实现温度的自动调节与控制。

试题精选：

温度控制功能模块的作用是对过程控制的温度测量输入与系统的温度给定信号进行比较，并通过参数可编程的 PID 调节与（A），实现温度的自动调节与控制。

A. 模块的自动调节功能　　　　　　　　B. 变频器

C. 电磁阀　　　　　　　　　　　　　　D. 以上都是

鉴定点 12　PLC 温度模块的 I/O 参数

问：PLC 温度模块的 I/O 参数有哪些？

答：三菱 FX 系列的温度模块 I/O 参数见表 2-2。

表 2-2　三菱 FX 系列的温度模块 I/O 参数

类别	型号	名称	功能	备注
温度测量模块	FX_{2N}-8AD	模拟量输入扩展模块	扩展 8 点模拟量输入	温度传感器输入
	FX_{2N}-4AD-PT	温度处理模块	4 点输入	热电阻输入
	FX_{2N}-4AD-TC	温度处理模块	4 点输入	热电偶输入
温度控制模块	FX_{2N}-2LC	温度调节器模块	2 点输出	

试题精选：

温度控制模块 FX_{2N}-2LC 的输出为（A）点。

A. 2　　　　　　　　　B. 4　　　　　　　　　C. 6　　　　　　　　　D. 8

鉴定点 13　PLC 温度模块的参数

问：PLC 温度模块的主要参数有哪些？

答：PLC 温度模块的主要参数有输入信号、额定控制温度、传感器电流、有效数字输出、分辨率、综合精度、转换速度、隔离方式、电源、占用 PLC 的点数及适用的 PLC 型号。例如，FX_{2N}-4AD-PT 的主要参数有：

1）FX_{2N}-4AD-PT 将 4 个传感器铂电阻温度传感器（PT100，3 线，100Ω）的信号放大，并将数据转换成 12 位的可读数据存储在主处理单元中，具有 4 通道输入和 1 通道输出。

2）所有的数据传输和参数设置都可以通过 FX_{2N}-4AD-PT 的软件来进行调整，由 FROM/TO 指令来完成。

3）FX_{2N}-4AD-PT 占用 FX_{2N} 扩展总线 8 个点，消耗主单元或有源扩展单元 5V 电源的 30mA 电流。

4）传感器电流为 1mA。

5）额定控制温度 100~600℃，分辨率为 0.2~0.3℃。

FX_{2N}-4AD-TC 的主要参数有：

1）热电偶（K、T）温度传感器输入；具有 4 通道输入和 1 通道输出。

2）测定单位可以是摄氏度，也可以是华氏度。

3）FX_{2N}-4AD-TC 占用 FX_{2N} 扩展总线 8 个点，消耗主单元或有源扩展单元 5V 电源的 30mA 电流。

4）额定控制温度 K 为 100~1200℃，J 为 1000~6000℃，分辨率 K 为 0.4℃，J 为 0.3℃。

试题精选：

三菱 PLC 温度处理模块 FX_{2N}-4AD-PT 的所有数据传输和参数设置都可以通过 PLC 的（D）来调整，由应用指令 FROM/TO 来完成。

A. 软件　　　　　　 B. 指令　　　　　　 C. 指令控制　　　　　　 D. 软件控制

鉴定点 14　PLC 中脉冲计数模块的作用

问：PLC 中脉冲计数模块的作用有哪些？

答：脉冲计数模块用于速度位置等控制系统的转速、位置测量，对来自编码器、计数开关等的输入脉冲信号进行计数，从而获得实验控制系统的实际值，以供 PLC 进行运算与处理使用。脉冲计数模块的功能见表 2-3。

表 2-3　脉冲计数模块的功能

类别	型号	名称	功能
高速计数与位置控制模块	FX_{2N}-1HC	高速计数模块	扩展 2 点模拟量输出
	FX_{2N}-1PG	脉冲输出模块	单轴，2 相脉冲输出
	FX_{2N}-10PG	脉冲输出模块	单轴，2 相高速脉冲输出
	FX_{2N}-10GM	单轴定位控制模块	单轴，2 相高速脉冲输出
	FX_{2N}-20GM	单轴定位控制模块	双轴，2 路 2 相高速脉冲输出
	FX_{2N}-1RM-E-SET	转角检测模块	检测转动角度

试题精选：

（×）脉冲计数模块用于速度、位置等控制系统的转速、位置测量，对来自编码器、PLC 等的输入脉冲信号进行计数。

鉴定点 15　PLC 中位置控制模块的作用

问：PLC 中位置控制模块的作用有哪些？

答：位置控制模块可以实现自动定位控制，模块可以将 PLC 内部的位置给定值转换为对应的位置脉冲数输出，并通过改变输出脉冲的频率，达到改变速度与位置的目的。脉冲输出的形式可以是差动输出、集电极开路晶体管输出或者通过高速总线输出，连接的驱动器可以是步进电动机驱动器或交流伺服驱动器，但驱动器必须具有位置控制功能，并且能够直接接受位置脉冲输入信号或总线信号。位置控制模块的作用见表 2-3。

试题精选：

PLC 中的位置控制模块可以实现（B）。

A. 定位控制　　　　B. 自动定位控制　　　C. 指令控制　　　　D. 软件控制

鉴定点 16　PLC 中网络通信模块的作用

问：PLC 中网络通信模块的作用有哪些？

答：网络通信模块包括串行通信、远程 I/O 主站、多种网络连接等。根据不同的网络与连接线的形式，有多种规格可供选择。它主要应用于 PLC 与外围设备及网络的通信连接。FX$_{2N}$ 系列网络通信模块的型号和功能见表 2-4。

表 2-4　FX$_{2N}$ 系列网络通信模块的型号和功能

类别	型号	名称	功能	备注
网络通信模块	FX$_{2N}$-16CCL-M	CC-Link 主站模块	PLC 网络通信用	
	FX$_{2N}$-32CCL	CC-Link 接口模块	PLC 网络通信用	
	FX$_{2N}$-64CL-M	CC-Link/LT 主站模块	连接远程 I/O 模块	
	FX$_{2N}$-64LMK-M	MWLSEC-I/O Link 主站模块	连接远程 I/O 模块	
	FX$_{2N}$-32ASI-M	AS-i 主站模块	连接现场执行传感器	
	FX$_{2N}$-232IF	RS232 通信模块	RS232 通信	
	FX$_{2N}$-16NT	M-NET/MINI 通信模块	M-NET/MINI 通信	双绞线
	FX$_{2N}$-16NP	M-NET/MINI 通信模块	M-NET/MINI 通信	光缆
	FX$_{2N}$-16NT-S3	M-NET/MINI-S3 通信模块	M-NET/MINI-S3 通信	双绞线
	FX$_{2N}$-16PT-S3	M-NET/MINI-S3 通信模块	M-NET/MINI-S3 通信	光缆
	FX$_{2N}$-232-BD	内置式 RS232 通信扩展板	用于 PLC 与外部之间的 RS232 接口通信	安装于基本单元的扩展功能板
	FX$_{2N}$-485-BD	内置式 RS485 通信扩展板	用于 PLC 与外部之间的 RS485 接口通信	
	FX$_{2N}$-422-BD	内置式 RS422 通信扩展板	用于 PLC 与外部之间的 RS422 接口通信	
	FX$_{2N}$-CNV-BD	特殊适配器	连接 FX$_{0N}$ 系列 PLC 的通信适配器	

试题精选：

网络通信模块包括串行通信、远程 I/O 主站、多种网络连接等。FX$_{2N}$-64CL-M 模块的作用是（A）。

A. 连接远程 I/O 模块   B. PLC 网络通信用

C. 连接现场执行传感器   D. 连接现场适配器

鉴定点 17 PLC 模拟量闭环控制系统的组成

问：PLC 模拟量闭环控制系统由哪几部分组成？

答：PLC 是基于计算机技术发展而产生的数字控制型产品。它本身只能处理开关量信号，不能直接处理模拟量。但其内部的存储单元是一个多位开关量的组合，可以表示为一个多位的二进制数，称为数字量。只要能进行适当的转换，可以把一个连续变化的模拟量转换成在时间上是离散的，但取值上可以表示模拟量变化的一连串数字量，PLC 就可以通过对这些数字量的处理进行模拟量控制。同样，PLC 里的数字量也不能直接送到执行器中，必须经过转换变成模拟量后才能控制执行器动作。PLC 模拟量控制系统组成框图如图 2-15 所示。

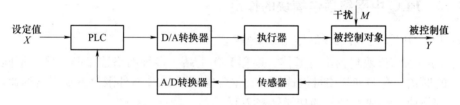

图 2-15 PLC 模拟量控制系统组成框图

PLC 在模拟量控制系统主要由 PLC、A/D 转换器、D/A 转换器、执行器、传感器和被控制对象等组成。PLC 在模拟量控制系统中的功能相当于比较器和控制器的组合。

试题精选：

PLC 在模拟量控制系统的组成不包括（A）。

A. 网络模块   B. A/D 转换器   C. 传感器   D. 执行器

鉴定点 18 PLC 闭环控制系统中变送器的选择

问：如何选择 PLC 闭环控制系统中的变送器？

答：变送器用于将传感器提供的电量或非电量转换为标准量程的直流电流或直流电压信号。变送器分为电压输出型和电流输出型。电压输出型具有恒压源的性质，PLC 模拟量输入模块的电压输入端的输入阻抗很高；如果变送器距离 PLC 比较远，通过电路之间的分布电容和分布电感产生的干扰信号电流，在模块的输入阻抗上将产生较高的干扰电压，所以远程传送模拟量电压信号抗干扰能力差。电流输出型具有恒流源的性质，恒流源内阻很大。PLC 的模拟量输入模块输入电流时，输入阻抗小，电路上的干扰信号在模块得输入阻抗上产生的干扰电压很小，所以模拟量电流信号适用于远程输送。

变送器分为二线制和四线制两种，四线制变送器有两根信号线和两根电源线。二线制变送器只有两根外部接线，它们既是电源线又是信号线，输出 4~20mA 的信号电流，直流 24V

电源串联在回路中，有的二线制变送器通过隔离式安全栅供电。通过调试，在被检测信号量程下限输出电流为4mA，被检测信号满量程时输出电流为20mA。二线制变送器的接线少，信号可以远距离传输，在工业中得到了广泛的应用。

试题精选：

（×）二线制变送器只有两根外部接线，一根是电源线，一根是信号线，输出4~20mA的信号电流。

鉴定点19　PLC模拟量闭环控制系统的特点

问：PLC模拟量控制系统有哪些特点？

答：PLC模拟量控制系统的特点如下：

1）经过量化后的数字量与采样的模拟量的原值一定存在误差，而且这个误差的大小可以通过A/D转换后的二进制位数进行控制。PLC的量化误差可以控制是PLC模拟量控制一个优点。它可以通过增加A/D转换的位数来控制精度，数控机床的精度要高于普通机床就是这个道理。PLC处理模拟量的这个特点影响到控制系统的准确性。

2）采样是一个时间上不连续的控制动作。它受到PLC工作原理的约束，仅当PLC在对I/O点进行刷新时才把采样值数字量读入PLC，把上次采样值运算处理结果通过D/A模块作为控制信号送给系统。PLC模拟量控制的这个特点所带来的问题是如何才能保证所采样的不连续的取值能够较小失真地恢复原来的模拟量信号。只有失真较小，才能保证控制的稳定性和准确性。

3）PLC模拟量控制中，无论采样、量化、信息处理（程序运行），还是控制输出，都需要一定的时间。一个采样后的量不能像模拟电路那样马上通过电路作用将输出送到系统，而是要延迟一定时间才能将输出送至系统。这种延时作用的特点是PLC模拟量控制的不足之处。PLC的响应速度与程序扫描时间关系很大。因此，确定控制算法、设计控制程序和选择合适的控制参数就显得非常重要。

4）PLC具有很强的抗干扰能力，控制的可靠性也得到极大提高，这对控制系统的稳定性是极其重要的。

综上所述，PLC模拟量控制的稳定性和准确性基本上是可以保证的，能满足大部分模拟量控制系统的要求。但它的控制响应滞后性也是明显的，这一点在扫描时间较长和通信控制中比较突出。可以说，PLC控制的稳定性和准确性是用其响应滞后得到的。

试题精选：

（×）PLC模拟量控制系统的优点是：PLC模拟量控制中，无论是采样、量化、信息处理（程序运行），还是控制输出，都需要一定的时间。

鉴定点20　串行通信的基本概念

问：什么是并行通信和串行通信？

答：计算机和终端之间的数据传输通常是靠电缆或信道的电流或电压变化实现的。

（1）并行通信　并行通信是指在一组数据的各位数据在多条线上同时被传送，这种传输的特点是：

1）传输速度快、效率高。

2）传输数据宽度为 1~128 位，甚至更宽，但所需数据线数目多，成本较高。

3）仅用于近距离的传输，一般不超过 30m。

（2）串行通信　串行通信是指通信的方式和接收方之间数据信息的传输是在单根数据线上，以每次一个二进制的 0、1 位最小单位逐位传输。

串行通信的特点是：

1）数据传送按位顺序进行，最少只需要一条传输线即可完成，节省传输线。

2）与并行通信相比，传输线长，甚至可达几千米；在长距离内串行数据传送速率比并行数据传送速率快。

3）串行通信的通信时钟频率容易提高，抗干扰能力强。

试题精选：

（×）串行通信比并行通信的传输速度快、效率高。

鉴定点 21　串行通信的工作模式

问：串行通信的工作模式有哪些？

答：串行通信的工作模式有：单工模式、半双工模式和全双工模式。

（1）单工模式　单工模式的数据传送是单向的。通信双方中，一方固定为发送端，另一方则固定为接收端，信息只能沿一个方向传送，使用一根传输线。单工模式一般用在只向一个方向传送数据的场合。

（2）半双工模式　半双工模式使用同一根传输线，既可发送数据又可接收数据，但不能同时发送和接收。半双工模式既可用一条数据线，也可以用两条数据线。

半双工模式中每端需要一个收/发切换电子开关，通过切换来决定数据向哪个方向传输。因为切换会产生时间延迟，所以信息传输效率低。

（3）全双工模式　全双工数据通信分别由两根可以在不同的站点同时发送和接收的传输线进行传送，通信双方都能在同一时刻进行发送和接收操作。在全双工模式中，每一端都有发送器和接收器，有两条传输线，可在交换式应用和远程监控系统中使用，信息传输效率较高。

试题精选：

（×）半双工数据通信分别由两根可以在不同的站点同时发送和接收的传输线进行传送，通信双方都能在同一时刻进行发送和接收操作。

鉴定点 22　串行通信的传输方法

问：串行通信的传输方法有几种？

答：串行传输中，数据的传输与发送都需要时钟来控制。接收端与发送端必须保持步调一致，所以串行通信的传输可采用异步传输和同步传输两种方法。

（1）异步传输　异步传输方式中，字符是数据传输单位。数据是以帧为单位传输的，帧有大小之分。异步传输采用小帧传输，有 10~12 个数据位，每一帧由 1 个起始位、7 或 8 个数据位、1 个奇偶位和停止位组成，被传输的一组数据相邻两个字符停顿时间不一致。

（2）同步传输　在同步传输方式中，采用大帧传输；每一帧有一个起始标志位、2字节的收发方地址位、2字节的通信状态位、多个字符的数据位和2字节循环冗余校验位。为了保证接收方能正确区分数据流中的每个数据位，在接收器和发送器之间提供一条独立的时钟线路，由一端定期向线路发送一个短波信号作为另一端的时钟，适用于短距离传输；另一种方法是通过采用嵌有时钟信息的数据编码位向接收端提供同步信息。

试题精选：

（×）串行通信的传输可采用异步传输和同步传输两种方法。异步传输的数据单位是采用大帧传输。

鉴定点23　串行通信的基本参数

问：串行通信的基本参数有哪些？

答：串行通信的基本参数有：

（1）比特率　串行通信的传输受通信双方配备性能及通信线路的特性控制，收发双方必须按照同样的速率进行串行通信，即收发双方必须采用同样的比特率。比特率是指传输的速度，即每秒传输数据的位数，单位是bit/s。

（2）数据位　当接收设备收到起始位后，紧接着就会收到数据位，数据位的个数可以是5~8位数据。在字符数据输送过程中，数据位从最低有效位开始传送。

（3）起始位　在通信线上，没有数据传送时处于逻辑"1"状态。当发送设备要发送一个字符数据时，首先发出一个逻辑"0"信号，这个低电平就是起始位。起始位通过通信线传向接收设备，当接收设备检测到这个逻辑低电平信号后，就开始准备接收数据位信号。所以，起始位的作用是表示字符传送的开始。

（4）停止位　停止位是一个字符数据结束的标志。它可以是1位、1.5位或2位。

（5）奇偶检验位　数据位发送完成后，就可以发送奇偶检验位。它用于有限差错检验，通信双方在通信时约定一致的奇偶检验方式。

试题精选：

串行通信的基本参数不包括（C）。

A. 比特率　　　　B. 起始位　　　　C. 时钟频率　　　　D. 奇偶检验位

鉴定范围6　培训技术管理

鉴定点1　培训方案的概念

问：什么是培训计划？什么是培训方案？两者有什么不同？

答：培训计划是按照一定的逻辑顺序排列的记录，是从组织的战略出发，在全面、客观的培训需求分析基础上做出的对培训时间、培训地点、培训者、培训对象、培训方式和培训内容等的预先系统设定。培训计划是培训前大概实施的流程或是达到什么样的目标的总体描述。

培训方案是计划中内容最为复杂的一种。培训方案涉及的工作比较具体，不做全面部署不足以说明问题，因而培训方案的内容构成烦琐，技能培训方案是培训目标、培训内容、培训指导者、受训者、培训日期和时间、培训场所与设备及培训方法的有机结合。

培训计划与培训方案的区别在于：

（1）内容不同　培训计划通常包括目标、责任人、完成的内容、完成期限，比较简单。而方案是对计划的细划，如对如何实施计划的具体安排。

（2）范围不同　培训方案包括计划，如进度计划、培训计划等。

（3）复杂程度不同　培训方案比培训计划复杂得多。

试题精选：

（×）培训方案就是技能培训计划。

鉴定点 2　培训方案的内容

问：培训方案的内容包括哪些？

答：培训方案的内容包括：

（1）培训目标　培训的具体目标，达到什么效果等。

（2）培训内容　列出将要培训的项目内容，具体到细节。

（3）培训对象　针对电工技师层面人员的培训。

（4）培训形式　具体开展培训的方式，是面授还是网上授课，是理论授课还是实操授课。

（5）培训的进度和学时安排　要有详细的培训时间表、计划和学时安排。

（6）培训考核及发证　有无考核、如何考核、考核形式、考核结果的评价形式和培训结果的表现形式等。

（7）培训要求　对参与培训的人员及培训教师的要求，对培训目的、培训过程、培训期间的制度纪律等方面的要求。

试题精选：

培训方案的内容包括（D）。

A. 培训目标　　　　B. 培训形式　　　　C. 培训对象　　　　D. 以上都是

鉴定点 3　培训方案制定的步骤

问：制定培训方案的步骤有哪些？

答：制定培训方案的步骤如下：

（1）培训需求分析　进行电工技师及其他需培训人员的培训需求分析，根据企业的培训要求，有针对性地对本次培训进行分析。培训需求分析需要从企业、工作、个人 3 个方面进行。具体包括：

1）企业的培训需求分析。首先，要进行企业分析，确定企业范围内的培训需求，以保证培训计划符合企业的整体目标和战略要求。

2）工作岗位分析。分析员工取得理想的工作绩效所必须掌握的知识和技能。

3）进行个人分析。被培训对象的技能、专业技术知识水平的摸底，将员工现有的水平与预期未来对员工技能的要求进行对照，看两者之间是否存在差距。

（2）培训组成要素分析　组成要素分析主要包括：培训目标、培训内容的选择、知识培训、技能培训、素质培训、培训责任人、确定培训对象、日期的选择、培训方法、场所及设备。

（3）工作内容分析　针对不同的工作岗位，进行工作内容分析，便于制定培训方案和培训内容。

（4）培训内容排序　根据前面的分析，按轻重缓急，制定本次培训的主要内容。

（5）确定培训目标　根据总的培训要求，确立本次的培训目标。

（6）设计培训内容　根据培训目标确立培训的具体项目和内容，选用教材，安排培训师资。

（7）制定培训方法　根据企业和被培训人员的实际工作情况，根据培训所需设备情况，确定培训方法。

（8）设计评估标准　设计达到本次培训要求标准的评价指标，采取理论考试、实操考试及答辩等形式的考核形式。根据测评结果，提出今后的改进措施。

试题精选：

（×）制定培训方案前要首先进行培训需求分析，培训需求分析主要是针对培训对象进行分析。

鉴定点4　培训方案的制定

问：如何制定培训方案？

答：制定培训方案的具体做法是：

（1）确定培训目标　确定培训目标会给培训计划提供明确的方向。有了培训目标，才能确定培训对象、内容、时间、教师、方法等具体内容，并在培训之后对照此目标进行效果评估。确定了总体培训目标，再把培训目标进行细化，就成了各层次的具体目标。一份完整的培训方案是在确定了培训目标之后，进一步对培训内容、培训资源、培训对象、培训时间、培训方法、培训场所及培训物资设备的有机结合进行设计和安排。

（2）培训内容的选择　一般来说，培训内容包括3个层次，即专业知识培训、技能操作培训和综合素质培训。

1）专业知识培训是企业技能培训中的第一个层次。专业知识培训有利于理解概念，获得生产岗位所需的专业知识，增强对新环境的适应能力。

2）技能操作培训是企业技能培训中的第二个层次。对被培训对象应用新设备、引进新技术等都要求进行技能操作培训，因为抽象的知识培训不可能立即适应具体的操作。

3）综合素质培训是企业培训中的最高层次。素质高的员工即使在短期内缺乏知识和技能，也会为实现目标有效、主动地进行学习。

具体采用哪个层次的培训内容，是根据企业需求和不同被培训者的具体情况决定的。

（3）培训资源的确定　培训资源可分为内部资源和外部资源。内部资源包括企业的高层次的专业技术人员、高技能人才和设备设施，外部资源是指企业外的专业培训人员和专门的培训班及设备设施等。外部资源和内部资源各有优缺点，应根据培训需求分析和培训内容来确定。

（4）培训对象的确定　根据培训需求、培训内容，可以确定培训对象。

（5）培训日期的选择　通常情况下，有下列4种情况之一时就需要进行培训：新员工加盟企业、员工即将晋升或岗位轮换、环境的改变要求不断地培训老员工、满足发展的需要。

（6）培训方法的选择　企业技能培训的方法有很多种，如讲授法、演示法、案例分析法、讨论法、视听法和角色扮演法等。各种培训方法都有其自身的优缺点。为了提高培训质量、达到培训目的，需要将各种方法配合起来灵活运用。

（7）培训场所和设备的选择　培训场所有教室、会议室、工作现场等。若以技能培训为内容，最适宜的场所为工作现场，因为培训内容的具体性，许多工作设备无法进入教室或会议室。培训设备包括教材、模型、投影仪等。不同的培训内容和培训方法最终决定培训场所和设备。

试题精选：

编写培训方案时要注意了解学员的具体情况，因材施教，根据培训要求，（B C D）。

A. 编写培训教材　　　　　　　　　B. 确定培训时间

C. 编写教学计划　　　　　　　　　D. 编写教学大纲

E. 分配培训任务

鉴定点5　培训方案制定时应注意的问题

问：培训方案制定时应注意哪些问题？

答：培训方案制定时应注意以下几点：

（1）明确培训目的

1）引导企业员工认清自己的使命与责任，并成为可培养与发展的优秀企业员工。

2）树立正确的质量意识和观念，更新现有专业知识，充实个人知识储备，巩固和提高公司质量管理水平。

（2）明确培训对象　明确培训对象将直接决定培训方法。对电工技师及以下级别的电气工作人员进行培训，确定培训层次。

（3）明确培训地点和时间　任何培训方式都会受到培训地点的限制，必须清楚地知道在何时何地展开培训，什么人来参加培训，根据时间地点和培训对象做出最佳方案。不可以不切实际地随便拟定。

（4）确定培训内容及方式　确定完培训对象，要清楚的了解各个阶段培训对象的专业知识与技能水平，保证能做到因材施教。

试题精选：

（×）制定培训方案的培训方式时主要考虑培训目的和培训对象。

鉴定点6　培训方案的评估

问：如何对培训方案进行评估？

答：培训方案的测评要从3个方面来进行：

（1）从培训方案本身的角度来评估　看方案的各个组成要素是否合理，各要素前后是否协调一致；看培训对象是否对此培训感兴趣，培训对象的需求是否得到满足；看以此方案进行培训，传授的信息是否能被培训对象吸收。

（2）从培训对象的角度来评估　看培训对象的考核成绩及培训前后行为的改变与所设定的培训目标是否一致，如果不一致，找出原因，进行整改。

（3）从培训实际效果的角度来评估　分析培训的效果，包括是否达到企业的需求，即培训目标、培训的成本收益比。培训的成本包括培训需求分析费用、培训方案的设计费用、培训方案实施费用等。

试题精选：

（×）对培训方案的评估主要是从培训实际效果的角度来评估，即对培训成本的评估。

鉴定点 7　制订工艺文件的原则

问：制订工艺文件的原则有哪些？

答：制订工艺文件的原则是在一定的生产条件下，能以最快的速度、最少的劳动量、最低的生产费用，安全可靠地生产出符合用户要求的产品。因此，在制订工艺文件时，应注意以下 3 方面的问题：

（1）技术上的先进性　在编制工艺文件时，应从本企业的实际条件出发，参照国际、国内同行业的先进水平，充分利用现有生产条件，尽量采用先进的工艺方法和工艺设备。

（2）经济上的合理性　在一定的生产条件下，可以制订出多种工艺方案。这时应全面考虑，利用价值工程的原理。通过经济核算、对比，选择经济上合理的方案。

（3）有良好的劳动条件　在现有的生产条件下，应尽量采用机械和自动化的操作方法，尽量减轻操作者的繁重体力劳动。同时要充分注意，在工艺过程中要有可靠的安全措施，给操作者创造良好而安全的劳动条件。

试题精选：

制订工艺文件的原则包括（ABC）。

A. 技术上的先进性　　　　　　　B. 经济上的合理性
C. 有良好的劳动条件　　　　　　D. 技术上的正确性
E. 工艺上的创新性

鉴定点 8　较复杂电气设备安装方案的编写

问：如何编制较复杂电气设备的安装方案？

答：较复杂电气设备的安装施工方案编制包括下列几方面内容：

（1）熟悉电气设备概况　较复杂电气设备是一些规模较大工厂里，有一定生产能力的大型车间内安装使用的生产效率高、自动化程度强、占地面积大的大型生产设备，一般由多台机组或多台设备组成。而这些设备通常在一套以工控计算机为核心的电控系统控制下统一工作，或几套电控系统分别控制大型自动线的几个部分，电控系统之间通过相互通信、相互检测或人为调配形成一个统一的整体，完成整套生产流程的自动化。

（2）施工方案

1）熟悉材料。

① 不同的复杂设备，工艺布置、安装位置、设备工作方式、运动方式不同，只有了解并掌握这些情况，才能确定电气线路的布线方式、连接方式和安装位置。

② 熟悉复杂电气设备控制原理图和接线图。掌握哪些电气装置是已经安装在设备本体上的部分，哪些是需要安装和连接的部分，对安装有什么技术要求，有无在安装时需进行特殊处理的部分。

③ 熟悉车间的供电线路容量和控制方法，熟悉自动化生产线各控制柜的装机容量，以便按自动化生产线对供电的要求确定自动化生产线电源的线路。

2）确定施工方案。

① 根据复杂电气设备的工艺布置和设备安装位置确定电气装置和接线盒、接线箱的安装位置。

② 按照操作使用方便、检查维修方便、节省连接用线的原则，确定电控柜、操作台、报警装置的安装位置和安装方法。

③ 确定每个接线盒、接线箱与其他接线盒、接线箱及电控柜连接线的规格，并选定相应的电缆或导线。

④ 确定电控柜、固定设备上的接线盒、接线箱相互间连接线的布线和线路连接方式。自动化生产线电控柜与设备接线一般通过预埋管铺设。

⑤ 确定电控柜、固定设备上的接线盒、接线箱与移动设备上的接线盒、接线箱之间连接线的布线和线路安装方式。

⑥ 确定电源电路的安装位置，与电控柜连接的布线方法和电源线、开关的规格、型号、数量。

3）施工设计。根据施工方案、设备与资料和电气设备安装规程做出下列设计：

① 所有需要安装的电气装置和线路的基础、电缆沟、预埋件的布置图样。

② 整个复杂电气设备电气装置位置图。

③ 施工概况、要求和说明。

（3）施工人员、工器具、原材料计划和预算

1）施工人员：大型自动化生产线的电气安装人员应根据工期、复杂系数和技术要求配置。一般配置技术人员1名，工长1名（或技术人员兼工长）和电工若干名。

2）工器具：压线钳、万用表、绝缘电阻表、手电钻和通用电工工具（扳手、钢丝钳、尖嘴钳、电工刀、剥线钳、螺钉旋具、锤子、钢锯、锉刀等）。

3）原材料计划　根据施工方案和施工计划确定的全部施工用材料，基础和预埋件除外（基础和预埋件部分归土建）。

4）施工预算：根据全国统一安装工程预算定额和原材料价格做施工预算。

（4）质量标准

1）电气设备、电控柜等的基础材料要符合图样要求，有足够的凝固期。预埋件有足够的深度，位置准确。

2）穿线管口要用锉刀打磨光滑，以防穿线时割伤导线。导线占穿线管截面积要小于2/3，以利于散热。在两个接线端之间，导线不允许有接头。

3）穿线管与接线箱、盒间暴露部分要用穿线软管连接，并配相应的软管接头。

4）复杂电气设备的所有接线应使用铜线，导线两端连接前应挂锡或压上相应的接

线头。

5）移动设备上的拖线应使用专用走线架。拖线的走动应灵活、没有卡阻。

6）所有接线排列要整齐，接头要标注相应的线号，线号应清晰、耐久、不易脱落。

7）所有设备、穿线管、电控柜等金属物应可靠接地。

8）所有电气装置安装应符合国家《电气装置安装工程施工及验收规范》。

（5）施工安全措施

1）进入施工现场必须穿工作服，戴安全帽和其他劳保用品。

2）起重机吊钩、吊臂和起吊重物下严禁人员穿行、停留。

3）登高作业时要系好安全带、防护绳，地面要有人监护。

4）高空作业物品传递应通过绳索提拉，严禁上下抛接。

5）交叉作业时，事先要相互通知、协调，防止发生意外。

6）保持安全通道畅通，以便于处理意外情况。

7）严禁带电作业。如必须带电作业时，要有人监护，同时做好应对意外情况的方案。

（6）施工进度计划　施工进度计划是施工组织设计的中心内容，它要保证建设工程按合同规定的期限交付使用。施工中的其他工作必须围绕并适应施工进度计划的要求安排施工。施工进度计划应包括：施工过程、工作量、设备台班数量和施工时间等。

试题精选：

较复杂电气设备的安装施工方案编制包括的内容有：（ABCDE）。

A. 具体施工方案　　　　　　　　B. 原材料计划和预算

C. 质量标准　　　　　　　　　　D. 施工安全措施

E. 施工进度计划

鉴定点 9　较复杂电气设备维修工艺的编写

问：如何编写较复杂电气设备的维修工艺？

答：一般机械设备电气大修工艺的编制步骤如下：

1）阅读设备使用说明书，熟悉电气系统的原理及结构。

2）查阅设备档案，包括设备安装验收记录、故障修理记录，全面了解电气系统的技术状况。

3）现场了解设备状况、存在的问题及生产、工艺对电气的要求。其中包括操作系统的可靠性；各仪器、仪表、安全联锁装置、限位保护是否齐全可靠；各元器件的老化和破损程度及线路的缺损情况。

4）针对现场了解摸底及预检情况，提出大修方案，主要电器的修理工艺以及主要更换件的名称、型号、规格和数量，填写电气修理技术任务书，与机械修理技术任务书汇总一起报送主管部门审查、批准，以便做好生产技术准备工作。

试题精选：

（√）编写电气设备安装工艺时，要熟悉设备概况、确定施工方案、做好施工预算、质量标准要求和施工安全措施。

鉴定点 10　较复杂电气设备验收报告的编写

问：较复杂电气设备验收报告包括哪些内容？

答：较复杂电气设备验收报告包括以下内容：

1）项目概况。

2）编写依据，如设计文件、改造情况等。

3）设计参数，如生产能力、生产节拍等。

4）工艺流程。

5）验收条件。

① 全部施工完成并完成相关检测。

② 设备、电气自控、管道安装完成并具备合格的安装记录和单机试运行记录。

③ 相关配套项目含人员、仪器，安全措施，均已完善。

6）验收准备。

① 查阅设计图样、工艺计划说明书、设备说明书。

② 组成验收运行专门小组，含设备、电器、管线、施工人员。

③ 拟定验收及运行计划安排。

④ 进行相应的物质、人员准备。

⑤ 必需的检测设备、装置。

⑥ 建立验收记录、检测档案。

7）单元验收。检查各单元各设备的联动运行情况。

8）工艺验收方案。

9）试运行。

① 系统验收结束后转入试运行。

② 试运行开始，应要求运行使用人员参与，并在试运行中对使用人员进行系统培训，使其掌握运行操作。

③ 试运行时间为 10～15 天，试运行结束后，应与运行方进行系统交接。

试题精选：

（√）机械电气设备安装验收报告的内容必须写明工程项目的主要内容和验收时采用的有关技术标准。

鉴定点 11　项目技术改造成本的核算

问：为什么要进行成本核算？项目技术改造成本核算的目的是什么？

答：项目改造成本核算是指对改造费用进行的会计核算，是项目改造成本管理的基础环节，为项目改造成本管理分析和管理控制提供信息基础。

进行成本核算首先要审核项目改造费用，看其是否已发生，是否应当发生，已发生的是否应当计入项目成本，实现对改造费用的管理和控制。其次对已发生的费用按照用途进行分配和归集，为成本管理提供真实的成本资料。

项目改造成本核算是市场竞争的必然要求。通过成本核算，可以显示前一阶段的具体成本管理效果，但更重要的是通过成本核算将实际成本与目标成本对照，找出偏差，为下一步的成本监控、成本纠偏提供依据。同时，通过成本核算，还可为企业经营提供可靠的成本报告和相关资料，促进项目改善管理，提高技术，降低成本。

试题精选：

（√）机械电气项目技术改造成本核算时，首先要审核项目改造费用。

鉴定点 12　项目技术改造成本核算的主要内容

问：项目技术改造成本核算包括哪些主要内容？

答：成本核算的主要内容包括：

1）完整地归集与核算成本计算对象所发生的各种耗费。

2）正确计算生产资料转移价值和应计入本期成本的费用。

3）科学地确定成本核算的对象、项目、期间及成本计算方法和费用分配方法，保证各种产品成本的准确、及时。成本核算的实质是一种数据信息处理加工的转换过程，即将日常已发生的各种资金的耗费，按一定方法和程序，按照已经确定的成本核算对象或使用范围进行费用的汇集和分配的过程。

因项目改造主要在工作单位进行，故具体操作应按照各项目改造单位的要求进行。

试题精选：

（√）成本核算的实质是一种数据信息处理加工的转换过程。

（二）应会单元

鉴定范围 1　电气设备（装置）装调及维修

鉴定点 1　用计算机进行继电接触式控制电路的设计，并进行材料选择、材料价格预算和工时定额

问：如何用计算机进行继电接触式控制电路的设计，并进行材料选择、材料价格预算和工时定额？

答：用计算机进行继电接触式控制电路设计的原则与人工设计基本相同，只是方法上有所不同，常采用计算机软件进行设计并进行仿真，最为常用的软件有 Protel 99SE，该软件的主要功能模块包括电路图的设计、PCB 设计和电路信号的仿真。电路图的设计部分主要包括电路图设计模块、PCB 设计模块和用于 PCB 自动布线的 Route 模块。

用计算机进行继电接触式控制电路图设计的内容和步骤如下：

1）启动 Protel 99SE 电路图编辑器。用户必须首先启动电路图，才能进行设计、绘图工作。

2）设置电路图图样大小及版面。设计电路图前必须根据实际电路的复杂程度来设置图样的大小，用户还可以设置图样的方向、网络大小及标题栏等。

3）在电路图上放置元器件。用户根据实际电路的需要，从元器件库里取出所需的元器件并放置到工作平面上。用户可以根据元器件走线的需要，对元器件在工作平面上的位置进行调整、修改，并对元器件的编号、封装进行定义和设定。

4）对所放置的元器件进行布局和布线。

5）对布局和布线后的元器件进行调整。用户可以利用所提供的各种强大功能对所绘制的电路图进行进一步的调整和修改，以保证电路图的正确与美观。

6）保存文档并打印输出。

7）选择电动机及元器件。选择电动机时应遵循以下基本原则：

① 电动机能够完全满足生产机械在机械特性方面的要求，如生产机械所需的工作速度、调速指标、加速度及起动、制动时间等。

② 电动机在工作过程中，其功率能被充分利用，即温升应达到国家标准规定的数值。

③ 电动机的结构形式应适合周围环境的条件。例如防止外界灰尘、水滴等物质进入电动机内部；防止绕组绝缘受有害气体的侵蚀；在有爆炸危险的环境中应把电动机的导电部位和有火花的部位封闭起来，不使它们影响外部等。

电动机的选择包括：电动机的额定功率、额定电压、额定转速、种类和结构形式。其中，电动机额定功率的选择最为重要。

电器元件的选择对控制电路的设计也很重要，电器元件的选择应遵循以下原则：

① 根据对控制元件功能的要求，确定元件的类型。

② 确定元件承受能力的临界值及使用寿命。主要是根据控制电压、电流及功率的大小来确定元件的规格。

③ 确定元件的工作环境及供应情况。

④ 确定元件在使用时的可靠性，并进行一些必要的计算。

8）工时定额的设定。工时定额的设定按电气设备设计手册进行。

操作要点提示：

1）当要求在几个条件中，只要具备其中一个条件，被控电器线圈就能得电时，可用几个常开触点并联后与被控线圈串联的方法来实现。

2）当要求在几个条件中，只要具备其中一个条件，被控电器线圈就能断电时，可用几个常闭触点与被控线圈串联的方法来实现。

3）当要求必须同时具备几个条件，被控电器线圈才能得电时，可采用几个常开触点与被控线圈串联的方法来实现。

4）当要求必须同时具备其几个条件，被控电器线圈才能断电时，可采用几个常闭触点并联后与被控线圈串联的方法来实现。

试题精选：

设计任务要求：某机床需要两台电动机拖动，根据该机床的特点，要求实现两地控制，一台电动机需要正反转控制，而另一台电动机只需单向控制，还要求一台电动机起动 3min 后另一台电动机才能起动；停车时逆序停止；两台电动机都具有短路保护、过载保护、失电压保护和欠电压保护（电动机 M1、M2 为 Y132M—6，9.4A，△接法，4kW）。

（1）考前准备 安装有 Protel 99SE 软件的计算机 1 台，常用电工工具 1 套，电气设备设计手册，电气设备物资购销手册等，绘图纸（A4）4 张，圆珠笔和铅笔各 1 只，绘图工具

1 套，绝缘鞋和工作服 1 套。

（2）评分标准 评分标准见表 2-5。

表 2-5 评分标准

序号	考核内容	考核要求	考核标准	配分	扣分	得分
1	电路设计	根据提出的电气控制要求，正确绘制电路图	1. 主电路设计错误 1 次扣 5 分 2. 控制电路设计错误 1 次扣 5 分 3. 电路图有 1 处绘制不标准扣 2 分	20		
2	材料选择	1. 按所设计的电路图，提出主要材料单 2. 进行材料价格预算	1. 主要材料单中有 1 种材料提供的参数不准确扣 2 分 2. 材料价格预算相差 20% 以上扣 5 分，相差 30% 以上扣 8 分，超过 50% 扣 10 分	10		
3	工时定额	按设计所需材料计算工时定额	工时定额相差 25% 以上扣 5 分，超过 50% 扣 10 分	10		
			合计	40		
备注		考评员 签 字	年 月 日			

（3）操作工艺

1）确定电力拖动方案：本设备要求顺序起动、逆序停止，故只选择在控制电路采取顺序起动、逆序停止方案。

2）电气控制方案的确定：电气控制的方案有继电接触式控制系统、PLC、数控装置及微机控制等。电气控制方案的确定应与设备的通用性和专用性的程序相适用。本设备由于控制要求简单，故采用继电接触式控制系统，该系统在电路形式上是固定的，但它能控制的功率较大，控制方法简单，价格便宜，应用广泛。

3）控制方式的选择：控制方式的选择主要有时间控制、速度控制、电流控制及行程控制等。本题要求一台电动机起动 3min 后另一台电动机才能起动，所以采用时间继电器进行时间控制。

4）设计电路。

① 设计主电路。设计电气控制电路图是在拖动方案和控制方式确定后进行的，根据本设备的设计要求，主电动机 M_1 需要正反转控制，故选择接触器控制的正反转电路，顺序起动、逆序停止的控制要求放在控制电路中实现，主电路中 M_1、M_2 的短路保护分别由 FU_1、FU_2 实现，M_1、M_2 的过载保护分别由 FR_1、FR_2 实现，欠电压和失电压保护由接触器 KM_1、KM_2 来分别实现。设计的主电路的草图如图 2-16 所示。

② 根据设计要求，对主电动机采用接触器联锁正反转控制；对顺序控制采取通电延时时间继电器进行控制，对于逆序停车采用将 KM_2 的辅助常开触点与停止按钮 SB_1 并联的形式来实施。具体控制电路图如图 2-17 所示。

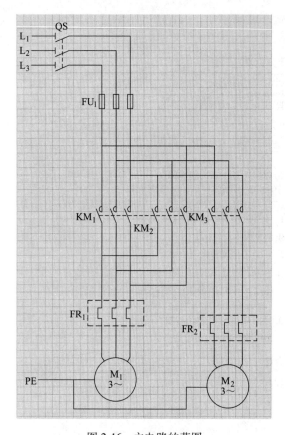

图 2-16　主电路的草图

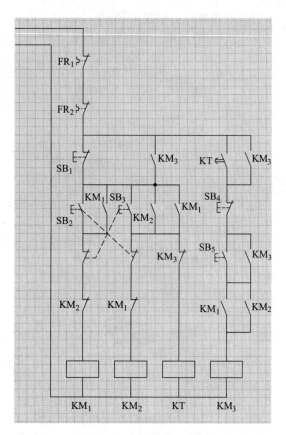

图 2-17　具体控制电路图

5）绘制电路图。利用 Protel 99SE 软件进行设计，其步骤如下：

① 装载元器件库。

② 打开电路图工具栏。

③ 放置元器件。通常用两种方法来选择元器件：一是输入元器件编号，二是从元器件列表中选取。

④ 编辑元器件及元器件组件的属性。将元器件放入图样前，如果按<Tab>键可以打开如图 2-18 所示的 Part 对话框，可在此对话框中编辑元器件的属性。它包括Attributes（属性）选项卡、元器件只读选项卡和元器件图形属性选项卡。

⑤ 放置电源和接地元器件。电源和接地元器件可以通过 Power Objects 工具栏中对应的按钮来选取。如图 2-19 所示。

⑥ 放置接点和连接电路。

图 2-18　改变库文件列表对话框

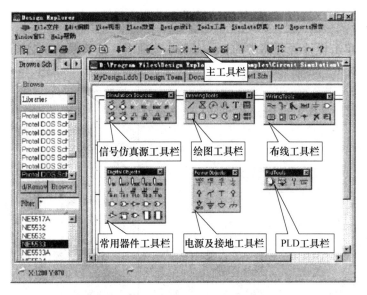

图 2-19　电路图绘制工具栏说明

a. 若要自行放置接点，可单击电路布线工具栏上的相应按钮或执行菜单命令"Place"→"Junction"，将编辑状态切换到放置接点模式，然后将光标移至欲放接点的位置，单击鼠标左键即可。

b. 连接电路。连线的主要目的是按照电路设计的要求，建立网络的实际连通性。要进行单线操作，可单击图 2-20 所示电路布线工具栏上的 ≈ 按钮或执行菜单命令"Place"→"Wire"，将编辑状态切换到连线模式。单击鼠标左键，就会出现一个随鼠标光标移动的预拉线，当鼠标光标移动到连线的转弯点时，单击鼠标左键定位转弯。当拖动预拉线到元器件的引脚上并单击鼠标左键或在任何时候双击鼠标左键时，会终止该次连线，单击鼠标右键或按<Esc>键可退出连线。

⑦ 画总线和总线分支线。画总线和总线分支线的步骤如下：

a. 执行画总线分支线命令。单击绘图工具栏中的按钮或执行菜单中命令"Place"→"BusEntry"。

b. 放置并调整总线分支线的方向。左线的分支线需要用"/"，右线的分支线需要用"\"。要转换分支线的方向，只需按<Space>键进行调整即可。

图 2-20　电路布线工具栏

c. 绘制总线分支线。只要将十字光标上的分支线移至导线的位置后，单击鼠标左键即可将它粘贴上去。

d. 退出画分支线状态。按<Esc>键或单击鼠标右键，即可退出本命令状态。

所设计的电路图如图 2-21 所示。

6）选择元器件。对于本设备电气控制电路元器件的选择如下：

① 电源开关的选择。电源开关的选用主要是选择其额定电流值，还要考虑开关的形式、极数、档次、额定电压等，都必须满足要求。本设备主要考虑电动机 M_1 和 M_2 的起动电流，

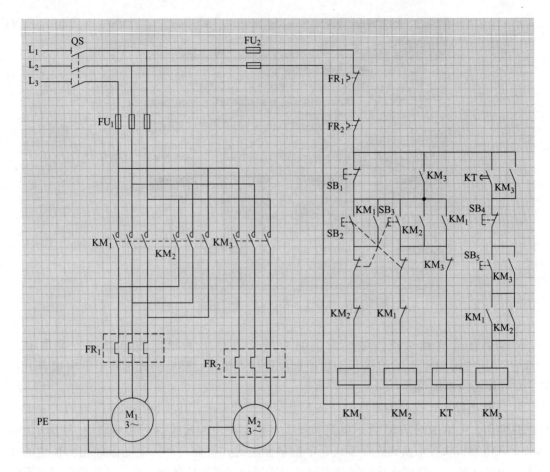

图 2-21　所设计的电路图

选择 QS 为三极转换开关（组合开关），HZ10—25/3 型，额定电流为 25A。

② 热继电器的选择。根据电动机 M_1 和 M_2 的额定电流，选择额定电流为 20A 的热继电器，其整定电流为 M_1 的额定电流，选择 11A 的热元件，其调节范围为 6.8~9~11A，由于电动机采用△联结，应选用带断相保护的热继电器。因此，应选用型号为 JR16—20/3D 的热继电器。

③ 接触器的选择。因电动机 M_1 和 M_2 的额定电流为 9.4A，因此选择 CJ10—20 型交流接触器，主触点额定电流为 20A，线圈电压为 380V。

④ 熔断器的选择。熔断器 FU_1 对 M_1 和 M_2 进行短路保护，根据 M_1 和 M_2 的额定电流，选用 RL1—60 型熔断器，配用额定电流为 30A 的熔体。

FU_2、FU_3 分别对 M_1 和 M_2 进行短路保护，根据 M_1 和 M_2 的额定电流，选用 RL1—60 型熔断器，配用额定电流为 20A 的熔体。

⑤ 按钮的选择。按钮选择，主要应考虑形式和触点的组合情况。形式是根据总体设计和安装要求确定的。而触点的组合情况必须满足控制电路中对各触点的数量要求。3 个起动按钮选用黑色，3 个停止按钮选用红色 LA—18 型按钮。

⑥ 时间继电器的选择。选择 JS7—4A，线圈电压为 380V 的时间继电器或 JS—20 型晶体

管式时间继电器。

7）材料价格预算和工时定额。

① 施工人员：电工 1 名。

② 工器具：冲击电钻 1 个，压线钳 1 套，绝缘电阻表 1 块，万用表 1 块，自配电工通用工具 1 套。

③ 施工预算：该电气控制电路由车间电修组安装，则预算只包括主材料费和大量使用辅助材料费。少量和单个使用时随时从车间仓库领取，不计人工费和设备台时费。各种材料的具体费用见表 2-6。

④ 工时定额为 8h。

表 2-6 各种材料的具体费用　　　　　　　　　　　　　　（单位：元）

序号	名称	型号与规格	数量	单价	总计	备注
1	三相电动机	Y112M—6,4kW、380V、△接法；	2	1500	3000	
2	配线板	500mm×600mm×20mm	1	50	50	
3	组合开关	HZ10—25/3	1	20	20	
4	交流接触器	CJ10—20,线圈电压 380V	6	50	300	
5	热继电器	JR16—20/3,整定电流 10~16A	2	30	30	
6	时间继电器	JS7—4A,线圈电压 380V 的时间继电器(JS—20 晶体管式时间继电器)	1	50(80)	50(80)	
7	熔断器及熔芯配套	RL1—60/30	3	20	60	
8	熔断器及熔芯配套	RL1—60/20	6	20	120	
9	熔断器及熔芯配套	RL1—15/4	2	10	20	
10	SB1、SB2、SB3、SB4、SB5、SB6 三联按钮	LA10—3H 或 LA4—3H	3	30	90	
11	接线端子排	JX2—1015,500V、10A、20 节	1	30	30	
12	木螺钉	ϕ3mm×20mm；ϕ3mm×15mm	30	0.1	3	
13	平垫圈	ϕ4mm	30	0.1	3	
14	圆珠笔	自定	1			
15	塑料软铜线	BVR—2.5mm^2,颜色自定	20	2	40	
16	塑料软铜线	BVR—1.5mm^2,颜色自定	20	2	40	
17	塑料软铜线	BVR—0.75mm^2,颜色自定	5	1	5	
18	别径压端子	UT2.5—4,UT1—4	20	0.1	2	
19	行线槽	TC3025,长 34cm,两边打 ϕ3.5mm 孔	5	3	15	
20	异型塑料管	ϕ3mm	0.2	2	0.4	
总　　计					3893.4	

鉴定点 2 数控车床、铣床及加工中心电气控制电路的安装与调试

问：如何进行数控机床控制电路的安装与调试？利用数控装置改造传统机床的步骤有

哪些？

答：数控机床的验收、安装与调试大体上可分为通电前的检查、局部通电调试及全面性能检查等方面。

1）通电前的检查。检查包装是否受损，实物与装箱单是否相符，MDI（手动数据输入）/CRT单元、位置显示单元、纸带阅读机、电源单元、各印制电路板和伺服单元等部件外观是否破损或污染，电缆扎捆处是否破损，屏蔽层是否剥落，伺服电动机是否完整，有无损伤。

2）内部紧固件和外部连接电缆的检查。检查各接线端子是否连接牢固，各接插件是否锁紧，各印制电路板是否插入到位及固紧等。外部连接有MDI/CRT单元、强电柜、操作面板、进给伺服电动机的动力线及反馈信号，主轴电动机的动力线及反馈信号线，手摇脉冲发生器的连接等。检查时应按连接手册的规定检查，并应检查各插头、插座是否正确牢固地连接。保护接地是否在要求的范围内等。

3）有关项目的检查和确认。数控系统内设有许多短路棒设定点，需要根据机床的型号进行设定，新购置的数控机床出厂前已设定好，只须确认，设定确认工作应按随机说明书的要求进行，确认控制部分的主板、ROM板、连接单元、附加控制板的设定。这些设定与机床返回参考点的方法、速度反馈用的测量元件、检测增益调节、分度精度调节等有关。无论直流伺服单元或交流伺服单元，都有10~20个设定点，用于检测反馈元件、回路增益及是否产生各种报警等。主轴伺服单元也有选择主轴电动机电流极限、主轴转速范围的设定点。

4）检查确认输入电源电压、频率及相序，应与说明书相同。

5）用万用表测量并确认直流电压输出端是否对地短路。

6）确认数控系统与机床侧的接口连接准确。一般数控系统都有自诊断功能，并由CTR显示数控系统与机床接口及数控系统内部的状态。通过自诊断显示来确认接口信号的状态正确与否。

7）确认数控系统各种参数的设定。该参数设定的目的是使机床具有最佳的工作性能，应根据随机所带的参数表进行，多数可通过按MDI/CRT单元的"PARTM"键显示，已存入存储器的参数予以确认。

8）开机前的准备工作。

① 检查机床的状态。系统正常时，应无任何报警，在接通电源的同时，应做好按下急停按钮的准备，以便随时切断电源。因为伺服电动机反馈线的反接或断线，均会出现机床暴走现象。需立即停车检查修改，可以多次接通和断开电源，确认电动机是否不转。

② 用手动进给检查各轴运转情况。首先用手动连续进给检查各轴的运动方向，如反向，则将电动机的动力线、检测信号线反接。其次用MDI操作检查各轴的运动距离是否正确，如不正确应检查有关的指令、反馈参数、位置控制环增益等参数设定是否正确。再用手动低速检查超程限位是否可靠，超程报警是否准确，用点动或快速进给时是否发生误差过大报警等。

③ 检查机床返回基准点是否准确，反复进行是否位置一致。检查机床的基本功能（如直线、圆弧、控制轴联动、固定循环等）是否正常。

利用数控装置改造传统机床的步骤如下：

（1）根据改造设计要求进行伺服系统的选择　伺服系统技术的发展很快，成果显著。

位置伺服系统充分利用了设备的潜力，能够高速而准确地定位，使控制达到了相当完善的地步。从目前来看，交流伺服系统取代直流伺服系统已成定局。

（2）机械部分的改造 为了满足步进电动机的拖动要求，必须考虑对机械部分进行改造，这个问题应由机械工程设计人员和电工共同进行研究、讨论方案，最后由机械工程技术人员完成机械技术改造设计。需要注意的是，在改造过程中，应当尽量减少对原机床机械部分的改动，充分利用原有的结构件，以减少工作量和改造费用。

（3）数控系统的选择 数控系统包括 NC 系统、PLC 系统和伺服系统，我国近年来引进了国外先进的数控系统，具有代表性的有日本 FANUC 公司和德国 SIMENS 公司的数控系统产品。

（4）绘制机床改造的电气图 绘制出电路图、接线图和数控系统接线图等。

（5）安装与接线 安装与接线是电工完成的主要工作。根据电路图和接线图进行安装与配线。

（6）机床改造后的调试

1）调试前的检查。按照接线图检查电源线和接地线是否可靠，主电路和控制电路连接是否正确，绝缘是否良好，各开关是否在"0"位，插头及各插接件是否全部插紧；检查机床工作台、主轴等部件的位置是否合适，防止通电时发生碰撞。

2）通电试运行，进行性能的调试。

（7）改造后效果的检查 对改造后的机床进行效果检验，看是否满足设计要求。

操作要点提示：

机床改造后的调试应注意以下几点：

1）在确认试运行前的检查工作正确无误后，即可通电。

2）合上电源开关，观察有无异常的声响和异味，测量断路器和变压器的电压是否在允许的范围内。

3）合上强电箱开关，对强电箱开始送电，观察 ECU 面板上指示灯的颜色是否处于正常显示状态。

4）接通步进电动机的电源，通过系统启动给出"使能"信号。

5）进行控制精度的检查，包括定位精度、重复定位精度和矢动量等精度的检查。

6）调试结束后，要将调试时的数据及时保护起来，调到保护级7（最终用户）。

试题精选：

将一台 XA6132 型普通升降台卧式铣床改造成三坐标数控铣床。

具体要求：已知改造方案，根据绘制好的电路图和接线图进行安装和调试。

（1）改造要求及方案 三坐标数控铣床能够加工直线、圆弧线和渐开线，且轮廓度公差为 0.1mm，对称度公差为 0.1mm，表面粗糙度 Ra 为 3.2μm。

1）伺服系统的选择。从经济性、实用性、稳定性角度考虑，采用了步进电动机的开环控制。控制部分的选型要有 3 个坐标的联动，并且要有刀具半径补偿，以便数控加工时能适应各种刀具。

2）机械部分改造示意图如图 2-22 所示。

3）数控系统选择 SIMENS 公司的 SINMERIK 802S 系统。

4）主电路图如图 2-23 所示。

（2）考前准备 常用电工工具 1 套，万用表（MF47 型或自定）1 块，钳形电流表（T301—A 型或自定）1 块，劳保用品（绝缘鞋和工作服等）1 套，圆珠笔、铅笔各 1 支，橡皮和绘图工具 1 套，XA6132 型普通升降台卧式铣床 1 台，SIN-MERIK 802S 数控系统 1 套，便携式编程器 1 只（与 PLC 配套）或装有软件的便携式计算机 1 台，导线若干。

（3）评分标准 评分标准见表 2-5。

（4）操作工艺

1）根据主电路图画出接线图。分配 PLC 的 I/O 接口，电气安装接线图和数控系统接线图及 PLC I/O 口接线图分别如图 2-24、图 1-121 和图 1-122 所示。

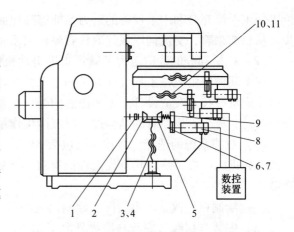

图 2-22　XA6132 型普通升降台卧式铣床机械部分改造示意图

1—单向超越离合器及摩擦片制动器　2、5—伞形齿轮
3、10—滚珠丝杠　4、11—滚珠丝杠螺母
6—薄形齿轮　7—齿轮　8—步进电动机
9—轴向消除弹簧

2）安装接线。首先按照设计电路安装主电路，其安装方法及要求与继电接触式控制电路基本相同。然后，按照 PLC I/O 接线图安装控制电路和数控系统的接线图。

3）输入程序。将设计好的程序用编程器输入到 PLC 中去，进行编辑和检查。发现问题后，应立即修改和调整程序，直到满足控制要求。

4）系统调试。先不带负载，只接上接触器和信号指示等进行空载调试。调试步骤如下：

① 试运行前的检查。检查电源线和接地线是否可靠，主电路和控制电路连接是否正确，绝缘是否良好，各开关是否在"0"位，插头及各连接插件是否全部插紧；检查机床工作台、主轴等部件的位置是否合适。

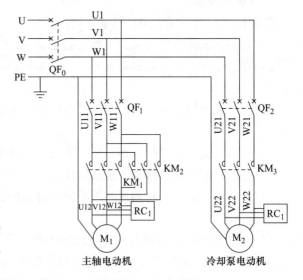

图 2-23　主电路图

② 检查无误后，通电试运行。切断断路器 QF_1~QF_4，合上电源开关，观察是否有异常响声和异味，测量断路器端电压和变压器 T_1、T_2 上的电压是否在允许的范围内。

③ 合上断路器 QF_3，NC 系统供电，观察 ECU 面板上的状态指示 LED 的颜色，红色灯表示 ECU 出现故障，并在屏幕上显示报警信息，绿色灯表示电源正常供电。

④ 设定系统参数。机床数据（MD）和设定数据（SD）用名称和序号来标记并显示在

屏幕上，机床数据和设定数据见表2-7和表2-8。

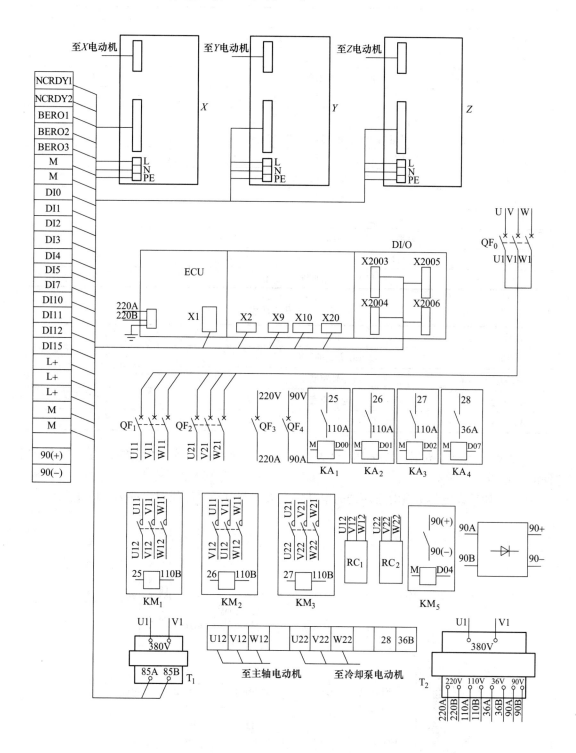

图 2-24　数控铣床主电路电气安装接线图

表 2-7　机床数据

序号	说明	标准值
10074	PLC 运行占用系数	2
11100	辅助功能组中辅助功能个数	1
11200	下次上电时装载标准机床数据	0（Hz）
11210	仅备份修改的机床数据	0
11310	手轮方向变换门槛值	2
11320	手轮每个刻度脉冲数（手轮号），0，…	1
20210	TRC（刀尖半径补偿）补偿语句最大角	100
20700	不回参考点禁止 NC 启动	1
21000	圆弧终点监控常数	0.01
22000	辅助功能组（通道中辅助功能号）；0~49	1
22010	辅助功能类型（通道中辅助功能号）；0~49	“ ”
22030	辅助功能值（通道中辅助功能号）；0~49	0
22550	用于 M 功能的新刀具补偿	0

表 2-8　设定数据

序号	说明	标准值
41110	JOG 方式进给率	0
41200	主轴速度	0
42000	起始角度	0
42100	空运转进给率	5000

⑤ 根据步进电动机型号选择 DIL 开关，如图 2-25 所示。接通 24V 电源，通过系统给出"使能"信号。

注意：如果设定的电流对于所选的电动机太大，则电动机可能因为过热而损坏。

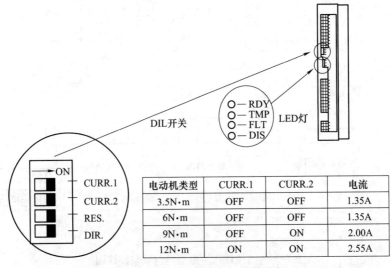

电动机类型	CURR.1	CURR.2	电流
3.5N·m	OFF	OFF	1.35A
6N·m	OFF	OFF	1.35A
9N·m	OFF	ON	2.00A
12N·m	ON	ON	2.55A

图 2-25　步进电动机 DIL 开关选择

⑥ 合上断路器 QF_1、QF_2，检查主轴电动机的正转、反转、停止是否正常，并通过输入程序自动空运转机床。

⑦ 检查控制精度。

⑧ 保存有关的数据。调试结束后，把数据保护起来，调到保护级 7。

5）交验。向操作者交代有关的注意事项，如使用中不能随意改变数控机床数据和设定参数，不能过载加工，不能超程，当电网电压不稳定时最好停止加工。

6）清理现场。

鉴定点 3　检修数控线切割机床的电气控制电路

问：如何检修数控线切割机床的电气控制线路？什么是常规检查法？

答：检修数控线切割机床电气控制电路的原则和方法与检修数控车床电气控制电路基本相同，只是具体内容不同。检修时还应注意以下几个方面：

（1）高频电源常见故障及检修

1）高频电源故障。应首先检查交流电源是否接通。如已接通则检查脉冲电源输出线接触是否良好，有无断线，如完好，可做以下检查：

① 检查功率输出回路是否有断点，功率管是否烧坏，功率级整流电路是否有直流输出。

② 检查推动级是否有脉冲输出，如无输出，则向前逐级检查，看主振级有无脉冲输出，检查各晶体管是否损坏。

③ 检查走丝换向时停脉冲电源的继电器是否工作。

④ 检查低压直流电源是否有直流输出。

2）电流过大。这种故障主要是应检查功率管是否击穿或漏电流变大，检查是否因推动级前面有中、小功率管损坏，而造成功率级全导通。或检查主振级改变脉冲宽度或脉冲间隔的电阻或电容是否损坏，而造成短路或开路，致使末级脉冲宽度变大或间隔变小。

3）脉冲宽度或脉冲间隔发生变化。

① 检查主振级改变脉冲宽度或脉冲间隔的电阻或电容是否有损坏。

② 检查各级间耦合电阻或电容是否损坏和变化。

③ 检查是否有其他干扰。

（2）控制装置的故障与维修　控制装置的故障可分为计算机故障和驱动电路故障。

1）计算机故障。常见故障有：

① 开机无显示。在此情况下应先检查有无 5V 电源，如电源输出正常，则检查接插件是否良好，有无断丝或脱焊。

② 驱动电源正常，而步进电动机不工作。应检查 PIO（处理器输入/输出）输出是否正常，如正常，则一般是环行分配器芯片或反相器损坏，应检查并予以更换。

③ 程序在执行中突然消失，停在监控程序。这种故障主要是由于系统抗干扰能力差所造成的。其干扰源主要来自电源的波动或滤波能力不足，应加强变压器一次、二次侧的隔离绝缘及计算机驱动电路的接地。计算机接地时只将其接地点连在一起悬浮接地即可。

2）驱动电路故障。驱动电路故障多发生大功率管的损坏和击穿，其现象主要表现在步进电动机抖动、失步，或计算机尚未工作而步进电动机已锁死。

① 步进电动机某相被击穿。根据步进电动机的工作原理，通电相的低压功率管两端的电压应为饱和电压降（0.3V），而截止相的高压功率管集电极与低压功率管的发射极对地的电压差为80V左右。通常为了检查方便，常采用测量高、低压功率管集电极对地电压的方法，导通电压降和截止电压降分别为1V和80V左右，根据这两个参数来判断哪相功率管被击穿。

② 分析造成功率管击穿的原因。判别出某相低压功率管被击穿后，还应同时检查相应的高压功率管是否被击穿。通常情况下，高压功率管被击穿后，相应的低压功率管也被击穿；相反，低压功率管被击穿后，高压功率管不一定被击穿。

操作要点提示：

电气常见故障与检修要点：

1）走丝电动机不工作。应检查该电动机的控制继电器是否吸合，以及高频电源是否接通。

2）水泵电动机不工作或供水不足。应检查接线柱是否牢靠，控制继电器是否吸合；如供水不足应检查电动机是否反转或管道堵塞。

3）步进电动机失步。如果步进电动机抖动，说明步进电动机断相，检查顺序为：控制系统输出→接口板→步进电动机。

4）电源鼓胀。若开机后整机无电源，检查熔丝是否熔断，若熔断，应检查与机床插接件是否短路。如果5V电源出现故障，则显示器无显示，而且步进电动机不能锁定，步进指示灯不亮。如果12V电源出现故障，除步进电动机不能锁定外，而且无变频信号产生。

试题精选：

检修采用XK—80A系统的线切割机床。

故障现象：机床开机后，各功能键无任何LED指示，但各功能键仍有效，不联机，步进电动机不进给也不自锁，无高频。

故障设置：整流桥故障；换向交流接触器故障。

（1）考前准备 万用表1块，电工通用工具1套，装配XK—80A系统的线切割机床1台，电气图样（电路图、接线图等与机床配套）1套，说明书1套，便携式计算机（装有配套的PLC程序）或手持式编程器1台，圆珠笔1支，绝缘鞋、工作服等1套。

（2）评分标准 评分标准见表2-9。

表2-9 评分标准

序号	考核内容	考核要求	考核标准	配分	扣分	得分
1	调查研究	对每个故障现象进行调查研究	排除故障前不进行调查研究，扣5分	5		
2	读图与分析	在电气控制电路图上分析故障可能的原因，思路正确	1. 错标或标不出故障范围，每个故障点扣2分 2. 不能标出最小的故障范围，每个故障点扣2分	10		

（续）

序号	考核内容	考核要求	考核标准	配分	扣分	得分
3	故障排除	找出故障点并加以排除	1. 实际排除故障中思路不清楚，每个故障点扣2分 2. 每少查出1处故障点扣4分 3. 每少排除1处故障点扣3分 4. 排除故障方法不正确，每处扣1分	15		
4	工具、量具及仪器、仪表	根据工作内容正确使用工具和仪表	工具和仪表使用错误扣1分	2		
5	材料选用	根据工作内容正确选用材料	材料选用错误每处扣1分	3		
6	劳动保护与安全文明生产	（1）劳保用品穿戴整齐 （2）电工工具佩带齐全 （3）遵守操作规程；尊重考评员，讲文明礼貌	1. 劳保用品穿戴不全扣1分 2. 考试中，违反安全文明生产考核要求的任何一项扣1分，扣完为止 3. 当考评员发现考生有重大人身事故隐患时，要立即予以制止，并扣考生安全文明生产总分3分	5		
7	备注	操作有错误，要从此项总分中扣分	1. 排除故障时，产生新的故障后不能自行修复，每个扣10分；已经修复，每个扣5分 2. 损坏设备，扣20分			
合　　计				40		

（3）操作工艺

1）根据故障现象，分析故障产生的可能原因。从故障现象来看，可能是某一路直流电路发生故障，根据电路图分析，DC 12V 步进电动机电源有问题。

2）通电试运行，用万用表测量无12V 直流电压。检查变压器一次侧2A 熔断器也没有熔断。

3）拆下25A、400V 整流桥检查，发现有一臂短路。同时发现其散热片松动，其4个脚的焊接质量也较差，拆下整流桥后对机器进行测量，发现变压器10V 交流输出正常。

4）但测量从整流桥上拆下的两交流电源线没有电压。进一步检查变压器输出至整流桥交流间的连线，发现连接插头的一线脱落，接线柱周围烧焦。

5）修复故障。用两根电线将变压器输出不经插头和插座直接连接至整流桥，更换一个新整流桥后开机，各功能恢复正常，第一个故障已排除。

6）在切割工件时发现，每当走丝电动机换向时，LED 显示器显示字符上下晃动。新的故障出现。

7）测量12V 直流输出，每当走丝电动机换向时，电压都瞬间升高，换向后降低。测量变压器一次侧380V 交流输入端，当走丝电动机换向时，电压随之升高到380V，换向后降低至330V 左右。

8）测量其他两路线电压，有一路电压波动同上，另一路正常。判断可能有一相电源输入存在接触不良之处。

9）进一步分析故障原因，测量机床输入电源电压不随走丝电动机换向而改变，由于电压波动是在走丝电动机换向时产生的，故障原因可能与走丝电动机换向接触器有关。

10）检查换向接触器，发现有一相电源线的压线端子处胶木炭化，压线松动。所压接的两根线中，其中一根连接至 380V/10V 电源变压器一次侧。第二个故障被发现。

11）更换交流接触器后，故障完全排除。

12）试运行，清理现场。

鉴定范围 2　电气自动控制系统调试及维修

鉴定点 1　PLC+变频器控制电路的设计、安装与调试

问：如何进行 PLC+变频器控制电路的设计、安装与调试？

答：PLC、变频器控制电路的设计、安装与调试的方法和步骤在第一部分电工技师问答中已叙述，只是较电工复杂，请参见第一部分（二）应会单元鉴定范围 1 的有关内容。

操作要点提示：

由于 PLC 具有操作简单、工作可靠、易于掌握等优点，近年来得到了广泛的应用。因为变频调速技术常常与各种机械的运行程序相配合，所以它与 PLC 的配合十分重要。变频器与 PLC 联机运行的方法如下：

1）变频器只控制电动机转速变换，如多种调速控制；PLC 控制整个设备或系统的各种程序。

2）在输入端一般用接触器控制变频器的供电电源，接触器受 PLC 的控制，变频器的正常工作与停止也受 PLC 的控制，故将变频器的主电源 R、S、T 端接到接触器上主触点上。

3）变频器的保护功能触点接至 PLC 的指定输入端，当变频器出现故障时，将保护信号传至 PLC，PLC 将立即发出指令，使系统停止工作，即系统的保护功能是变频器通过 PLC 来控制实现的。

4）用 PLC 的输出端去控制变频器的通电或断电、信号指示，特别是变频器的正反转信号，即将变频器的 FWD 和 REV 端接至 PLC 的指定输出端子上。

5）根据电路设计要求，按上述原则分配好 PLC 的输入和输出接口，正确连接变频器与 PLC 之间的连接线。

6）输入 PLC 程序和变频器的有关指令，然后进行试运行。

试题精选：

利用 PLC 和变频器进行龙门刨床变频调速系统设计、安装与调试（A 系列主拖动）。

（1）龙门刨床主拖动要求　龙门刨床的刨削过程是工件与刨刀之间做相对运动的过程。因为刨刀是不动的，所以龙门刨床的主拖动就是刨台频繁的往复运动。

1）刨台的调速。以 A 系列龙门刨床为例，其最低刨削速度是 4.5m/min，最高刨削速度是 90m/min，调速范围为 20。为了提高电动机的工作效率，龙门刨床采取两级齿轮变速箱变速的机电联合调速方法，即 45m/min 以下为低速挡，45m/min 以上为高速挡。

2）刨台的负荷。刨台的计算转速是 25m/min，具体情况如下：

① 切削速度 $V \leqslant 25m/min$ 时，在这一速度段，由于受刨刀允许切削力的限制，在调速过程中负荷具有恒转矩性质。

② 切削速度 $V > 25m/min$ 时，在这一速度段，由于受横梁与立柱等机械结构强度的限

制，在调速过程中负荷具有恒功率性质。

3）刨台对电动机机械特性的要求。龙门刨床在刨削过程中，由于工件表面光洁度、材质等原因，负载转矩可能发生变化。当负载转矩发生变化时，要求电动机有较硬的机械特性。

龙门刨床的静差度的要求是：$s \leqslant 0.05 \sim 0.1$。

（2）考前准备　常用电工工具 1 套，万用表（MF47 型或自定）1 块，钳形电流表（T301—A 型或自定）1 块，三相四线电源（~3×380V/220V、20A）1 处，单相交流电源（~220V、36V、5A）1 处，三相电动机（Y112M-6，2.2kW、380V、丫接法或自定）1 台，B2010 型龙门刨电气控制电路配线板（500mm×450mm×20mm）1 块，变频器（VFD—B 或自定）4 台，PLC 1 台，组合开关（HZ10—25/3）1 个，交流接触器（CJ10—20、线圈电压380V）2 只，熔断器及熔芯配套（RL1—60/20 A）3 套，熔断器及熔芯配套（RL1—15/4 A）2 套，三联按钮（LA10—3H 或 LA4—3H）2 个，接线端子排（JX2—1015，500V、10A、15节）1 条，劳保用品（绝缘鞋、工作服等）1 套，演草纸（A4 或 B5 或自定）4 张，圆珠笔 1支。综合设计时，允许考生携带电工手册、物资购销手册作为选择元器件时参考。

（3）评分标准　评分标准见表 2-9。

（4）操作工艺

1）考虑改造方案，设计的变频调速系统示意图如图 2-26 所示。

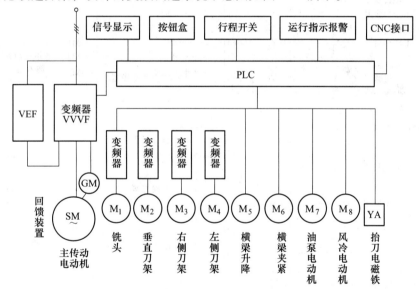

图 2-26　B2010 型龙门刨床变频调速系统示意图

2）设计变频调速拖动系统配置。

① 工作台主拖动。用变频器驱动一台 45kW 的异步电动机，代替 A-F-M（交磁电机扩大机-发电机-直流电动机）系统中的机组，实现无级调速。工作台换向制动采用能量回馈装置，制动速度快，能量又回馈给电网。

② 垂直刀架和左、右侧刀架分别由变频器驱动进刀电动机实现进刀量的无级调速。

③ 电气控制部分采用 PLC 可编程无触点控制，控制功能强，速度快，接点数量少，工作台的减速、换向控制采用高可靠性电子组合行程开关，带记忆功能，通过 CNC 接口可接

入 CIMS（计算机集成制造系统）。

④ 刨刀架可安装铣头，对工件进行横铣和纵铣操作。

3）设计龙门刨、铣、磨床的技术指标。

4）进行系统的设计。

① 主拖动系统的电动机功率选择。

② 选择主拖动系统控制方式。主拖动系统采用异步电动机转差频率闭环控制方式。

③ 计算回馈能量。

5）控制电路及软件流程设计。

① 变频器的配置。本系统采用一台 59kV·A 交-直-交电压型变频器和能量回馈装置作为主拖动控制装置，3 台 6.5kV·A 小型变频器控制左、右侧和垂直刀架电动机，1 台 11kV·A 小型变频器控制铣磨头电动机。

② 控制电路。全部工艺过程及联锁、信号、报警由 1 台 PLC 控制，其控制端子功能及接线如图 2-27 所示。为操作方便变频器设置为外部控制状态，实现远控。

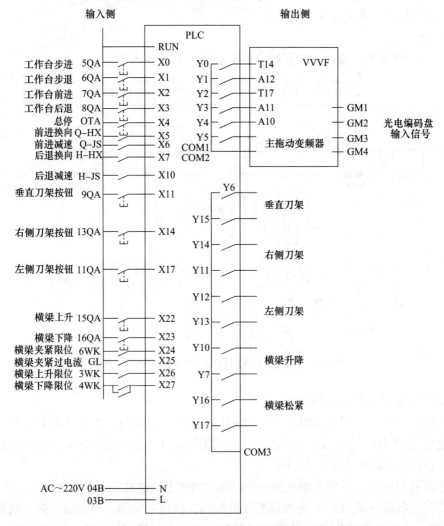

图 2-27　控制端子功能及接线图

③ 软件流程。工作台的主程序流程如图 2-28 所示。

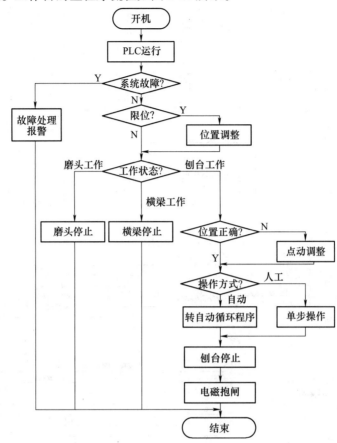

图 2-28 主程序流程图

6）安装。

① 安装前检查所有电动机、抬刀电磁铁、按钮、行程开关、光电编码器等外围设备。

② 电气设备的接线。画出接线图，接好电气柜的电源及电气柜与各电动机、各行程开关、按钮、抬刀电磁铁和光电编码器等的连线，连接变频器控制电气柜和 PLC 控制电气柜之间的连线，并接好外部元器件。

7）复查。接线完毕后进行复查，以防接错或漏接。

8）输入可编程指令。根据梯形图或程序指令表，用编程器或微机输入程序。操作步骤如下：

① 清除用户程序存储器中的内容。

② 输入程序。即参照图 2-29，把用户程序写入基本单元。

③ 程序检查。

9）变频器预制流程。利用变频器的键盘进行预制流程，使变频器在调速过程中尽可能与生产机械的特性要求相吻合。变频器功能预制操作步骤如图 2-30 所示。

10）模拟试运行。根据图样、资料检查全部电路，模拟工艺流程进行无载试运行。

11）带负载试运行。模拟试运行正常后，接上负载进行试运行。

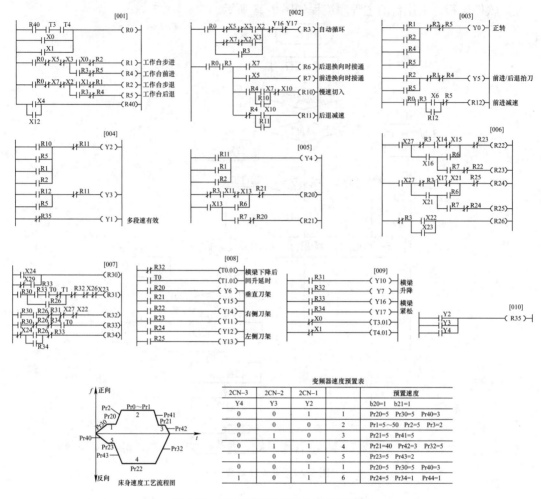

图 2-29　梯形图及床身速度工艺流程图

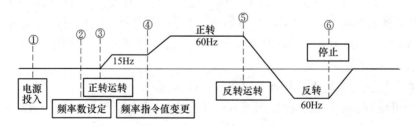

图 2-30　变频器功能预制操作步骤

鉴定点 2　工业组态软件+PLC+变频器控制电路的设计及模拟安装与调试

问：什么是工业组态软件？如何使用工业组态软件进行仿真？

答：MCGS（Monitor and Control Generated System，监控与控制通用系统）是一套基于 Windows 平台，快速构造和生成上位机监控系统的组态软件系统。MCGS 为用户提供了解决实际工程问题的完整方案和开发平台，能够完成现场数据采集、实时和历史数据处理、报警和安全机制、流程控制、动画显示、趋势曲线和报表输出及企业监控网络等功能。

使用 MCGS，用户无须具备计算机编程知识，可以在短时间内轻而易举地完成一个稳定、功能全面、维护量小并且具备专业水准的计算机监控系统的开发工作。MCGS 具有操作简便、可视性好、可维护性强、高性能、高可靠性等特点，已成功应用于石油、化工、钢铁、电力、水处理、环境监测、机械制造、交通运输、能源原材料、农业自动化和航空航天等领域，经过各种现场的长期实际运行，系统稳定性可靠。

MCGS 组态软件包括组态环境和运行环境两部分。组态环境相当于一套完整的工具软件，帮助用户设计和构造自己的应用系统。运行环境则按照组态环境中构造的组态工程，以用户指定的方式运行，并进行各种处理，完成用户组态设计的目标和功能。

MCGS 组态环境是生成用户应用系统的工作环境，由可执行程序 McgsSet. exe 支持其存放于 MCGS 目录的 Program 子目录中。用户在 MCGS 组态环境中完成动画设计、设备连接、控制流程编写、工程打印报表编制等全部组态工作后，生成扩展名为 . mcg 的工程文件，又称为组态结果数据库，其与 MCGS 运行环境一起，构成了用户应用系统，统称为"工程"。

MCGS 运行环境是用户应用系统的运行环境，由可执行程序 McgsRun. exe 支持，其存放于 MCGS 目录的 Program 子目录中。在运行环境中可完成对工程的控制工作。

MCGS 组态软件所建立的工程由主控窗口、设备窗口、用户窗口、实时数据库和运行策略 5 部分构成，如图 2-31 所示。每一部分分别进行组态操作，完成不同的工作，具有不同的特性。

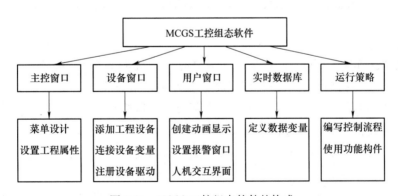

图 2-31　MCGS 工控组态软件的构成

使用工业组态软件的方法和步骤如下：

（1）进行工程的整体规划　首先要了解整个工程的系统构成和工艺流程，弄清测控对象的特征，明确主要的监控要求和技术要求等问题。在此基础上，拟定组建工程的总体规划和设想，主要包括系统应实现哪些功能，控制流程如何实现，需要什么样的用户窗口界面，实现何种动画效果及如何在实时数据库中定义数据变量等环节，同时还要分析工程中设备的采集及输出通道与实时数据库中定义的变量的对应关系，分清哪些变量是要求与设备连接的，哪些变量是软件内部用来传递数据及用于实现动画显示的等问题。

（2）创建一个新工程　MCGS 中用"工程"来表示组态生成的应用系统，创建一个新工程就是创建一个新的用户应用系统，打开工程就是打开一个已经存在的应用系统。工程文件的命名规则和 Windows 系统相同，每个工程都对应一个组态结果数据库文件。

在 Windows 系统桌面上，通过以下 3 种方式中的任一种，都可以进入 MCGS 组态环境。

1）鼠标双击 Windows 桌面上的"MCGS 组态环境"图标。

2）选择"开始"→"程序"→"MCGS 组态软件"→"MCGS 组态环境"命令。

3）按快捷键<Ctrl+Alt+G>。

（3）进入 MCGS 组态环境　进入 MCGS 组态环境后，单击工具条上的"新建"按钮，或执行"文件"菜单中的"新建工程"命令，系统自动创建一个名为"新建工程 X. MCG"的新工程（X 为数字，表示建立新工程的顺序，如 1、2、3 等）。由于尚未进行组态操作，新工程只是一个"空壳"，一个包含 5 个基本组成部分的结构框架，接下来要逐步在框架中配置不同的功能部件，构造完成特定任务的应用系统，如图 2-32 所示。

图 2-32　工作台窗口

MCGS 用"工作台"窗口来管理构成用户应用系统的 5 个部分，工作台上的 5 个标签（主控窗口、设备窗口、用户窗口、实时数据库和运行策略）对应于 5 个不同的窗口页面，每一个页面负责管理用户应用系统的一个部分，用鼠标单击不同的标签可选取不同窗口页面，对应用系统的相应部分进行组态操作。

（4）设计梯形图和动画设计　MCGS 实现图形动画设计的主要方法是将用户窗口中图形对象与实时数据库中的数据对象建立相关性连接，并设置相应的动画连接。

（5）调试与运行　让画面动起来，实现动画效果，从而达到过程实时监控的目的。

试题精选：

用 MCGS 组态软件和 PLC 进行设备连接并实现四节传送带的动画演示（MCGS 软件为 5.1 版本，PLC 用三菱 FX_{2N}-48MR），具体演示效果如图 2-33 所示。

（1）考前准备　常用电工工具 1 套，万用表（MF47 型或自定）1 块，预装有 Windows 98或以上版本操作系统并且预装 MCGS 组态软件 5.1 的计算机 1 台，三菱 FX_{2N}-40MR（或自定）主机 1 台，SC-09 通信电缆 1 根，PLC 配套编程软件 1 套（预装），圆珠笔和铅笔各 1 支，绝缘鞋和工作服 1 套。

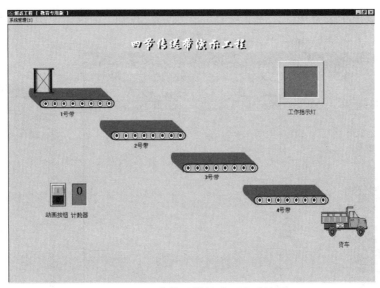

图 2-33　四节传送带的动画演示效果

（2）评分标准　评分标准见表 2-10。

表 2-10　评分标准

序号	考核内容	考核要求	考核标准	配分	扣分	得分
1	仿真设计	1. 设计出完成电路功能的梯形图 2. 完成动画设计	1. 梯形图设计不完整，每处扣 2 分 2. 动画功能设计不完整，每处扣 3 分	20		
2	仿真调试	根据电路要求和仿真设计，进行功能调试，使动画达到性能指标	1. 调试操作过程不熟练，扣 5 分 2. 调试方法不正确，扣 5 分 3. 调试后，达不到设计要求指标，每少一项扣 5 分	20		
备注		合计		40		
		考评员 签　字	年　　月　　日			

（3）操作工艺

1）设备窗口组态。

① 选择设备构件。在工作台窗口中选择设备窗口标签，在"设备窗口"页中鼠标双击设备窗口图标（或选中窗口图标，单击"设备组态"按钮），弹出设备组态窗口，选择工具条中的"工具箱"按钮 ✕，弹出设备工具箱，鼠标单击设备管理按钮，弹出"设备管理"窗口。如图 2-34 所示。

在"可选设备"中按图 2-34 找到"模拟设备"并选中，单击左下方的"增加"按钮，在选定设备中将会添加模拟设备项。然后将"串口通信父设备"目录下的"串口通信父设备"选中并单击"增加"按钮；再按"PLC 设备"→"三菱"→"Fx-232"找到三菱 Fx-232 驱动程序，单击"增加"按钮，选定设备列表中将顺次显示：模拟设备、串口通信父设备、三菱 Fx-232 三个设备构件，接下来单击"确认"按钮，"设备工具箱"中就会添加上述三个设备，如图 2-35 所示。

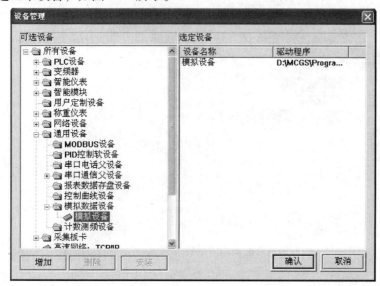

图 2-34 "设备管理"窗口　　　　　　　　　　图 2-35 "设备工具箱"窗口

依次双击"设备工具箱"中的模拟设备、串口通信父设备和三菱 Fx-232，则设备窗口中会自动添加这三个设备。注意：三菱 Fx-232 子设备必须挂接在父设备下。设备组态结果如图 2-36 所示。

图 2-36 设备组态结果

设备工具箱内包含 MCGS 目前支持的所有硬件设备,对系统不支持的硬件设备,需要预先定制相应的设备构件,才能对其进行操作。

② 设置设备构件属性。选中"串口通信父设备"构件,单击工具条中的"属性"按钮⚙或者鼠标直接双击设备构件,弹出所选设备构件的"设备属性设置"对话框,选择"基本属性",按图 2-37 所列项目设定。

设定方法是:单击要修改的项目,如图中"数据校验方式"一栏后的设备属性值,将会在右侧出现下拉按钮,单击下拉按钮并选取属性值即可。串口端口号应根据实际 PLC 设备所连接的通信端口设置,本题中是把 PLC 接在了 COM1 端口上。设置完成后单击"确认"即可。

回到设备窗口双击"设备 2-[三菱 Fx—232]"构件,弹出"设备属性设置"框,单击内部属性所在行,则会出现 ⋯ ,如图 2-38 所示。

图 2-37 设备 1 属性设置   图 2-38 设备 2 属性设置

单击 ⋯ 弹出通道属性设置框,如图 2-39 所示。

单击"全部删除"按钮,把图 2-39 中的 PLC 通道对应读写类型清除。然后单击"增加通道"按钮,将弹出"增加通道"对话框,如图 2-40 所示。通道类型设为"X 输入寄存器",通道地址为"0",连续通道个数为"2",操作方式点选"只读",单击"确认"退出。

此时通道属性设置框中会添加两个通道,如图 2-41 所示。

按照同样的方法再连续添加 6 个通道,其中 3 号通道中的 PLC 通道值为 Y0,4 号通道中的 PLC 通道值为 M0,5~8 号通道对应的 PLC 通道值为 WB0~WB3,具体设置方法如图 2-42 所示,其中 Y0 设置方法类似,只是操作方式选择读写。

图 2-39 通道属性设置

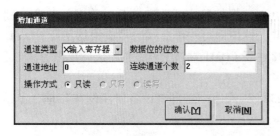

图 2-40 增加通道（1）　　　　　　　图 2-41 通道属性设置结果

图 2-42 增加通道（2）

在添加 X 输入寄存器时，操作方式只能点选"只读"，而输出、辅助及数据寄存器则能根据需要在"只读""只写""读写"3 种方式中任选其一。

③ 设备通道连接。把输入、输出装置读取数据和输出数据的通道称为设备通道，建立设备通道和实时数据库中数据对象的对应关系的过程称为通道连接。按上述过程设置结束后，单击"确认"返回"设备属性设置"对话框，选择"通道连接"，把"对应数据对象"一列各个通道对应的对象名称做图 2-43 所示的更改。

④ 设备调试。通过设备选择、属性设置和通道连接之后，直接选择"设备属性设置"框中的"设备调试"，系统将自动检测并和 PLC 进行通信，通信是否成功从 0 号通道（通信状态标志）的通道值可以直接判别，如图 2-44 所示。

图 2-44a 中通信状态标志对应的通道值为"0"表示通信成功；图 2-44b 中标志位对应的通道值为"1"则表示通信不成功。如果通信不成功，则要检查：PLC 是否上电；三菱配套的编程软件能否和 PLC 正常通信，如能则一定要关闭编程软件；检查串口通信父设备的属性设置和下面挂接的子设备三菱 Fx-232 的属性设置是否完全一

图 2-43 设备属性设置更改

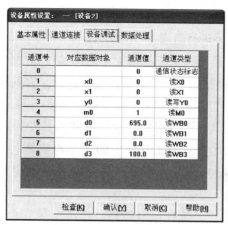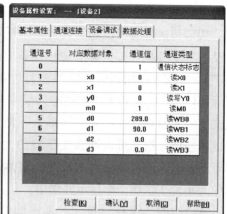

a) 通信成功   b) 通信不成功

图 2-44 设备调试

致（必须保持一致）。检查完成后把 PLC 电源进行一次切断和接通操作，问题一般可以得到解决，否则重新检查，反复操作若干次即可。

2）用户窗口组态（图形界面的生成及动画连接）。生成图形界面的基本操作步骤如下：

① 创建用户窗口。回到组态环境下的工作台界面，选择"用户窗口"，所有的用户窗口均位于该窗口内，按"新建窗口"按钮，或执行菜单中的"插入"→"用户窗口"命令，即可创建一个新的用户窗口，以图标形式显示，如图 2-45 所示的"窗口 0"。

② 设置用户窗口属性。"用户窗口属性设置"对话框如图 2-46 所示。选择待定义的用户窗口——"窗口 0"图标，单击鼠标右键选择"属性"，也可以单击工作台窗口中的"窗口属性"按钮，或者单击工具条中的"显示属性"按钮，弹出"用户窗口属性设置"对话框，按所列项设置有关属性。在此只需把窗口名称改为"四节传送带"即可，其他可按默认设置并单击"确认"按钮。

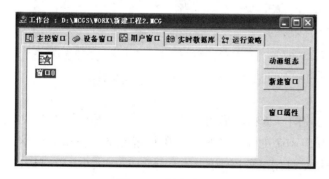

图 2-45 用户窗口

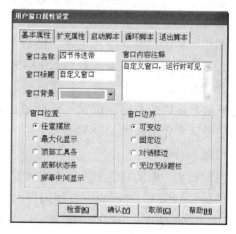

图 2-46 用户窗口属性设置

③ 创建图形对象。

a. 立体文字的创建。双击"四节传送带"图标即可进入 MCGS 组态环境。先把效果图中的文字"四节传送带演示工程"及其立体效果进行组态。

单击设备"工具箱"按钮 ✗，弹出设备工具箱，从工具箱中单击标签按钮 Ａ，鼠标箭头变为十字形状，在窗口的中上方按住鼠标左键拖出一个矩形框，松开左键，看到矩形框内有光标闪烁，切换成中文输入法直接输入汉字"四节传送带演示工程"后按<Space>键。此时会发现文字的周围有直线框和小矩形框，把鼠标箭头指向小矩形框并当其变为双向箭头时，按住鼠标左键并拖动可以调整文字框的大小。点击工具栏中的"字符字体"按钮 Aᵃ，弹出字体对话框后，设置为：华文行楷、粗体、一号字，单击"确定"按钮退出。重新调整文字框的大小使文字能全部显示并居中。

单击工具栏中的"线色"按钮，弹出调色板，选择没有边线；单击"填充色"按钮，选择灰色（这里也可以不设，默认即为屏幕灰）。文字的立体效果其实就是两行相同的文字叠加在一起，但不完全重合并设为不同的颜色。方法为：单击文字使其处于选中状态，右键菜单中选择复制和粘贴，然后单击处于最上层的文字框，单击工具栏中"字符色"按钮 ⬛A，在调色板中点选白色，再单击"填充色"按钮 ⬛，选择没有填充，最上层的背景即变为透明。用鼠标拖动该框移动到和下层的文字基本重合，如不易控制还可通过键盘上的上、下、左、右键进行精确移动。

b. 图形的创建。效果图中的图形均来自 MCGS 自带的图形对象库。进入图形对象库的方法是：单击工具箱中的"插入元件"按钮。

传送带等图形的放置：单击图形对象库文件夹下的"传送带"文件夹，在右侧窗口中选中"传送带 6"，如图 2-47 所示，单击"确定"按钮退出后传送带 6 自动放置在组态窗口编辑区的左上角。

像调整文字框大小一样把传送带 6 的大小拉至 240×54（打开"查看"的下拉菜单，勾选"状态栏"即可在窗口的下方显示状态栏，大小及图形的相对位置可从状态栏中直接看到），利用复制和粘贴命令复制 3 个传送带，把最上层的一个传送带图形用拖曳的方式放到 651×436 的位置，配合键盘上的上、下、左、右键精确调整（移动的同时状态栏的右侧"位置"坐标值也随之变动）。另外 3 个分别放到 453×348、255×260、57×172 的位置。

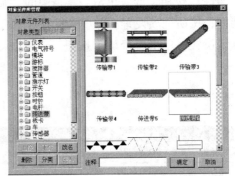

图 2-47　传送带示意图

货物图形的放置和传送带的放置方法相同。货物图形用对象库目录下"其他"文件夹里的"烟囱 1"来示意。复制同样大小为 57×67 的 4 个图形，分别放置在 664×382、466×294、268×206、70×118 的位置上。工作指示灯用对象库中的"指示灯 15"，大小 130×116，位置为 750×100。

动画按钮和输入框的放置同文字框的放置方法类似，可分别在工具箱中点击 ⊟ 和 abl 按钮,其中动画按钮的大小固定不可调且为44×63,那么输入框的大小同样为44×63,位置分别为116×430、176×430。

按照上面的方法将所有画面设计完成后,画面流程的设计基本完成。

3)让动画动起来。

① 定义数据变量。实时数据库是MCGS工程的数据交换和数据处理中心,数据变量是构成实时数据库的基本单元。由于在设备连接的过程中有8个变量已有定义,故在此只需再定义一个"计数器"变量。

把组态窗口保存退出或最小化,单击工作台的"实时数据库"窗口标签,进入实时数据库窗口。

单击"新增对象"按钮,在窗口的数据变量列表中增加新的数据变量,系统默认定义的名称为"Data1"、"Data2"、"Data3"等。选中新增的变量,单击"对象属性"按钮则打开"数据对象属性设置"对话框。如图2-48所示。

按图2-48把对象名称改为"计数器",对象类型指定为"数值",其他不变,单击"确认"按钮退出。

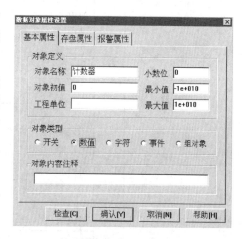

图2-48 定义数据变量

② 动画连接。由于只针对PLC内的变量,所以还应先编写图2-49所示的PLC程序到主机内存。

其中,M0、M1、X0、X1、D0~D3作为MCGS的采集对象,寄存器D0~D3分别模拟传感器。

对工作指示灯构件进行动画连接。鼠标箭头指向该构件,单击右键并在右键菜单中的"排列"下拉菜单项中选择"分解单元",此时该构件会被分解为4个相互层叠的图符,然后在空白区域单击鼠标左键取消对各个图符的选择状态,再用拖曳的方式把最上层的椭圆形图符拉来,接着把绿色的正方形图符拖曳出来,最后把剩下的浅绿色正方形图符也拖曳出来。效果如图2-50所示。注意:拖曳每个图符之前要先记住它的放置位置,其坐标值可在状态栏中找到,以便复原时使用。

图2-50中上方凸出的方框(灰色)为按钮的边框,不要移动。双击左下角的图符,弹出"动画组态属性设置"对话框,勾选"特殊动画连接"中的"可见度"选项,会在"属性设置"标签的右侧显示"可见度"标签,如图2-51所示。

在可见度标签表达式栏内输入"m0=1",点选"对应图符可见",单击"确认"按钮退出。双击图2-50中下方的绿色正方形图符,弹出该图符的属性设置对话框。默认情况下"填充颜色"标签处于最前方,此标签不用应去掉,方法为:选取"属性设置"标签,去掉"颜色动画连接"下的"填充颜色"的勾选。然后按照椭圆形图符的属性设置完成其设置。

双击右下方的浅绿色正方形图符,弹出该图符的属性设置对话框,选取"可见度"标签,表达式栏内输入"m0=1",点选"对应图符不可见"。然后选取"属性设置"标签,

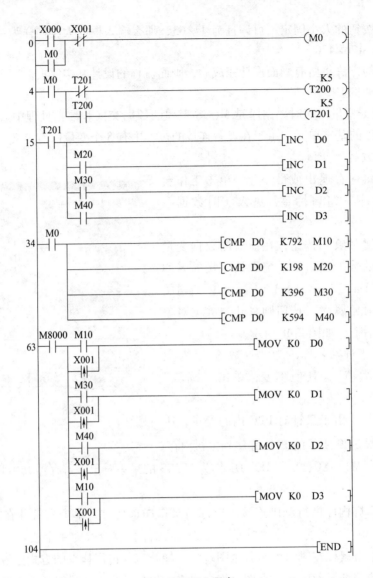

图 2-49　PLC 程序

按图 2-52 所示进行设置。

　　这里只需把"静态属性"中的"填充颜色"改为红色，单击"确认"按钮退出后该图符变

为红色。上述 3 个图符属性设置完成后，按绿色正方形、椭圆形、红色正方形图符的顺序拖曳回原位。注意：3 个图符的叠放层次不能错，恢复原位后应该只显示红色图符，否则要利用右键菜单中"排列"下拉菜单项的"层操作"命令进行更改。

　　最后用鼠标框选中整个按钮，包括按钮灰色边框和叠放在一起的 3 个图符。在右键菜单中"排列"下拉菜单项中选"合成单元"，可以看到 4 个图符合并成一个动画构件，双击查看其属性设置情况，如图 2-53 所示。

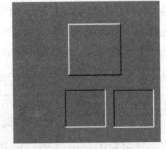

图 2-50　最终效果

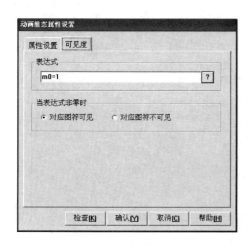

图 2-51　可见度设置　　　　　　　　　图 2-52　属性设置

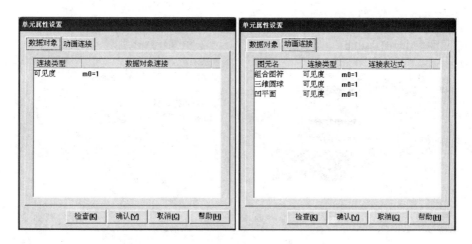

图 2-53　"单元属性设置"对话框

至此指示灯动画构件的连接设置完成。

动画按钮构件的动画连接：双击该构件，弹出"动画按钮构件属性设置"对话框，具体设置如图 2-54 所示。"基本属性"设置时只需在"对应数据对象的名称"栏内输入"x0"即可，"数据对象的值和位图的连接"中分段点有 4 个，由于 x0 为开关型变量，故只有"0"和"1"两个分段点可用，"2"和"3"两个分段点可以利用"删除段点"按钮删除，也可保留不做改动。"可见度属性"设置时只需在"表达式"框内输入数值"1"，表示条件永远成立。

动画按钮构件的属性设置后，就可以实现在 PLC 的输入点 x0 接通和断开的同时，动画按钮随之动作。

计数器构件的设置。计数器的功能是对传送带传送货物数目进行计数。每计数 4 件，货车更换一辆，然后重新计数。

双击"计数器"对应的输入框，弹出其属性设置对话框，按图 2-55 所示仅对"操作属性"和"基本属性"进行设置，"基本属性"设置中，背景颜色根据个人喜好或实际需要设

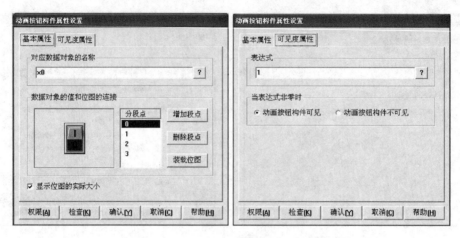

图 2-54 "动画按钮构件属性设置"对话框

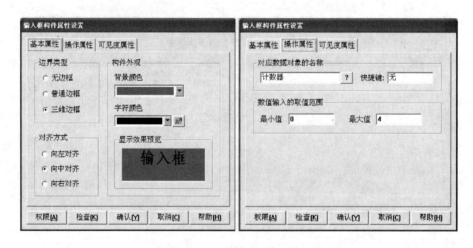

图 2-55 "输入框构件属性设置"对话框

定即可，这里设为紫红色、字体为"仿宋"、字号为"小一"，其他不变；"操作属性"设置中，对应数据对象的名称中输入"计数器"，最小值改为"0"，最大值改为"4"，其他不变。

至此计数器的设置仅仅赋予了所连接的数据对象和一些外观属性等，可见度属性不用设置。

货车动画构件的动画连接。当货车构件放置在指定位置后，实现可见度的动画效果即可，因此要先把它转换为位图，方法是执行右键菜单中的"转换为位图"命令。之后双击该位图进入"动画组态属性设置"，在"可见度"中进行设置，如图 2-56 所示。

货物在传送带上水平移动的动画设置：在四节传送带上分别放置一个货物图形，当某节传送

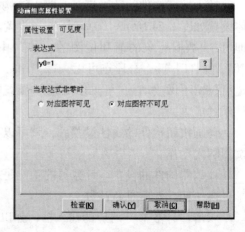

图 2-56 可见度设置结果

带所对应的寄存器的值开始变化时，相应的货物图形就显示出来，而其他传送带上的货物处于不可见状态。水平移动的物体通过采集对应寄存器的不同时刻、不同数值来达到控制货物水平位置，从而实现水平移动的动画效果。因此，要分别定义四个货物的数据对象连接。先选择 1 号带上的货物并双击，弹出相应的属性设置对话框，勾选属性设置标签下"位置动画连接"中的"水平移动"和"特殊动画连接"中的"可见度"，对应的"水平移动"、"可见度"标签分别进行如图 2-57 所示的设置。

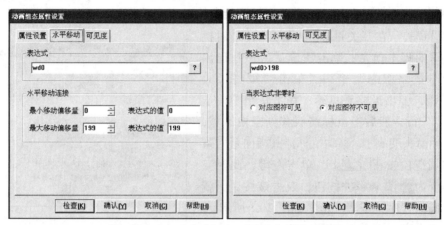

图 2-57 "水平移动"和"可见度"设置结果

用同样的方法对 2~4 号带进行设置。

检验仿真和实时检测效果。具体过程如下：

按快捷键<F5>，提示是否保存工程，单击"是"按钮；进入"组态工程"页面，单击"系统管理"菜单项，在下拉菜单中选择"用户窗口管理"，在该窗口中勾选"四节传送带"即可直接进入运行环境。

这时把 PLC 主机上的运行、停止开关拨到"run"位置，并按下输入点"x0"的外接按钮，PLC 内的程序开始运行。

脚本程序的编写：退出运行环境，关闭或最小化组态窗口，回到工作台页面，选择"运行策略"标签，进入运行策略，双击"循环策略"进入策略组态，如图 2-58 所示。

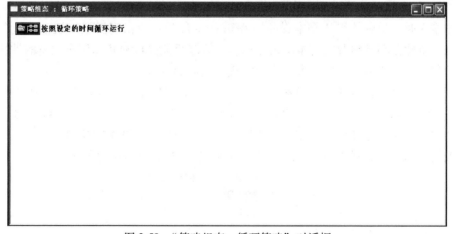

图 2-58 "策略组态：循环策略"对话框

右击 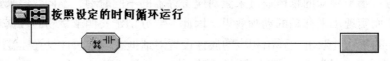 图标，在右键菜单中选择"新增策略行"，出现如图 2-59 所示画面。

图 2-59　新增策略行设置

双击 按钮弹出"表达式条件"对话框，按图 2-60 所示进行设置。

上述设置表示在开关量 m0 的值为"1"时执行后面编写的脚本程序。单击"确认"按钮退出后，返回"策略组态"窗口。单击"策略工具箱"按钮，弹出策略工具箱，在工具箱中单击"脚本程序"行，然后把鼠标箭头移到空白区域，会发现鼠标箭头变成，移动鼠标让其指向新增策略行的右端空白按钮 上，单击左键，此时空白按钮会变为 脚本程序 按钮，双击该按钮，就会进入"脚本程序"编辑环境，如图 2-61 所示。

在脚本程序页面的编辑区（左边空白区域）单击鼠标左键，该区域的左上角出现闪烁的文字输入光标，这时输入下面程序，按"确定"退出即可。

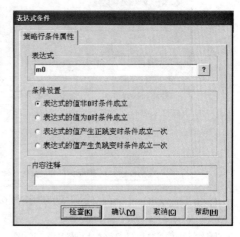

图 2-60　"表达式条件"对话框

```
IF wd3 > 188 THEN
计数器=计数器+1
endif
IF 计数器 > 4 THEN
计数器=0
endif
IF 计数器=4 THEN
y0=1
ELSE
y0=0
ENDIF
IF 计数器=4 AND wd1 < 11 THEN
计数器=0
endif
```

程序输入时，最好使用"脚本程序"编辑页面右下方的相应指令按钮；变量名称可以直接输入。至此循环策略及其脚本编辑完成。本策略只能完成对货物装车数量的计数，而不能准确清零，故还要编写一段脚本程序来完成计数器的清零。

回到工作台页面，激活"运行策略"窗口，单击右侧的"新增策略"按钮，弹出"选择策略的类型"窗口，选取"循环策略"，单击"确定"后退出，在"运行策略"窗口会自动添加"策略 1"，然后按照上面系统固有"循环策略"的设置方法进行设定；"表达式条件"改为"表达式的值为 0 时条件成立"。脚本程序按下面的程序输入：

```
IF m0=0 THEN
计数=0
endif
```

单击"确定"后退出，并保存整个工程。

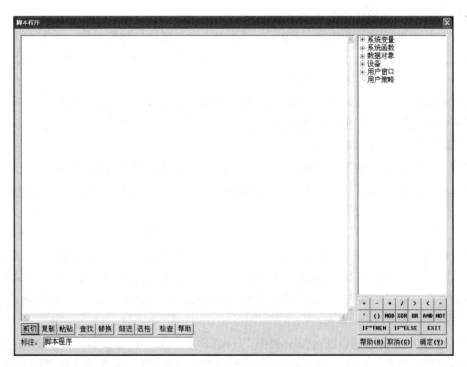

图 2-61　"脚本程序"对话框

4）再次进入运行环境查看，试题所想达到的目的已经全部实现。

5）注意事项：

① 在完全断电的情况下将 PLC 和计算机用标准通信电缆进行连接。

② PLC 外接电源正确连接。由于三菱 PLC 的电源接线端子与输入点接线端子同侧，故应特别确认中性线、相线不得接反。

③ 先进入和 PLC 配套的软件编程界面，测试计算机和 PLC 之间的通信是否正常。这项工作是保证组态软件和 PLC 之间可靠通信的有效的检测手段。

④ 在组态工程中，进行"设备连接"调试时，要先关闭 GPPW 软件，否则会因通道被占用而不能正常进行。

⑤ 在进行组态工程之前应先把模拟传感器的 PLC 程序编制好，并传入 PLC 主机内存，以方便边组态边调试。

⑥ 编写脚本程序时，因该软件使用类 Basic 脚本语言及数据变量通常采用中英文混用，所以尽量不使用键盘输入方式。在输入命令和变量名称时，采用脚本编辑环境中的命令按钮和采用数据变量目录中已有变量名双击输入的方法，以减小失误。

鉴定点 3　检修加工中心的电气控制电路

问：如何检修加工中心的电气控制电路？数控机床 PLC 故障诊断的方法有哪些？

答：检修加工中心电气控制电路的原则和方法与检修数控车床、铣床基本相同，只是复杂程度和具体的电气控制电路不同，具体问题要具体分析。

数控机床 PLC 故障诊断的方法如下：

（1）根据报警信号诊断故障　现代数控系统具有丰富的自诊断功能，能在 CRT 上显示报警信息，为用户提供各种机床状态信息，充分利用 CNC 系统提供的这些状态信息，就能迅速准确地查明和排除故障。

（2）根据动作顺序诊断故障　数控机床上刀具及托盘等装置的自动交换动作都是按照一定顺序来完成的，因此观察机械装置的运动过程，比较正常和故障时的情况，就可发现疑点，诊断出故障的原因。

（3）根据控制对象的工作原理诊断故障　数控机床 PLC 程序是按照控制对象的工作原理来设计的，通过对控制对象的工作原理的分析，结合 PLC 的 I/O 状态是诊断故障的有效方法。

（4）PLC 的 I/O 状态诊断故障　在数控机床中，输入/输出信号的传递，一般都要通过 PLC 的 I/O 接口反映出来。数控机床的这种特点为故障诊断提供了方便，只要不是数控系统的硬件故障，可以不必查看梯形图和有关电路图，直接通过查询 PLC 的 I/O 接口状态，找出故障的原因。这里的关键是要熟悉有关控制对象的 PLC 的 I/O 接口的通常状态和故障状态。

（5）通过 PLC 梯形图诊断故障　根据 PLC 的梯形图来分析和诊断故障是解决数控机床外围故障的基本方法。用这种方法首先要搞清机床的工作原理、动作顺序和联锁关系，然后利用 CNC 系统的自诊断功能或通过机外编码器，根据 PLC 梯形图查看相关的输入/输出及标志位的状态，从而确定故障的原因。

试题精选 1：

检修 TH6350 卧式加工中心电气故障。

故障现象：机床工作过程中突然发生 Y、Z 轴不能动作，发出 401 号报警。关机后再起动，还能继续工作，再关机后不能动作。

故障设置：电动机动力电缆损坏。

（1）考前准备　万用表 1 块，电工通用工具 1 套，TH6350 卧式加工中心 1 台，电气图样（与机床配套的电路图、接线图等）1 套，说明书 1 套，便携式计算机（装有配套的 PLC 程序）或手持式编程器 1 台，圆珠笔 1 支，劳保用品（绝缘鞋、工作服等）1 套。

（2）评分标准　评分标准见表 2-9。

（3）操作工艺

1）根据故障现象，分析故障产生的可能原因。

2）通电试运行，检查 401 号报警内容表；X、Y、Z 速度控制"READY"信号断开。由此检查 X、Y、Z 轴速度控制单元板，发现 Y 轴速度控制单元板（A06B-6045-C001）的 TGLS 报警灯亮，说明 Y 轴伺服系统存在故障。

3）进一步分析故障可能的原因。可能的原因有：

① 印制电路板设置不合适。

② 速度反馈电压没有或是断续的。

③ 电动机动力电缆没有接到速度控制单元板 T1 的 5~8 端子上或动力电缆短路。

④ 查找故障，发现电动机动力电缆已被烧断。

5）修复故障，更换电动机动力电缆和电刷。

6）重新试运行，故障已排除，清理现场。

试题精选 2：

检修配备了 SINUMERIK 810 系统的加工中心电气故障。

故障现象：分度工作台不分度的故障且无故障报警。

故障设置：接近开关损坏。

（1）考前准备　万用表 1 块，电工通用工具 1 套，TH6350 卧式加工中心 1 台，电气图样（与机床配套的电路图、接线图等）1 套，说明书 1 套，便携式计算机（装有配套的 PLC 程序）或手持式编程器 1 台，圆珠笔 1 支，劳保用品（绝缘鞋、工作服等）1 套。

（2）评分标准　评分标准见表 2-9。

（3）操作工艺

1）根据故障现象，分析故障可能的范围。根据工作原理，分度时首先将分度的齿条与齿轮啮合，这个动作靠液压装置来完成，由 PLC 输出 Q1.4 控制电磁阀 YV14 执行，PLC 梯形图如图 2-62 所示。

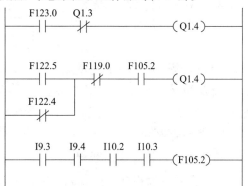

2）通过数控系统的 DIAGNOSIS 中的"STATUS PLC"软键实时查看 Q1.4 的状态，发现其状态为"0"，由 PLC 梯形图查看 F123.0 的状态也为"0"，按梯形图逐个检查，

图 2-62　分度工作台 PLC 梯形图

发现 F105.2 为"0"，导致 F123.0 也为"0"，根据梯形图查看 STATUS PLC 中的输入信号，发现 F110.2 为"0"，导致 F105.2 也为"0"。I9.3、I9.4、I10.2 和 I10.3 为 4 个接近开关的检测信号，以检测齿条和齿轮是否啮合。分度时，这 4 个接近开关都应有信号，即 I9.3、I9.4、I10.2 和 I10.3 应闭合。

3）经检测，I10.2 未闭合，说明该接近开关发生故障。经检查，该接近开关常开触点损坏。

4）排除故障，修复或更换该接近开关。

5）重新试运行，故障已排除，清理现场。

鉴定点 4　检修中频电源设备

问：如何检修中频电源设备？

答：检修中频电源设备与检修继电接触式数控机床等的检修方法基本相同，只是复杂程度、故障位置及具体设备不同。

（1）熟悉装置的组成　晶闸管中频装置主要组成部分如图 2-63 所示。

1）主电路：由三相桥式全控整流器、滤波环节、逆变桥和负载感应器组成。

2）控制电路：由整流触发器、正负偏置电路、逆变器触发器、逆变器保护电路等组成。

（2）常见故障分析及排除

1）快速熔断器熔断。

① 晶闸管击穿，造成相间短路。用万用表逐一检查晶闸管，找出损坏的晶闸管并更换。

② 过电流保护失灵，发生过电流时，只烧熔体。检查过电流保护装置，从电流信号输入、整流、稳压二极管到保护用小晶闸管，查看是否有元器件损坏或断线现象。

③ 某块整流触发板同步信号上无尖脉冲，保护动作时会丢失脉冲，造成熔体烧断。用示波器逐一检查触发板上 V5 基极上电阻的波形。

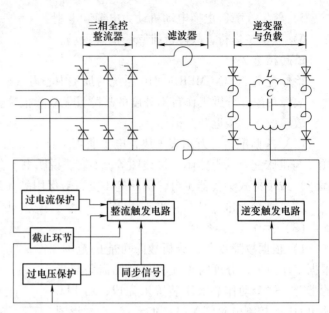

图 2-63　晶闸管中频装置主要组成部分

2）整流器断相。

① 丢失触发器脉冲而断相。

a. 整流触发器损坏。如有此故障，必有一块电流表无电流指示。可用示波器检查该板上各级波形。

b. 触发器变压器开路或短路。

c. 晶闸管门极开路或短路。

d. 脉冲传输板上的二极管开路或短路。

e. 接线有松动现象。

② 有一相熔断器熔断。

③ 三相交流电有一相断电。

3）按逆变器启动按钮 SB_6 后，没有任何反应。

① 检查起动电容 C_S 是否接入电路。主要检查 11-27 与 16-30 号线两对 KM_3 触点是否接触良好。

② 检查起动电容 C_S 上是否有 500V 左右电压。

③ 启动晶闸管是否良好，是否已击穿。

④ 用示波器观察是否有起动脉冲。

⑤ 逆变触发器是否良好。

⑥ 负载短路或线圈开路。

4）按起动按钮 SB_6 后，过电流保护装置动作。

① 逆变触发器受到干扰。在该板的输入信号端并接 160V/0.22F 的电容。

② 整流输出端有短路点。停电后用万用表检查。

5）中频功率上不去，查看过电压保护整流二极管是否短路，逆变器触发脉冲功率是否足够，谐振电路是否振荡，逆变触发有无工作电源，逆变触发器是否出故障，起动电路是否正常，自动跟踪调制系统是否出故障。

6）逆变桥臂无法关断。检查逆变晶闸管是否被击穿损坏，桥臂的晶闸管关断时间是否太长，晶闸管的正向阻断能力是否下降。

试题精选：

检修 KGPS—1 型中频电源设备的电气故障。

故障现象：快速熔断器熔断。

故障设置：进线主接触器触点接触不良；逆变桥臂晶闸管关断时间过长。

（1）考前准备 万用表 1 块，电工通用工具 1 套，KGPS—1 型中频电源设备 1 台，电气图样（与机床配套的电路图、接线图等）1 套，说明书 1 套，双踪示波器 1 台，滑动电阻、绝缘导线若干，圆珠笔 1 支，演草纸 2 张，劳保用品（绝缘鞋、工作服等）1 套。

（2）评分标准 评分标准见表 2-9。

（3）操作工艺

1）根据故障现象，故障产生的原因可能有：整流晶闸管损坏；硅堆保护是否可靠；整流器输出侧是否有不经滤波电抗器的短路；进线主接触器 KM_2 和进线低压断路器 QF 的触点接触不良等。

2）经检查，整流晶闸管均完好，再检查整流触发电路上是否有尖脉冲，用示波器检查整流触发板上的尖脉冲信号输出。

3）检查主接触器 KM_2 的触点是否接触不良，经检查 KM_2 的触点发黑，造成接触不良，修复 KM_2 的触点。

4）通电试运行，快速熔断器正常，第 1 个故障已排除。但发现输出电压不正常，逆变桥臂不能关断，第 2 个故障出现。

5）根据故障现象逆变桥臂不能关断，分析故障产生的可能原因，故障检查思路是：逆变晶闸管可能击穿→晶闸管正向阻断能力下降→晶闸管关断时间过长。

6）检查逆变晶闸管有无击穿和正向阻断能力下降等现象，经检查，逆变晶闸管均正常。

7）检查逆变晶闸管的输出波形，发现逆变晶闸管关断时间过长，问题应出现在逆变触发电路。

8）用示波器检查逆变触发电路的触发波形，发现触发脉冲波形后移。

9）对逆变回路进行调试。

① 调整逆变触发电路脉冲波形的宽度、幅值和前沿，使逆变桥臂同一对角桥臂触发脉冲相位相同，两对桥臂触发脉冲相差 180°。

② 调整自动频率，跟踪其负载上的反馈信号，自激振荡起振正常。启动完毕，自激启动电路应能自动断开。

鉴定范围 3 培训与技术管理

鉴定点 1 编制检修数控机床电气设备的工艺计划

问：如何编制检修数控机床电气设备的工艺计划？

答：编制检修数控机床电气设备的工艺计划的方法和步骤与编制检修继电接触式控制的大型电气设备的工艺计划基本相同，只是复杂系数和具体设备不同。编写数控机床一般电气检修工艺前还应注意如下问题：

1）在编写工艺之前，应先了解机床实际存在的问题，并在相关的检修中重点给予解决；切断数控机床电源；清理电气控制柜及通风过滤装置，对有关的冷却风扇进行清扫。

2）检查数控装置内各印制电路板连接是否可靠；检查数控装置与外界之间的连接电缆是否正确，连接是否可靠；检测各功能模块使用的存储器后备电池的电压是否正常。

3）检查各电动机的连接插头、编码器等检测元件是否松动，如有松动，应及时拧紧。检查交流输入电源的连接是否符合数控装置的要求。

4）连通电源，检查数控装置中冷却风扇或机床空调是否正常。确认数控装置的各电源是否正常，如不正常，应按要求调整。确认数控装置的各参数，对不正常参数进行调整。

5）手动低速移动各轴，观察机床移动方向的显示是否正确，超程保护是否有效。进行返回机床基准点的操作，确认返回位置是否完全一致。检查一个实验程序的完整运行。对检修情况进行记录，存入设备维修技术档案，并将机床交付使用。

试题精选：

编制检修 GK6140 型数控车床电气控制电路的工艺计划，并填写检修工艺卡。

（1）考前准备　GK6140 型数控车床 1 台，电工工具 1 套，圆珠笔 1 支，绘图工具 1 套，劳保用品（绝缘鞋、工作服等）1 套，A4 纸若干。

（2）评分标准　评分标准见表 2-11。

表 2-11　评分标准

序号	考核内容	考核要求	考核标准	配分	扣分	得分
1	设备检修工艺计划	编制检修工艺合理、可行	施工计划不够合理、不完整每处扣1分	5		
2	检修步骤和要求	检修步骤和要求清楚、正确	制订检修步骤和要求不具体、不明确每处扣1分	5		
3	材料清单	所列材料清单品种齐全，材料名称、型号、规格和数量恰当	材料清单不完整、型号规格数量不当，每处扣1分	4		
4	人员配备和分工	人员配备和分工方案合理	人员配备和分工不合理每处扣1分	3		
5	检修管理	检修管理的措施科学	检修管理的措施不科学每处扣1分	3		
合　计				20		

注：如发现设备检修工艺不是考生自己撰写的，本项考核做0分处理。

（3）操作工艺

1）做好编制大修前的技术准备，包括查阅资料、现场了解和制定方案。

2）编制大修工艺的分析。

① 从检修记录中可看出，本设备距上次检修间隔1年，维护修理周期已到。

② 设备现状：有灰尘，导线编号脱落模糊，主轴电动机要进行保养。

3）编写大修工艺并填写工艺卡片。见表 2-12。

表 2-12　大修工艺卡片

设备名称	型号	制造厂名	出厂时间	使用单位	大修编号	复杂系数	总工时	设备进厂日期	技术人员	主修人员
数控车床	GK6140	沈阳机床厂		机加工车间	05-07	FD/50	400h			
序号	工艺步骤，技术要求					使用仪器仪表		本工序定额	备注	
1	机械部分的检查与调试									
2	润滑部分的检查与调整									
3	电气部分的维护、保养与检修									
4	数控系统硬件控制部分的检查与调整									
5	伺服电动机与主轴电动机达到检修保养的完好标准									
6	机床 PLC 的检查									
7	测量反馈元件的检查									
8	调试系统，整定主要参数					绝缘电阻表				
9	配合机械做负载试验									
10	设备合格后，办理设备移交手续，资料移交包括技改图样、安装技术记录、调整试验记录									

4）人员、设备、工、器具。

① 人员。工长 1 名，电工 2 名，数控维修工 1 名。

② 工器具。压线钳 1 套，万用表 1 块，绝缘电阻表 1 块，示波器 1 台，与机床 PLC 配套的编程器 1 台，此外施工人员各带自配通用工具。

③ 照明灯具：行灯 4 盏。

5）安全保障措施。

① 施工人员进入施工现场要穿好工作服及其他劳保用品。

② 施工用具、原材料要摆放整齐，不得乱扔乱放，保持安全通道畅通。

③ 施工用临时电源要按规定架设，不得随意乱接。严禁带电操作。

6）施工进度计划。施工进度计划和保障措施如下：

① 切断总电源，做好预防性安全措施及准备工作，4 人，0.5 天。

② 伺服和主轴电动机达到检修保养的完好标准，4 人，0.5 天。

③ 机械部分的检查与调试，2 人，1 天。

④ 润滑部分的检查与调整，2 人，0.5 天。

⑤ 电气部分的维护、保养与检修，4 人，2 天。

⑥ 数控系统硬件控制部分的检查与调整，4 人，2 天。

⑦ 机床 PLC 的检查，2 人，1 天。

⑧ 测量反馈元件的检查，2 人，1 天。

⑨ 系统试验，调试系统，整定主要参数，4 人，2 天。

⑩ 设备合格后，办理设备移交手续，1 天。

⑪ 计划 12 天完成全部安装工作。

为保证工期、施工计划应根据实际情况随时调整，合理安排施工顺序，杜绝等工具、等材料的现象。

7）资金预算。由于采用本单位维修人员，不考虑工资，只需考虑购买元器件及材料费用。

鉴定点 2　编制大型自动化生产线电气设备安装施工工程计划

问：大型自动化生产线电气设备安装施工有什么特点？安装施工计划应如何编制？

答：大型自动化生产线通常由多台机组或多台设备组成。其特点是这些机组或设备相互联系紧密，其电气设备的供电和控制相互制约，安装和调试需要统一考虑。大型自动化生产线电气设备安装施工的主要特点是：

1）车间已建成，供电线路已具备且符合大型自动化生产线供电的要求。若供电系统不符合要求需改造，列入其他工程，不作为自动化生产线电气设备安装范围。

2）自动化生产线电气设备为自动化生产线设备的一部分，由设备生产厂家提供。其安装施工根据厂家提供的说明进行，一般没有设计部门参与。施工用主材料（主要是电线、电缆）、辅材料由安装部门决定，施工预算由安装部门制作，施工设计由安装部门设计。

3）自动化生产线电气装置一般作为设备上的元件安装在设备的本体上，由设备生产厂家完成。自动化生产线电气安装的主要任务是连接自动化生产线控制柜的供电线路和控制柜到设备上的电器元件、接线盒、接线箱的连接线。

4）大型自动化生产线控制柜到设备上的动力线、控制线、信号线数量巨大，有些有特殊要求（如动力线与控制线要分开，不能在同一根电缆内，信号线要求屏蔽等），因此必须严格按要求施工。

5）控制柜、没有随设备本体安装的电气装置、接线盒、接线箱安装时，一定要考虑维修的方便。

大型自动化生产线电气设备安装施工计划编制应包括下列几方面的内容：

（1）熟悉大型自动化生产线电气设备概况　大型自动化生产线是一些规模较大的工厂里有一定生产能力的大型车间内安装使用的生产效率高、自动化程度强、占地面积大的大型生产设备，一般由多台机组或多台设备组成。而这些设备通常在一套以工控计算机为核心的电控系统控制下统一工作，或几套电控系统分别控制大型自动化生产线的几个部分，电控系统之间通过相互通信、相互检测或人为调配形成一个统一的整体，完成整套生产流程的自动化。

（2）施工方案

1）熟悉材料。

① 不同的自动化生产线，工艺布置、安装位置、设备工作方式、运动方式不同，只有了解并掌握了这些情况，才能确定电气控制电路的布线方式、连接方式和安装位置。

② 熟悉自动化生产线电气设备控制原理图和接线图（一般由设备厂家随设备提供）。掌握哪些电气装置是已经安装在设备本体上的部分，哪些是需要安装和连接的部分，对安装有

什么技术要求，有无在安装时需进行特殊处理的部分。

③ 熟悉车间的供电线路容量和控制方法，熟悉自动化生产线各控制柜的装机容量，以便按自动化生产线对供电的要求确定自动化生产线电源的线路。

2）确定施工方案。

① 根据自动化生产线的工艺布置和设备安装位置确定电气装置和接线盒、接线箱的安装位置。

② 按照操作使用方便、检查维修方便、节省连接导线的原则，确定电控柜、操作台、报警装置的安装位置和安装方法。

③ 确定每个接线盒、接线箱与其他接线盒、接线箱及电控柜连接线的规格，并选定相应的电缆或导线。

④ 确定电控柜、固定设备上的接线盒、接线箱相互间连接线的布线和线路连接方式。自动化生产线电控柜与设备接线一般通过预埋管铺设。

⑤ 确定电控柜、固定设备上的接线盒、接线箱与移动设备上的接线盒、接线箱之间连接线的布线和线路安装方式。

⑥ 确定电源电路的安装位置，与电控柜连接的布线方法和电源线、开关的规格、型号、数量。

3）施工设计。根据施工方案、设备与资料和电气设备安装规程做出下列设计：

① 所要安装电气装置和线路的基础、电缆沟、预埋件的布置图样。

② 整个自动化生产线电气装置位置图。

③ 施工概况、要求和说明。

（3）施工人员、工器具、原材料计划和预算

1）施工人员：大型自动化生产线的电气安装人员应根据工期、复杂系数和技术要求配置。一般配置技术人员 1 名，工长 1 名（或技术人员兼工长）和电工若干名。

2）工器具：压线钳、万用表、绝缘电阻表、手电钻和通用电工工具（扳手、钢丝钳、尖嘴钳、电工刀、剥线钳、电笔、螺钉旋具、锤子、钢锯和锉刀等）。

3）原材料计划：根据施工方案和施工计划确定的全部施工用材料，基础和预埋件除外（基础和预埋件部分归土建）。

4）施工预算：根据全国统一安装工程预算定额和原材料价格做施工预算。

（4）质量标准

1）电气设备、电控柜等基础材料要符合图样要求，有足够的凝固期。预埋件有足够的深度，位置准确。

2）穿线管口要用锉刀打磨光滑，以防穿线时割伤导线。导线占穿线管的截面积要小于2/3，以利于散热。在两个接线端之间导线不允许有接头。

3）穿线管与接线箱、盒间暴露部分要用穿线软管连接，并配相应的软管接头。

4）自动化生产线的所有接线应使用铜线，导线两端连接前应挂锡或压上相应的接线头。

5）移动设备上的拖线应使用专用走线架。拖线的走动应灵活、没有卡阻。

6）所有接线排布要整齐，接头要标注相应的线号，线号应清晰、耐久、不易脱落。

7）所有设备、穿线管、电控柜等金属物应可靠接地。

8）所有电气装置安装应符合相关国家标准。

（5）施工安全措施

1）进入施工现场必须穿工作服、戴安全帽和其他劳保用品。

2）起重机吊钩、吊臂和起吊重物下严禁人员穿行、停留。

3）登高作业时要系好安全带、防护绳，地面要有人监护。

4）高空作业物品传递应通过绳索提拉，严禁上下抛接。

5）交叉作业时，事先要相互通知、协调，防止发生意外。

6）保持安全通道畅通，以便于处理意外情况。

7）严禁带电作业。必须带电作业时要有人监护，同时做好应对意外情况的方案。

（6）施工进度计划 略。

操作要点提示：

大型自动化生产线电气设备安装施工的最大工作量是接线。接线种类多、数量大，还有的有特殊要求，是一项较细致的工作。施工中不求速度快，主要是接线要牢靠，排布要整齐，不出差错。施工进度计划编制时应根据工期要求给接线工作留下较为充足的时间。

试题精选：

编制一条大型铸造自动化生产线的电气设备安装施工工程计划。

（1）考前准备 绘图工具、圆珠笔和有关技术资料和电气设备安装设计手册等。

（2）评分标准 评分标准见表 2-13。

表 2-13 评分标准

序号	考核内容	考核要求	考核标准	配分	扣分	得分
1	设备安装（检修）工艺计划	编制安装（检修）进度合理、可行	施工计划不合理、不完整，每处扣1分	5		
2	安装（检修）步骤和要求	安装（检修）步骤和要求清楚、正确	制订安装步骤和要求不具体、不明确，每处扣1分	5		
3	材料清单	开列的材料清单品种齐全，材料名称、型号、规格和数量恰当	材料清单不完整、型号规格数量不当，每处扣1分	4		
4	人员配备和分工	人员配备和分工方案合理	人员配备和分工不合理每处扣1分	3		
5	施工管理	检修管理措施科学	检修管理措施不科学每处扣1分	3		
			合　计	20		
备注		考评员签字	年　月　日			

（3）操作工艺

1）工厂要安装一条大型铸造自动化生产线，自动化生产线的工艺布置及设备上电气装置位置如图 2-64 所示。生产线由混砂机、造型线和合型浇铸线三大部分组成，每一部分由一个以 PLC 为核心的大型控制柜控制。这三部分的工作在生产工艺上相互衔接，组成一个整体，完成从混砂→造型→合型→浇铸→落砂→生产出合格铸件的全过程。在电气控制上相互独立，各部分间的衔接靠操作工发出指令控制。整个工作的周期是柔性的，当后一步工作没有完成时，前一步自动等待，保证整机的工作自动进行，无须监控。

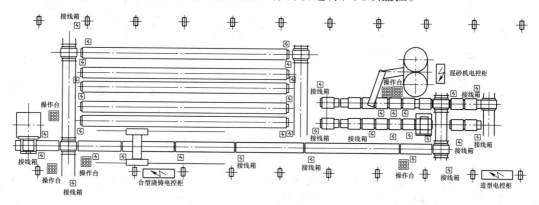

图 2-64　自动化生产线的工艺布置及设备上电气装置位置

① 混砂机。混砂机是一台单独设备，它的电控部分由控制柜、机上接线箱和机外独立安装的操作台三部分组成。三部分都是固定安装。混砂机装机功率为 23.5kW，供电电压为 380V。

② 造型线。造型线包括 24 台设备。其中 22 台为固定安装，2 台为移动小车。所有设备的电气装置均由设备生产厂家安装完毕，接线集中在一个安装在机上的接线箱里。整条造型线由一台控制柜和两台独立安装的操作台控制。造型线总装机功率为 36kW，供电电压为 38V。

③ 合型浇铸线。合型浇铸线由 12 台设备组成。其中 9 台为固定安装，3 台为移动小车。所有电气装置由设备生产厂家安装完毕，接线集中在机上的接线箱里。整条合型浇铸线由一台控制柜和三台独立安装的操作台控制。合型浇铸线总装机功率为 18kW，供电电压为 380V。

2）确定施工方案。根据铸造自动化生产线的电气图样和技术说明，确定电气安装施工的主要工作是从车间供电干线上分接到自动化生产线 3 个电控柜的电源和连接各电控柜到相应设备、操作台的电气控制电路。

① 根据车间供电铝排 U 形环绕的特点，各电控柜电源在电控柜旁就近从铝排上下线。电控柜位置如图 2-64 所示。电源线采用 BLC—50 导线，其下端接断路器（DZ10—100—330）。断路器下端接 BVR—16 塑料铜线入电控柜。电源线穿管架设，穿线管用 φ50 钢管。

② 电控柜到固定安装设备的接线箱、操作台通过电缆沟和预埋管布线。

③ 电控柜与移动小车连接线先从电控柜通过电缆沟和预埋管接到小车道轨一端的固定接线箱上，再从固定接线箱通过拖缆连接到移动小车的接线箱内。

④ 根据自动化生产线设备布置图和电气装置位置作出电控柜、电缆沟和预埋管布置图，如图 2-65 所示。

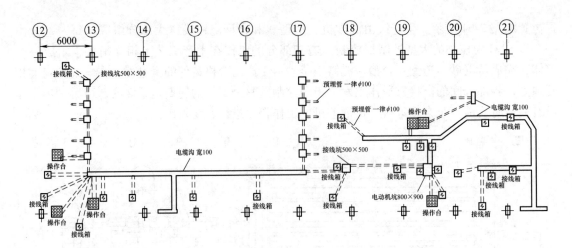

图 2-65　电控柜、电缆沟和预埋管布置图

⑤ 混砂机电控柜到主电动机动力线选用 6mm^2 铜线，其余设备动力线选用 2.5mm^2 四芯铜电缆，其余线路选用 0.75mm^2 多芯铜电缆。

3）人员、工器具、原材料计划和施工预算。

① 施工人员：技术人员 1 名（兼任工长），电工 6 名，电气焊工 1 名。

② 工器具：冲击电钻 1 个，压线钳 1 套，绝缘电阻表 1 块，万用表 3 块，单梯 1 架，手持压线钳 6 把，电焊机 1 台，气割设备 1 套，自配电工通用工具 6 套。

③ 施工预算：该自动化生产线由车间电修组自己安装，预算只包括主材料费和大量使用辅助材料费。少量和单个使用时随时从车间仓库领取，不计人工费和设备台时费。各种材料的具体费用附在原材料表内。

④ 原材料计划：原材料计划见表 2-14。

表 2-14　原材料计划

序号	名称	规格型号	单位	数量	单价/元	总价/元	备注
1	断路器	DZ10—100—330	只	3	85	255	
2	导线	BLX—50	m	150	1.5	225	
3	导线	BVR—6	m	100	2.1	210	
4	导线	BVR—16	m	50	3.4	170	
5	钢管	$\phi50\text{mm}$，厚 1.5mm	m	25	2.3	57.5	
6	电缆	RVV—4X2.5	m	1200	13.5	16200	
7	电缆	RVV—4X0.75	m	1000	9.8	9800	
8	电缆	AVV—7X0.75	m	1700	17.2	29240	
9	电缆	AVV—14X0.75	m	1100	31.5	34650	
10	电缆	YHRP—7X0.5	m	200	16.8	3360	
11	电缆	YHRP—4X1.5	m	100	15.5	1550	
12	接线头		包	50	5	250	
13	拖线滑车		套	35	60	2100	

（续）

序号	名称	规格型号	单位	数量	单价/元	总价/元	备注
14	工字钢	10 号	kg	500	4.5	2250	
15	槽钢	10 号	kg	300	4.5	1350	
16	钢板	厚 10mm	kg	200	5.5	1100	
总计						102767.5	

4）工艺要求及质量标准。

① 电气设备和线路安装要符合相关国家标准。

② 电源下线管用 M12 膨胀螺栓固定，固定要牢靠，固定点不少于 4 个。

③ 电源断路器支架用 M12 膨胀螺栓固定，固定点不少于 4 个。断路器中心离地面高 1.6m。

④ 预埋管口要高出地面 50mm。

⑤ 穿线管口要用锉刀打磨光滑。穿线前先用铁丝缠绕棉纱拉过，清理出管中杂物再穿线。

⑥ 导线在穿线管、接线箱等暴露的部分要穿蛇皮管，并配相应的管接头。

⑦ 动力线、控制线、信号线、电源线尽量使用不同颜色的线，使之容易区分。

⑧ 所有导线两端一律压接接线头，接线头压接要牢靠、平整、美观。

⑨ 所有接线头排布要整齐，接头应标注相应线号，线号要清晰、耐久、不易脱落。

⑩ 设备外壳、穿线管等金属体要可靠接地，接地电阻不大于 10Ω；移动小车拖线滑车滑动要灵活，不得有卡阻现象。

5）安全措施。

① 进入施工现场必须穿工作服，戴安全帽。

② 登梯作业要有人扶牢梯子，高空作业必须系好安全带、防护绳。地面要设有安全监护人员，随时提醒高空作业人员注意安全，及时制止不安全的违规操作。

③ 高空作业物品传递应通过绳索提拉，严禁上下抛接。

④ 起重机、吊钩、吊臂、起吊重物下严禁人员穿行、停留。

⑤ 交叉作业时，事先要相互通知、协调，防止发生意外。

⑥ 施工用具、原材料要摆放整齐，保持安全通道畅通，以便于处理意外情况。

⑦ 严禁带电操作，如必须带电操作时，要有人监护，同时做好应对意外情况的方案。

6）施工进度计划：地基、预埋管、电缆沟到凝固期，原材料到位后进入施工现场；电工两人一组，组成 3 组；工长负责指挥、协调、技术指导和质量检验。根据工期要求，计划 3 个月完成安装工作。具体计划如下：

① 3 个电气控制柜就位、电源线路安装，1 天。

② 电缆沟、预埋管清理，管口打磨，2 天。

③ 所有电控柜到设备线路放线、穿线，10 天。

④ 线头包裹、整理、穿蛇皮管，7 天。

⑤ 压接线头、标注线号、接线，50 天。

⑥ 移动小车拖线滑车架制作及拖线滑车、拖线安装，10 天。

⑦ 所有接线检查核对，小车拖线调整，7天。

⑧ 接地线，线路外观检查，盖电缆沟，清理现场，3天。

鉴定点3　编制新建车间整体电气设备安装施工工程计划

问：如何编制新建车间整体电气设备安装施工工程计划？

答：新建车间整体电气设备安装施工工程，是在设计部门做完设计后根据设计进行的具体实施工程。其施工计划的内容及编制步骤如下：

（1）工程概况　新建车间一般由设计部门设计，工程概况在设计说明、技术要求和图样上有详细的介绍，编制安装施工计划时要对其熟悉。工厂由于所属行业的不同，有不同的用电设备、用电方式和不同的行业习惯；不同的工厂，产品种类和产品结构不同，对电气线路和电气设备的要求也不同。这些都会对新建车间有不同的要求，也就对新建车间的供电，电气设备和线路的防爆、阻燃、工艺布置，电气线路的走向、架设方式，以及电气线路与其他设备（通风，给、排水，煤气、除尘管路）的交叉、并行等产生各种不同的影响，从而对电气设备的安装产生特殊的要求，使各个新建车间的电气设备安装工程方案有所不同。但是，各种工厂的车间的供电方式、电气线路和供电设备的组成和工作原理是相同的，这就决定了各种车间的电气线路和设备具有许多共性。

工厂生产车间的电气设备一般由供电电路、生产设备运行电路和照明电路组成。

1）供电电路。供电电路由车间变电所、主供电线路、支供电线路、中间配电柜和设备电源柜组成。

① 车间变电所包括高压入线、高压隔离开关（或跌落式熔断器）、变压器、低压配电装置，一般位于车间内或车间外与车间相连的单独房间内。要求进出线方便，且尽量靠近负载中心，周围有足够的安全距离。

② 主供电线路由车间变电所低压配电装置引出，沿车间走向或主要用电设备分布方向延伸，一般是沿车间屋顶或墙壁架设的母线（汇流排或粗导线）、或者是在地下电缆沟内铺设的电缆。

③ 支供电线路为直接连接在主供电线路上或通过中间配电柜连接在主供电线路上，为用电设备提供电源的供电线路。它的终端连接设备电源柜或电源开关。

④ 中间配电柜：多条支供电线路在一点与主供电线路连接时通过中间配电柜连接。

⑤ 设备电源柜。设备电源柜一般由负荷开关（或断路器）和熔断器组成。一台电源柜可以为相距较近的几台用电设备供电。单台用电设备一般通过电源开关（负荷开关或断路器）与供电线路相连接。

2）生产设备运行电路。生产设备运行电路由控制柜（或与设备连成一体的控制箱）、外部连接线路和自照明线路组成。

① 控制柜。控制柜内包含电源开关、各种控制元件、保护元件组成的控制电路、保护电路、动力电路（主电路）和照明控制电路。控制柜内的电源开关通过电源线连接电源柜，为设备提供电源。控制柜内的接线端子通过外部连接线与设备上的电动机、电磁阀、加热器、控制开关、检测开关和传感器等相连。

② 外部连接线路。设备的外部连接线路一般是指连接控制柜接线端子到设备上用电

器（电动机、加热器、电磁阀等）的主电路和连接到设备上检测开关和传感器，以及操作台上的控制按钮、开关上的控制电路。这些线路数量较大，一般通过电缆沟和预埋穿线管，从控制柜连接到设备上的接线箱。根据抗干扰要求的不同，有些设备要求控制线路和动力线路（主电路）分开敷设，有些信号线有屏蔽要求。

③ 自照明线路。它是连接控制柜和设备上特殊照明灯的连接线路，一般随主电路或控制电路一起敷设。

3）照明电路。车间照明电路包括灯具、线路和控制开关。照明电源一般单独取自主供电线路或支供电线路。线路沿房顶或墙壁单独架设，灯具分布在线路上，实行局部区域集中控制或单独控制。

（2）施工方案的确定　确定施工方案主要是根据设计图样要求和国家有关电气设备安装的规定标准及车间的具体情况确定施工的具体实施方案。新建车间整体电气设备安装施工方案的确定要经过以下几个步骤：

1）熟悉、了解新建车间的电气设备。新建车间一般是经专业设计部门设计的，车间的供电设备、生产设备都已选定，电气线路的容量已经过计算、审核，配电室的位置、电气线路的走向、架设方式等都已由设计部门确定。作为施工部门，要熟悉设计图样、设计说明和技术要求；了解车间全部电气设备的型号、特点、数量、工艺布置情况；了解各用电设备的容量，所需供电线路的容量、材料、架设方式、所需附件；熟悉各电气设备之间的连接方式、要求；收集有关电气设备的样本、说明，了解电气设备的安装位置、安装尺寸和安装要求。

2）审核设计图样。由于设计部门对新建车间的供电环境、自然环境、产品生产流程和设备了解掌握得不够彻底，可能会导致设计图样与实际情况不完全相符，出现电气设备容量与供电线路容量不匹配，电气线路与其他设备、管路交叉打架，安装附件不适合等问题，造成施工困难，甚至根本无法施工，所以在施工方案确定前一定要到现场对设计图样进行复审，主要进行以下几方面工作：

① 核对设备容量、连接方式，确定供电线路的容量和是否需增设电源开关。

② 确定生产设备的安装位置，核对电源柜、电控柜等电气设备的安装位置是否合适，有无交叉影响，有无足够的安全距离，维护、维修是否方便，是否符合防潮、防腐、防火要求。

③ 确定电气线路与通风、煤气、给排水、除尘等管路有无交叉，保证有足够的安全距离。

④ 检查电气线路架设通路上线路支持点是否利于支架的安装，以确定安装附件的型式。

⑤ 复测电气线路的长度。

3）确定施工方案。根据设计图样、设计说明、技术要求和对设计图样的复核情况，通过与设计部门和设备最终使用者（生产部门）协调，确定施工方案。

4）施工方案的内容。根据新建车间电气设备设计图样、说明、技术要求和实地勘察结果，确定：

① 车间变电室内变、配电设备的位置、安装、固定方式和进、出线方式。

② 主、支供电线路的架设方式，托线架的固定位置和固定方式，主、支供电线路的连接方式。

③ 设备电源柜、电源开关的数量、位置、固定方法和与之连接的生产设备的位置、连接线的布置和连接方法。

④ 需预先浇筑的配电设备、电源柜、设备控制柜的基础数量、位置、施工方法和预埋固定螺栓、接地极的数量、位置图和施工方法。

⑤ 电缆沟和预埋穿线管的布置和施工方法。复杂的要画出布置图。

⑥ 照明灯分布、照明线路架设方法和照明灯的控制方法。

（3）施工人员、设备、工器具配备和原材料计划

1）人员配置：新建车间电气安装工程的基础施工一般由电气安装部门提供图样、技术要求和质量监督，由土建部门完成。

电气安装人员的配置一般为：

① 工长 1 名，负责现场指挥、技术指导、质量检验、安全监督和施工中的协调工作。

② 电气安装工若干名，负责整体电气设备的安装。

③ 电气焊工 1 名，负责临时构件焊接、切割和一些其他服务。

2）施工设备、工器具：电气安装的一般设备为起重运输设备（用来吊装变压器、大的电源柜、控制柜）、电焊机、气焊、气割设备、手电钻、电锤等；工器具一般为紧线器、压线钳、万用表、绝缘电阻表和通用电工工具（扳手、钢锯、锤子、钢丝钳、尖嘴钳、电工刀、锉刀、验电器和螺丝旋具等）。

3）原材料计划：设计说明一般都附有电气设备和主要原材料明细表和安装施工预算。安装施工原材料计划主要是施工中所需辅助材料和计划中允许安装施工部门自己采用的材料计划，已包含在预算内。原材料计划应根据设计图样和实际复测勘察结果制定，应尽量详细和符合实际需要，一般要有 3%~5% 的余量。

（4）施工要求和质量检验标准　电气线路一般架空或埋入地下，不易维护，使用年限长，安全性要求高，只有制定严格的施工工艺和质量标准才能保证线路投入使用后安全、正常。

1）电气设备、电源柜、控制柜等的基础材料要符合图样要求，要有足够的凝固期。预埋件有足够的深度和准确的位置。

2）电器开关、支架、线路托架要有足够的固定点，保证牢固、平整。

3）穿线管、过墙管、管口要用锉刀打磨光滑，以防穿线时割伤导线。导线占穿线管截面要小于 2/3，以利于散热。导线在穿线管内不允许有接头。

4）穿线管与接线箱、盒之间的暴露部分要用穿线软管（蛇皮管等）连接或用布带和塑料带包裹。

5）架空导线要用紧线器慢慢紧起，捆扎固定牢靠。

6）供电线路使用连接线夹连接时，应清除导线表面杂物压紧螺栓。采用码接时要有足够的码接长度和紧实度。导线与开关、接线端子连接时应在导线上压接接线头。

7）穿线管、设备外壳等金属构件应可靠接地。

8）新建车间电气安装应符合相关国家标准。除此之外，还应针对具体车间的特殊要求制定具体的质量标准。

（5）施工安全保障方案　新建车间的供电线路和照明线路一般为沿屋顶的架空线路，电气安装需要进行高空作业；新建车间的电气安装、生产设备安装和通风、给排水管道安装

通常同时进行，上有起重机起吊，下有运输车辆通行。设备、管路、电气线路交叉作业，安全问题十分突出，所以必须有严格的安全保障措施。

1）进入施工现场必须穿工作服，戴安全帽。

2）高空作业必须系好安全带、防护绳。地面要设有安全监护人员，随时提醒高空作业人员注意安全，及时制止不安全的违规操作。

3）高空作业物品传递应通过绳索提拉，严禁上下抛接。

4）起重机、吊钩、吊臂、起吊重物下严禁人员穿行、停留。

5）交叉作业时，事先要相互通知、协调，防止发生意外。

6）保持安全通道畅通，以便于处理意外情况。

（6）施工进度计划和保证措施　新建车间变、配电设备、供电线路、照明线路安装施工是其他工作的先行，只有车间能够供电后，许多其他工作才能进行。新建车间配电设备、线路和照明线路安装施工往往时间短、任务急，与土建、管路等安装施工交叉多，显得比较杂乱。而生产设备线路安装又要根据设备安装情况进行，受生产设备安装的限制，时间拖得较长。总之，电气设备安装施工通常先开始、后结束，处处要为其他施工工作让路，还要处处为其他工作提供保障，是一项杂乱、琐碎而技术性、安全性和质量要求高的工作。只有根据设计图样、技术要求和现场实际情况认真熟悉施工方法和要求，准确核算工作量，合理安排工作顺序，制定周密详细的工作计划、工程进度计划，协调好交叉施工和外部因素对施工的影响，才能保证按时高质量完成施工计划。

操作要点提示：

1）熟悉并了解所要安装电气设备的性能、特点、技术要求和连接关系。

2）核准施工工程的工作量。

3）制定施工计划、施工工艺、质量标准和安全保障方案。

试题精选：

编制一个新建机加工车间整体电气设备安装施工工程计划。

（1）考前准备　绘图工具、圆珠笔、有关技术资料和电气设备安装设计手册等。

（2）评分标准　评分标准见表2-11。

（3）操作工艺

1）熟悉车间电气设备和线路概况。

① 有一新建机加工车间，预备安装通用机床12台、龙门刨床1台、行车1部。龙门刨床有一台单独的大型控制柜，机床上有3个接线箱，其余机床的控制系统在机床上一个控制箱内。

② 车间一端设有变电所。10kV高压线通过高压穿墙套管进入变电所，接在高压隔离开关上。高压隔离开关下接变压器（10kV变0.4kV），变压器二次侧通过一台断路器连接车间主供电干线。高压接线如图2-66所示。

③ 主供电干线在行车道轨下沿一侧墙壁按车间走向架设。干线采用BLX—150绝缘铝导线。

④ 12台机床分别由3台电源柜供电，龙门刨床和行车各由一台安装在墙上的断路器控制。车间电气布置如图2-67所示。

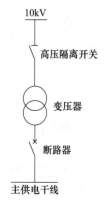

图2-66　高压接线

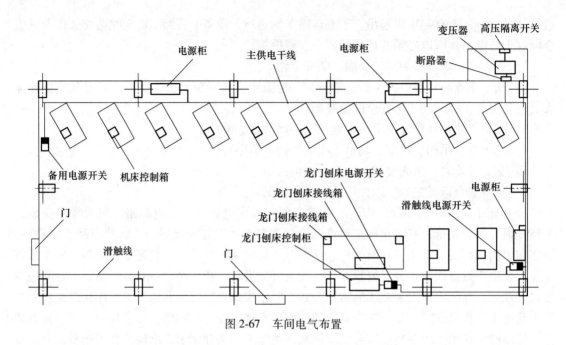

图 2-67　车间电气布置

车间照明为两行均匀分布的高压汞灯，共 8 盏。每行设一个控制开关。车间照明如图 2-68所示。

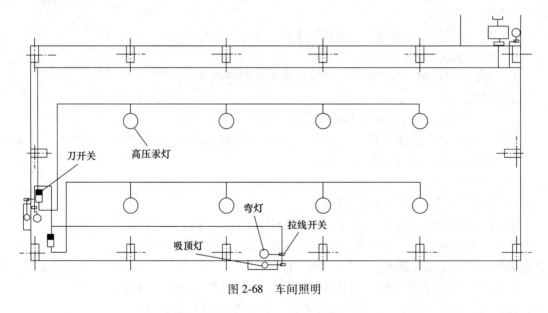

图 2-68　车间照明

2）确定施工方案。经认真审核设计图样、与实物对照、现场勘察，所要安装的电气设备、线路与设计无误，与其他设施无交叉，现确定新建车间整体电气设备安装施工方案如下：

① 按设计图样在车间变电所墙壁上固定高压穿墙套管、高压隔离开关和低压断路器；将变压器吊装到位。用 BLX—150 导线连接穿墙套管与高压隔离开关上端头，分别用铝排折成型后连接隔离开关下端头和变压器一次侧、二次侧和断路器上端头，靠铝排自身强度支撑

固定，不另加支撑。断路器下端出线与中性线一起进穿线管并穿墙出变电所，接至主供电干线。

② 在车间两个山墙上 6m 高，距北墙 1.2m 处各固定一个卧担，在行车轨道下立柱上距地面 6m 处每两个立柱固定一个三角托架横担，横担上固定瓷绝缘子，用来架设主供电干线。主供电干线采用三相四线，靠墙侧第二根为中性线。导线采用 BLX—150 型绝缘铝线。横担由 L40mm×40mm×4mm 角钢制成。

③ 按图 2-67，电源柜和电源开关位置共从主供电干线下 6 条供电支线。3 条供电源柜，2 条供设备电源开关，1 条接备用电源开关。直线一律穿管下线，直接接入相应的电源柜或开关。支线采用 BLX—35 型绝缘导线。电源管用 ϕ50mm 钢管，沿墙固定。

④ 支供电线、变电所出线与主供电干线连接一律采用码接，码接长度不小于 200mm。

⑤ 电源柜、电源开关到生产设备的连接线路一律穿预埋管。预埋管布置如图 2-69 所示。

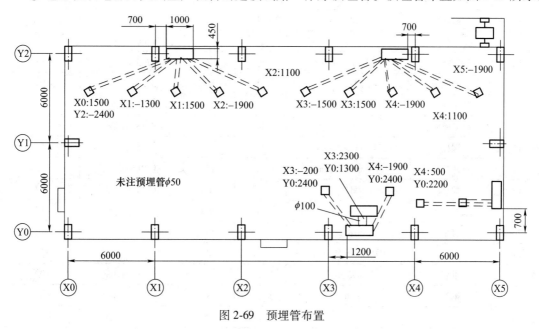

图 2-69　预埋管布置

⑥ 行车滑触线采用 L40mm×40mm×4mm 角钢，安装在车间南墙行车轨道下 0.5m 处，滑触线支架也用 L40mm×40mm×4mm 角钢制成，每 2.5m 安装 1 个。

⑦ 照明电源直接取自供电干线，穿管下线。照明线沿屋顶架设，灯具固定在横梁上。开关用刀开关，安装在山墙门两侧距门 0.5m 处。门头内外分别安装 1 盏白炽灯，用拉线开关控制。照明电源穿线管用 ϕ20mm 钢管沿墙固定。

3）人员、设备、工器具和材料计划。

① 人员。工长 1 名，电工 4 名，电气焊工 1 名。

② 设备。手动吊葫芦及起吊支架 1 套；电焊机、砂轮切割机、气割设备、电锤、手电钻各 1 台。

③ 工器具：紧线器、压线钳各 1 套，万用表 1 块，绝缘电阻表 1 块，单梯 2 架，合页梯 1 架。此外，施工人员各带自配通用工具和安全带、防护绳。

④ 电气设备和照明灯具、电源开关等按设计图样提供，安装用原材料计划见表 2-15。

表 2-15 原材料计划

序号	名称	规格	单位	数量	单价	总价/元
1	角钢	L40mm×40mm×4mm	m	140	12.11 元/m	1695.4
2	铝排	40mm×5mm	m	25	10.80 元/m	270
3	导线	BLX—150	m	200	8.10 元/m	1620
4	导线	BLX—35	m	500	2.10 元/m	1050
5	导线	BVR—10	m	20	2.46 元/m	49.2
6	导线	BVR—6	m	250	1.65 元/m	412.5
7	导线	BVR—4	m	50	1.30 元/m	65
8	导线	BVR—1.5	m	300	0.95 元/m	285
9	导线	BLX—2.5	m	200	0.60 元/m	120
10	负荷开关	HK2—30	只	2	4.70 元/只	9.4
11	拉线开关		只	5	1.00 元/只	5
12	吸顶灯	DBB301—1/60	套	2	27.5 元/套	55
13	瓷绝缘子	ED—3	只	80	3.20 元/只	256
14	膨胀螺栓	M12	套	50	0.25 元/套	12.5
15	膨胀螺栓	M8	套	50	0.18 元/套	9
16	螺栓	M14mm×50mm	只	100	0.15 元/只	15
17	螺栓	M14mm×120mm	只	80	0.28 元/只	22.4
18	螺母	M14	只	200	0.11 元/只	22
19	垫片	ϕ14mm	只	400	0.04 元/只	16
20	弹簧垫片	ϕ14mm	只	200	0.06 元/只	12
21	螺栓	M12mm×350mm	只	8	3.50 元/只	28
22	钢管	ϕ50mm	m	100	10.36 元/m	1036
23	钢管	ϕ20mm	m	20	3.42 元/m	68.4
24	铁丝	10 号	m	100	35 元/100m	35
25	钢管抱箍	配 ϕ50mm	个	30	1.2 元/个	36
26	钢管抱箍	配 ϕ20mm	个	10	0.8 元/个	8
27	弯灯	GC3—E60	套	3	14 元/套	42
总　计						7254.8

4）施工工艺要求及质量检验。

① 高压隔离开关、低压断路器支架打透墙孔固定时要保证平整且牢固。高低压铝排三相间相互平行，弯曲度一致，美观大方。

② 架线横担、卧担、电源开关支架、穿线管固定抱箍一律用膨胀螺栓固定。横担、卧担、开关支架用 M12 膨胀螺栓固定，横担不少于 3 个固定点，卧担不少于 6 个固定点。穿线管用 M8 膨胀螺栓固定，每根管不少于 4 个固定点。

③ 架线横担安装要高低一致，平整牢固。瓷绝缘子间距为 100mm。

④ 主干线要用紧线器慢慢拉紧，待基本不下垂时再固定捆扎牢靠。

⑤ 穿线管、预埋管管口要打磨光滑。穿线前先用铁丝包裹棉纱穿过，清理出管中异物后再穿线。导线在管中不允许有接头。

⑥ 主干线与其他线路的连接都采用码接，码接长度不小于 200mm。码接后的接头用绝缘胶布包裹整齐。

⑦ 供电线与电源开关、电源柜连接线头一律压接铝线接头。

⑧ 电源柜到机床的电源线采用 BVR—6 型塑料绝缘铜线连接；电源开关到龙门刨床的电源线采用 BVR—10 型塑料绝缘铜线连接；龙门刨床控制柜到接线箱的动力线采用 BVR—4 型铜线连接；控制线采用 BVR—1.5 型铜线连接。所有导线两端都压接接线头。

⑨ 行车滑触线采用 L40mm×40mm×4mm 角钢。每隔 2.5m 安装 1 个支架，支架由 L40mm×40mm×4mm 角钢制成，用 M12 螺栓固定在预埋基础上，每个支架固定点不少于 3 个。

⑩ 照明灯具用抱箍固定在横梁上。照明线路沿灯具用 BLX—2.5 型铝线架空安装。

另外，电气设备及照明安装质量要符合相关国家标准要求；设备、穿线管等金属物应可靠接地，接地电阻小于 10Ω。

5）安全保障措施。

① 施工人员进入施工现场要戴好安全帽，穿好工作服及其他劳保用品。

② 施工人员在屋顶工作时要系好安全带；登梯工作时要有人扶牢梯子；高空工作时，地面始终要有人监护。

③ 高空作业所需物品要通过绳子提拉，严禁上下抛接。

④ 施工用具、原材料要摆放整齐，不得乱扔乱放，保持安全通道畅通。

⑤ 施工用临时电源要按规定架设，不得随意乱接。严禁带电操作。

6）施工进度计划和保障措施。

① 进入现场、架设临时电源、支架、横担下料，6 人，1 天。

② 照明安装 4 人，支架、横担制作 2 人，2 天。

③ 变电所安装，6 人，1 天。

④ 主供电干线架设，6 人，1 天。

⑤ 支供电线架设与电源开关、电源柜安装，6 人，2 天。

⑥ 滑触线安装，6 人，3 天。

⑦ 电源开关、电源柜到机床电源安装，6 人，1 天。

⑧ 龙门刨床控制线穿线接线 4 人，质量检查、清理现场 2 人，2 天。

⑨ 计划 13 天完成全部安装工作。

为保证工期，施工计划应根据实际情况随时调整，合理安排施工顺序，杜绝等工具、等材料的现象。

鉴定点 4　编制工厂变电所电气设备安装施工工程计划

问：如何编制工厂变电所电气设备安装施工工程计划？

答：工厂变电所属于降压变电所，一般由供电系统以 35kV 或 110kV 供电，经工厂变电所降压后向厂内各部门供电。由于电压等级高，技术性强，安全性要求也很高。工厂变电所必须由有资历的设计单位进行设计，交给有经验、有资历的单位进行安装施工。

工厂变电所电气设备安装施工计划的制定与新建车间电气设备安装基本相同，也包含工厂变电所概况，施工方案，施工人员、设备、工器具，施工要求及质量标准，安全措施及施工进度计划6个方面，只是技术要求更高。

（1）工厂变电所概况　工厂变电所一般从供电系统将35kV或110kV电压直接降为0.38kV/0.22kV，供给低压用电设备。二次降压是由工厂变电所将35kV或110kV电压降为6~10kV供给车间变电所，再由车间变电所降压致0.38kV/0.22kV供给低压电气设备使用。

对于一般的二、三级负荷性质的工厂，一般采用单回路供电，只用一台变压器。变压器一次侧进线采用一组隔离开关、一组跌落开关、一组隔离开关加一组接地开关或一组断路器等接地形式。

对于一级负荷和用电负荷大、比较重要的二级负荷性质的工厂，采用双回路供电，用两台变压器。变压器一次侧进线采用内桥式接线或外桥式接线等形式。

变压器的二次侧通过隔离开关和断路器接6~10kV供电母线（二次降压）或低压供电母线（一次降压）。当工厂内有两种不同的高压用电设备时，常采用有不同二次电压的主变压器（三绕组变压器）分别馈电。

工厂变电所主要电气设备包括电力变压器、高压变压器（高压断路器、隔离开关、负荷开关、高压熔断器、避雷器等）、互感器、移相电容器、低压电器（熔断器、刀开关、自动断路器、接触器、继电器等）、配电装置、电气测量仪表、继电保护和过电压保护装置等。部分35kV电气设备和10kV以下电气设备制成成套高、低压配电装置在工厂变电所使用。35~110kV电气设备一般安装在室外，10kV以下电气设备一般安装在室内。工厂变电所一次进线一般架空安装，二次出线分为架空和地埋电缆两种安装形式。

（2）施工方案　由于变电所电气设备的电压等级高，技术性、安全性要求高，施工工艺非常严格。变电所的全部电气设备都由设计部门选定。变电所布置、设备基础、进出线安装方式及内部线路连接方式都有具体的设计图样、技术说明和质量要求。施工单位必须严格按照设计要求、电气设备制造厂的设备安装说明、电气装置安装工程施工及验收的相关国家标准和GB/T 14285—2006《继电保护和安全自动装置技术规程》的规定施工。

1）熟悉所要安装电气设备生产厂家的设备技术和安装说明、设计图样资料，国家有关变电所电气设备安装的技术规范和高压电器实验、安装、验收规范。

2）确定所要安装的电气设备的范围、数量、规格型号及相互连接方式和技术要求。

3）确定安装前要对电气设备进行的检查、实验和实验方法。

4）确定变电所进出线形式、连接方法、施工方法和标准。

5）对电气设备安装基础进行检查验收。

6）确定施工中应注意事项和施工完成后应重点检查的项目及应达到的质量标准。

（3）施工人员、设备、工器具

1）施工人员：一般配置技术员1名，工长1名（或技术员兼任），电工若干名和吊车司机1名。

2）施工设备及工器具：起重机（用于户外起吊），手动葫芦及支架（用于室内起吊），高压实验设备，滤油机，电缆头制作设备，万用表、绝缘电阻表和通用工具等。

3）原材料：变电所电气设备和安装用原材料在设计资料中都已选定，备有详细清单，施工部门只能按设计执行。

（4）施工要求及质量标准　由于变电所电压极高，高压电气设备对绝缘材料表面质量、形状、安全距离等都有严格的要求。施工必须严格按照设备说明书、设计技术要求和GB 50147—2010《电气装置安装工程 高压电器施工及验收规范》进行。

1）对电气设备基础、台架、电缆沟、油坑等土建工程进行严格检查，必须符合设计图样和电气设备安装说明要求。

2）安装前应对高压电气设备进行检查调整。绝缘子表面应清洁、无裂纹、破损、焊接残留斑点等缺陷；金属构件应无腐蚀；操作机构应完好无缺、转动灵活；分、合闸位置正确；导电部分与绝缘子连接紧固；动、静触头接触良好，分合灵活，顺序正确。

3）检查变压器油位、密封等，及时给变压器注油到正常油位。检测变压器绕组的绝缘电、吸收比、介质损耗因数 $\tan\sigma(\%)$，做变压器油电气强度实验。

4）对变压器进行吊芯检查。

5）按照设计要求、电气设备产品说明和安装规程对电气设备进行安装施工。安装完毕后按照规程规定进行各种检查和实验。

（5）安全措施

1）进入施工现场必须穿工作服，戴安全帽和其他劳保用品。

2）起重机、行车吊钩、吊臂和起吊重物下严禁人员穿行、停留。

3）登高作业时要系好安全带、防护绳，地面要有人监护。

4）高空作业物品传递应通过绳索提拉，严禁上下抛接。

5）交叉作业时，事先要相互通知、协调，防止发生意外。

6）保持安全通道畅通，以便于处理意外情况。

7）严禁带电作业。如必须带电作业时，要有人监护，同时做好应对意外情况的方案。

8）在进行高压试验时，操作者要与高压电器保持足够的安全距离，要设置安全围栏，防止他人误闯入高压区。

（6）施工进度计划　高压电器、变压器安装时有一定的顺序和时间要求，户外高压实验、变压器吊芯检查等受天气影响。在制定施工进度计划时应充分考虑这些因素，在实践上留有一定的余量，以保证施工可以按计划在规定的工期内完成。

操作要点提示：

1）了解高压电器的特点、安全要求和高压电器试验测试的方法和意义。

2）熟悉高压电器调整、安装和变电所安装的工艺过程。

3）制定工厂变电所安装施工计划。

试题精选：

编制一个单回路进线35kV室内布置工厂变电所安装施工计划。

（1）考前准备　绘图工具、圆珠笔、有关技术资料和电气设备安装设计手册等。

（2）评分标准　评分标准见表2-11。

（3）操作工艺

1）工厂变电所概况。某一工厂变电站，负荷性质为三级；采用单回路供电，电压等级为35kV，配备一台主变压器，变压器型号为ST7—3150/35，容量为3150kV·A；变压器室内安装。变电所为部分二层建筑，变、配电室室内布置如图2-70所示。其主要组成有35kV

高压开关室、35kV 主油断路器室、35kV 变压器室、10kV 电容器室、10kV 高压开关室、10kV 变压器室、低压配电室和主控制室。

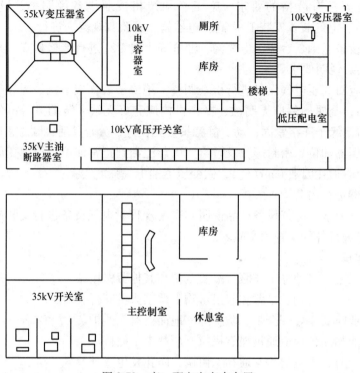

图 2-70　变、配电室室内布置

变电所接线如图 2-71 所示。35kV 高压架空线从龙门架进入接在 35kV 高压隔离开关上，经 35kV 主油断路器接主变压器一次侧。在 35kV 进线上接有电压互感器、避雷器。高压侧采用整流操作方式，在 35kV 断路器一侧装有一台站用变压器，供给整流器交流电源。变压器的二次侧通过 10kV 高压断路器接 10kV 供电母线。10kV 供电母线上接有电压互感器、避雷器、电容器，10kV 站用变压器（供给站内 380V/220V 用电）、计量装置和继电保护装置。10kV 母线通过多个成套 90kV 高压开关柜向各生产车间供电。变电所 10kV 出线为直埋电缆。

2）施工方案。根据设计、产品安装说明书确定如下：

① 35kV 高压线从龙门架经高压穿墙套管进入 35kV 高压开关室，接 35kV 高压母线。母线中间通过隔离开关接 35kV 油断路器（断路器带有电流互感器）。母线的一侧通过隔离开关接电压互感器和避雷器，电压互感器前接有熔断器。母线的另一侧通过带熔断器的负荷开关接站用整流电源变压器。

② 35kV 油断路器下端接主变压器一次侧。主变压器二次侧通过一台固定 10kV 高压开关柜接 10kV 母线。

③ 10kV 母线通过移动或成套高压开关柜接电压互感器、避雷器、电容器、站用 10kV 变压器分别给各车间馈电。

④ 35kV 进线从高压穿墙套管直接主变压器一次侧用裸铝绞线连接。主变压器二次侧至

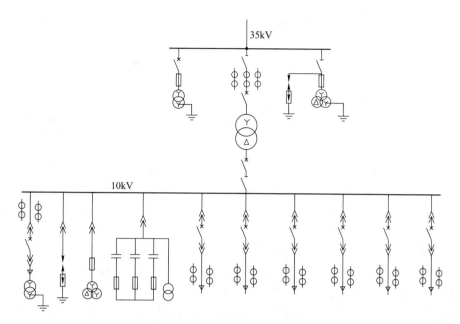

图 2-71　变电所接线

10kV 母线及 10kV 母线到站用变压器电容器和向生产车间馈电用电缆连接。

⑤ 主变压器配有滚轮，通过绞磨牵拉到位；站用变压器通过绞磨滚杠牵拉到位。

3）施工人员、设备及工器具。

① 施工人员：技术员兼工长 1 名，安装电工 8 名，其中 1 名可熟练进行高压试验。

② 设备及工器具：手动葫芦及支架 1 套；绞磨 1 套；压力滤油机 1 台；高压交流耐压试验设备（包括高压试验变压器、调压器、电流表、电压表等测量仪表控制和保护装置等）一套；交流电桥（QS1 型）1 台；2500V 绝缘电阻表 1 块；万用表 2 块；电缆头制作设备 1 套；梯子 1 架和通用工具 8 套。

4）施工要求和质量标准。

① 施工前先对设备基础、电缆沟、油坑等土建工程进行全面检查。断路器基础要有足够的强度，能满足断路器操作力的要求；电缆沟盖板要平整。

② 安装前对所有电气设备进行检查。

a. 隔离开关、负荷开关、绝缘子表面应清洁，无裂纹、破损、斑点等缺陷；操作机构灵活可靠，铁制构件无锈蚀，分、合闸位置正确；刀片平整，动静触头对准不偏斜，分、合闸灵活无卡阻。

b. 油断路器绝缘子表面清洁，无裂纹、破损；铁制构件无锈蚀；螺栓固定紧固，无松动；灭弧室油位正常，无渗漏油现象。调整断路器行程，使引弧距离、超行程、总行程符合要求；调整分、合闸弹簧，使分、合闸速度达到要求。测定绝缘电阻（用 2500V 绝缘电阻表）大于 1000MΩ，交流耐压 85kV，1min 后绝缘电阻不下降；油耐压标准 35kV。做降电压动作试验，85%额定电压能合闸，65%额定电压能分闸，30%额定电压不动作。

c. 变压器注油到正常油位，静止 6h 后取油样试验，耐压不低于 40kV，如不满足要求，滤油至合格。测绕组绝缘电阻 R_{60}（用 2500V 绝缘电阻表），不低于出厂试验值的 70%；测吸收比（R_{60}/R_{15}）不低于 1.2；测绕组的 $\tan\sigma(\%)$ 不大于出厂试验值的 130%。

③ 安装前变压器要进行吊芯检查。

a. 变压器身上所有紧固件应压紧，不得松动。

b. 引线绝缘包扎应紧固，夹件紧固、牢靠。

c. 分接开关应接触良好，操作杆无悬浮电位。

d. 铁心与夹件、对拉螺杆之间绝缘电阻符合要求。铁心应无片间短路，不允许多点接地。

e. 检查时严防螺栓、螺母、小工具等金属物落入变压器内。油箱中、器身上不得有不相干的东西。检查中使用的工具在工作结束时要一一清点，不得有遗漏。

④ 在安装过程中，搬运、吊装高压电器时，吊索应固定在吊环或相应的铁制构件上，严禁固定在绝缘瓷套上。互感器搬运时倾斜角不得超过 15°。

⑤ 电容器安装后应符合配电装置规程规定的各种距离，并设置必要的栏杆。电容器的连接应避免因连接不当或温度变化使套管承受过大的应力。电容器的外壳应与金属支架可靠连接。电容器安装时应使铭牌放到易看到的位置。

⑥ 变电所所有电气连线外表要光滑、无毛刺。连接时应先用砂纸打磨搭接表面，除去杂物和氧化膜，涂抹电力脂后再压紧。

⑦ 电缆接头严格按施工工艺制作，制作完毕按要求测量绝缘电阻，做耐压试验。

⑧ 安装完毕，对电气设备和连接线进行全面的检查，然后涂刷相序标志油漆，粘贴示温蜡片。

5）安全措施。

① 进入施工现场必须穿工作服，戴安全帽和其他劳保用品。

② 起重机、吊钩、吊臂和起吊重物下严禁人员穿行、停留。

③ 登高作业时要系好安全带、防护绳，地面要有人监护。

④ 高空作业物品传递应通过绳索提拉，严禁上下抛接。

⑤ 交叉作业时，事先要相互通知、协调，防止发生意外。

⑥ 保持安全通道畅通，以便于处理意外情况。

⑦ 严禁带电作业。如必须带电作业时，要有人监护，同时做好应对意外情况的方案。

⑧ 在进行高压试验时，操作者要与高压电器保持足够的安全距离，要设置安全围栏，防止他人误闯入高压区。

6）施工进度计划。根据安装要求和施工进度要求，计划 35 天完成全部安装计划。具体计划如下：

① 现场清理，土建、基础检查，1 天。

② 变压器（包括主变和站用变）就位，2 天；变压器吊芯检查，3 天。

③ 变压器主油、过滤；隔离开关、油断路器、成套开关柜、避雷器、电容器、互感器检查、测绝缘电阻做耐压试验，3 天。

④ 35kV 进线安装，母线安装，变压器测绝缘电阻、吸收比、电气试验，1 天。

⑤ 35kV 隔离开关、油断路器、避雷器、互感器及站用整流电源变压器安装和线路连接，4 天。

⑥ 10kV 母线安装，1 天。

⑦ 固定 10kV 成套开关柜安装及主变压器到 10kV 母线连接，2 天。

⑧ 移动成套开关柜安装及电缆头制作、站用 10kV 变压器线路连接，7 天。

⑨ 计量仪表线路、机电保护和控制线路安装接线，5 天。

⑩ 检查、测试、整理、涂刷相序染，贴测温蜡片，6 天。

7）资金预算。元器件及资金预算见表 2-16。

表 2-16 元器件及资金预算

序号	安装项目	数量	人工费/元	机械费/元	材料费/元	合计/元
1	35kV 主变压器	1	2004.5	673.95	451.59	3130.04
2	站用整流电源变压器	1	793.7	203.26	264.42	1261.38
3	站用 10kV 变压器	1	535.8	203.26	264.42	1003.48
4	变压器油过滤及试验	3	162.66	100.38	259.2	1566.72
5	变压器吊芯检查	3	558.6	203.25	115.5	2632.05
6	35kV 穿墙套管	3	71	10.5	7.14	265.92
7	35kV 母线	3	74.67	11.42	146.13	696.66
8	35kV 隔离开关	1	147.82	15.75	131.1	294.67
9	35kV 少油断路器	1	557.84	62.28	135.12	755.24
10	35kV 电压互感器	3	47.12	24.99	36.87	326.94
11	35kV 避雷器	3	106.78	18	54.39	537.51
12	35kV 负荷开关	1	147.82	15.75	129.21	292.78
13	10kV 成套配电柜	10	323	69.93	15.54	4084.7
14	10kV 母线	3	104.31	11.98	148.44	794.19
15	10kV 电力电容	30	19.95	4.95	3.21	843.3
16	10kV 电缆头制作	12	203.5	11.9	65.32	3368.64
17	站内 10kV 电缆安装	3	358.82	32.54	48.52	1319.64
18	主、辅、控制电路连接等		2128.28	100.5	834.34	3063.12
总计						26237

第三部分　论文撰写与答辩

鉴定范围1　论文撰写

一、技师论文的概念

论文是系统地讨论或研究某种问题的文章，而技师论文是技师在总结研究某一职业（工种）领域中的有关技术或业务问题时，表达其工作或研究过程的成果的综合实用性文章，是技师从事某个专业（工种）的学识、技术能力的基本反映，是科学研究成果和工作经验总结的文字体现，也是个人劳动成果、经验和智慧的升华。

撰写电类技师专业论文是检验技师申请者综合工作能力的重要措施。根据国家等级认定部门的规定，申请技师者在申请评审前必须完成技师专业论文的撰写，并通过答辩后，方可取得技师职业资格证书。技师论文撰写和答辩制度是把握电类技师资格认证的重要环节之一，是提高技师队伍素质和质量的重要手段，是保证人才质量的基本措施。

二、技师论文的种类和特点

由于电类技师本身的内容和性质不同，研究领域、对象、方法的表现方式不同，从事的工作内容不同，一般电类技师论文分为：专题型、论辩型、综述型和综合型。按电类技师论文具体涉及内容进行分类，论文主要有：维修电气经验总结类、技术革新类、新产品开发类和四新技术推广类。

电类技师论文具有专业性、理论性、规范性和创新性等特点，不同于纯学术论文，还具有较强的实践性。

三、技师论文的撰写要求

1. 坚持理论联系实际

撰写技师专业论文是一个艰苦的思考、探究和再学习的过程，是一种复杂的创造性劳动，对工作实践、技术革新和技术改造等做出客观的评价，肯定其创造性的见解和成果，实事求是地指出其存在的问题。在专业论文写作过程中，进行科学的分析综合、推理论证，从而深刻地把握它的本质内容，准确地将它表述出来，撰写出具有高价值的论文。

技师专业论文研究的课题必须是本专业（工种）中具有现实意义的问题。只有深入到实际中去，获得大量的第一手资料，然后运用科学的思维方法，对这些材料进行分析、筛选，才能从中发现既具有现实意义又适合自己实际能力的新课题。只要对生产实践中的各类问题保持浓厚的兴趣和敏锐的洞察力，善于捕捉具有普遍意义的典型性信息，通过深入的思考和研究，就能将其提升为对现实世界的规律性认识，提高技师专业论文的价值。

坚持理论联系实际必须认真读书，学好基础理论，具备专业基础知识，这是撰写技师专业论文的基本条件。只有具备了相应水平的知识积累，才能理解并掌握一定深度的科学技术问题。

2. 注意论文的科学性

科学性是指技师专业论文的基本观点和内容能够反映事物内在的基本规律。论文的基本观点必须是从对具体材料的分析研究中产生出来，而不是主观臆想出来的。判断一篇论文有无价值和价值大小，关键是看文章观点和内容的科学性。

第一，技师专业论文的科学性来自对客观事物周密而详实的调查研究，掌握大量丰富而切合实际的材料，使之成为研究论述的基础。第二，论文的科学性通常取决于作者在观察、分析问题时能否坚持实事求是的科学态度。在论文的撰写过程中，必须从实际出发，如实反映事物的本来面目，不能夹杂个人的偏见。第三，论文是否有科学性，还取决于作者的基础理论和专业知识。撰写技师专业论文是在前人成果的基础上，运用前人提出的科学理论去探索和解决新的问题。因此，必须准确地理解和掌握前人的理论，具有广博而坚实的基础知识。

3. 注意论文的真实性

技师专业论文要求作者所提出的观点、见解确实属于自己，而要使自己的观点能够得到普遍的承认，就一定要拿出有说服力的论据来证明自己的观点是正确的，应在已掌握的大量材料中选择具有典型性、代表性的关键证据。

技师专业论文中引用的材料和数据，必须经过反复核实，保证准确可靠，经得起推敲和论证。直接材料要客观，必须去掉个人的好恶和主观的推想，保留其真实的部分；间接材料要查明原始出处，领会原意，不能断章取义。引用他人的材料是为自己的论证服务，而不能作为本人论文的点缀。在引用他人材料时，需要经过筛选和鉴别，确保准确无误。技师专业论文的撰写，要尽可能多使用自己的直接材料，如果论文的通篇内容都是间接得来内容的组合，那就失去了撰写技师专业论文的意义。

4. 内容正确、语言简明

要求技师论文的语言必须精确、简明，使用规范的专业术语，尽量不用含糊不清的词语，使语义更加确切严密。数据的运用一定要精确，数字的有效数位要适当；用规范的书面语言写作，作到用词准确，合乎语法，概念明确，判断恰当，推理严密，论据充分，结论可靠，结构完整，条理清晰。

文中使用的各种名词术语，对其语义上内涵和外延要有正确和全面的表述，不能随意解释；对于论文涉及的问题和做出的结论，不能有主观臆断和个人偏见；对论文的内容不要进行艺术性渲染和夸张；切忌不适当地夸大个人在技术革新和技术改造中的贡献，更不能将技术问题的争论引入政治观点。

在表达方式上除文字外，要使用大量的图形、表格、照片、公式及视频资料等。

5. 注意撰写格式

在撰写技师论文时，要注意按照一定格式进行撰写，并熟练应用。

四、技师论文的格式

论文主要由论题、论据、引证、论证和结论等部分组成。

（1）论题　论题是需要进行证明的判断，即论点，论述中的正确性意见及支持意见的理由。

（2）论据　论据是证明论题判断的依据，泛指立论的根据。

（3）引证　引证是引用前人事例或著作作为明证、根据、证据。

（4）论证　论证是引用论据来证明论题的真实性，或者说是用以反映论点与论题之间的逻辑关系。

（5）结论　结论是从一定的前提推论得到的结果，对事物作出总结性的判断。

论据一般可分为两类：一类指事实论据，包括现实资料、历史事实、经验数据、实验参数、统计资料等；另一类指理论论据，即社会科学、自然科学理论中的原理、定理、公理、定律、推论等。

就论文的性质而言，有解决学术问题的论文和提出学术问题的论文两种。前者不仅要明确地提出问题、解决问题，还要进行深入细致地分析和研究，形成自己的观点，引出应有的和必要的结论，对所提出的问题作出肯定的回答。后者是仅就某一问题，综合前人研究的结论，将各种结论说清楚，把问题摆出来，说明有这个问题需要解决。

一般来说，撰写后者要比写前者困难得多，因为撰写后者要求作者知识渊博、信息灵通，把握准确，能将他人各种结论的合理性、不合理性明白无误地表达清楚，可见发现问题和提出问题是很不容易的。

论题的确立即立论。立论也分为两种：一种以阐述正确的观点为主，叫作立论；另一种以反驳错误的论点为主，叫作驳论。前者的方法有例证法、引证法、因果法和反证法等。

驳论法也有两种：一种是列举对方的论点，用事实和道理进行反驳，使其论点不能成立；再一种是归谬法进行反驳，即先假设对方的论点是正确的，然后引申出一个荒谬的结论。

立论后就可以着手搜集材料。论文对材料的要求是：材料足以为论点服务，或者说材料的使用必然能导致确立的论点。材料本身必须是准确可靠的，必须经过仔细核对（即考据工作）无谬误、无想当然，尽可能使用第一手原始的材料。为便于读者研究和查找，要在论文之后列出材料的名称、来源及出处。

在搜集材料的基础上，必须考虑论文采取什么形式，形式是由内容决定的，为内容服务，形式不仅是技巧，也是作者的思想、作风、品格及学识水平的体现。

如前面所述，论文的形式决定于科研成果及工作经验总结的内容，论文的项目按逻辑顺序合理安排。常见的技术论文的一般格式如下：

标题（论文题目）

作者姓名和工作单位

摘要（内容提要）

引言（前言）

内容（实践方法、实践过程或理论依据）

结论、建议及讨论

参考文献

上述各项内容并非每一篇论文都要项项齐全，可按实际情况确定，可以不要其中的某些部分，如引言、参考文献等。

撰写技术论文的一般要求：

（1）数据可靠　必须是经过反复验证，确定证明正确、准确可用的数据。

（2）论点明确　论述中的正确性意见及支持意见的理由要充分。

（3）引证有力　证明论题判断的论据在引证时要充分，要有说服力，禁得起推敲和验证。

（4）论证严密　引用论据或个人了解、理解证明时要严密，使人口服心服。

（5）判断准确　做结论时对事物做出总结性判断要准确，有概括性、科学性、严密性和总结性。

（6）有一定的学术水平　撰写论文时，要注意论文的学术水平。

（7）实事求是　文字陈述简练，不夸张臆造，不弄虚作假，全文的长短根据内容的需要而定，一般在 4000~5000 字。

鉴定范围 2　论文答辩

技师专业论文是技师或高级技师进行职业技能等级认定必须通过的项目，撰写技师专业论文和参加答辩是紧密相连的两个环节。通过答辩是参评者参加技师或高级技师论文答辩所要追求的目的。

一、论文答辩的意义

论文答辩的意义有以下几个方面：

1. 论文答辩是一个增长知识、交流信息的过程

为了参加答辩，答辩者在答辩前就要积极准备，这种准备的过程本身就是积累知识、增长知识的过程。在答辩中，答辩委员会成员也会就论文中的某些问题阐述自己的观点或提供有价值的信息。因此，答辩者可以从这些信息中获得新的知识。如果答辩者的论文有独创性见解或在答辩中提供最新的材料，也会使答辩评委得到启迪。

2. 论文答辩是答辩者全面展示自己的勇气、学识、技能和智慧的最佳时机之一

大部分答辩者从未经历过这种场面，不少人因此而胆怯，缺乏自信心。实际上答辩是全面展示自身素质和才能的良好时机。而且论文答辩情况的好坏，关系着此次技师或高级技师考试能否通过，它是人生中一次难得的经历，一次最宝贵的体验。

3. 论文答辩是答辩者向答辩委员会成员和有关专家学习、请求指导的好机会

论文答辩委员会一般由有较丰富实践经验和较高专业水平的人员及专家组成，他们在答辩会上提出的问题一般是本论文中涉及的本专业或本工种的带有基本性质的最重要的问题，是论文作者应具备的基础知识，却又是论文中没有阐述周全、论述清楚、分析详尽的问题，也是文章中的薄弱环节和自身没有认识到的不足之处。通过提问和指点，可以了解自己撰写的论文中存在的问题，为今后研究其他问题时参考。对于自己还没有搞清楚的问题，还可以直接请求指点。

二、论文答辩的准备

论文答辩是一种有组织、有准备、有计划、有鉴定的比较正规的审查论文的重要形式。为了做好论文答辩，在举行答辩会前，主管部门、答辩委员会、答辩者（撰写论文的作者）三方都要做好充分准备。

1. 主管部门要做的准备工作

答辩前的准备，对于主管部门来说，主要是做好答辩前的组织工作。这些组织工作主要有：审定参加论文答辩的资格，组织答辩委员会，拟订技师或高级技师论文成绩的评定标

准，布置答辩会场等。

（1）审定参加论文答辩的资格　参加论文答辩的人员要具备一定的条件，具体条件见《国家职业技能标准　电工》的有关内容。

（2）组织答辩委员会　论文的答辩必须成立答辩委员会（或答辩小组）。答辩委员会是审查和公正评价论文、评定技师或高级技师论文成绩的重要组织保证。

答辩委员会由主管部门组织或委托下属有关部门统一组织。答辩委员会一般由具有高级职称或高级技师并具有国家职业技能鉴定高级考评员资格的人员组成，人数由 5~7 人组成，其中应从中确定一位学术水平较高的委员为主任委员，负责答辩委员会会议的召集工作。

（3）拟订技师或高级技师论文成绩的评定标准　论文答辩以后，答辩委员会要根据论文及答辩者的答辩情况评定论文成绩。为了使评分宽严适度，大体平衡，学校应事先制定一个共同遵循的评分原则或评分标准。论文的成绩一般分为优秀（90~100 分）、良好（80~89 分）、中等（70~79 分）、及格（60~69 分）、不及格（60 分以下）5 个档次。

（4）布置答辩会场　论文答辩会场的布置会影响论文答辩会的气氛和答辩者的情绪，进而影响答辩会的质量和效果。因此，学校应该重视答辩会场的设计和布置，尽量创造一个良好的答辩环境。

2. 答辩委员会成员的准备及提问原则

答辩委员会成员确定以后，一般要在答辩会举行前半个月把要答辩的论文分送到答辩委员会成员手里。答辩委员会成员接到论文后，要认真仔细地审读每一篇要进行答辩的论文，找出论文中论述不清楚、不详细、不确切、不周全之处及自相矛盾和有值得探讨之处，并拟定在论文答辩会上需要论文作者回答或进一步阐述的问题。

主答辩老师在具体的出题过程中，还需要遵循以下几个原则：

1）理论题与应用题相结合的原则。一般地说，在三个问题中，应该有一个是关于基础理论知识的题目，一个是要求学员运用所学知识分析和解决现实问题的题目。

2）深浅适中，难易搭配的原则。在三个问题中，既要有比较容易回答的问题，又要有一定深度和难度的问题。同时，对某一篇论文所提问题的深浅难易程度，应与指导老师的建议成绩联系起来。凡是指导老师建议成绩为优秀的论文，答辩评委所提问题的难度应该加大；建议成绩为及格的论文，答辩评委应提相对浅显、比较容易回答的问题。

3）点面结合，深广相联的原则。

4）形式多样，大小搭配的原则。答辩评委的出题是有严格的界定范围的，即答辩评委在论文答辩会上所提出的问题仅仅是论文所涉及的学术范围之内的问题，一般不会也不能提出与论文内容毫无关系的问题，这是答辩评委拟题的大范围。在这个大范围内，主答辩评委一般是从检验真伪、探测能力、弥补不足三个方面提出若干个问题。

① 检验真伪题。这是指围绕论文的真实性拟题提问。它的目的是要检查论文是否是答辩者本人所写。如果论文不是通过自己辛勤劳动写成，只是抄袭他人的成果，或是由他人代笔之作，就难以回答出这类问题。

② 探测能力题。这是指与论文主要内容相关的，探测作者水平高低、基础知识是否扎实，掌握知识的广度、深度如何来提出问题的题目，主要是论文中涉及的基本概念、基本理论及运用基本原理等方面的问题。

③ 弥补不足题。这是指围绕论文中存在的薄弱环节，如对论文中论述不清楚、不详细、

不周全、不确切及相互矛盾之处拟题提问，请答辩者在答辩中补充阐述或提出解释。

3. 答辩者（论文作者）的准备

答辩前的准备中最重要的是答辩者的准备。要保证论文答辩的质量和效果，关键在答辩者。答辩者要顺序通过答辩，在提交了论文之后，不要有松一口气的思想，而应抓紧时间积极准备论文答辩。答辩者在答辩之前应从以下几个方面准备：

1）写好论文的简介，主要内容应包括论文的题目，指导教师姓名，选择该题目的动机，论文的主要论点、论据和写作体会及本议题的理论意义和实践意义。

2）要熟悉自己所写论文的全文，尤其是要熟悉主体部分和结论部分的内容，明确论文的基本观点和主论的基本依据；弄懂、弄通论文中所使用的主要概念的确切含义，所运用的基本原理的主要内容；同时还要仔细审查、反复推敲文章中有无自相矛盾、谬误、片面或模糊不清的地方，有无与党的政策方针相冲突之处等。如发现有上述问题，就要做好充分准备——补充、修正、解说等。只要认真设防，堵死一切漏洞，在答辩过程中就可以做到心中有数、临阵不慌、沉着应战。

3）要了解和掌握与自己所写论文相关联的知识和材料，如重要引文的出处和版本、论证材料的来源渠道等。这些方面的知识和材料都要在答辩前做到较好的了解和掌握。

对上述内容，答辩者在答辩前都要很好地准备，经过思考、整理写成提纲，记在脑中，从而在答辩时可以做到心中有数、从容作答。

三、论文答辩规则和技巧

1. 论文答辩规则

（1）答辩时限　答辩时限不低于45min。

（2）答辩形式　答辩时先由答辩者宣读论文，然后由答辩委员会进行提问考核。

（3）评估论文　对具体论文（工作总结）主要从论文项目的技术难度、项目的实用性、项目的经济效果、项目的科学性进行评估。

（4）答辩时对论文提出的结构、原理、定义、原则、公式推导、方法等知识论证的正确性主要通过一问一答的形式来考核。

2. 答辩技巧

要顺利通过答辩，并在答辩时真正发挥出自己的水平，除了在答辩前充分做好准备外，还需要了解和掌握答辩的要领和答辩的艺术。答辩时的技巧有以下几点：

（1）携带必要的资料和用品　答辩者要携带论文的底稿和主要参考资料。在答辩会上，主答辩评委提出问题后，学员可以准备一定时间后再当面回答，在这种情况下，携带论文底稿和主要参考资料的必要性是不言自明的。在回答过程中，也允许翻看自己的论文和有关参考资料，当遇到一时记不清的地方时，稍微翻阅一下有关资料，就可以避免出现答不上来的尴尬和慌乱。还应带上笔和笔记本，以便把主答辩评委所提出的问题和有价值的意见、见解记录下来。通过记录，不仅可以减缓紧张心理，还可以更好地吃透评委所提问题的要害和实质是什么，同时可以边记边思考，使思考的过程变得自然。

（2）要有自信心，不要紧张　若已做好充分准备，不必紧张，要有自信心。树立信心，消除紧张慌乱心理很重要，因为过度的紧张会使本来可以回答出来的问题答不出来。只有充满自信，沉着冷静，才会在答辩时有良好的表现。

（3）图表穿插　任何技师论文特别是电工技师论文，都涉及用电气图或图表表达论文观点的可能，故应在此方面有所准备。图表不仅是一种直观的表达观点的方法，更是一种调节答辩会气氛的手段，特别是对答辩委员会成员来讲，长时间地听述，听觉难免会有排斥性，不再接纳吸收论述的内容，必然对论文答辩成绩有所影响。所以，应该在答辩过程中适当穿插图表或用多媒介手段以提高答辩成绩。

（4）听清问题后经过思考再回答　主答辩评委在提问时，学员要集中注意力认真聆听，并将问题回答简略记在本子上，仔细推敲主答辩评委所提问题的要害和本质，切忌未弄清题意就匆忙作答。如果对所提问题没有听清楚，可以请提问评委再说一遍。如果对问题中有些概念不太理解，可以请提问评委做些解释，或者把自己对问题的理解说出来，并问清理解是否正确，等得到肯定的答复后再作答。

（5）回答问题要简明扼要、层次分明、紧扣主题　在弄清主答辩评委所提问题的确切含义后，要在较短的时间内做出反应，充满自信地以流畅的语言和肯定的语气把自己的想法讲述出来，不要犹犹豫豫。回答问题要抓住要害，简明扼要，在整个答辩过程中能否围绕主题进行、能否最后扣题非常重要。另外，委员们一般也容易就题目所涉及的问题进行提问，如果能自始至终地以论文题目为中心展开论述就会使评委思维明朗化，对论文加以肯定。还要力求客观、全面、辩证，留有余地，切忌把话说"死"；三要条理清晰，层次分明。此外还要注意吐词清晰，声音适中等。

（6）对无法回答的问题，不可强辩　有时答辩委员会的评委对答辩者所做的回答不太满意，还会进一步提出问题，以求了解其是否切实掌握了这个问题。遇到这种情况，答辩者如果有把握讲清，可以申明理由进行答辩；如果不太有把握，可以谨慎地试着回答，能回答多少就回答多少，即使讲得不是很确切也不要紧，只要是同问题有所关联，评委会引导和启发你切入正题；如果确实是自己没有搞清的问题，就应该实事求是地讲明，表示今后一定认真研究这个问题，切不可强词夺理，进行狡辩。因为答辩委员会的评委对这个问题有可能有过专门研究，再高明的狡辩也不可能蒙骗评委。这里应该明白：答辩者在答辩会上，某个问题被问住很正常，因为答辩委员会成员一般是本专业或本工种的专家。他们提出来的某个问题答不上来是很自然的。但所有问题都答不上来，就不正常了。

（7）要讲文明礼貌　论文答辩的过程也是学术思想交流的过程，答辩者应把它看成是向评委和专家学习、请求指导、讨教问题的好机会。因此，在整个答辩过程中，答辩者应该尊重答辩委员会的老师，言行举止要讲文明、有礼貌，尤其是在主答辩老师提出的问题难以回答，或答辩评委的观点与自己的观点相左时，更应该注意如此。答辩结束，无论答辩情况如何，都要从容、有礼貌地退场。

此外，论文答辩之后，答辩者应该认真听取答辩委员会的评判，进一步分析、思考答辩评委提出的意见，总结论文写作的经验教训。一方面，要搞清楚通过这次技师或高级技师论文的写作，自己学习和掌握了哪些科学研究的方法，在提出问题、分析问题、解决问题及科研能力上得到了提高，还存在哪些不足，作为今后研究其他课题时的借鉴。另一方面，要认真思索论文答辩会上，评委提出的问题和意见，加深研究，精心修改自己的论文，求得纵深发展，使自己在知识、能力上有所提高。

四、评分标准

评分标准见表 3-1，初评表见表 3-2。

表 3-1　评分标准

序号	考核内容			评分标准	配分	扣分	得分
1	论文或技术总结水平	选题结构文字	选题科学、先进，具有推广和应用价值	选题不具有科学、先进性，不具有推广和应用价值，酌情扣 5~8 分	20		
			整体结构合理，层次清楚，有逻辑性	整体结构逻辑性差，层次不清，酌情扣 3~6 分			
			文字表述准确、通顺	文字表述不规范，语句不通顺，酌情扣 2~6 分			
		内容水平	内容具有科学性、先进性和推广应用价值	无创新或不具有科学性和领先水平酌情扣 10~15 分，推广应用价值低酌情扣 5~10 分	40		
			内容充实，论点正确，论据充分有效	内容不充实、论据不充分酌情扣 5~15 分			
2	答辩	答辩表现	思路清晰	思路不清晰酌情扣 5~15 分	40		
			表达准确	表达不准确酌情扣 5~15 分			
			语言流畅	语言不流畅酌情扣 5~10 分			
3	否定项		具有下面 3 种情况之一者，视为论文（技术总结）不合格： 1）不能反映技师（或高级技师）水平 2）观点不正确 3）关键问题答辩错误				
合　　计					100		

表 3-2　职业技能鉴定论文（技术总结）初评表

论文撰写人			准考证号	
职业(工种)等级			提交日期	
论文名称				
初审意见	选题			
	结构			
	文字(含图样等)			
	内容			
	技术水平			
答辩要点				
考评员	年　月　日		得　分	

第四部分 模拟试卷

（一）电工技师部分

电工技师理论知识模拟试卷（1）

一、填空题（第 1~20 题。请将正确答案填入题内空白处。每题 1 分，共 20 分）

1. 为了提高电气设备运行的可靠性，将_____与接地极紧密地连接起来，叫作工作接地。

2. 国产集成电路系列和品种的型号由_____组成。

3. 根据数控装置的组成，数控系统由_____组成。

4. 对变频器进行功能预置时必须在_____下进行。

5. 通常在电源与变频器之间要接入_____，以便在发生故障时能迅速切断电源。

6. 运算放大器通常由高输入阻抗_____放大器、高增益电压放大器和低阻抗输出器组成。

7. 在设计时选用组合开关用于 7kW 以下电动机启动、停止时，其额定电源应等于_____倍的电动机额定电流。

8. 整流变压器的容量可按_____计算。

9. 肖特基二极管的耐压较低，反向漏电流较大，_____较差。

10. 功率场效应晶体管的特点是栅极的静态内阻高，驱动功率小。撤除_____后能自行关断，同时不存在二次击穿，安全工作区宽。

11. 一般要求保护接地电阻值为_____。

12. 在编制大修工艺前的技术准备工作包括：查阅资料、_____、制订方案。

13. 进行理论培训时应结合本企业、_____在生产技术、质量方面存在的问题进行分析，并提出解决的方法。

14. 理论培训时结合本职业向学员介绍一些新技术、_____、新材料、新设备应用文献的内容也是十分必要的。

15. 电工班组主要是为_____服务的。

16. 提高劳动生产率的目的是_____、积累资金、加速国民经济的发展和实现社会主义现代化。

17. 精益生产具有在生产过程中将上道工程推动下道工程生产的模式变为_____工程生产的模式的特点。

18. 二进制数 1110 转换成十进制数是_____。

19. 数字式万用表一般都是_____显示器。

20. 莫尔条纹是_____方向。

二、选择题（第 21~30 题。请选择一个正确答案，将相应字母填入括号内。每题 2 分，共 20 分）

21. (　　) 是最危险的触电形式。

　　A. 两相触电　　　　B. 电击　　　　C. 跨步电压触电　　　　D. 单相触电

22. 在检修或更换主电路电流表时，将电流互感器二次回路 (　　) 再拆下电流表。

　　A. 断开　　　　B. 短路　　　　C. 不用处理　　　　D. 切断熔断器

23. 示波器上观察到的波形是由 (　　) 完成的。

　　A. 灯丝电压　　　B. 偏转系统　　C. 加速极电压力　　D. 聚焦极电压

24. (　　) 有规律地控制逆变器中主开关的通断，而获得任意频率的三相输入。

　　A. 斩波器　　　　　　　　　　　B. 变频器

　　C. 变频器中的控制电路　　　　　D. 变频器中的逆变器

25. 属于半控型器件的是 (　　)。

　　A. GTO　　　　　B. GTR　　　　C. SCR　　　　D. MOSFET

26. 热电偶输出的 (　　) 从零逐渐上升到相应的温度后不再上升，呈平台值。

　　A. 电阻值　　　　B. 热电势　　　C. 电压值　　　D. 阻抗值

27. 制定 ISO14000 系列标准的直接原因是 (　　)。

　　A. 环境的日益恶化　　B. 环境的污染　　C. 产品性能的下降

28. 修理工作中，要按设备 (　　) 进行修复，严格把握修理的质量关，不得降低设备原有的性能。

　　A. 原始数据和精度要求　　　　　B. 损坏程度

　　C. 运转情况　　　　　　　　　　D. 维修工艺要求

29. (　　) 适用于现代制造企业的组织管理方法。

　　A. 精益生产　　　　　　　　　　B. 规模化生产

　　C. 现代化生产　　　　　　　　　D. 自动化生产

30. 用电设备最理想的工作电压就是它的 (　　)。

　　A. 允许电压　　　B. 电源电压　　C. 额定电压　　D. 最大电压

三、判断题（第 31~40 题。请将判断结果填入括号中，正确的填"√"，错误的填"×"。每题 1 分，共 10 分）

(　　) 31. 分析数据系统操作单元可以更好地实现人机对话。

(　　) 32. 变频器的主电路中包括整流器、中间直流环节、逆变器、斩波器。

(　　) 33. 555 精密定时器可以应用于延时发生器。

(　　) 34. 配电柜中一般接线端子放在最左侧和最下侧。

(　　) 35. 变频器的输出不允许接电感。

(　　) 36. 变压器的铁心必须一点接地。

(　　) 37. 突然停电将产生大量废品，大量减产，在经济上造成较大损失的用电负荷为二级负荷。

（　　）38. 直流电位差计在效果上等于电阻为零的电压表。

（　　）39. 对 35kV 的电缆进线段要求在电缆与架空线的连接处装设放电间隙。

（　　）40. 图 4-1 所示波形为锯齿波。

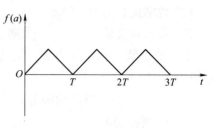

图 4-1　波形图

四、简答题（第 41~44 题。每题 5 分，共 20 分）

41. 在阅读数控机床技术说明书时，分析每一局部电路后还要进行哪些总体检查才能了解其控制系统的总体内容？

42. 画出变频器的功能预置流程图。

43. 555 精密定时器集成电路具有什么特点，应用于哪些方面？

44. 笼型异步电动机 $I_{MN} = 17.5A$，单台不频繁启动和停止且长期工作时，与单台频繁起动且长期工作时熔体电流应为多大？

五、论述题（第 45~47 题。第 45 题必答，第 46、47 题任选一题作答，若三题都作答，只按前两题计分。每题 15 分，共 30 分）

45. 数控系统的自诊断功能及报警处理方法。

46. 编写一张电气设备修理的大修工艺卡。

47. 如图 4-2 所示，双面印制电路板虚线为其正面，实线为其反面，根据图中所示器件名称或参数，绘制出原理图。

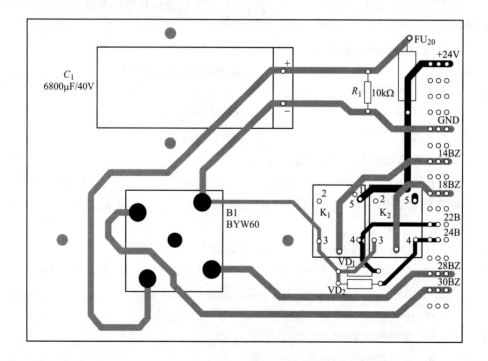

图 4-2　双面印制电路板

电工技师理论知识模拟试卷（2）

一、单项选择题（第 1~20 题。请选择一个正确答案，将相应字母填入括号内。每题 1 分，共 20 分）

1. 职业道德是从事某种职业的工作或劳动过程中所应遵守的、与其职业活动紧密联系的（　　）和原则的总和。
　　A. 思想体系　　　　B. 道德规范　　　　C. 行为规范　　　　D. 精神文明

2. 集成稳压器按工作方式可分为线性串联型和（　　）串联型。
　　A. 非线性　　　　B. 开关　　　　C. 连续　　　　D. 断续

3. 临时线应有严格的审批制度，临时线最长使用期限是（　　）天，使用完毕后应立即拆除。
　　A. 7　　　　B. 10　　　　C. 15　　　　D. 30

4. JT—1 型晶体管图示仪输出集电极电压的峰值是（　　）V。
　　A. 100　　　　B. 200　　　　C. 500　　　　D. 1000

5. 识读 J50 数控系统电气图的第二步是（　　）。
　　A. 分析数控装置　　　　　　B. 分析测量反馈装置
　　C. 分析伺服系统装置　　　　D. 分析输入/输出设备

6. 识读完 J50 数控系统电气原理图以后，还要进行（　　）。
　　A. 分析连锁　　　　B. 总体检查　　　　C. 记录　　　　D. 总结

7. 电气设备标牌上英文词汇"Asynchronous Motor"的中文意思是（　　）。
　　A. 力矩电动机　　　　B. 异步电动机　　　　C. 同步电动机　　　　D. 同步发电机

8. PLC 一个工作周期内的工作过程分为输入处理、（　　）和输出处理 3 个阶段。
　　A. 程序编排　　　　B. 采样　　　　C. 程序处理　　　　D. 反馈

9. 运算放大器是一种标准化的电路，主要由高输入阻抗差分放大器、高增益电压放大器和（　　）放大器组成。
　　A. 低阻抗输出　　　　B. 高阻抗输出　　　　C. 多级　　　　D. 功率

10. 理论培训讲义的内容应（　　），并有条理性和系统性。
　　A. 由浅入深　　　　B. 简明扼要　　　　C. 面面俱到　　　　D. 具有较深的内容

11. 有一含源二端网络，其开路电压为 120V，短路电流为 2A，则负载从该电源获得的最大功率为（　　）。
　　A. 0.5W　　　　B. 1W　　　　C. 2W　　　　D. 4W

12. 变压器运行时，若所带负载的性质为感性，则变压器二次电流的相位（　　）二次侧感应电动势的相位。
　　A. 超前于　　　　B. 同相于　　　　C. 滞后于　　　　D. 无法比较

13. 三相交流异步电动机是利用定子绕组中三相交流电所产生的旋转磁场与转子绕组中的（　　）相互作用而工作的。
　　A. 旋转磁场　　　　B. 恒定磁场　　　　C. 感应电流　　　　D. 额定电流

14. 重复接地的作用是（　　）。
　　A. 避免触电　　　　　　B. 减轻高压窜入低压的危险

C. 减轻断中性线时的危险　　　　　D. 保护接零

15. 用直流开尔文电桥测量电阻时，被测电阻的电流端钮应接在电位端钮的（　　）。

A. 左侧　　　　B. 右侧　　　　C. 内侧　　　　D. 外侧

16. 数控系统的控制对象是（　　）。

A. 伺服系统　　　B. 位移装置　　　C. 传动装置　　　D. 液压系统

17. 阅读和分析数控机床电气原理图时，首先要分析（　　）。

A. 伺服驱动装置　　B. 数控装置　　C. 测量反馈装置　　D. 联锁与保护环节

18. 电气设备标牌上的英文词汇"Thyristor"的中文意思是（　　）。

A. 晶体管　　　B. 稳压　　　C. 逆变器　　　D. 晶闸管

19. 在进行变频器的安装时，变频器输出侧不允许接（　　），也不允许接电容式单相电动机。

A. 电感线圈　　　B. 电阻　　　C. 电容器　　　D. 三相异步电动机

20. 门极（GTO）关断晶闸管是（　　）器件，要使 GTO 关断，必须在门极上施加一个反向的大脉冲电流及反向电压。

A. 电压控制型　　B. 电流控制型　　C. 电压注入型　　D. 电流注入型

二、多项选择题（第 21~30 题。请选择正确答案，将相应字母填入括号内，正确答案有多个。每题 2 分，共 20 分）

21. 职业纪律是从事这一职业的员工应该共同遵守的行为准则，它包括的内容有（　　）。

A. 操作程序　　　　　　　　B. 群众观念

C. 外事纪律　　　　　　　　D. 群众纪律

E. 领导者人为的规定

22. 变压器的工作特性主要包括（　　）。

A. 机械特性　　　B. 效率特性　　　C. 转速特性

D. 外特性　　　　E. 转矩特性

23. 在 FX$_{2N}$ 系列 PLC 中，中断指令有 3 种，即（　　）。

A. IRET　　　B. CJ　　　C. EI

D. DI　　　E. CALL

24. FX$_{2N}$ 系列 PLC 执行加法或减法指令时会影响的标志位是（　　）。

A. M8018 正数标志　B. M8019 负数标志　C. M8020 零标志

D. M8021 借位标志　E. M8022 进位标志

25. 用（　　）触摸显示器前端的触摸屏时，所触摸的位置由触摸屏控制器检测，并通过接口送到 CPU，从而确定输入的信息。

A. 手指　　　B. 正极　　　C. 负极

D. 手写笔　　　E. 记号笔

26. 触摸屏与 PLC 相连时要设置 PLC 类型、通信口类型、（　　）等参数。

A. 波特率　　　B. 电源电压　　C. PLC 站号

D. 控制模式　　　E. 屏幕尺寸

27. 有环流可逆直流调速系统的反转过程可分为（　　）、反向起动 3 个阶段。

A. 正向制动　　　B. 本组逆变　　　C. 正向减速

D. 能耗制动　　　　E. 它组制动

28. 恒压频比变频调速的机械特性有（　　）的特点。

A. 同步转速不变　　　　　　　B. 同步转速正比于频率

C. 额定转速差基本不变　　　　D. 同步转速反比于频率

E. 不同频率的机械特性直线段平行

29. 伺服系统的发展趋势是交流替代直流、数字替代模拟、采用新型电力电子器件、高度集成化、（　　）、网络化。

A. 智能化　　　B. 自动化　　　C. 电气化

D. 简易化　　　E. 模块化

30. 技能培训考核时要注意（　　），尽可能在工程设备中实际操作。

A. 适当放慢速度　　　　　　　B. 理论联系实际

C. 掌握好考核时间　　　　　　D. 尽可能用仿真软件

E. 按照国家技术标准

三、判断题（第31～40题。将判断结果填入括号内，正确的填"√"，错误的填"×"。每题1分，共10分）

（　　）31. 电机工业上用得最普遍的硬磁材料是铝镍钴合金。

（　　）32. 电磁噪声污染是构成环境污染的一个重要方面。

（　　）33. 漏电保护作为防止低压触电伤亡事故的前置保护，广泛应用在低压配电系统中。

（　　）34. 按钮的触头允许通过的电流较小，一般不超过2A。

（　　）35. 国产集成电路系列和品种的型号由五部分组成，第一部分的符号C表示符合国家标准。

（　　）36. IGBT驱动电路大多采用集成式电路。

（　　）37. 电子元器件组成的缓冲电路是为了避免器件过电流和在元器件上产生过电压及电压、电流的峰值区同时出现而设置的电路。

（　　）38. 指导操作的目的是为了显示操作者的技术水平，使学员的能力得以提高。

（　　）39. 示范操作法是富有直观性的教学形式。

（　　）40. 计算机集成制造系统着重解决产品设计和经营管理中的系统信息集成，缩短了产品开发设计和制造周期。

四、简答题（第41～44题。每题5分，共20分）

41. 常见的一般机械设备电气图有哪些？

42. 变频器的配线安装注意事项有哪些？

43. 一般机械设备电气大修工艺应包括哪些内容？

44. 电路设计的内容包括哪几个方面？

五、论述题（第45～46题。每题15分，共30分）

45. 试述数控机床日常电气维修项目的内容。

46. 试述龙门刨床V5系统常见电气故障的分析方法。

电工技师理论知识模拟试卷（1）参考答案

一、填空题

1. 变压器低压侧中性点　　2. 五部分　　3. 软件和硬件　　4. 编程模式/PRG
5. 低压断路器与接触器　　6. 差分（动）　　7. 3　　8. $P_R = I_2 U_2$
9. 温度特性　　10. 栅极信号　　11. 4Ω 以下　　12. 现场了解
13. 本职业　　14. 新工艺　　15. 生产　　16. 降低成本
17. 下道工程要求拉动上道　　18. 14　　19. 液晶数字式　　20. 垂直光栅刻线

二、选择题

21. A　22. B　23. B　24. C　25. C　26. B　27. A　28. A　29. A　30. C

三、判断题

31. √　32. ×　33. √　34. √　35. ×　36. √　37. √　38. ×　39. ×　40. ×

四、简答题

41. 答：经过逐步分析每一局部电路的工作原理之间的控制关系后，还要检查整个控制电路是否有遗漏，特别要从整体的角度进一步检查和了解各控制环节之间的联系，达到充分理解原理图中每一部分的作用、工作过程及主要参数的目的。

42. 答：如图 4-3 所示。

43. 答：555 精密定时器由端子分压器网络、两个电压比较器、双稳多谐振荡器、放电晶体管和推挽输出端组成。三个电阻器的阻值大小是相等的，用于设置比较器的电平。

555 精密定时器可以应用于精密定时脉冲宽度调整、脉冲发生器、脉冲位置调整、定时序列、脉冲丢失检测、延时发生器。

44. 解：不频繁工作时 $I_{FNU} = (1.5 \sim 2.5) I_{MN} = (26.25 \sim 43.75)$ A。

频繁启动时 $I_{FNU} = (3 \sim 3.5) I_{MN} = (52.5 \sim 61.25)$ A

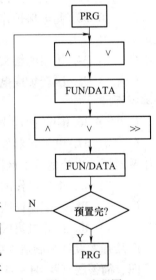

图 4-3　流程图

五、论述题

45. 答：（1）开机自检　数控系统通电时，系统内部自诊断软件对系统中关键的硬件和控制软件逐一进行检测，一旦检测不通过，就在 CRT 上显示报警信息，指出故障部位，只有开机自检项目全部正常通过，系统才能进入正常运行准备状态。开机自检一般可将故障定位到电路或模块上，有些甚至可定位到芯片上，但在有些情况下只能将故障原因定位在某一范围内，需要通过进一步检查、判断才能找到故障原因并矛以排除。

（2）实时自诊断　数控系统在运行时，随时对系统内部、伺服系统、I/O 接口及数控装置的其他外部装置进行自动测试检查，并显示有关状态信息，若检测有问题，则立即显示报警号及报警内容，并根据故障性质自动决定是否停止动作或停机。检查时，维修人员可根据报警内容，结合实时显示的数控内部关键标志寄存器及 PLC 的操作单元状态，进一步对故障进行诊断与排除。故障排除以后，报警通常不会自动消除，根据不同的报警，需要按"RESET"或"STOR"键来消除，或者需要电源复位或关机重新起动的方法消除，恢复系统运行。

46. 答：一张电气设备修理的大修工艺卡包括设备名称、型号、制造厂名、出厂年月、使用单位、大修编号、复杂系数、总工时、设备进场日期、技术人员、主修人员、序号、工艺步骤、技术要求、使用仪器、仪表、本工序定额、备注等内容，编成表格并绘制成卡片。

47. 答：如图 4-4 所示。

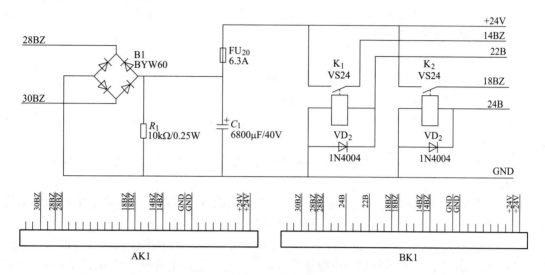

图 4-4 电路图

电工技师理论知识模拟试卷（2）参考答案

一、单项选择题

1. D	2. B	3. A	4. B	5. C	6. B	7. B	8. C	9. A	10. A
11. A	12. C	13. C	14. C	15. D	16. A	17. B	18. D	19. C	20. D

二、多项选择题

21. CD	22. BD	23. ACD	24. CDE	25. AD
26. AC	27. BE	28. BCE	29. ADE	30. CE

三、判断题

31. √ 32. √ 33. × 34. × 35. √ 36. √ 37. √ 38. × 39. √ 40. √

四、简答题

41. 答：常见的一般机械设备电气图有：电气原理图、安装接线图、平面布置图和剖面图。电工以电气原理图、安装接线图和平面布置图最为重要。

42. 答：变频器配线安装注意事项如下：

1）在电源和变频器之间，通常要接入低压断路器与接触器，以便在发生故障时能迅速切断电源，便于安装修理。

2）变频器与电动机之间一般不允许接入接触器。

3）由于变频器具有电子热保护功能，一般情况下可以不接热继电器。

4）变频器输出侧不允许接电容器，也不允许接电容式单相电动机。

43. 答：一般机械设备电气大修工艺应包括的内容如下：

1）整机及部件的拆卸程序及拆卸过程中应检测的数据和注意事项。

2）主要电气设备、电器元件的检查、修理工艺及达到的质量标准。

3）电气装置的安装程序及应达到的技术要求。

4）系统的调试工艺和应达到的性能指标。

5）需要的仪器、仪表和专用工具应另行注明。

6）试车程序及需要特别说明的事项。

7）施工中的安全措施。

44. 答：电路设计的内容包括以下几个方面：

1）确定控制电路的电流种类和电压数值。

2）主电路设计主要是电动机的起动、正反运转、制动、变速等控制方式及其保护环节的电路设计。

3）辅助电路设计主要有控制电路、执行电路、联锁保护环节、信号显示及安全照明等环节的设计。

① 控制电路。控制电路的设计主要是实现主电路控制方式的要求，满足生产加工工艺的自动/半自动及手动调整，动作程序更换、检测或测试等控制要求。

② 执行电路。执行电路是用于控制执行元件的电路。常见的执行元件有电磁铁、电磁离合器、电磁阀等，它们是针对将电磁能、气动压力能、液压能转换为机械能的电磁器件实施的控制电路。

③ 联锁保护环节。常见的联锁保护措施有短路保护、过载保护、过电流保护、零电压或欠电压保护、失（欠）磁保护、终端或超程保护、超速保护和油压保护等。通常，联锁保护穿插在主电路、控制电路和执行电路中。

④ 信号显示与照明电路。信号电路是用于控制信号器件的电路。常用的信号器件有信号指示灯、蜂鸣器、电铃、电喇叭及电警笛等。

五、论述题

45. 答：数控机床日常电气维修项目包含以下内容：

（1）数控系统控制部分的检修　日常检修的项目包括：

1）检查各有关的电压值是否在规定的范围内，应按要求调整。

2）检查系统内各电器元件连接是否松动。

3）检查各功能模块的风扇运转是否正常，清除风扇及滤尘网的灰尘。

4）检查伺服放大器和主轴放大器使用的外接式再生放电单元的连接是否可靠，并清除灰尘。

5）检查各功能模块存储器的后备电池电压是否正常，一般应根据厂家要求进行定期更换。

（2）伺服电动机和主轴电动机的检查与保养　对于伺服电动机和主轴电动机，应重点检查噪声和温升。若噪声和温升过大，应查明是轴承等机械问题还是与其相配的放大器的参数设置问题，并采取相应的措施加以解决，还应该检查电动机的冷却风扇运转是否正常并清扫灰尘。

（3）测量反馈元件的检查和保养　数控系统采用的测量元件包括编码器、光栅尺、感应同步器、磁尺、旋转变压器等，应根据使用环境定期进行检查和保养，检查检测元件连接是否松动，是否被油液或灰尘污染。

测量反馈元件的重新安装应严格按规定要求进行，否则可能造成新的故障。

（4）电气部分的维护保养　电气部分包括电源输入电路、继电器、接触器、控制电路等，可按下列步骤进行检查：

1）检查三相电源电压是否正常。如果电压超出允许范围，则应采取措施。

2）检查所有电器元件连接是否良好。

3）借助数控系统 CRT 显示的诊断画面或输入/输出模块上的 LED 指示灯，检查各类开关是否有效，否则应更换。

4）检查各接触器、继电器工作是否正常，触点是否良好。可用数控语言编制功能试验程序，通过运行该程序帮助确认各控制部件工作是否完好。

5）检查热继电器、电弧抑制器等保护元件是否有效。

以上检查应每年进行一次。另外，还要特别注意电气控制柜的防尘和散热问题。

46. 答：1）在处理故障之前，对各部分电气设备的构造、动作原理、调节方法及各部分电气设备之间的联系，应作到全面了解，心中有数。

2）对于一些故障现象，不能简单地进行处理，应根据这些现象产生的部位，分析产生的原因，经过逐步试验，确定问题所在，排除故障后再通电试车。切忌贸然行事，使故障扩大，或造成人身、设备事故。

3）机床性能方面的故障，大体可分为两大类：一是设备不能进行规定的动作，或达不到规定的性能指标；二是设备出现了非规定的动作，或出现了不应有的现象。对于前者，应从原理上分析设备进行规定动作及达到规定性能指标应满足的条件，检查这些条件是否全部满足，查找没有满足的条件及原因。对于后者，则应分析产生故障需满足的条件，并检查此时出现了哪些不应有的条件，从而找出误动作的原因。总之，应从设备动作原理着手分析，首先查找产生故障的大范围，然后逐级检查，从粗到细，直到最终找到故障点，并加以排除。

4）龙门刨床 V5 系统属于模拟量控制系统，由大量的集成电路、晶体管、电阻、电容等元器件组成，除了一些明显的故障外，元器件的损坏、性能变差等故障从外表看不出来。因此，需要根据信号传递的流向，采用带电测量、模拟动作的方法，逐步确定故障区间，根据每级电路的动作原理查找故障电路，最后在故障电路里确定故障点或故障元器件。

电工技师操作技能考核试卷

试题 1. 较复杂继电接触式控制电路的设计及主要电器元件材料选择

有一台双速三相异步电动机，型号为 YD123M—4/2，铭牌为 6.5kW/8kW、$\triangle$/2Y接法、13.8A/17.1A、380V、1450（r/min）/2880（r/min）。

控制要求：

1）三相异步电动机能自动变速运转。

2）三相异步电动机带桥式整流能耗制动。

3）三相异步电动机具有短路保护、过载保护、零电压保护和欠电压保护。

根据以上控制要求：

1）设计出双速三相异步电动机自动变速运转带桥式整流能耗制动的继电接触式电气原理图、接线图，并简述工作原理。

2）选择主要电器元件材料的型号规格、数量，并列出主要电器元件明细表（主要电器元件包括：接触器、熔断器、热继电器、时间继电器、开关及按钮）。

3）线路绘制必须符合《电气简图用图形符号》和 GB/T 6988.1—2008《电气技术用文件的编制　第1部分：规则》等有关规定。

考核要求：

1）根据提出的电气控制要求，设计并正确绘出电路图。

2）根据电路图，正确绘出电路接线图。

3）按所设计的电路图，正确选择材料，然后将其填入明细表。

4）本题分值：20分。

5）考核时间：90min。

6）考核形式：现场笔试。

试题 2. 用 PLC+变频器进行控制电路的设计、模拟安装与调试

机械手示意图如图4-5所示。

控制要求：

1）把启停开关拨到开启位置，进入待机状态，机械手处于原点位置。

2）按动选位按钮 SB_1 可选择放置物体的位置。具体要求为：从第一次按下 SB_1 开始，2s 内可连续按下多次该按钮，在此时间内按下按钮的次数将决定机械手放置物体的位置。例如，2s 内按下1次，则把物体放到1号位，按下3次或大于3次，则把物体放到3号位。

3）机械臂的左右行驶由三相电动机 M_1 的正反转来控制。机械手的上升、下降由变频器来控制 M_2，并进行如下调速设置：假如在2s时间内按动2次 SB_1，

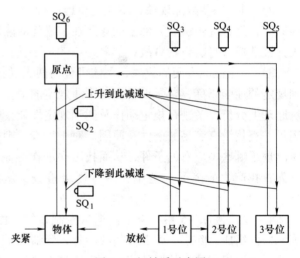

图 4-5　机械手示意图

此时机械手开始起动下降，2s 内加速到最高速度（对应频率为30Hz），当下降到 SQ_1 时开始减速，减速时间为4s；机械手停止后开始夹紧物体（夹紧时间为1s），然后加速上升，2s 内加速到最高速度（对应频率30Hz），当运行到 SQ_2 处时开始减速，减速时间为2s，机械手压合 SQ_6 并停止后开始右行，经过 SQ_3 时不停，到达 SQ_4 时（2号位限位）停止右行，开始下降；下降过程同上，到位后放松物体并立即返回，上升过程同上，上升到位后返回原点并停止，第一次任务结束，并等待下一次任务。

4）停止时，当前任务结束后方可停止系统，并切断选位电路。

注意：在机械手下降时触动 SQ_2 无效，在上升时触动 SQ_1 无效；机械手的夹紧和放松由中间继电器控制电磁阀的通断来实现。

考核要求：

1）电路设计：根据任务，设计主电路，列出 PLC 控制 I/O 元件地址分配表，根据加工工艺，设计梯形图及 PLC 控制 I/O 接线图，根据梯形图，列出指令表。

2）PLC 键盘操作：熟练操作 PLC 键盘，能正确地将所编程序输入 PLC；按照被控设备的动作要求进行模拟调试，达到设计要求。

3）变频器参数设置合理。动力头高速时 45Hz，低速时 30Hz，高低速转换时间为 2s。

4）通电试验：正确使用电工工具及万用表，进行仔细检查，通电试验，并注意人身和设备安全。

5）本题分值：40 分。

6）考核时间：120min。

7）考核形式：现场操作。

试题 3. 应用电子电路测绘

测绘图 4-6 所示的应用电子电路印制电路板图。绘制出电气控制原理图。

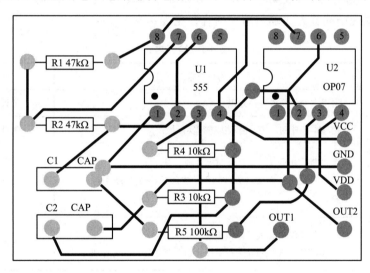

图 4-6　应用电子电路印制电路板图

考核要求：

1）正确分析应用电子电路印制电路板图，然后正确绘出电路图。

2）简述工作原理。

3）本题分值：20 分。

4）考核时间：40min。

5）考核形式：现场笔试。

试题 4. 工艺编制

编制继电接触器+变流调速系统、大中型晶闸管直流调速系统、数控机床电气线路、继电接触式控制的大型设备电气线路、PLC 控制的设备电气线路等复杂机械设备中的一种设备的电气系统及电气设备的大修工艺卡。

考核要求：

1）资金预算编制经济合理。

2）工时定额编制工时定额合理。

3）选用材料准确齐全。

4）编制工程进度合适。

5）人员安排合理。

6）安全措施到位。

7）质量保证措施明确。

8）本题分值：10分。

9）考核时间：40min。

10）考核形式：现场笔试。

试题 5. 技能培训指导

对初、中、高级工进行现场培训指导。从理论培训、技能培训、质量管理和生产管理4项内容中，采用现场抽签方式确定培训内容，见表4-1。

表 4-1　培训内容

选考内容	考核要求	题目
理论培训	讲授本专业技术理论知识	考评员指定题目
技能培训	指导本职业初、中、高级工进行实际操作	考评员指定题目
质量管理	1. 能够在本职工作中认真贯彻各项质量标准 2. 能够应用全面质量管理知识，实际操作过程的质量分析与控制	考评员指定题目
生产管理	1. 能够组织有关人员协同作业 2. 能够协助部门领导进行生产计划、调度及人员的管理	考评员指定题目

考核要求：

1）现场编写教案，内容正确。

2）教学过程：

① 教学内容正确，重点突出。

② 板书工整，教法亲切自然，语言精炼准确。

3）本题分值：10分。

4）考核时间：20min。

5）考核形式：现场讲授。

否定项说明：具有下列情况之一者，视为培训指导不合格。

1）不能正确编写教案。

2）讲授内容错误过多，达到5处。

3）讲授内容组织不合理且无整体逻辑。

电工技师操作技能考核评分记录表

试题1. 较复杂继电接触式控制电路的设计及主要电器元件材料选择

表4-2 评分标准

序号	考核内容	考核要求	考核标准	配分	扣分	得分
1	电路设计	根据提出的电气控制要求,正确绘出电路图	1. 主电路设计每处错误扣5分 2. 控制电路设计每处错误扣3分 3. 电路图符号错误、漏标每处扣2分 4. 短路保护电流计算错误、漏标扣2分 5. 熔体电流计算错误、漏标扣2分 6. 热继电器整定电流计算错误、漏标扣2分 7. 导线截面积选择错误、漏标扣2分	10		
3	选择材料	按所设计的电路图,正确选择材料,然后将其填入明细表	1. 主要材料选择错每种扣1分 2. 其他材料选择错每种扣0.5分 3. 材料数量选择错每种扣1分	5		
4	简述工作原理	依据绘出的电路图,正确简述电气控制电路的工作原理	1. 简述电气控制电路工作原理时,实质错误,错1次扣2分 2. 简述电气控制电路工作原理时,有1处不完善扣1分 3. 简述电气控制电路原理错误,扣5分	5		
5	劳动保护与安全文明生产	1. 劳保用品穿戴整齐 2. 遵守操作规程;尊重考评员,讲文明礼貌	1. 劳保用品穿戴不全扣5分 2. 考试中,违犯安全文明生产考核要求的任何一项扣5分			
	合　计			20		

试题2. 用PLC+变频器进行控制电路的设计、模拟安装与调试

表4-3 评分标准

序号	考核内容	考核要求	考核标准	配分	扣分	得分
1	电路设计	根据任务,设计主要电路图,列出PLC控制I/O口元件地址分配表;根据加工工艺,设计梯形图及PLC控制I/O口接线图,列出梯形图,列出指令表和变频器参数设置表	1. 电路图设计不全或设计有错,每处扣2分 2. 输入、输出地址遗漏或错误,每处扣1分 3. 梯形图表达不正确或画法不规范,每处扣2分 4. 接线图表达不正确或画法不规范,每处扣2分 5. 指令有错,每条扣2分 6. 变频器参数设置有错,每处扣2分	25		

（续）

序号	考核内容	考核要求	考核标准	配分	扣分	得分
2	安装与接线	按 PLC 控制 I/O 口接线图，在模拟配线板上正确安装，元件在配线板上布置要合理，安装要准确、紧固，配线导线要紧固、美观，导线要进行线槽，导线要有端子标号，引出端要有别径压端子	1. 元件布置不整齐、不匀称、不合理，每只扣 1 分 2. 元件安装不牢固、安装元件时漏装木螺钉，每只扣 1 分 3. 损坏元件扣 5 分 4. 电动机运行正常，如不按电路图接线，扣 1 分 5. 布线不进行线槽，不美观，主电路、控制电路每根扣 0.5 分 6. 接点松动、露铜过长、反圈、压绝缘层、标记线号不清楚、遗漏或误标，引出端无别径压端子，每处扣 0.5 分 7. 损伤导线绝缘或线芯，每根扣 0.5 分 8. 不按 PLC 控制 I/O 接线图接线，每处扣 2 分	10		
3	程序输入及调试	熟练操作 PLC 键盘，能正确地将所编程序输入 PLC；按照被控设备的动作要求进行模拟调试，达到设计要求	1. 不会熟练操作 PLC 键盘输入指令，扣 2 分 2. 不会用删除、插入、修改等命令，每项扣 2 分 3. 一次试车不成功扣 4 分，二次试车不成功扣 8 分；三次试车不成功扣 10 分	10		
		合　　计		45		

试题 3. 应用电子电路测绘

表 4-4　评分标准

序号	考核内容	考核要求	考核标准	配分	扣分	得分
1	绘制电路图	依据印制电路板或实物，按国家标准，正确绘出电路图	1. 绘制电路图时，符号错 1 处扣 1 分 2. 绘制电路图时，电路图错 1 处扣 2 分 3. 绘制电路图不规范及不标准，扣 2 分	14		
2	简述原理	依据绘出的电路图，正确简述电气控制电路的工作原理	1. 缺少一个完整独立部分的电气控制电路的动作，每处扣 1 分 2. 在简述每一个独立部分电气控制电路的动作时不完善，每处扣 1 分 3. 简述电气动作过程错误，扣 2 分	6		
		合　　计		20		

试题 4. 工艺编制

表 4-5 评分标准

序号	考核要求	考核标准	配分	扣分	得分
1	1. 资金预算编制经济合理 2. 工时定额编制合理	1. 资金预算编制不经济合理，扣 2 分 2. 工时定额编制不合理，扣 1 分	3		
2	1. 选用材料准确齐全 2. 编制工程进度合适	1. 选用材料不准确、不齐全，扣 2 分 2. 编制工程进度不合适，扣 1 分	3		
3	1. 人员安排合理 2. 安全措施到位	1. 人员安排不合理扣 1 分 2. 安全措施不到位扣 2 分	3		
4	质量保证措施明确	质量保证措施不明确，扣 1 分	1		
合 计			10		

试题 5. 技能培训指导

表 4-6 评分标准

序号	考核内容	考核要求	考核标准	配分	扣分	得分
1	准备工作	教具、演示工具准备齐全	准备不齐全，扣 2 分	2		
2	教案	1. 主题明确 2. 内容正确 3. 逻辑性强 4. 格式正确，无错别字	1. 主题不明确，扣 1 分 2. 内容不正确，扣 1 分 3. 逻辑性不强，扣 1 分 4. 格式有错，有错别字，扣 1 分	4		
3	讲课	1. 主题明确 2. 重点突出 3. 语言清晰自然，用词正确 4. 正确运用教具	1. 主题不明确，扣 1 分 2. 重点不突出，扣 1 分 3. 语言不清晰，不自然，用词不正确，扣 1 分 4. 不能正确运用教具，扣 1 分	4		
4	时间分配	不得超过规定时间	每超过规定时间 1min，从本项总分中扣 1 分			
合 计				10		

（二）电工高级技师部分

电工高级技师理论知识模拟试卷（1）

一、填空题（第 1~20 题。请将正确答案填入题内空白处。每题 1 分，共 20 分）

1. 职业道德是指从事某种职业的人员在工作和劳动过程中所应遵守的与其职业活动紧密联系的_____和原则的总和。

2. 遵纪守法、_____，是每个从业人员都应该具备的道德品质。

3. 自感电动势的大小正比于本线圈中电流的_____。

4. 电子电路中设置静态工作点的目的是_____。

5. 电磁辐射污染的控制主要是指_____的控制与电磁能量传播的控制两个方面。

6. 绝缘杆应悬挂或架在支架上，不应与_____接触。

7. 为了提高电气设备运行的可靠性，将变压器低压侧的中性点与接地极紧密地联系起来，称为_____，这样做可以减轻高压电窜入低压电的危险。

8. 在选用热继电器时，一般情况下，热元件的整定电流是电动机额定电流的_____倍。

9. 西门子 SIN840C 控制系统可在线调试_____程序。

10. 由于变频器具有电子热保护功能，一般情况下可不接_____。

11. 在工程上一般采用_____的方法来消除热干扰。

12. 一点接地和多点接地的应用原则为：高频电路应就近_____接地。

13. 抑制脉冲干扰，使用_____电路最有效。

14. 对交流、直流、大功率和弱小功率的信号线，走线时相互距离应尽量远些，禁止_____，力求直短，防止耦合。

15. 电压比较器可以作为模拟电路和数字电路的接口使用，也可以作为_____生成和转换电路等使用。

16. 电气设计一般程序的最后一步是编写_____。

17. 电气设计的技术条件是由参与设计的各方面根据设计的_____制定的。

18. 利用数控技术改造旧机床时，应采用新技术，充分利用_____。

19. 采用交流变频调速替代原设备中直流调速或其他电动机调速方案的数控改造技术称为_____技术。

20. 对于没有定论或是没有根据的内容_____培训讲义。

二、选择题（第 21~30 题。请选择一个正确答案，将相应字母填入括号内。每题 2 分，共 20 分）

21. 劳动的双重含义决定了从业人员全新的（   ）和职业道德观念。
    A. 精神文明　　　　B. 思想体系　　　　C. 劳动态度　　　　D. 整体素质

22. 中性线的作用在于使星形联结的不对称负载的（   ）保持对称。
    A. 线电压　　　　B. 相电压　　　　C. 相电流　　　　D. 线电流

23. 测量 1Ω 以下的小电阻，如果要求精度高，可选用（   ）。
    A. 惠期通电桥　　B. 万用表×1Ω 挡　　C. 毫伏表　　　　D. 开尔文电桥

24. 进口电气设备标牌上的英文词汇 "Milling Machine" 的中文意思是（   ）。
    A. 铣床　　　　　B. 数控车　　　　C. 控制板　　　　D. 控制装置

25. 西门子 SIN840C 控制系统采用通道结构，最多可有（   ）通道。
    A. 2　　　　　　B. 3　　　　　　C. 4　　　　　　D. 6

26. （   ）利用功率器件，有规律地控制逆变器中主开关的通断，从而得到任意频率的三相交流输出。
    A. 整流器　　　　B. 逆变器　　　　C. 中间直流环节　　D. 控制电路

27. 计算机控制系统是依靠（   ）来满足不同类型机床的要求的，因此具有良好的柔性和可靠性。

  A. 硬件   B. 软件   C. 控制装置   D. 执行机构

28. 测绘数控机床电气图时，在测绘之前准备好相关的绘图工具和合适的纸张，首先绘出（　　）。

  A. 安装接线图   B. 原理图   C. 布置图   D. 接线布置图

29. 电工班组完成一个阶段的质量活动课题，成果报告包括课题活动的（　　）全部内容。

  A. 计划→实施→检查→总结   B. 计划→检查→实施→总结

  C. 计划→检查→总结→实施   D. 检查→计划→实施→总结

30. 计算机集成制造系统（CIMS）不包含的内容是（　　）。

  A. 计算机辅助设计（CAD）   B. 计算机辅助制造（CAM）

  C. 计算机辅助管理   D. 计算机数据管理结构

三、判断题（第 31～40 题。请将判断结果填入括号中，正确的填"√"错误的填"×"。每题 1 分，共 10 分）

（　　）31. 职业道德的实质内容是全新的社会主义劳动态度。

（　　）32. 磁路和电路一样也具有开路状态。

（　　）33. 在三相半波整流电路中，若触发脉冲在自然换相点之前加入，输出电压波形将变为断相运行。

（　　）34. 当事人对劳动仲裁委员会做出的仲裁裁决不服，可以自收到仲裁判决书 30 日内向人民法院提出诉讼。

（　　）35. 合同是双方的民事法律行为，合同的订立必须由当事人双方参加。

（　　）36. 高压设备发生接地故障时，为预防跨步电压，室内不得接近 8m 以内，并应穿绝缘靴。

（　　）37. 启动按钮可选用白、灰和黑色，优先选用白色，也可以选用绿色。

（　　）38. 为削弱公共电源在电路间形成的干扰耦合，对直流供电输出需加高频滤波器，不需加低频滤波器。

（　　）39. 根据目前我国的国情，采取改造旧机床来提高设备的先进性，是一个极其有效的途径。

（　　）40. 现场教学是最直观的指导操作的教学方法。

四、简答题（第 41～44 题。每题 5 分，共 20 分）

41. 测绘 ZK7132 型数控钻铣床电气控制系统的步骤有哪些？

42. 电子测量装置的防护系统有哪些？

43. 简述伺服系统的概念和组成。

44. 电气设计的技术条件有哪些？

五、论述题（第 45～47 题。第 45 题必答，46、47 题任选一题作答，若三题都作答，只按前两题计分。每题 15 分，共 30 分）

45. 机电一体化的相关技术包括哪些内容？

46. 试述复杂设备电气故障诊断的方法。

47. 复杂电气设备电气故障的诊断仪器及特点有哪些？

电工高级技师理论知识模拟试卷（2）

一、单项选择题（第 1~20 题。请选择一个正确答案，将相应字母填入括号内。每题 1 分，共 20 分）

1. 无论更换输入模块还是更换输出模块，都要在 PLC（　　）进行。
   A. RUN 状态下　　　　B. PLC 通电时　　　　C. 断电状态下　　　　D. 以上都不是

2. PLC 中温度控制模块用于接收来自（　　）的信号。
   A. 热电偶　　　　　　B. 开关电源　　　　　C. 环境温度　　　　　D. 过载保护

3. PLC 中 A/D 模块的作用是（　　）。
   A. 将数字量信号转换为模拟量信号
   B. 将电流信号转换为电压信号
   C. 将模拟量信号转换为数字量信号
   D. 将电压信号转换为电流信号

4. 触摸屏与 PLC 通信时需要设置 PLC 的类型、通信口类型、（　　）、站号等。
   A. 分辨率　　　　　　B. 工作电压　　　　　C. 波特率　　　　　　D. 语言

5. 变频器与触摸屏通信时需要进行传输规格、站号、（　　）设置。
   A. 控制协议　　　　　B. 参数　　　　　　　C. 速率　　　　　　　D. 分辨率

6. 无论采用的交—直—交变频器是电压型还是电流型，控制部分在结构上均由（　　）三部分组成。
   A. 电压控制、频率控制及两者协调控制
   B. 电压控制、电流控制及两者协调控制
   C. 电压控制、频率控制及电流控制
   D. 电流控制、频率控制及两者协调控制

7. 在调速性能指标要求不高的场合，可采用（　　）直流调速系统。
   A. 电流、电压负反馈
   B. 带电流正反馈补偿的电压负反馈
   C. 带电流负反馈补偿的电压正反馈
   D. 带电流负反馈补偿的电压负反馈

8. 在转速负反馈系统中，闭环系统的静态转速降减为开环系统静态转速的（　　）。
   A. $1+K$　　　　　　B. $1/(1+K)$　　　　C. $1+2K$　　　　　　D. $1/K$

9. 调节器输出限幅电路的作用是：保证运放的（　　），并保护调速系统各部件正常工作。
   A. 线性特性　　　　　　　　　　　　　　B. 非线性特性
   C. 输出电压适当衰减　　　　　　　　　　D. 输出电流适当衰减

10. 实用的调节器电路，一般应有抑制零漂、（　　）、输入滤波、功率放大、比例系数可调、寄生振荡消除等附属电路。
    A. 限幅　　　　　　　B. 输出滤波　　　　　C. 温度补偿　　　　　D. 整流

11. 伺服驱动器 LED 灯变绿，但是电动机不动，是由（　　）造成的。
    A. 命令信号不是对驱动器信号地的

B. 供给驱动器的电压不足

C. HALL 相位错误

D. HALL 传感器故障

12. 步进驱动器上电后电动机不转，可能是（   ）造成的。

    A. 信号干扰   B. 细分太小   C. 电动机扭矩小   D. 加速时间短

13. 数控机床直流主轴传动系统具有主轴控制功能强、纯电式主轴定位、（   ）、变速机构简单、适合全封闭环境等特点。

    A. 系统损耗大   B. 再生制动控制

    C. 振动和噪声小   D. 驱动方式性能好

14. 直流主轴传动系统的常见故障有主轴电动机不转、转速异常、过电流报警、电动机过热、（   ）等。

    A. 功率因数过低   B. 变频器损坏

    C. 电流过大   D. 电刷磨损严重

15. 稳压二极管的正常工作状态是（   ）。

    A. 导通状态   B. 截止状态

    C. 反向击穿状态   D. 任意状态

16. 电工以（   ）、安装接线图和平面布置图最为重要。

    A. 电气原理图   B. 电气设备图

    C. 电气安装图   D. 电气组装图

17. 从业人员在职业交往活动中，符合仪表端庄具体要求的是（   ）。

    A. 着装华贵   B. 适当化妆或戴饰品

    C. 饰品俏丽   D. 发型要突出个性

18. 转速与电流双闭环调速系统中不加电流截止负反馈，是因为其主电路电流的限流（   ）。

    A. 由比例积分调节器保证   B. 由转速环控制

    C. 由电流环控制   D. 由速度调节器的限幅保证

19. 在带 PI 调节器的无静差直流调速系统中，可以用（   ）来抑制突加给定电压时的电流冲击，以保证系统有较大的比例系数来满足稳态性能指标要求。

    A. 电流截止正反馈   B. 电流截止负反馈

    C. 电流正反馈补偿   D. 电流负反馈

20. 由积分调节器组成的闭环控制系统是（   ）。

    A. 有静差系统   B. 无静差系统

    C. 顺序控制系统   D. 离散控制系统

二、多项选择题（第 21~30 题。请选择一个以上正确答案，将相应字母填入括号内。每题全部选择正确得分；错选或多选、少选均不得分，也不倒扣分。每题 2 分，共 20 分）

21. 测绘复杂电子电路的步骤是观察印制电路板元件、（   ）、核实和标准化。

    A. 绘制电阻   B. 绘制草图   C. 合并整理

D. 绘制电容　　　　　E. 绘制引脚

22. 直流电动机调速方法有（　　　）。

　　A. 改变电枢电压调速　　　　　　　　　B. 改变电枢电阻调速

　　C. 弱磁调速　　　　　　　　　　　　　D. 变频调速

　　E. 加强磁场

23. 根据故障的内容和原因不同，可将气动系统故障分为（　　　）。

　　A. 人为故障　　　　B. 突发故障　　　　C. 老化故障

　　D. 初期故障　　　　E. 机械故障

24. 伺服电动机高速旋转时出现电动机偏差计数器溢出错误有可能是（　　　）。

　　A. 高速旋转时电动机偏差计数器溢出错误

　　B. 输入较长指令脉冲时电动机偏差计数器溢出错误

　　C. 运行过程中电动机偏差计数器溢出错误

　　D. 指令输入错误引起的偏差

　　E. 伺服电动机驱动器参数设置错误

25. 数控机床一般由输入/输出装置、（　　　）、检测反馈元件和机床主体及辅助装置组成。

　　A. 伺服驱动系统　　　　　　　　　B. 接触器　　　　C. PLC

　　D. 机床电器逻辑控制装置　　　　　E. 数控装置

26. 数控机床交流主轴传动系统具有（　　　）、数字控制精度高、参数设定方便等特点。

　　A. 振动和噪声小　　B. 变速机构简单　　C. 回馈制动节能

　　D. 功率因数高　　　E. 双闭环控制

27. 交流主轴传动系统的常见故障有（　　　）、振动和噪声过大等。

　　A. 转速异常　　　　B. 电动机过热　　　C. 熔丝烧断

　　D. 电刷磨损　　　　E. 晶闸管损坏

28. 不属于职业道德范畴的是（　　　）。

　　A. 行为规范　　　　B. 操作程序　　　　C. 劳动技能

　　D. 思维习惯　　　　E. 人们的内心信念

29. 直流调速反馈电路故障正确的处理方法是（　　　）。

　　A. 若电动机负载增大，电动机转速下降，需要调整系统内部可使电动机转速回升

　　B. 转速与电流双闭环直流调速系统反馈电路中，采用电流反馈环具有使电动机恒
　　　流快速起动的作用

　　C. 转速负反馈调速系统中，速度调节器调节作用能使电动机转速绝对稳定

　　D. PI 调节器可由 P 调节器和 I 调节器组合而成

　　E. PI 调节器可用来调节电压电流的大小

30. 步进电动机不转，其驱动器可能出现的原因是（　　　）。

　　A. 使能信号为低　　　　　　　　　B. 细分太小

　　C. 细分太大　　　　　　　　　　　D. 驱动器已保护

　　E. 对控制信号无反应

三、判断题（第 31~40 题。请将判断结果填入括号中，正确的填"√"错误的填"×"。每题 1 分，共 10 分）

（　　）31. 奉献社会是职业道德的最高境界，同时也是做人的最高境界。

（　　）32. 对噪声进行控制，就必须从控制声援、控制传播途径及加强个人防护三方面入手。

（　　）33. 熔断器的选用首先是选择熔断器的规格，其次是选择熔体的规格。

（　　）34. 为防止干扰，交流电源地线与信号源地线不能共用。

（　　）35. 数控机床改造中，要先拟订技术措施，制定改造方案。

（　　）36. 电工培训指导的过程中，可以采用集中指导的方法，也可以采用个别指导的方法。

（　　）37. ISO9000 族标准中 ISO9004-1 是支持性标准，是质量保证要求的实施指南。

（　　）38. 制定 ISO14000 系列标准的直接原因是产品质量的提高。

（　　）39. 缩短基本时间是提高劳动生产率的主要措施之一。

（　　）40. 计算机集成制造系统的技术信息分系统包括：计算机辅助设计（CAD）、计算机辅助工艺（CAPP）、数控程序编制（NCP）和柔性制造系统（FMS）。

四、简答题（第 41~44 题。每题 5 分，共 20 分）

41. 工业控制机的组成和分类有哪些？

42. 常用抗干扰技术的种类有哪些？

43. 什么是技术合同？技术合同的种类有哪些？

44. 电气控制原理图设计的基本步骤和方法？

五、论述题（第 45、46 题。每题 15 分，共 30 分）

45. 机电一体化的相关技术包括哪些内容？

46. 复杂设备电气故障诊断的步骤有哪些？

电工高级技师理论知识模拟试卷（1）参考答案

一、填空题

1. 道德规范	2. 廉洁奉公	3. 变化率	4. 避免非性性失真
5. 场	6. 墙	7. 工作接地	8. 0.95~1.05
9. PLC	10. 热继电器	11. 热屏蔽	12. 多点
13. 积分	14. 平行	15. 波形	16. 设计说明书
17. 总体要求	18. 社会资源	19. 变频器改造	20. 不要写进

二、选择题

21. C　22. B　23. D　24. A　25. C　26. B　27. B　28. A　29. D　30. A

三、判断题

31. √　32. ×　33. √　34. ×　35. √　36. ×　37. √　38. ×　39. √　40. ×

四、简答题

41. 答：测绘 ZK7132 型数控钻铣床电气控制系统的步骤如下：

1）测绘机床的安装接线图，主要包括数控系统、伺服系统和机床内外部电气部分的安装接线图。

2）测绘电气控制原理图，包括数控系统与伺服系统、机床强电控制回路之间的电气控制原理图。

3）整理草图。进一步检查核实，将所绘制的草图标准化，绘制出 ZK7132 型数控钻铣床完整的安装接线图和电气控制原理图。

42. 答：电子测量装置的防护系统有以下几种：

（1）电源变压器屏蔽层　电源变压器一次侧与二次侧之间采用三层屏蔽层防护。屏蔽层的功能：完成静电屏蔽对电子测量装置的完整包罩；为外部干扰电流提供通路，使其不流经信号线。

其各层的接法是：一次侧屏蔽层应连向电网地；中间屏蔽层应连向装置的金属外壳；二次侧屏蔽层应连向装置内的防护地（即内层浮置屏蔽罩）。

（2）双层屏蔽浮置保护　此种系统机壳为外屏蔽直接接地。内屏蔽做成屏蔽盒形式与屏蔽线相接，并在信号源侧接地。模拟地与仪表侧的零信号端直接相连。

43. 答：在自动控制系统中，输出量能够以一定准确度跟随输入量的变化而变化的系统称为伺服系统。数控机床的伺服系统主要是控制机床的进给和主轴。

伺服系统的作用是接受来自数控装置的指令信号，经放大转换、驱动机床执行元件随脉冲指令运动，并保证动作的快速和准确。

数控机床的伺服系统一般包括机械传动系统（由伺服驱动系统、机械传动部件和执行元件组成，伺服驱动系统由驱动控制单元和驱动元件组成）和检测装置（由检测元件与反馈电路组成）。

44. 答：电气设计的技术条件是由参与设计的各方面人员根据设计的总体技术要求制订的。它是整个电气设计的依据。除了要说明所设计的目的、条件、用途、工艺过程、技术性能传动参数及现场工作条件外，还应说明以下内容：

（1）用户供电网的种类、电压、频率及容量。

（2）电气传动的基本特征，如运动部件的数量和用途、负载特性、调速范围等，电动机的起动、反向和制动的要求等。

（3）有关电气控制的特性，如电气控制的基本方式、自动控制要素的组成、自动控制的动作程序、电气保护及联锁条件等。

（4）有关操作方面的要求，如操作面（台）的布置、操作按钮的设置和作用、测量仪表的种类及显示、报警和照明等。

（5）主要执行电器元件（如电动机、执行电器和行程开关等）的安装位置及环境情况等。

五、论述题

45. 答：机电一体化是多学科领域综合交叉的技术密集型系统工程。它包含了机械技术、计算机与信息处理技术、系统技术、自动控制技术、传感与检测技术、伺服传动技术。

（1）机械技术　机械技术是机电一体化的基础，它把其他高新技术与机电一体化技术相结合，实现结构、材料、性能上的变更，从而满足减小质量和体积、提高精度和刚性、改善功能和性能的要求。

（2）计算机与信息处理技术　计算机是实现信息处理的工具。在机电一体化系统中，计算机与信息处理部分控制着整个系统的运行，直接影响到系统工作的效率和质量。

（3）系统技术 系统技术是从全面的角度和系统的目标出发，以整体的概念组织应用各种相关技术，将总体分解成相互联系的若干个功能单元，找出可以实现的技术方案。

（4）自动控制技术 自动控制技术的内容广泛，它包括高精度定位、自适应、自诊断、校正、补偿、再现、检索等控制。

（5）传感与检测技术 传感与检测是系统的感受器官，将被测量的信号变换成系统可以识别、具有确定对应关系的有用信号。

（6）伺服传动技术 伺服传动是由计算机通过接口与电动、气动、液压等类型的传动装相连接，从而实现各种运动的技术。

46. 答：复杂设备电气故障诊断方法如下：

（1）常用的诊断方法

1）控制装置自诊断法：利用大型的 CNC PLC 及计算机装置自身的故障诊断系统进行故障的分析处理。

① 启动自诊断：主要诊断 CPU、ROM、RAM、EPROM、硬盘驱动器、I/O 接口单元、CTR/MDI 单元、软驱单元等装置或外围设备。

② 在线诊断：在设备运行中，一旦被监视的设备的运行状态出现不正常，即可发出报警信息进行提示，在维修过程中应充分利用报警信息，经分析和进一步的测试，找出真正的故障原因。

③ 离线诊断：其目的是查明故障和故障定位。其方法是停机后，将控制计算机和与之相连的外围设备断开，启动运行各部分的自诊断程序进行诊断。

2）常规检查法：依靠人的感觉器官并借助于一些简单的仪器来寻找故障原因。

3）机、电、液综合分析法：对于复杂设备要从机、电、液等不同角度对同一故障进行分析。

4）备件替换法：将具有相同功能的两块电路板交换，观察故障现象是否随之转移，来判断被怀疑电路板有无故障。

5）电路板参数测试对比法：利用仪器、仪表对可疑的部分进行测试，并与正常值进行比较，来判断电路有无故障。

6）更新建立法：当控制系统由于电网干扰或其他偶然的原因死机时，可先关机然后重新启动。

7）升温试验法：通过人为的升温加速温度性能差的元器件性能恶化，使故障现象明显化。

8）拉偏电源法：人为调高或调低电源电压来模拟恶劣的条件，让故障明显暴露。

9）分段淘汰法：这种方法可以加速故障的排查速度。

10）隔离法：将某部分控制电路断开或切断某些部件的电源，从而达到缩小故障范围的目的。

11）原理分析法：根据控制系统的组成原理，通过追踪与故障相关联的信号，进行判断，直至找出故障原因。

（2）不同的系统结构及与其适用的诊断方法

1）直线型结构：直线型结构适用于分段淘汰法进行诊断。

2）扩散型结构：扩散型结构可采用推理分析法和测量试验法。

3）收敛型结构：先诊断功能块，然后再用分段淘汰法对系统的直线型结构部分进行检查。

47. 答：复杂电气设备电气故障的诊断仪器有：

（1）红外线热测试仪 它是一种可用于检查工作中因过多的热损失及异常而导致温度变化的实用工具。它分为红外热像仪和红外测温仪。前者用于对成片区域的温度进行观察，后者用于单点测试温度。

（2）逻辑分析仪 逻辑分析仪适用于复杂设备的计算机系统数据域检测。它是按多线示波器思路发展而成的。逻辑分析仪的特点如下：

1）有足够多的输入通道。

2）具有多种捕捉数字信息的功能。

3）有记忆能力。

4）有多种触发方式。

5）有直观而灵活的显示方式。

（3）电路在线维修测试仪 这种仪器采用"后驱动"和元器件端口"模拟特征分析"技术设计，用于元器件级故障维修检测，即对焊接在电路板上的元器件进行检测。它具有如下特点：

1）不依赖图样和联机测试条件的"在线"故障检测，可进行元气件端口测试、三端器件功能测试、中小规模数字电路在线功能测试。

2）从电路板上提取电路图。测试仪提供了从电路板上提取各元器件之间相互关系的方便手段，也称为网络提取。

3）测试电路板的开路或短路功能。

4）进行模拟联机测试。

（4）振动测试仪器 振动测试仪器用于采集振动和噪声信号，提取信息从而诊断出设备及其工作过程的状态。

电工高级技师理论知识模拟试卷（2）参考答案

一、单项选择题

1. C 2. A 3. C 4. C 5. B 6. A 7. B 8. B 9. A 10. A

11. A 12. B 13. D 14. D 15. C 16. A 17. B 18. D 19. B 20. B

二、多项选择题

21. BC 22. ABC 23. BCD 24. ABC 25. ADE 26. AC

27. ABC 28. BCD 29. ABD 30. ABDE

三、判断题

31. √ 32. √ 33. × 34. √ 35. √ 36. √ 37. × 38. × 39. √ 40. ×

四、简答题

41. 答：工业控制机由一次设备部分和工业控制机系统组成。

1）一次设备通常由被控对象、变送器和执行机构组成。

2）工业控制机系统包括硬件系统和软件系统。常见的工业控制机系统通常分为分散型控制系统、PLC、STD总线工业控制机、工业计算机、模块化控制系统和智能调节控制仪表等。

42. 答：对电子测量装置的测量结果起影响作用的各种外部和内部的无用信号叫作干扰。消除或减弱各种干扰影响的全部技术措施叫作防护。其干扰种类如下：

（1）机械干扰　机械干扰是指机械的振动或冲击使电子测量装置中的元器件发生振动，并导致连接导线发生位移、指针发生抖动等现象。它们都会影响测量结果。

（2）热干扰　热量特别是温度的波动及不均匀温度场都会引起检测装置电路元器件的参数发生变化或产生电势。这往往是直流检测装置的主要干扰源。在工程上一般采用热屏蔽的方法来消除热干扰。

（3）光干扰　在检测装置中广泛使用各种半导体元器件，但半导体材料在光线作用下会产生电动势或电阻值的变化。因此，半导体元器件应放在不透光的壳体内。

（4）湿度干扰　湿度增加会使导体的绝缘下降，漏电流增加。

（5）化学干扰　化学物品如酸、碱、盐及腐蚀性气体，一方面会损坏元器件，另一方面可与金属导体形成化学电动势。

（6）电、磁及射线辐射干扰　电磁及射线辐射是电子测量装置最严重的干扰。电子装置主要有：差模干扰和共模干扰两种形式。

（7）噪声源及噪声源耦合方式　在电路中出现的无规律的，无用的信号称为噪声。

43. 答：技术合同是指法人之间、法人与公民之间、公民之间就技术开发、技术转让、技术咨询和技术服务所订立的确定民事权利义务关系的合同。技术合同的种类有以下几种：

（1）技术开发合同　技术开发合同是指当事人之间就新技术、新产品、新工艺和新材料及其系统的研究开发所订立的合同。

（2）技术转让合同　技术转让合同是指当事人就专利权转让、专利申请转让、专利实施许可、非专利技术转让所订立的合同。

（3）技术咨询合同　技术咨询合同是指当事人一方为另一方就特定技术项目提供可行性论证、技术预测、专题技术调查、分析评价所订立的合同。

（4）技术服务合同　技术服务合同是指当事人以技术知识为另一方解决特定技术问题所订立的合同。

44. 答：电气控制原理图设计要体现设计的各项性能指标、功能，它也是电气工艺设计和编制各种技术资料的依据。其基本步骤如下：

（1）根据选定的控制方案及方式设计系统原理图，拟订各部分的主要技术要求和技术参数。

（2）根据各部分的要求，设计电气原理框图及各部分单元电路。对于每一部分的设计总是按主电路→控制电路→联锁与保护→总体检查的顺序进行的，最后经反复修改与完善，完成设计。

（3）按系统框图结构将各部分连成一个整体，绘制系统原理图，在系统原理图的基础上进行必要的短路电流计算，根据需要计算出相应的参数。

（4）根据计算数据正确选用电器元件，必要时应进行动稳定和热稳定校验，最后制订元器件型号、规格、目录清单。

五、论述题

45. 答：参见"电工高级技师理论知识模拟试卷（1）"第45题答案。

46. 答：各类复杂设备电气故障一般诊断步骤为：症状分析→设备检查→故障部位的确定→线路的检查→线路的更换或修理→修后性能检查。

（1）症状分析　症状分析是对有可能存在的有关故障原始状态的信息进行收集和判断的过程。在故障迹象受到干扰之前，对所有信息应进行仔细分析，这些原始信息一般可以从以下几个方面获得：

1）访问操作人员。访问操作人员获得设备使用及变化过程、损坏或失灵前后情况的第一手资料。

2）观察和初步检查。观察和初步检查的内容包括检查检测装置、检查操作开关的位置及控制机构、调整装置及联锁信号装置等。

3）起动设备。一般情况下应要求操作人员按正常操作程序起动设备。

（2）设备检查　根据症状分析中得到的初步结论和疑问，对设备进行更详细的检查，特别是被认为最有可能存在故障的区域。要注意在这个阶段应尽量避免对设备做不必要的拆卸，同时应防止引发更多的故障。

（3）故障部位的确定　维修人员必须全面掌握系统的控制原理和结构。如果缺少系统的诊断资料，需要维修人员正确地将整个设备或控制系统划分成若干个功能块，检查功能块的输入和输出是否正常。进一步检查功能块内部的问题。

确定系统故障的方法有很多，采用哪种方法合理要依照系统的结构来定。由于复杂设备的系统错综复杂，一般不可能只用一种方法，要使用多种方法来综合分析。

（4）线路的检查、更换或修理　线路的检查、更换或修理这两个步骤是密切相关的，线路检查可以采用与故障部位确定相似的方法进行，首先找出有故障的组件或可更换的元器件，然后进行有效的修理。

一般来说，当停机损失较大时，维修人员可以用组件、部件、插板等备件来替换有故障的部分，不在现场做进一步的修理。

（5）修后性能检查　修理完成后，维修人员应进行进一步的检查，以证实故障已经排除，设备能够运行良好。然后由操作人员来考察设备，以确定设备运转正常。

电工高级技师操作技能考核试卷

试题 1. 电气设备（装置）装调及维修
设计继电接触式控制电路、预算电器元件材料价格和预算工时定额

本题分值：40 分。

考核时间：150min。

考核形式：现场笔试。

有两台三相异步电动机。第 1 台三相异步电动机型号为 YD123M—4/2，铭牌数据为 6.5kW/8kW、△/2Y接法、13.8A/17.1A、380V、（450r/min）/（2880r/min）。第 2 台三相异步电动机型号为 Y100L2—4，铭牌为 3kW、Y接法、6.8A/380V、1420r/min。

1）设计出第 1 台双速三相异步电动机自动变速运转带全波整流能耗制动的继电接触式控制电路电气原理图，第 2 台三相异步电动机正方向运转反接制动的继电接触式控制电路电气原理图。两台电动机顺序起动、逆序停止，延时时间为 5s，并简述工作原理。

2）预算电器元件材料价格和预算工时定额。

3）选择主要电器元件材料的型号规格、数量，并列出主要电器元件明细表。主要电器元件包括：接触器、熔断器、热继电器、时间继电器及按钮。

4）电路绘制必须采用 GB/T 4728—2008～2018《电气简图用图形符号》和 GB/T 6988.1—2008《电气技术用文件的编制 第1部分：规则》等有关规定。

控制要求：

1）三相异步电动机能自动变速运转，延时时间为5s。

2）三相异步电动机带全波整流能耗制动。

3）两台三相异步电动机顺序起动、逆序停止，延时时间为5s。

4）三相异步电动机具有短路保护、过载保护、零电压保护和欠电压保护。

考核要求：

1）根据提出的电气控制要求，正确绘出电路图。

2）按所设计的电路图，正确选择材料，然后将其填入明细表。

3）依据材料明细表正确写出材料价格。

4）按所设计的电路图和材料明细表确定本项目的工时定额。

否定项说明：电路设计达不到功能要求，此题无分。

试题2. 电气自动控制系统装调及维修

PLC+变频器+触摸屏控制电路的设计及模拟调试

本题分值：40分。

考核时间：150min。

考核形式：现场操作。

要求 PLC+变频器+触摸屏控制具有跳跃循环的液压动力滑台的设计，并进行模拟安装与调试。

（1）控制要求 该液压动力滑台的工作循环、油路系统和电磁阀通断表如图4-7所示。SQ_1 为原位行程开关，SQ_2 为工进行程开关，在整个工进过程中 SQ_2 一直受压，故采用长挡铁，SQ_5 为加工终点行程开关。

（2）具体要求

1）首先 Y-△ 减压启动设液压泵电动机；电动机可以以5种速度运行。

2）工作方式设置为自动循环、手动、单周。

3）有必要的电气保护和联锁。

4）自动循环时应按上述顺序动作。

5）按起动按钮 SB_1 后，滑台即进入循环，直至压下 SQ_5 后滑台自动退回原位；也可按快退按钮 SB_2，使滑台在其他任何位置上立即退回原位；必要的联锁保护环节。

考核要求：

1）电路设计：根据任务，设计主电路图，列出 PLC 控制 I/O 地址分配表，根据加工工艺，设计梯形图及 PLC 控制 I/O 接线图，根据梯形图，列出指令表。

2）PLC 键盘操作：熟练操作 PLC 键盘，能正确地将所编程序输入 PLC；按照被控制设备的动作要求进行模拟调试，达到设计要求。

3）变频器设置5种速度（45Hz、40Hz、35Hz、30Hz 和 25Hz）控制电动机转速。

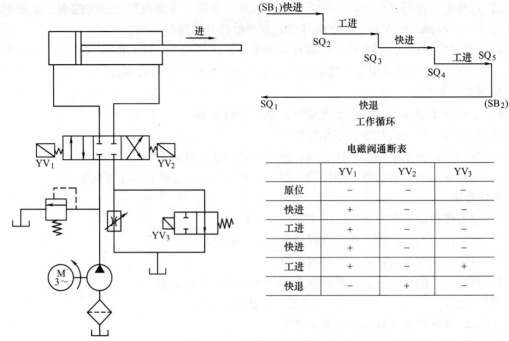

图 4-7　液压动力滑台示意图

4）在触摸屏上设置控制和监控画面。

5）通电试验：正确使用电工工具及万用表，进行仔细检查，最好通电试验一次成功，并注意人身和设备安全。

否定项说明：电路设计达不到功能要求此题无分。

试题 3．技能培训指导

本题分值：10 分。

考核时间：30min。

考核形式：现场讲授。

考核方法：抽考（二选一）。

内容：理论培训、技能培训，采用现场抽签方式，见表 4-7。

表 4-7　培训内容

选考内容	考核要求	题目
理论培训	指导本职业初、中、高级工进行技术理论培训	考评员指定题目
技能培训	指导本职业初、中、高级工进行实际操作	考评员指定题目

考核要求：

1）现场编写教案，内容正确。

2）教学过程：

① 教学内容正确，重点突出

② 板书工整，教法亲切自然，语言精炼准确。

否定项说明：具有下列情况之一者，视为培训指导不合格。

1）不能正确编写教案。

2）讲授内容错误过多，达到 5 处。

3）讲授内容组织不合理且无整体逻辑。

试题 4. 技术管理

编写较复杂电气设备安装工艺、验收方案、项目改造成本核算，编写新建车间整体电气设备安装施工工程计划，编写工厂变电所电气设备安装施工工程计划等。

本题分值：10 分。

考核时间：30min。

考核形式：现场笔试。

考核方法：抽考（五选一）。

考核要求：

1）资金预算编制经济合理。

2）工时定额编制工时定额合理。

3）选用材料准确齐全。

4）编制工程进度合适。

5）人员安排合理。

6）安全措施到位。

7）质量保证措施明确。

电工高级技师操作技能考核评分记录表

试题 1. 电气设备（装置）装调及维修

表 4-8　评分标准

序号	考核内容	考核要求	考核标准配分	配分	扣分	得分
1	电路设计	根据提出的电气控制要求，正确绘出电路图	1. 主电路设计 1 处错误扣 5 分 2. 控制电路设计 1 处错误扣 3 分 3. 电路图符号错误、漏标 1 处扣 2 分 4. 短路保护电流计算错误、漏标扣 3 分 5. 熔体电流计算错误、漏标扣 3 分 6. 热继电器整定电流计算错误、漏标扣 3 分 7. 导线截面积选择错误、漏标扣 2 分	25		
2	电路接线图设计	根据电路图，正确绘出电路接线图	1. 接线图设计 1 处错误扣 1 分 2. 接线图设计电路图符号错误、漏标 1 处扣 1 分	4		
3	选择材料	按所设计的电路图，正确选择材料，然后将其填入明细表	1. 主要材料选择错 1 种扣 1 分 2. 其他材料选择错 1 种扣 0.5 分 3. 预算电器元件材料价格不合理扣 3 分 4. 预算工时定额不合理扣 2 分	6		

（续）

序号	考核内容	考核要求	考核标准配分	配分	扣分	得分
4	简述工作原理	依据绘出的电路图，正确简述电气控制电路的工作原理	1. 简述电气控制电路工作原理时，实质错误，错1次扣5分 2. 简述电气控制电路工作原理时，有1处不完善扣2分 3. 简述电气控制电路原理错误，扣5分	6		
5	劳动保护与安全文明生产	1. 劳保用品穿戴整齐 2. 遵守操作规程；尊重考评员，讲文明礼貌	1. 劳保用品穿戴不全扣1分 2. 考试中，违犯安全文明生产考核要求的任何一项扣1分，扣完为止	4		
	合　计			45		

技术要求：

1）根据提出的电气控制要求，用计算机正确绘出电路图。

2）根据电路图，正确绘出电路接线图。

3）按所设计的电路图，正确选择材料，然后将其填入明细表。

试题 2. 电气自动控制系统装调及维修

表 4-9　评分标准

序号	考核内容	考核要求	考核标准	配分	扣分	得分
1	电路设计	1. 根据任务，设计主电路电气原理图，列出 PLC 控制 I/O 口元件地址分配表 2. 根据加工工艺，设计梯形图及 PLC 控制 I/O 口接线图 3. 根据梯形图，列出指令表 4. 在触摸屏上设置按钮、行程开关，能通过触摸屏操作和进行监控 5. 正确设置变频器参数	1. 电路图设计不全或设计有错，每处扣3分 2. 输入、输出地址遗漏或错误，每处扣2分 3. 梯形图表达不正确或画法不规范，每处扣3分 4. 接线图表达不正确或画法不规范，每处扣3分 5. 指令有错，每条扣2分 6. 触摸屏画面设置不正确，每处扣1分，功能达不到，每处扣1分 7. 变频器参数设置不正确，每处扣1分	25		
2	配线与安装	按 PLC 控制 I/O 口接线图在配线板正确安装模拟开关和信号灯	1. 元器件布置不整齐、不匀称、不合理，每个扣1分 2. 损坏元器件扣2分 3. 不按电气原理图接线，扣2分	4		
3	材料选用	正确合理选用材料	材料选用错误扣1分	2		
4	仪表	正确合理使用仪表	仪表使用错误扣1分	2		

（续）

序号	考核内容	考核要求	考核标准	配分	扣分	得分
5	程序输入及调试	1. 熟练操作PLC键盘，能正确地将所编程序输入PLC 2. 按照被控设备的动作要求进行模拟调试，达到设计要求	1. 不会熟练操作PLC键盘输入指令，扣2分 2. 缺少1个动作功能，扣3分	4		
6	劳动保护与安全文明生产	1. 劳保用品穿戴整齐 2. 遵守操作规程；尊重考评员，讲文明礼貌	1. 违犯安全文明生产考核要求的任何一项扣1分，扣完为止 2. 当考评员发现考生有重大人身事故隐患时，要立即予以制止，并每扣考生安全文明生产总分2分	3		
合　计				40		

试题3. 技能培训指导
一、理论培训

表4-10　评分标准

序号	考核内容	考核要求	考核标准	配分	扣分	得分
1	编写教案	内容正确	1. 内容错误每处扣1分 2. 主题不明确扣2分 3. 得不出正确结论扣1分	6		
2	教学过程	教学内容正确、重点突出	1. 教学内容有错每处扣1分 2. 重点不突出扣1分	4		
		板书工整，教案亲切自然语法精炼准确	1. 板书不工整扣1分 2. 语法不精炼扣1分 3. 教法不自然扣1分	5		
3	时间安排	不得超过规定时间	超过规定时间扣1分			
合　计				15		

技术要求：

1）培训指导的内容应反映本等级水平。

2）内容正确，组织合理。

3）具有良好的语言表达能力。

4）讲授内容正确，主题明确，重点突出。

5）思路清晰、通俗易懂，举例恰当。

6）语言流畅、表达准确，版书规范。

二、技能培训

表 4-11　评分标准

序号	考核内容	考核要求	考核标准	配分	扣分	得分
1	示范操作	示范性操作正确、规范	1. 操作方法步骤错误每处扣 1 分 2. 操作不规范酌情扣 1 或 2 分 3. 操作漏项每项扣 1 分	6		
2	语言指导	讲解内容全面、具体、正确；表达准确；理论联系实际	1. 讲解错误每处扣 1 分 2. 讲解不全面扣 1 分 3. 重点、难点不突出扣 1 分 4. 无直接理论依据说明扣 1 分 5. 表达不准确酌情扣 1 或 2 分	6		
3	示范性操作与语言指导间的配合	示范性操作与语言指导间过程配套，内容贴切	1. 操作与指导不协调扣 0.5 分 2. 语言指导内容不贴切扣 0.5 分	3		
4	时间安排	不得超过规定时间	超过规定时间扣 1 分			
合　计				15		

技术要求：

1）示范性操作正确、规范。

2）内容正确，组织合理。

3）具有良好的语言表达能力。

4）语言流畅、表达准确规范。

试题 4. 技术管理

一、技术检修与改造

表 4-12　评分标准

序号	考核内容	考核要求	考核标准	配分	扣分	得分
1	设备检修工艺计划	编制检修工艺合理、可行	施工计划不够合理、不完整，每处扣 1 分	4		
2	检修步骤和要求	检修步骤和要求清楚、正确	制订检修步骤和要求不具体、不明确，每处扣 1 分	4		
3	材料清单	列的材料清单品种齐全，材料名称、型号、规格和数量恰当	材料清单不完整、型号规格数量不当，每处扣 1 分	3		
4	人员配备和分工	人员配备和分工方案合理	人员配备和分工不合理，每处扣 1 分	2		
5	检修管理	检修管理的措施科学	检修管理的措施不科学，每处扣 1 分	2		
合　计				15		

技术要求：

1）资金预算编制经济合理。

2）工时定额编制工时定额合理。

3）选用材料准确齐全。

4）编制工程进度合适。

5）人员安排合理。

6）安全措施到位。

7）质量保证措施明确。

二、安装工艺及计划

表 4-13 评分标准

序号	考核内容	考核要求	考核标准	配分	扣分	得分
1	设备安装工艺计划	编制安装工艺合理、可行	施工计划不够合理、不完整，每处扣1分	4		
2	安装步骤和要求	安装步骤和要求清楚、正确	制订安装步骤和要求不具体、不明确，每处扣1分	4		
3	材料清单	列的材料清单品种齐全，材料名称、型号、规格和数量恰当	材料清单不完整、型号规格数量不当，每处扣1分	3		
4	人员配备和分工	人员配备和分工方案合理	人员配备和分工不合理，每处扣1分	2		
5	施工管理	施工管理的措施科学	施工管理的措施不科学，每处扣1分	2		
合　　计				15		

技术要求：

1）资金预算编制经济合理。

2）工时定额编制工时定额合理。

3）选用材料准确齐全。

4）编制工程进度合适。

5）人员安排合理。

6）安全措施到位。

7）质量保证措施明确。

三、验收方案

表 4-14 评分标准

序号	考核内容	考核要求	考核标准	配分	扣分	得分
1	验收方案	编制验收方案合理、可行	验收方案不够合理、不完整，每处扣1分	4		
2	验收方案步骤和要求	验收步骤和要求清楚、正确	制订验收步骤和要求不具体、不明确，每处扣1分	4		
3	材料清单	列的材料清单品种齐全，材料名称、型号、规格和数量恰当	材料清单不完整、型号规格数量不当，每处扣1分	3		

（续）

序号	考核内容	考核要求	考核标准	配分	扣分	得分
4	人员配备和分工	人员配备和分工方案合理	人员配备和分工不合理，每处扣1分	2		
5	验收管理	验收管理的措施科学	验收管理的措施不科学，每处扣1分	2		
合　计				15		

技术要求：

1）资金预算编制经济合理。

2）工时定额编制工时定额合理。

3）选用材料准确齐全。

4）编制工程进度合适。

5）人员安排合理。

6）安全措施到位。

7）质量保证措施明确。

参 考 文 献

［1］人力资源和社会保障部．国家职业技能标准：电工［M］．北京：中国劳动社会保障出版社，2019．

［2］中国就业培训技术指导中心．维修电工：技师　高级技师　上册［M］．2版．北京：中国劳动社会保障出版社，2014．

［3］中国就业培训技术指导中心．维修电工：技师　高级技师　下册［M］．2版．北京：中国劳动社会保障出版社，2014．

［4］王建．维修电工：技师、高级技师［M］．北京：机械工业出版社，2009．

参 考 文 献